自动控制原理与系统

第 5 版

主　编　陈渝光　孔凡才

副主编　苏玉刚

参　编　刘述喜　李秋宏　周　桐　陈　颖

主　审　李　山

机械工业出版社

本书是在 2017 年出版的"十四五"职业教育国家规划教材《自动控制原理与系统 第 4 版》的基础上进行更新和修订的。全书分为两篇，第 1 篇为自动控制原理，内容包括系统数学模型的建立、分析系统性能的常用方法、系统性能分析、改善系统性能的途径以及 MATLAB/SIMULINK 系统仿真在实际系统分析中的应用。第 2 篇为自动控制系统，内容包括直流调速系统（直流相控调速系统和直流脉宽调速系统）、交流调速系统、位置随动系统和自动控制系统的分析、调试及维护维修。

第 5 版修订时，仍然保持原书获得好评的特色，以自动控制原理作为分析工具，以自动控制系统作为分析对象，围绕系统性能分析和改善系统性能途径，重点讲解系统结构、关键部件、系统参数确定、仿真与调试，注重理论联系实际，并精简不必需的理论概念和部分直流调速系统内容，强化理论对实践的指导，增加实际操作内容。

全书章后设有小结、思考题与习题，它们多为生产实际中的问题。书中还安排了较多的阅读材料、实例分析和读图练习，以利于学生的自学、分析和实践能力的提高。书中各种控制系统的实例及仿真分析可用于对学生相关实践环节的指导，也可供工程技术人员参考。

本书可作为应用型本科、高职高专院校的电气自动化技术、机电一体化技术等电类专业教材。

本书第 1 版获第二届全国高校机电类优秀教材一等奖；第 2 版获机械工业部科技进步三等奖；第 3 版被评为普通高等教育"十一五"国家级规划教材，2007 年度普通高等教育国家精品教材；第 4 版被评为"十四五"职业教育国家规划教材、"十三五"职业教育国家规划教材。

为方便教学，本书配备教学指导等教学资源，凡选用本书作为授课教材的教师，均可登录机械工业出版社教育服务网（www.cmpedu.com）免费下载。如有问题请致电 010-88379375 联系营销人员。

图书在版编目（CIP）数据

自动控制原理与系统/陈渝光，孔凡才主编. —5 版. —北京：机械工业出版社，2023.6（2025.8 重印）
"十三五"职业教育国家规划教材 普通高等教育"十一五"国家级规划教材 2007 年度普通高等教育国家精品教材：修订版 机械工业出版社精品教材
ISBN 978-7-111-72958-7

Ⅰ.①自… Ⅱ.①陈… ②孔… Ⅲ.①自动控制理论-职业教育-教材②自动控制系统-职业教育-教材 Ⅳ.①TP13②TP273

中国国家版本馆 CIP 数据核字（2023）第 059217 号

机械工业出版社（北京市百万庄大街 22 号 邮政编码 100037）
策划编辑：于 宁　　　　　　　责任编辑：于 宁 高亚云
责任校对：韩佳欣 张 薇　　封面设计：鞠 杨
责任印制：张 博
北京机工印刷厂有限公司印刷
2025 年 8 月第 5 版第 7 次印刷
184mm×260mm · 18 印张 · 445 千字
标准书号：ISBN 978-7-111-72958-7
定价：54.00 元

电话服务　　　　　　　　　网络服务
客服电话：010-88361066　　机 工 官 网：www.cmpbook.com
　　　　　010-88379833　　机 工 官 博：weibo.com/cmp1952
　　　　　010-68326294　　金 书 网：www.golden-book.com
封底无防伪标均为盗版　　　机工教育服务网：www.cmpedu.com

关于"十四五"职业教育
国家规划教材的出版说明

为贯彻落实《中共中央关于认真学习宣传贯彻党的二十大精神的决定》《习近平新时代中国特色社会主义思想进课程教材指南》《职业院校教材管理办法》等文件精神，机械工业出版社与教材编写团队一道，认真执行思政内容进教材、进课堂、进头脑要求，尊重教育规律，遵循学科特点，对教材内容进行了更新，着力落实以下要求：

1. 提升教材铸魂育人功能，培育、践行社会主义核心价值观，教育引导学生树立共产主义远大理想和中国特色社会主义共同理想，坚定"四个自信"，厚植爱国主义情怀，把爱国情、强国志、报国行自觉融入建设社会主义现代化强国、实现中华民族伟大复兴的奋斗之中。同时，弘扬中华优秀传统文化，深入开展宪法法治教育。

2. 注重科学思维方法训练和科学伦理教育，培养学生探索未知、追求真理、勇攀科学高峰的责任感和使命感；强化学生工程伦理教育，培养学生精益求精的大国工匠精神，激发学生科技报国的家国情怀和使命担当。加快构建中国特色哲学社会科学学科体系、学术体系、话语体系。帮助学生了解相关专业和行业领域的国家战略、法律法规和相关政策，引导学生深入社会实践、关注现实问题，培育学生经世济民、诚信服务、德法兼修的职业素养。

3. 教育引导学生深刻理解并自觉实践各行业的职业精神、职业规范，增强职业责任感，培养遵纪守法、爱岗敬业、无私奉献、诚实守信、公道办事、开拓创新的职业品格和行为习惯。

在此基础上，及时更新教材知识内容，体现产业发展的新技术、新工艺、新规范、新标准。加强教材数字化建设，丰富配套资源，形成可听、可视、可练、可互动的融媒体教材。

教材建设需要各方的共同努力，也欢迎相关教材使用院校的师生及时反馈意见和建议，我们将认真组织力量进行研究，在后续重印及再版时吸纳改进，不断推动高质量教材出版。

机械工业出版社

前　言

　　《自动控制原理与系统》自出版以来，一直受到读者的厚爱，先后获得了第二届全国高校机电类优秀教材一等奖、机械工业部科技进步三等奖，被评为普通高等教育"十一五"国家级规划教材、2007年度普通高等教育国家精品教材、"十三五"职业教育国家规划教材、"十四五"职业教育国家规划教材。

　　《自动控制原理与系统》的第1版~第4版，以自动控制理论作为系统分析的工具，以系统分析作为理论的应用举例，使学生易于理解所学理论用于何处和怎样具体应用，收到了很好的效果，得到了同行专家和读者的充分肯定，因此第5版修订时，仍然保持了这一特色。全书以方法论为主线，通过应用举例，着重物理含义和物理过程的阐述。本书的特点是：理论联系实际，分析细致，通俗易懂和切合实际。

　　根据党的二十大报告关于"深入实施科教兴国战略、人才强国战略、创新驱动发展战略"和为中国式现代化提供坚实人才支撑的要求，考虑到当前应用型人才教育更侧重现场技术应用的特点，第5版修订时，更加突出了系统的工作原理、系统的性能分析和系统调试，更加突出了自动控制技术在生产实际中的应用，并精简不必需的理论概念和部分直流调速系统内容，强化理论对实践的指导，增加实际操作内容。

　　全书分为两篇，第1篇为自动控制原理，内容包括系统数学模型的建立、分析系统性能的常用方法、系统性能分析、改善系统性能的途径以及MATLAB/SIMULINK系统仿真在实际系统分析中的应用。第2篇为自动控制系统，内容包括直流调速系统（直流相控调速系统和直流脉宽调速系统）、交流调速系统、位置随动系统和自动控制系统的分析、调试及维护维修。全书章后设有小结、思考题与习题，它们多为生产实际中的问题。书中安排了较多的阅读材料、实例分析和读图练习，以利学生自学能力和分析能力和实践能力的提高，培养学生的职业精神。

　　本书由重庆理工大学陈渝光、上海理工大学孔凡才主编。编写分工为：第1章、第2章由中国船舶重工集团海装风电股份有限公司李秋宏和孔凡才编写，第3章由重庆工程职业技术学院周桐和孔凡才编写，第4章~第6章由陈渝光和孔凡才编写，第7章由重庆理工大学刘述喜、重庆大学苏玉刚和孔凡才编写，第8章由苏玉刚和刘述喜编写，第9章由刘述喜和孔凡才编写，第10章由苏玉刚和孔凡才编写。重庆工业职业技术学院陈颖参与章首页脚注编写，并对教材编写提供了宝贵的建议。本书由重庆理工大学李山教授主审。

　　本书的参考教学时数为64~80学时，书中打"＊"的内容为选学内容。本书可作为一门课程开设，也可分作"自动控制原理"和"自动控制系统"两门课程开设。此外，书中许多章节的内容都相对独立，便于不同的专业选用。书中的阅读材料可采取学生课外阅读、课内讨论、教师总结的方式进行，也可作为课外提高内容。建议教师在教学实践中，注重知识传授、价值引领和能力提升的有机统一，培养学生的爱国精神和实证求真的科学精神、精益求精的工匠精神。编者在编写时，兼顾了全书的系统性和完整性，建议教师和读者使用时，抓住主干，选择要点，把主要精力放在对分析方法的掌握上。

　　限于作者水平，书中难免有缺点和错误，恳请读者批评指正。

编　者

目 录

第 1 篇

自动控制原理

第1章

自动控制系统概述

本章概要

　　本章概括地叙述开环控制和闭环控制的特点，介绍自动控制系统的基本组成、自动控制系统的分类和自动控制系统的性能指标，并简单介绍自动控制的发展历史和研究方法。

　　"自动控制原理与系统"是由"自动控制原理"和"自动控制系统"两门课程优化整合形成的一门课程。它以自动控制理论作为自动控制系统分析的工具，又以自动控制系统分析作为自动控制理论的应用。自动控制原理部分以数学模型建立、系统性能分析、改善系统性能的途径为主线；自动控制系统部分通过典型的自动控制系统来组织内容，贯穿系统结构、关键部件、性能指标、系统参数确定与调试主线。

　　自动控制系统研究内容主要分为系统分析和系统校正两部分。

　　1）系统分析。对自动控制系统进行分析研究，首先应对系统进行定性分析。所谓定性分析，就是在弄清组成系统的各单元及元件在系统中的地位和作用以及它们之间的相互联系的基础上，分析系统的工作原理。然后，在定性分析的基础上，建立系统的数学模型，再应用自动控制理论对系统的稳定性、稳态性能和动态性能进行定量分析。最后，在系统定性和定量分析的基础上找到提高系统性能指标的有效途径。

　　2）系统校正。自动控制系统的目的就是实现对被控制对象的控制。当被控制对象和系统的性能指标确定后，为了使系统达到满意的稳态和动态指标，首先可以考虑调整系统中可以调整的参数。若通过调整参数仍无法满足要求，则应在原有的系统中，有目的地增添一些装置，人为地改变系统的结构和参数，使之满足所要求的性能指标。为满足性能指标所增设的装置称为校正装置，加入校正装置使控制系统性能得到改善的过程称为对控制系统的校正，简称系统校正。

1.1　引言

　　在工业、农业、交通运输和国防等各个方面，凡要求较高的场合，都离不开自动控制。**所谓自动控制，就是在没有人直接参与的情况下，利用控制装置，对生产过程、工艺参数、目标要求等进行自动调节与控制，使之按照预定的方案达到要求的指标。**自动控制系统性能的优劣将直接影响到产品的产量、质量、成本、劳动条件和预期目标的完成。因此，自动控制越来越受到人们的重视，控制理论和技术应用也因此获得了飞速的发展。

　　自动控制的应用虽然可以追溯到18世纪（1788年）瓦特（Watt）利用小球离心调速器使蒸汽机转速保持恒定的开创性的突破，以及19世纪（1868年）麦克斯威尔（Maxwell）对轮船摆动（稳定性）的研究，但在初期，自动控制应用的进展是不快的。自动控制的真正发展是在 20 世纪，例如 1920 年海维赛得（Heaviside）在无线电方面的研究（并首先引入了拉普拉斯变换、傅里叶变换和表征声强比的单位分贝）和 1932 年奈奎斯特（Nyquist）对控制系统稳定性的研究（奈氏稳定判据）等。此后，在第二次世界大战中，由于对更快和更精确的武器系统的需要，并借助数学方面的成果，自动控制理论获得迅速的发展。1945 年伯德（Bode）提出用图解法来分析和综合反馈控制系统的方法，形成控制理论的频率法。1948 年维纳（Weiner）出版了划时代著作《控制论》，对控制理论进行了系统的阐述。随后伊文斯（Evans）在 1950 年创立了根轨迹法，1954 年钱学森创立工程控制论[⊖]，1962 年查德（Zadeh）提出状态变量法等等。20 世纪 60 年代以后，以现代控制理论为核心，对多输入-多输出、变参量、非线性、高精度、高效能等控制系统的研究，在最优控制、最佳滤波、系统辨识、自适应控制等理论方面都获得了重大的发展。20 世纪 80 年代开始，随着计算机技术和现代应用数学研究的迅速发展，大系统理论和人工智能控制等都取得了很大的进展；特别是 20 世纪 80 年代后 MATLAB 软件的开发与应用，使自动控制系统的仿真与设计变得简单、精确和灵活，如今 MATLAB 已成为控制领域应用最广的计算机辅助工具软件之一。

同样，在机电控制技术方面，早在 20 世纪 30 年代就出现了电子管调节器和模拟计算机，出现了液压仿型机床；40 年代出现了电机放大机-发电机-电动机控制系统；50 年代出现了晶体管、集成电路、步进电动机和三维数控机床；60 年代出现了晶闸管、大规模集成电路和新型伺服电动机，电液伺服阀开始普及，计算机技术快速发展；70 年代及以后，随着微电子技术和计算机技术的迅猛发展，相继出现了大型多功能数控机床、数控加工中心、机械手、机器人等机电一体化的高新设备；近年来，由于新器件的涌现和计算机控制技术的发展，在电力拖动控制方面，原先的晶闸管器件已逐渐被 MOSFET 与 IGBT 所取代，相位控制逐渐被脉宽调制（PWM）控制取代，模拟控制逐渐被数字控制取代，直流调速（与伺服）逐渐被交流调速（与伺服）取代；在生产制造技术方面，相继出现了计算机辅助设计（Computer-Aided Design，CAD）、计算机辅助制造（Computer-Aided Manufacturing，CAM）、柔性制造系统（Flexible Manufacturing System，FMS）、虚拟制造系统（Virtual Manufacturing System，VMS）和计算机集成制造系统（Computer Integrated Manufacturing System，CIMS）等高新技术。

面对深奥的自动控制理论和浩如烟海的各种自动控制系统，本书只能说是一个入门。在自动控制原理方面，本书将以经典线性控制理论中常用的时域分析法和频域分析法为主线，叙述系统数学模型的建立、系统性能的分析（包括系统稳定性、稳态性能和动态性能的分析），探讨改善系统性能的途径（系统校正），并适当介绍 MATLAB 软件在系统性能分析中的应用。在自动控制系统方面，本书将通过典型的自动控制系统（如水位、温度控制系统，直流调速系统，交流调速系统和位置随动系统）和实例分析，来阐述如何分析系统的组成，如何搞清系统的工作原理、工作特点和自动调节过程，如何建立系统的数学模型（系统框图）和如何应用自控原理来分析系统的性能，探讨改善系统性能的途径。书中在最后还介绍了系统的调试和故障的排除。

编者期望通过上述内容的阐述，使读者对自动控制系统的工作原理、数学模型、性能分析、系统校正和系统调试等方面有一个相对完整的认识，能掌握对自动控制系统的一般分析方法，为读者在自动控制技术方面，打下一个初步的但却是非常重要的基础。

⊖ 钱学森是我国工程控制论的先驱者，在工程控制方面做出了独创性、前瞻性的贡献，当代大学生要学习其爱国和治学精神。

1.2 开环控制和闭环控制

若通过某种装置将能反映输出量的信号引回来去影响控制信号，这种作用称为"反馈"（Feedback）作用。我们通常按照控制系统是否设有反馈环节来进行分类：设有反馈环节的，称为闭环控制系统；不设反馈环节的，则称为开环控制系统。（这里所说的"环"，是指由反馈环节构成的回路。）下面将概括地介绍这两种控制系统的控制特点。

1.2.1 开环控制系统

若系统的输出量不被引回来对系统的控制部分产生影响，这样的系统称为开环控制系统（Open-loop Control System）。

例如，一般洗衣机就是一个开环控制系统。其浸湿、洗涤、漂清和脱水过程都是依设定的时间程序依次进行的，而无需对输出量（如衣服清洁程度、脱水程度等）进行测量。

又如，普通机床的自动加工过程，也是开环控制。它是根据预先设定的加工指令（切削深度、行程距离）进行加工的，而不依靠检测的实际加工的程度去进行自动修正。

再如，由步进电动机驱动的数控加工机床，也是一个未设反馈环节的开环控制系统。其加工过程如图 1-1 所示。

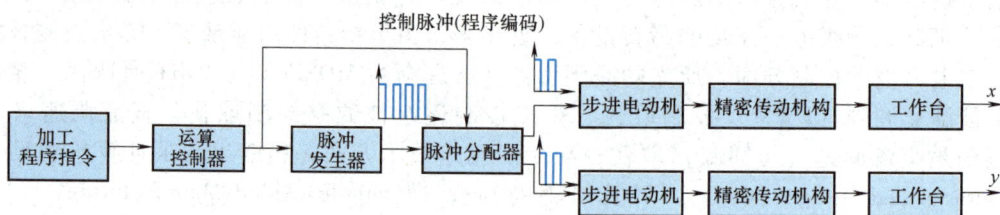

图 1-1　数控加工机床加工过程示意图

系统预先设定加工程序指令，通过运算控制器（可为微机或单片机）去控制脉冲的产生和分配，发出相应的脉冲，由脉冲（通常还要经过功率放大）驱动步进电动机，通过精密传动机构，再带动工作台（或刀具）进行加工。如果能保证不丢失脉冲，并能有效地抑制干扰的影响，再采用精密传动机构（如滚珠丝杠），这样整个加工系统虽然为开环控制系统，但仍能达到相当高的加工精度（常用的简易数控机床，即有采用这种控制方式的）。

如今采用微机控制，应用专用步进驱动模块驱动的伺服系统可达到每转 10 000 步的高分辨率。因此对小功率伺服系统，采用开环控制也可达到很高的控制精度。

图 1-2 为数控加工机床开环控制框图。此系统的输入量为加工程序指令，输出量为机床工作台的位移，系统的控制对象为工作台，执行机构为步进电动机和传动机构。由图 1-2 可见，系统无反馈环节，输出量并不返回来影响控制部分，因此是开环控制。

图 1-2　数控加工机床开环控制框图

由于开环控制系统无反馈环节，一般结构简单，系统稳定性好，成本也低，这是开环控制系统的优点。因此，**若输出量和输入量之间的关系固定，且内部参数或外部负载等扰动因素不大，或这些扰动因素产生的误差可以预计确定并能进行补偿，则应尽量采用开环控制系统。**

开环控制系统的缺点是当控制过程受到各种扰动因素影响时，将会直接影响输出量，而系统不能自动进行补偿。特别是**当无法预计的扰动因素使输出量产生的偏差超过允许的限度时，**开环控制系统便无法满足技术要求，这时就应考虑采用闭环控制系统。

1.2.2 闭环控制系统

若系统输出量通过反馈环节返回来作用于控制部分，形成闭合环路，这样的系统称为闭环控制系统（Closed-loop Control System），又称为反馈控制系统（Feedback Control System）。

图 1-3 为电炉箱恒温自动控制系统。电炉箱通过电阻丝通电加热，由于炉壁散热和增、减工件，炉温将产生变化，而这种变化通常是无法预先确定的。因此，若工艺要求保持炉温恒定，则开环控制将无法自动补偿，必须采用闭环控制。由于需要保持恒定的物理量是温度，所以最常用的方法便是采用温度负反馈。由图可见，采用热电偶来检测温度，并将炉温转换成电压信号 U_{fT}（毫伏级），然后反馈至输入端与给定电压 U_{sT} 进行比较，由于采用的是负反馈控制，因此两者极性相反，两者的差值 ΔU 称为偏差电压（$\Delta U = U_{sT} - U_{fT}$）。此偏差电压作为控制电压，经电压放大和功率放大后，驱动直流伺服电动机（控制电动机电枢电压），电动机经减速器带动调压变压器的滑动触头，来调节炉温。电炉箱自动控制框图如图 1-4 所示。

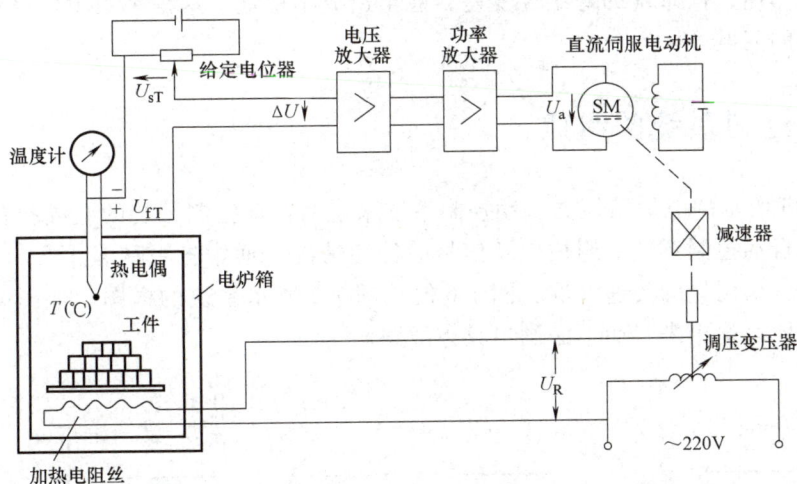

图 1-3 电炉箱恒温自动控制系统

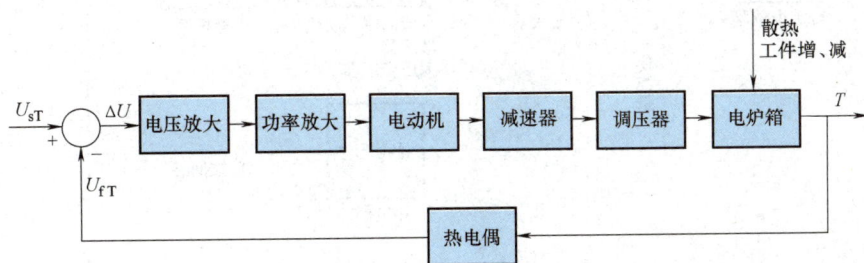

图 1-4 电炉箱自动控制框图

当炉温偏低时，$U_{fT} < U_{sT}$，$\Delta U = (U_{sT} - U_{fT}) > 0$，此时偏差电压极性为正，此偏差电压经电压放大和功率放大后，产生的电压 U_a（设 $U_a > 0$）供给电动机电枢，使电动机"正"转，带动调压变压器滑动触头右移，从而使电炉箱供电电压（U_R）增加，电流加大，炉温上升，直至炉温升至给定值，即 $T = T_{sT}$（T_{sT} 为给定值）、$U_{fT} = U_{sT}$、$\Delta U = 0$ 时为止。这样炉温可自动恢复，并保持恒定。

炉温自动调节过程见图 1-5。

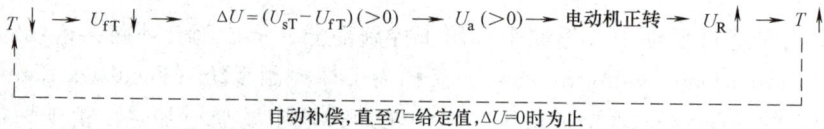

$$T \downarrow \longrightarrow U_{fT} \downarrow \longrightarrow \Delta U = (U_{sT} - U_{fT})(>0) \longrightarrow U_a(>0) \longrightarrow 电动机正转 \longrightarrow U_R \uparrow \longrightarrow T \uparrow$$

自动补偿,直至T=给定值,ΔU=0时为止

图 1-5 炉温自动调节过程

反之，当炉温偏高时，则 ΔU 为负，经放大后使电动机"反"转，滑点左移，供电电压减小，直至炉温降至给定值。

炉温处于给定值时，$\Delta U = 0$，电动机停转。

由以上分析可见，**反馈控制可以自动进行补偿，这是闭环控制的一个突出的优点。** 当然，闭环控制要增加检测、反馈比较、调节器等部件，会使系统复杂、成本提高。而且闭环控制会带来副作用，使系统的稳定性变差，甚至造成不稳定。这是采用闭环控制时必须重视并要加以解决的问题。

1.3 自动控制系统的组成

现以图 1-3 所示的电炉箱恒温自动控制系统来说明自动控制系统的组成和有关术语。

为了表明自动控制系统的组成以及信号的传递情况，通常把系统各个环节用框图表示，并用箭头标明各作用量的传递情况，图 1-6 便是图 1-3 所示系统的框图。框图可以把系统的组成简单明了地表达出来，而不必画出具体线路。

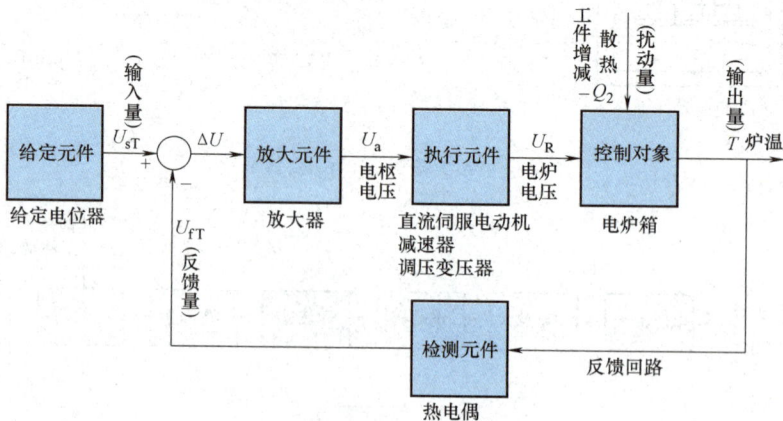

图 1-6 自动控制系统的框图

由图 1-6 可以看出，一般自动控制系统包括：

1）给定元件（Command Element）——由它调节给定信号（U_{sT}），以调节输出量的大小。此处为给定电位器。

2）检测元件（Detecting Element）——由它检测输出量（如炉温 T）的大小，并反馈到输入端。此处为热电偶。

3）比较环节（Comparing Element）——在此处，反馈信号与给定信号进行叠加，信号的极性以"+"或"-"表示。若为负反馈，则两信号极性相反。若极性相同，则为正反馈。

4）放大元件（Amplifying Element）——由于偏差信号一般很小，所以要经过电压放大及功率放大，以驱动执行元件。此处为晶体管放大器或集成运算放大器。

5）执行元件（Executive Element）——驱动控制对象的环节。此处为直流伺服电动机、减速器和调压变压器。

6）控制对象（Controlled Plant）——亦称被调对象。此处为电炉箱。

7）反馈环节（Feedback Element）——由它将输出量引出，再回送到控制部分。一般的闭环控制系统中，反馈环节包括检测、分压、滤波等单元，反馈信号与给定信号极性相同则为正反馈，相反则为负反馈。

对于各个元件的排列，通常将给定元件放在最左端，控制对象排在最右端。即输入量在最左端，输出量在最右端。从左至右（即从输入至输出）的通道称为顺馈通道（Feedforward Path）或前向通路（Forword Path），将输出量引回输入端的通道称为反馈通道或反馈回路（Feedback Path）（参见图1-6）。

由图1-6可见，系统的各种作用量和被控量有：

1）输入量（Input Variable）——又称控制量或参考输入量（Reference Input Variable），所以输入量的角标常用 i（或 r）表示。它通常由给定信号电压构成，或通过检测元件将非电输入量转换成信号电压。图1-6中的输入量即为给定电压 U_{sT}。

2）输出量（Output Variable）——又称被控量（Controlled Variable），所以输出量角标常用 o（或 c）表示。它是控制对象的输出，是自动控制的目标。图1-6中的输出量即为炉温 T。

3）反馈量（Feedback Variable）——通过检测元件将输出量转变成与给定信号性质相同且数量级相同的信号。图1-6中的反馈量即为通过热电偶将炉温 T 转换成的与给定电压信号性质相同的电压信号 U_{fT}。反馈量的角标常以 f 表示。

4）扰动量（Disturbance Variable）——又称干扰或"噪声"（Noise），所以扰动量的角标常以 d（或 n）表示。它通常指引起输出量发生变化的各种因素。来自系统外部的称为外扰动，例如电动机负载转矩的变化、电网电压的波动及环境温度的变化等。图1-6中的炉壁散热、工件增减均可看成是来自系统外部的扰动量。来自系统内部的扰动称为内扰动，如系统元件参数的变化及运算放大器的零点漂移等。

5）中间变量——系统各环节之间的作用量。它是前一环节的输出量，也是后一环节的输入量。图1-6中的 ΔU、U_a、U_R 等就是中间变量。

由图1-6可以看到，框图可以直观地将系统的组成、各环节间的相互关系以及各种作用量的传递情况简单明了地概括出来。

综上所述，要了解一个实际的自动控制系统的组成，画出组成系统的框图，就必须明确下面的一些问题：

1）哪个是控制对象？被控量是什么？影响被控量的主要扰动量是什么？

2）哪个是执行元件？

3）测量被控量的元件有哪些？有哪些反馈环节？

4）输入量是由哪个元件给定的？反馈量与输入量是如何进行比较的？

5）此外还有哪些元件（或单元）？它们在系统中处于什么地位？起什么作用？

下面将通过两个例子来说明如何分析系统的组成和画出系统的框图。

【例 1-1】 水位控制系统。

（1）系统的组成　图 1-7 为一个水位控制系统的示意图。由图可见，系统的控制对象是水箱（而不是控制阀）。被控量（或输出量）是水位高度 H（而不是 Q_1 或 Q_2）。使水位 H 发生改变的外界因素是用水量 Q_2，因此 Q_2 为负载扰动量（它是主要扰动量）。使水位能保持恒定的可控因素是给水量 Q_1，因此 Q_1 为主要作用量（理清 H 与 Q_1、Q_2 间的关系，是分析本系统的组成的关键）。

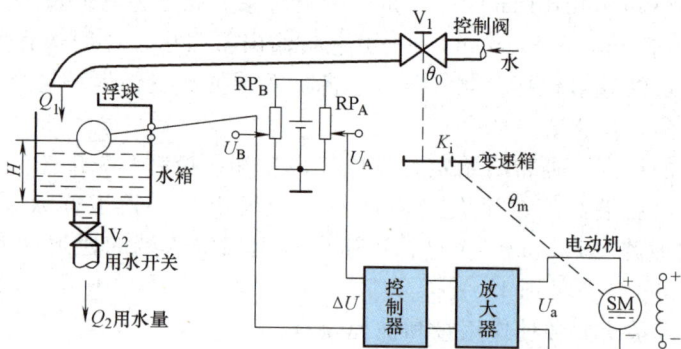

图 1-7　水位控制系统示意图

控制 Q_1 的是由电动机驱动的控制阀 V_1，因此，电动机-变速箱-控制阀便构成执行元件。电压 U_A 由给定电位器 RP_A 给定（电位器 RP_A 为给定元件）。U_B 由电位器 RP_B 给出，U_B 的大小取决于浮球的位置，而浮球的位置取决于水位 H。因此，浮球-杠杆-电位器 RP_B 就构成水位的检测和反馈环节。U_A 为给定量，U_B 为反馈量，U_B 与 U_A 极性相反，所以为负反馈。U_A 与 U_B 的差值即为偏差电压 $\Delta U(\Delta U = U_A - U_B)$，此电压经控制器与放大器放大后即为伺服电动机电枢的控制电压 U_a。

根据以上的分析，便可画出系统的组成框图[○]，如图 1-8 所示。

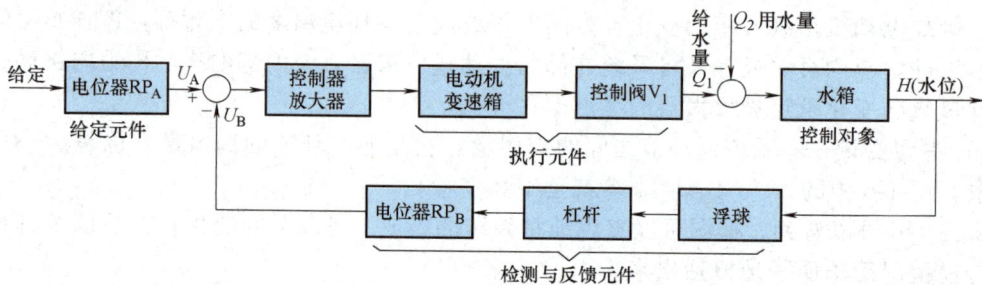

图 1-8　水位控制系统的组成框图

[○]　为区别由传递函数构成的系统框图，因此将由文字构成的框图称为"组成框图"。无需区别时，则按国家标准，统称"框图"。

（2）工作原理　当系统处于稳态时，电动机停转，$\Delta U = U_A - U_B = 0$，即 $U_B = U_A$；同时，$Q_1 = Q_2$，$H = H_0$（稳态值，由 U_A 给定）。若设用水量 Q_2 增加，则水位 H 将下降，通过浮球及杠杆的反馈作用，将使电位器 RP_B 的滑动触头上移，U_B 将增大；这样 $\Delta U = (U_A - U_B) < 0$，此电压经放大后，使电动机反转，再经减速后，驱动控制阀 V_1，使阀门开大（这是安装时，做成如此的），从而使给水量 Q_1 增加，使水位不再下降，且逐渐上升并恢复到原位。这个自动调节的过程一直要持续到 $Q_1 = Q_2$，$H = H_0$（恢复到原水位），$U_B = U_A$，$\Delta U = 0$，电动机停转为止。

（3）自动调节过程　水位控制系统的自动调节过程如图 1-9 所示。

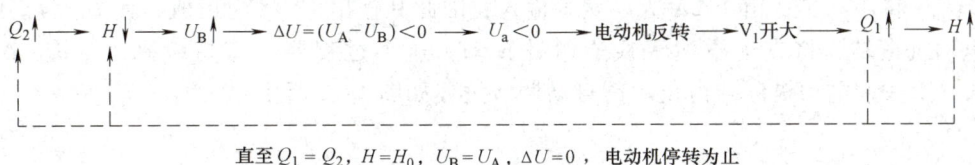

$$Q_2\uparrow \longrightarrow H\downarrow \longrightarrow U_B\uparrow \longrightarrow \Delta U = (U_A - U_B) < 0 \longrightarrow U_a < 0 \longrightarrow \text{电动机反转} \longrightarrow \text{V}_1\text{开大} \longrightarrow Q_1\uparrow \longrightarrow H\uparrow$$

直至 $Q_1 = Q_2$，$H = H_0$，$U_B = U_A$，$\Delta U = 0$，电动机停转为止

图 1-9　水位控制系统的自动调节过程

【例 1-2】　位置跟随系统。

（1）系统的组成　图 1-10 为某位置跟随系统示意图。由图可见，系统的控制对象为雷达天线。被控量是雷达天线转动的角位移 θ_c。驱动雷达天线的是伺服电动机，因此，永磁式直流伺服电动机 SM 及减速器为执行元件。为电动机提供电能的可逆功率放大器为直流调压电路。图中 2A 为由运算放大器构成的比例放大器，它兼作电压放大器（其比例系数为 $-R_1/R_0$）和比较环节（在其输入端有给定量与反馈量进行比较叠加）。该系统的给定指令 θ_i 由手轮转动给出，它通过与手轮联动的给定电位器 RP_1 转化为电压信号 U_i，因此 RP_1 为给定元件。图中 RP_2 为检测电位器，它与雷达天线联动。被控量 θ_c 通过 RP_2 转换为反馈信号电压 $U_{f\theta}$。为了保证跟随精度，要求采用位置负反馈，即要求 $U_{f\theta}$ 与 U_i 极性相反，而图中电位器 RP_1 与 RP_2 并接在同一个电源上，又具有公共的接地端，这样 $U_{f\theta}$ 与 U_i 极性将相同，于是增设了一个反相器 1A［其比例系数为 $(-R_0/R_0 = -1)$］。这样在电压放大器输入端进行比较的信号为 U_i 与 $-U_{f\theta}$，两者极性相反。根据以上分析，便可画出图 1-11 所示的位置跟随系统的组成框图。

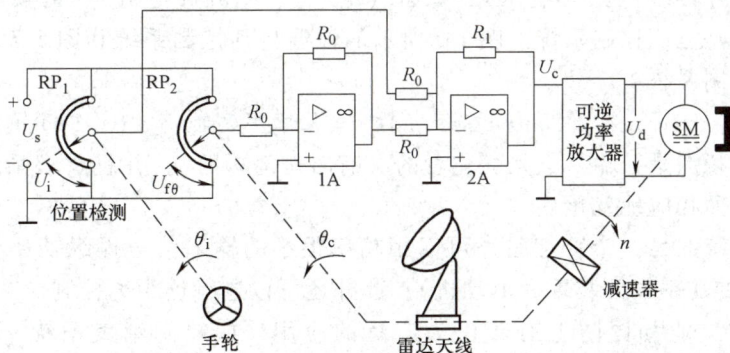

图 1-10　某位置跟随系统示意图

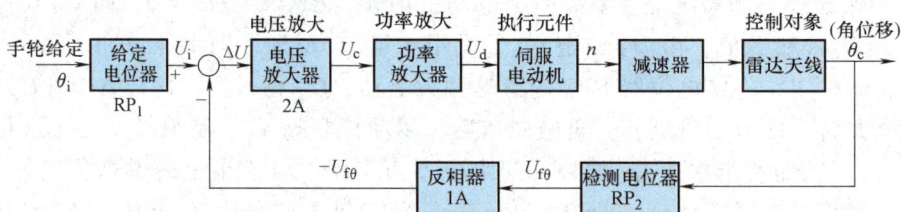

图 1-11　某位置跟随系统的组成框图

（2）工作原理　当手轮逆时针转动时，设 θ_i 增加，并设 U_i 此时减小，则偏差电压 $\Delta U = (U_i - U_{f\theta})$ 将小于零。由于 2A 为反相端输入，因此其输出 U_c 将为正值，使 U_d 为正值，设此时电动机正转，将带动雷达天线逆时针转动。这个过程要一直持续到 $\theta_c = \theta_i$，$\Delta U = 0$，$U_c = 0$，$U_d = 0$，电动机停转为止。其自动调节过程如图 1-12 所示。

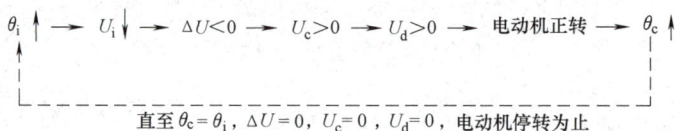

图 1-12　某位置跟随系统的自动调节过程

1.4　自动控制系统的分类

自动控制系统可以从不同的角度来进行分类。

1.4.1　按输入量变化的规律分类

1. 恒值控制系统（Fixed Set-Point Control System）

恒值控制系统的特点是：系统的输入量是恒量，并且要求系统的输出量相应地保持恒定。

恒值控制系统是最常见的一类自动控制系统，如自动调速系统、恒温控制系统及恒张力控制系统等。此外许多恒压（液压）、稳压（电压）、稳流（电流）、恒频（电频率）的自动控制系统也都是恒值控制系统。图 1-3 所示的恒温自动控制系统和图 1-7 所示的水位控制系统都是恒值控制系统。

2. 随动系统（Follow-Up Control System）［又称伺服系统（Servo-System）］

随动系统的特点是：输入量是变化着的（有时是随机的），并且要求系统的输出量能跟随输入量的变化而相应地变化。

这种控制系统的另一个特点是，可以用功率很小的输入信号操纵功率很大的工作机械（需选用大功率的功率放大装置和电动机）；此外还可以进行远距离控制。

随动系统在工业和国防上有着极为广泛的应用，如船闸牵曳系统、刀架跟随系统、火炮控制系统、雷达导引系统和机器人控制系统等。图 1-10 所示的位置跟随系统即为随动系统。

3. 过程控制系统（Process Control System）

生产过程通常是指把原料放在一定的外界条件下，经过物理或化学变化而制成产品的过程，如化工、石油、造纸中的原料生产，冶炼、发电中的热力过程等。在这些过程中，往往要求自动提供一定的外界条件，如温度、压力、流量、液位、黏度、浓度等参量在一定的时间内保持恒值或按一定的程序变化。对系统中的每个局部而言，它可能是一种随动系统，也可能是按程序指令变化的恒值控制系统。

1.4.2　按系统传输信号对时间的关系分类

1. 连续控制系统（Continuous Control System）

连续控制系统的特点是各元件的输入量与输出量都是连续量或模拟量。〔所以它又称为模拟控制系统（Analogue Control System）。〕图 1-3 所示的恒温控制系统就是连续控制系统。连续控制系统的控制规律通常可用微分方程来描述。

2. 离散控制系统（Discrete Control System）

离散控制系统又称采样数据系统（Sampled-Data Control System）。它的特点是系统中有的信号是脉冲序列或采样数据量或数字量。通常，采用数字计算机控制的系统都是离散控制系统。离散控制系统的控制规律通常可用差分方程来描述。图 1-1 所示的系统就是离散控制系统。

1.4.3　按系统的输出量和输入量间的关系分类

1. 线性系统（Linear System）

线性系统的特点是系统全部由线性元件组成，输出量与输入量间的关系用线性微分方程来描述。线性系统最重要的特性是可以应用叠加原理。叠加原理说明，两个不同的作用量同时作用于系统时的响应，等于两个作用量单独作用的响应的叠加。

2. 非线性系统（Nonlinear System）

非线性系统的特点是系统中存在非线性元件（如具有死区、出现饱和、含有库仑摩擦等非线性特性的元件），要用非线性微分方程来描述。非线性系统不能应用叠加原理（分析非线性系统的工程方法常用"描述函数"和"相平面法"）。

1.4.4　按系统中的参数对时间的变化情况分类

1. 定常系统（又称时不变系统）（Time-Invariant System）

定常系统的特点是系统的全部参数不随时间变化，用定常微分方程来描述。在实践中遇到的系统，大多属于（或基本属于）这一类系统。

2. 时变系统（Time-Varying System）

时变系统的特点是系统中有的参数是时间 t 的函数，随时间变化而改变。例如宇宙飞船控制系统，就是时变系统的一个例子（宇宙飞船飞行过程中，飞船内燃料质量、飞船受的重力，都在发生变化）。

当然，除了以上的分类方法外，还可以根据其他的条件去进行分类。本书根据课程教学大纲的要求，只讨论定常线性系统（主要是调速系统和随动系统）。

1.5　自动控制系统的性能指标

自动控制系统的性能通常是指系统的稳定性、稳态性能和动态性能。现分别介绍如下。

1.5.1　系统的稳定性

当扰动作用（或给定值发生变化）时，输出量将会偏离原来的稳定值，这时，由于反馈环节的作用，通过系统内部的自动调节，系统可能回到（或接近）原来的稳定值（或跟随给定值）稳定下来，如图 1-13a 所示。但也可能由于内部的相互作用，使系统出现发散而处于不稳定状态，如图 1-13b 所示。显然，不稳定的系统是无法进行工作的。因此，**对任何自动控制系统，首要的条件便是系统能稳定正常运行**。系统的稳定性（Stability）将在第 5 章中进行分析。

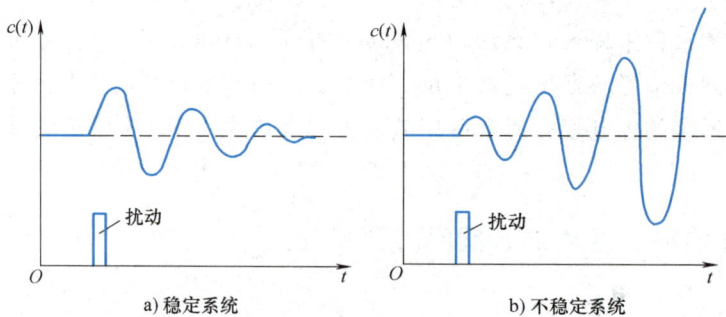

图 1-13　稳定系统和不稳定系统

1.5.2　系统的稳态性能指标

当系统从一个稳态过渡到新的稳态，或系统受扰动作用又重新平衡后，系统会出现偏差，这种偏差称为稳态误差（e_{ss}）（Steady-State Error）。系统稳态误差的大小反映了系统的稳态精度（或静态精度）（Static Accuracy），它表明了系统的准确程度。稳态误差 e_{ss} 越小，则系统的稳态精度越高。若 $e_{ss} = 0$，则系统称为无静差系统，如图 1-14a 所示。反之，若 $e_{ss} \neq 0$，则称为有静差系统，如图 1-14b 所示。

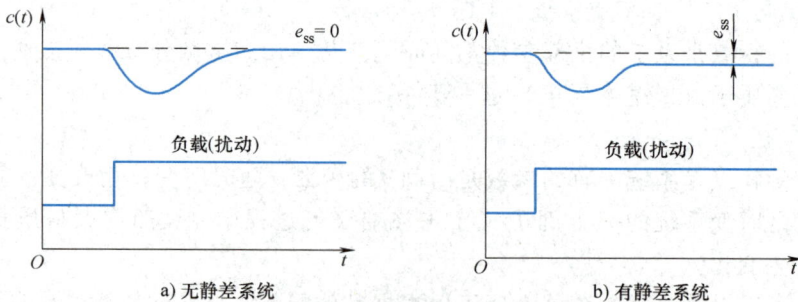

图 1-14　自动控制系统的稳态性能

事实上，对一个实际系统，要求其输出量丝毫不变地稳定在某一确定的数值上，往往是办不到的；要求稳态误差绝对等于零，也是很难实现的。因此，通常系统的输出量进入并一直保持在某个允许的足够小的误差范围（称为误差带）内时，即认为系统已进入稳定运行状态。此误差带的数值可看作系统的稳态误差。此外，对一个实际的无静差系统，在理论上，它的稳态误差 $e_{ss} = 0$，但在实际上，只是其稳态误差极小而已。系统的稳态性能将在第 5 章中进行分析。

1.5.3　系统的动态性能指标

由于系统的对象和元件通常都具有一定的惯性（如机械惯性、电磁惯性、热惯性等），并且由于能源功率的限制，系统中各种量值（加速度、位移、电流、温度等）的变化不可能是突变的。因此，系统从一个稳态过渡到新的稳态都需要经历一段时间，亦即需要经历一个过渡过程。表征这个过渡过程性能的指标叫作动态指标（Dynamic Performance Specification）。现在以系统对突加给定信号（阶跃信号）的动态响应为例来介绍动态指标。

图 1-15 为系统对突加给定信号的动态响应曲线。

动态指标通常用最大超调量（σ）、调整时间（t_s）和振荡次数（N）来衡量。现分别介绍如下：

1. 最大超调量（σ）（Maximum Overshoot）

最大超调量是输出量 $c(t)$ 与稳态值 $c(\infty)$ 的最大偏差 Δc_{max} 与稳态值 $c(\infty)$ 之比。即

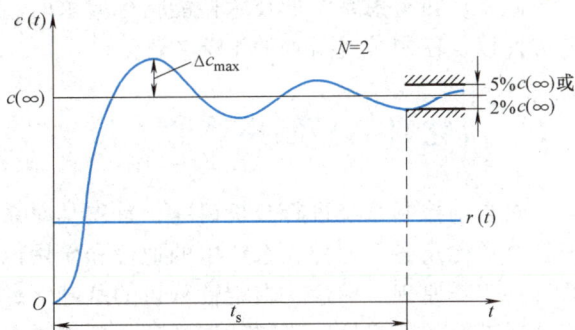

图 1-15　系统对突加给定信号的动态响应曲线

$$\sigma = \frac{\Delta c_{max}}{c(\infty)} \times 100\%$$

最大超调量反映了系统的动态精度，最大超调量越小，则说明系统过渡过程进行得越平稳。不同的控制系统对最大超调量的要求也不同，例如，对一般调速系统，σ 可允许为 10%~35%；对轧钢机的初轧机，要求 σ 小于 10%，对连轧机，则要求 σ 小于 2%；而对张力控制的卷取机和造纸机等，则不允许有超调量。

2. 调整时间（t_s）（Settling Time）

我们常用调整时间来表征系统的过渡过程时间。但是实际系统的输出量往往在稳态值附近有很长时间的微小的波动，那么怎样确认过渡过程算是"结束"了呢？当系统输出量进入并一直保持在离稳态值的某一误差带内时，认为过渡过程完成。在实用上，常把 $\pm\delta c(\infty)$ 作为允许误差带，δ 取 2% 或 5%。于是调整时间可定义为：系统输出量进入并一直保持在离稳态值的允许误差带内所需要的时间。允许误差带为 $\pm\delta c(\infty)$。一般 δ 根据需要可取为 2% 或 5%，见图 1-15。调整时间反映了系统的快速性。调整时间 t_s 越小，系统快速性越好。例如连轧机 t_s 为 0.2~0.5s；造纸机为 0.3s。

3. 振荡次数（N）（Order Number）

振荡次数是指在调整时间内，输出量在稳态值上下摆动的次数。图 1-15 所示的系统，

振荡次数为 2 次。振荡次数 N 越少，表明系统稳定性能越好。例如普通机床一般可允许振荡 2~3 次；龙门刨床与轧钢机允许振荡 1 次；而造纸机传动则不允许有振荡。

在上述指标中，最大超调量和振荡次数反映了系统的稳定性，调整时间反映了系统的快速性，稳态误差反映了系统的准确性。一般说来，我们总是希望最大超调量小一点，振荡次数少一点，调整时间短一些，稳态误差小一点。总之，希望系统能达到稳、快、准。

以上对自动控制系统的性能指标只作了扼要的介绍，详细的分析请见第 5 章。事实上，以后的分析将表明，这些指标要求，在同一个系统中往往是相互矛盾的。这就需要根据具体对象所提出的要求，对其中的某些指标有所侧重，同时又要注意统筹兼顾。分析和解决这些矛盾，正是本书讨论的重要内容。

性能指标是衡量自动控制系统技术品质的客观标准，它是订货、验收的基本依据，也是技术合同的基本内容。因此在确定技术性能指标要求时，既要保证能满足实际工程的需要（并留有一定的裕量），又要"恰到好处"，性能指标要求也不宜提得过高，因为过高的性能指标要求是以昂贵的价格为代价的。

此外，在考虑系统的技术性能指标要求时，还要充分注意到系统的可靠性、整个装置的经济性以及控制装置所处的工况条件。

1.6 研究自动控制系统的方法

对自动控制系统进行分析研究，首先是对系统进行定性分析。所谓定性分析，主要是搞清各个单元及各个元件在系统中的地位和作用以及它们之间的相互联系，并在此基础上搞清系统的工作原理。然后，在定性分析的基础上，可以建立系统的数学模型，再应用自动控制理论对系统的稳定性、稳态性能和动态性能进行定量分析。在系统分析的基础上就可以找到改善系统性能、提高系统技术指标的有效途径，也就是系统的校正、设计和现场调试。

自动控制理论又分为经典控制理论（Classical Control Theory）和现代控制理论（Modern Control Theory）。经典控制理论是建立在传递函数（Transfer Function）概念的基础上的，它对单输入-单输出系统是十分有效的。现代控制理论是建立在状态变量（State Variable）概念的基础上的，适用于复杂的多输入-多输出系统及变参数非线性系统，以实现自适应控制（Adaptive Control）、最佳控制（Optimal Control）等。我们这里研究的自动控制系统，基本上都是单输入-单输出系统，所以应用的是经典控制理论。

在经典控制理论中，又有时域分析法（Time-Domain Analysis Method）、频率响应法（Frequency Response Method）和根轨迹法（The Root Locus Method）等几种分析方法。由于这几种方法各有所长，所以长期以来是并行采用的。

近年来，MATLAB 软件的应用，使自动控制的研究方法发生了深刻的变革。如今在实际系统制作出来之前，可以应用 MATLAB 软件中的 SIMULINK 模块对系统进行仿真与分析，并根据仿真结果，来调整系统的结构与参数。现在 MATLAB 软件已成为研究与分析自动控制系统的有力工具。

理论虽然为我们的研究提供了重要的方法，但实际系统往往比较复杂，有许多无法确定的因素，因而通过实验或根据现场实践进行研究，也是一条基本的途径。事实上，在进行设计时，也要依靠一些经验公式和经验数据，这也说明理论的分析必须和实践紧密结合起来，才能找到切实可行的有效的解决问题的途径。

小　结

（1）开环控制系统结构简单、稳定性好，但不能自动补偿扰动对输出量的影响。当系统扰动量产生的偏差可以预先进行补偿或影响不大时，采用开环控制是有利的。当扰动量无法预计或控制系统的精度达不到预期要求时，则应采用闭环控制。

（2）闭环控制系统具有反馈环节，它能依靠负反馈环节进行自动调节，以补偿扰动对系统产生的影响。闭环控制极大地提高了系统的精度。但闭环控制系统使系统稳定性变差，需要重视并加以解决。

（3）自动控制系统通常由给定元件、检测元件、比较环节、放大元件、执行元件、控制对象和反馈环节等组成。系统的作用量和被控量有：输入量、反馈量、扰动量、输出量和各中间变量。

框图可直观地表达系统各环节（或各部件）间的因果关系，可以表达各种作用量和中间变量的作用点和传递情况以及它们对输出量的影响。

（4）恒值控制系统的特点是：输入量是恒量，并且要求系统的输出量也相应地保持恒定。

随动系统的特点是：输入量是变化着的，并且要求系统的输出量能跟随输入量的变化而相应变化。

（5）对自动控制系统的性能指标的要求主要是一稳、二准、三快。最大超调量（σ）和振荡次数（N）反映了系统的稳定性，稳态误差（e_{ss}）反映了系统的准确性，调整时间（t_s）反映了系统的快速性。

其中 σ、t_s、N 为系统的动态指标，e_{ss} 为系统的稳态指标。

（6）自动控制系统的研究方法，包括理论分析和实践探索。在经典控制理论中，有时域分析法、频率响应法和根轨迹法等几种分析方法。MATLAB 软件为自动控制系统的分析与研究提供了一个强有力的工具。

思　考　题

1-1　开环控制的特征是_____，它的优点是_____，缺点是_____，应用场合是_____；闭环控制的特征是_____，它的优点是_____，缺点是_____，应用场合是_____。

1-2　指出下列系统中哪些属于开环控制，哪些属于闭环控制。

①家用电冰箱　②家用空调器　③家用洗衣机　④抽水马桶　⑤普通车床　⑥电饭煲　⑦多速电风扇　⑧高楼水箱　⑨调光台灯　⑩自动报时电子钟

1-3　衡量一个自动控制系统的性能指标通常有哪些？它们是怎样定义的？

1-4　组成自动控制系统的主要环节有哪些？它们各有什么特点，起什么作用？

1-5　恒值控制系统、随动系统和过程控制系统的主要区别是什么？试判断下列系统属于哪一类系统：电饭煲、空调机、燃气热水器、仿形加工机床、母子钟系统、自动跟踪雷达、家用交流稳压器、数控加工中心、啤酒自动生产线。

习　题

1-6　图 1-16 为太阳能自动跟踪装置角位移 $\theta_o(t)$ 的阶跃响应曲线。曲线 I 为系统未加校正装置时的阶跃响应曲线，曲线 II 和 III 为增加了不同的校正装置后的阶跃响应曲线。试大致估算 I、II、III 三种情况时

的动态性能指标 σ、t_s、N，并分析比较Ⅰ、Ⅱ、Ⅲ三种情况下技术性能的优劣。

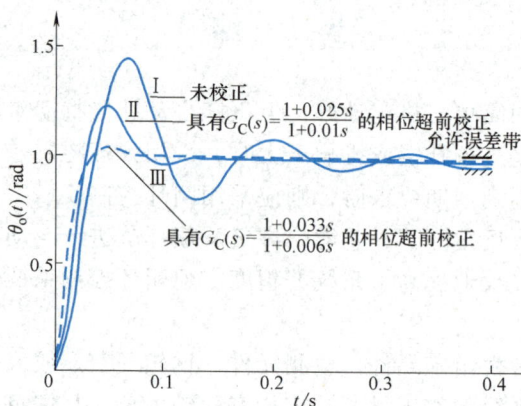

图1-16　太阳能自动跟踪装置角位移 $\theta_o(t)$ 的阶跃响应曲线

1-7　图1-17为晶体管稳压电源电路，试分别指出哪个量是给定量、被控量、反馈量、扰动量。画出系统的框图，写出其自动调节过程。

1-8　图1-18为仓库大门自动控制系统。试说明自动控制大门开启和关闭的工作原理。如果大门不能全开或全关，则应怎样进行调整？

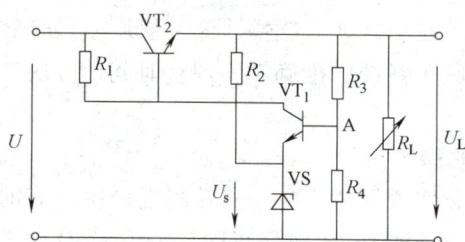

图1-17　晶体管稳压电源电路

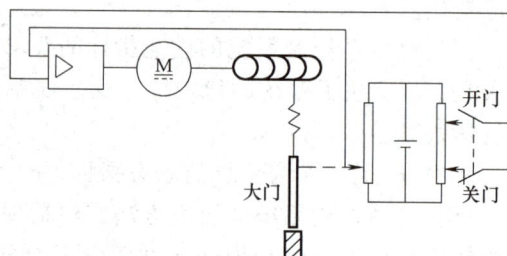

图1-18　仓库大门自动控制系统

*1-9　图1-19为自动绕线机的速度控制系统的示意图。试分析其自动绕线、排线的工作原理，画出系统的框图（排线机构为齿轮与齿条的组合件）。

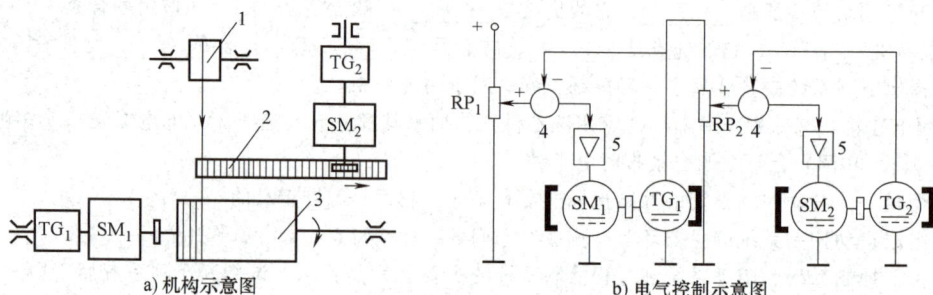

a) 机构示意图　　　　　　　　b) 电气控制示意图

图1-19　自动绕线机速度控制系统

1—拉线机构　2—排线机构　3—绕线机构　4—比较器　5—驱动放大器

SM—直流伺服电动机　TG—测速发电机

*1-10　在卷绕加工的系统中，为了避免发生像拉裂、拉伸变形或褶皱等这类不良的现象，通常使被卷物的张力保持在某个规定的数值上，这就是恒张力控制系统。在图1-20所示的恒张力控制系统中，右边

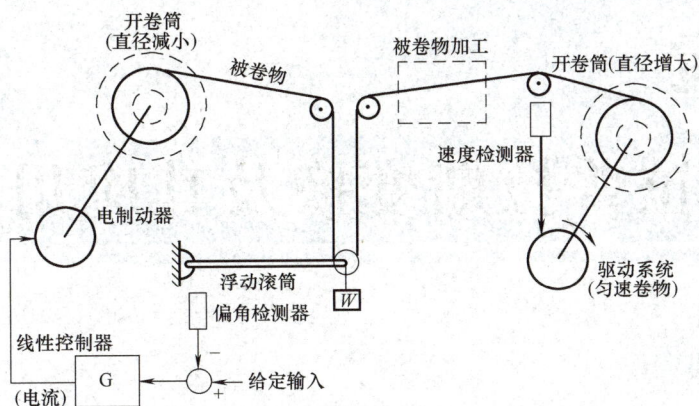

图 1-20 卷绕加工的恒张力控制系统

是卷绕驱动系统，由它以恒定的线速度卷绕被卷物（如纸张等）。右边的速度检测器提供反馈信号以使驱动系统保持恒定的线速度（驱动系统的控制部分，此处省略未画出）。左边的开卷筒与电制动器相连，以保持一定的张力。为了保持恒定的张力，被卷物将绕过一个浮动滚筒，滚筒具有一定的重量，滚筒摇臂的正常位置是水平位置，这时被卷物的张力等于浮动滚筒总重力 W 的一半。

在实际运行中，因为外部扰动、被卷物料的不均匀及开卷筒有效直径的减少而使张力发生变化时，滚筒摇臂便保持不了水平位置，这时通过偏角检测器测出偏角位移量，并将它转换成电压信号，与给定输入量比较，两者的偏差电压经放大后去控制电制动器。试画出该系统的组成框图。今设因外部扰动而使张力减小，请写出该系统的自动调节过程。

1-11 图 1-21 为直流调速系统。图中 TG 为测速发电机，M 为工作电动机，SM 为伺服电动机，伺服电动机将驱动电位器 RP_2 的滑杆上下移动。试画出该系统的组成框图，写出该系统的自动调节过程（设转速 n 因负载转矩 T_L 增大而下降）。

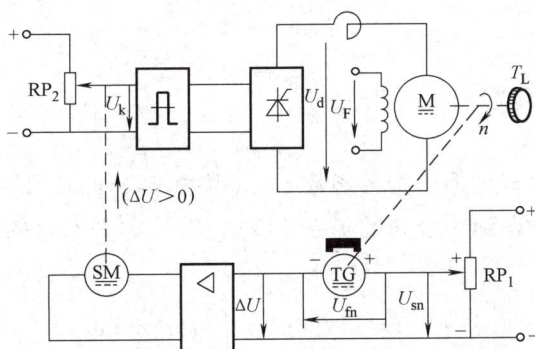

图 1-21 直流调速系统

第2章

拉普拉斯变换及其应用

本章概要

本章简要叙述拉氏变换的概念、拉氏变换的运算定理和应用拉氏变换求解微分方程的基本方法。

拉普拉斯变换⊖（简称拉氏变换）是工程数学中常用的一种积分变换。经拉氏变换后，可将微分方程式变换成为代数方程式，并且在变换的同时即将初始条件引入，避免了经典解法中求积分常数的麻烦，因此这种方法可以使微分方程的求解过程大为简化。

一个控制系统性能的好坏，取决于表征系统固有特性的系统内在结构参数，而与外部施加的信号无关。因而，对于一个控制系统品质好坏的评价可以通过对系统固有特性的分析来达到。传递函数正是这种表征系统固有特性的函数。

经典控制理论中广泛应用的时域分析法和频率分析法等都是建立在传递函数这种数学模型基础之上的。而传递函数的概念又是建立在拉氏变换的基础之上的，因此，拉氏变换是经典控制理论的数学基础。

2.1 拉氏变换的概念

若将实变量 t 的函数 $f(t)$ 乘以指数函数 e^{-st}（其中 $s = \sigma + j\omega$，是一个复变量），再在 0 到 ∞ 之间对 t 进行积分，就得到一个新的函数 $F(s)$。$F(s)$ 称为 $f(t)$ 的拉氏变换式，并可用符号 $L[f(t)]$ 表示

$$F(s) = L[f(t)] = \int_0^\infty f(t) e^{-st} dt \tag{2-1}$$

上式称为拉氏变换的定义式。条件是式中等号右边的积分存在（收敛）。

由于 $\int_0^\infty f(t) e^{-st} dt$ 是一个定积分，t 将在新函数中消失，因此，$F(s)$ 只取决于 s，它是复变量 s 的函数。**拉氏变换将原来的实变量函数 $f(t)$ 转化为复变量函数 $F(s)$。**

拉氏变换是一种单值变换。$f(t)$ 和 $F(s)$ 之间具有一一对应的关系。通常称 $f(t)$ 为原函数，$F(s)$ 为象函数。

⊖ 拉氏变换是一种线性变换，在工程技术和科学研究领域有着广泛的应用。通过拉氏变换，可以把一些复杂的计算得到简化。在实际工作和生活中，也要学习复杂的问题简单化。

由拉氏变换的定义式，可以根据已知的原函数求取对应的象函数。

【**例 2-1**】　求单位阶跃函数（Unit Step Function）$1(t)$ 的象函数。

【**解**】　在自动控制原理中，单位阶跃函数是一个突加作用信号，相当一个开关的闭合（或断开）。在求它的象函数前，首先应给出单位阶跃函数的定义式（见图 2-1a）

$$设函数 \quad 1_\varepsilon(t) = \begin{cases} 0 & (t < 0) \\ \dfrac{1}{\varepsilon}t & (0 \leqslant t \leqslant \varepsilon) \\ 1 & (t > \varepsilon) \end{cases}$$

则单位阶跃函数 $1(t)$ 的定义为（见图 2-1b）

$$1(t) = \lim_{\varepsilon \to 0} 1_\varepsilon(t)$$

所以

$$1(t) = \begin{cases} 0 & (t < 0) \\ 1 & (t \geqslant 0) \end{cases}$$

由式（2-1）有

$$F(s) = L[1(t)] = \int_0^\infty 1 \times e^{-st}dt = -\frac{1}{s}e^{-st}\Big|_0^\infty = \frac{1}{s}$$

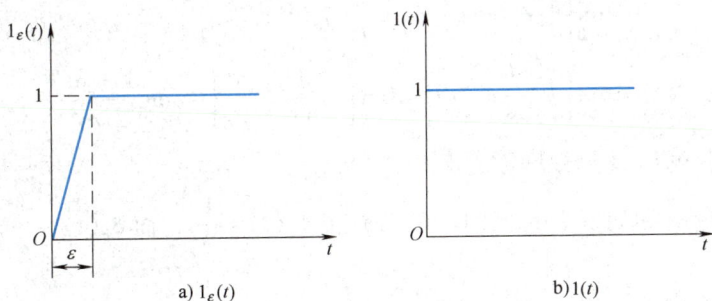

a) $1_\varepsilon(t)$　　　　　　　b) $1(t)$

图 2-1　单位阶跃函数

【**例 2-2**】　求单位脉冲函数（Unit Pulse Function）$\delta(t)$ 的象函数（见图 2-2a）

【**解**】　设函数 $\quad \delta_\varepsilon(t) = \begin{cases} 0 & (t < 0) \\ \dfrac{1}{\varepsilon} & (0 < t < \varepsilon) \\ 0 & (t > \varepsilon) \end{cases}$

$\delta_\varepsilon(t)$ 函数的特点是

$$\int_0^\infty \delta_\varepsilon(t)dt = \int_0^\varepsilon \delta_\varepsilon(t)dt = \frac{1}{\varepsilon}t\Big|_0^\varepsilon = 1$$

单位脉冲函数 $\delta(t)$ 的定义为（见图 2-2b）

$$\delta(t) = \lim_{\varepsilon \to 0} \delta_\varepsilon(t)$$

$\delta(t)$ 在 $t<0$ 时及 $t>0$ 时为 0；在 $t=0$ 时，$\delta(t)$ 由 $0 \to +\infty$，又由 $+\infty \to 0$。但 $\delta(t)$ 对时间的积分为 1。即

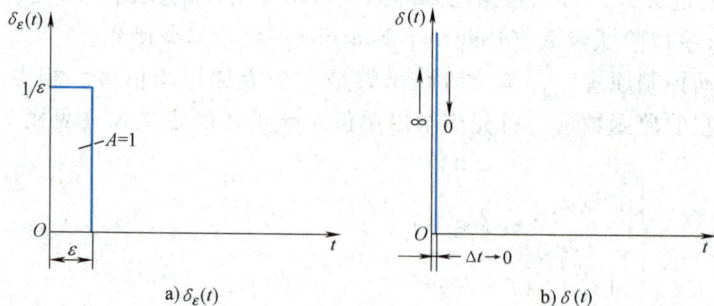

图 2-2 单位脉冲函数

$$\int_0^{\infty} \delta(t)\,dt = \lim_{\varepsilon \to 0} \int_0^{\infty} \delta_{\varepsilon}(t)\,dt = 1 \tag{2-2}$$

在自动控制系统中，单位脉冲函数相当于一个瞬时的扰动信号。它的拉氏变换式由式（2-1）有

$$F(s) = L[\delta(t)] = \int_0^{\infty} \delta(t)\,e^{-st}\,dt$$

$$= \lim_{\varepsilon \to 0}\left[\int_0^{\varepsilon} \delta_{\varepsilon}(t)\,e^{-st}\,dt + \int_{\varepsilon}^{\infty} \delta_{\varepsilon}(t)\,e^{-st}\,dt\right]$$

$$= \lim_{\varepsilon \to 0}\left[\int_0^{\varepsilon} \frac{1}{\varepsilon}e^{-st}\,dt\right] = \lim_{\varepsilon \to 0}\left[-\frac{1}{\varepsilon s}e^{-st}\,\bigg|_0^{\varepsilon}\right] = \lim_{\varepsilon \to 0}\frac{1 - e^{-\varepsilon s}}{\varepsilon s} = 1 \tag{2-3}$$

【例 2-3】 求 $\delta(t)$ 与 $1(t)$ 间的关系。

【解】 由以上两例可见，在区间（0，ε）里 $1_{\varepsilon}(t) = \dfrac{1}{\varepsilon}t$，而 $\delta_{\varepsilon}(t) = \dfrac{1}{\varepsilon}$，所以

$$\frac{d1_{\varepsilon}(t)}{dt} = \frac{1}{\varepsilon} = \delta_{\varepsilon}(t)$$

由上式有

$$\lim_{\varepsilon \to 0}\frac{d1_{\varepsilon}(t)}{dt} = \lim_{\varepsilon \to 0}\delta_{\varepsilon}(t)$$

$$\frac{d1(t)}{dt} = \delta(t) \tag{2-4}$$

由上式有

$$1(t) = \int \delta(t)\,dt \tag{2-5}$$

由式（2-4）和式（2-5）可知：单位阶跃函数对时间的导数即为单位脉冲函数；反之，单位脉冲函数对时间的积分即为单位阶跃函数。

【例 2-4】 求正弦函数（Sinusoidal Function）$f(t) = \sin\omega t$ 的象函数。

【解】

$$F(s) = L[\sin\omega t] = \int_0^{\infty} \sin\omega t\,e^{-st}\,dt = \int_0^{\infty} \frac{1}{2j}(e^{j\omega t} - e^{-j\omega t})e^{-st}\,dt$$

$$= \frac{1}{2j}\left[\int_0^{\infty} e^{-(s-j\omega)t}\,dt - \int_0^{\infty} e^{-(s+j\omega)t}\,dt\right]$$

$$= \frac{1}{2\mathrm{j}}\left(\frac{1}{s-\mathrm{j}\omega} - \frac{1}{s+\mathrm{j}\omega} \right) = \frac{\omega}{s^2+\omega^2} \tag{2-6}$$

实用上，常把原函数与象函数之间的对应关系列成对照表的形式。通过查表，就能够知道原函数的象函数或象函数的原函数，十分方便。常用函数的拉氏变换对照表见表 2-1。

表 2-1 常用函数拉氏变换对照表

序号	原函数 $f(t)$	象函数 $F(s)$
1	$\delta(t)$	1
2	$1(t)$	$\dfrac{1}{s}$
3	$\mathrm{e}^{-\alpha t}$	$\dfrac{1}{s+\alpha}$
4	t^n	$\dfrac{n!}{s^{n+1}}$
5	$t\mathrm{e}^{-\alpha t}$	$\dfrac{1}{(s+\alpha)^2}$
6	$t^n \mathrm{e}^{-\alpha t}$	$\dfrac{n!}{(s+\alpha)^{n+1}}$
7	$\sin \omega t$	$\dfrac{\omega}{s^2+\omega^2}$
8	$\cos \omega t$	$\dfrac{s}{s^2+\omega^2}$
9	$1-\cos \omega t$	$\dfrac{\omega^2}{s(s^2+\omega^2)}$
10	$1-\mathrm{e}^{-\omega t}(1+\omega t)$	$\dfrac{\omega^2}{s(s+\omega)^2}$
11	$\dfrac{\omega_\mathrm{n}}{\sqrt{1-\xi^2}}\mathrm{e}^{-\xi\omega_\mathrm{n}t}\sin \omega_\mathrm{n}\sqrt{1-\xi^2}\,t$	$\dfrac{\omega_\mathrm{n}^2}{s^2+2\xi\omega_\mathrm{n}s+\omega_\mathrm{n}^2}(0<\xi<1)$
12	$\dfrac{-1}{\sqrt{1-\xi^2}}\mathrm{e}^{-\xi\omega_\mathrm{n}t}\sin\left(\omega_\mathrm{n}\sqrt{1-\xi^2}\,t-\varphi\right)$ $\varphi=\arctan\dfrac{\sqrt{1-\xi^2}}{\xi}$	$\dfrac{s}{s^2+2\xi\omega_\mathrm{n}s+\omega_\mathrm{n}^2}(0<\xi<1)$
13	$1-\dfrac{1}{\sqrt{1-\xi^2}}\mathrm{e}^{-\xi\omega_\mathrm{n}t}\sin\left(\omega_\mathrm{n}\sqrt{1-\xi^2}\,t+\varphi\right)$ $\varphi=\arctan\dfrac{\sqrt{1-\xi^2}}{\xi}$	$\dfrac{\omega_\mathrm{n}^2}{s(s^2+2\xi\omega_\mathrm{n}s+\omega_\mathrm{n}^2)}(0<\xi<1)$
14	$1-\dfrac{1}{2x(\xi-x)}\mathrm{e}^{-(\xi-x)\omega_\mathrm{n}t}+\dfrac{1}{2x(\xi-x)}\mathrm{e}^{-(\xi+x)\omega_\mathrm{n}t}$ $x=\sqrt{\xi^2-1}$	$\dfrac{\omega_\mathrm{n}^2}{s(s^2+2\xi\omega_\mathrm{n}s+\omega_\mathrm{n}^2)}(\xi>1)$

2.2 拉氏变换的运算定理

在应用拉氏变换时，常需要借助于拉氏变换的运算定理，这些运算定理都可通过拉氏变换定义式加以证明[⊖]，现分别叙述如下：

⊖ 这里仅介绍常用的运算定理，其证明可参见参考文献 [3]。

1. 叠加定理

两个函数代数和的拉氏变换等于两个函数拉氏变换的代数和。即

$$L[f_1(t) \pm f_2(t)] = L[f_1(t)] \pm L[f_2(t)] \tag{2-7}$$

2. 比例定理

K 倍原函数的拉氏变换等于原函数拉氏变换的 K 倍。即

$$L[Kf(t)] = KL[f(t)] \tag{2-8}$$

3. 微分定理

若在零初始条件下

$$f(0) = f'(0) = \cdots = f^{(n-1)}(0) = 0$$

则

$$L[f^{(n)}(t)] = s^n F(s) \tag{2-9}$$

上式表明，在初始条件为零的前提下，原函数的 n 阶导数的拉氏式等于其象函数乘以 s^n。这使函数的微分运算变得十分简单，它是拉氏变换能将微分运算转换成代数运算的依据。因此微分定理是一个十分重要的运算定理。

4. 积分定理

若在零初始条件下

$$\int f(t)dt \Big|_{t=0} = \iint f(t)(dt)^2 \Big|_{t=0} = \cdots = \underbrace{\int \cdots \int}_{(n-1)} f(t)(dt)^{(n-1)} \Big|_{t=0} = 0$$

则

$$L\left[\underbrace{\int \cdots \int}_{n} f(t)(dt)^n\right] = \frac{F(s)}{s^n} \tag{2-10}$$

上式表明，在零初始条件下，原函数的 n 重积分的拉氏式等于其象函数除以 s^n。

它是微分的逆运算，与微分定理一样，也是十分重要的运算定理。

5. 延迟定理

当原函数 $f(t)$ 延迟 τ 时间，成为 $f(t-\tau)$ 时，它的拉氏式为

$$L[f(t-\tau)] = e^{-s\tau} F(s) \tag{2-11}$$

上式表明，当原函数 $f(t)$ 延迟 τ 时间，成为 $f(t-\tau)$ 时，相应的象函数 $F(s)$ 应乘以因子 $e^{-s\tau}$。

6. 终值定理

$$\lim_{t \to \infty} f(t) = \lim_{s \to 0} sF(s) \tag{2-12}$$

上式表明，原函数在 $t \to \infty$ 时的数值（稳态值），可以通过将象函数 $F(s)$ 乘以 s 后，再求 $s \to 0$ 的极限值来求得。条件是当 $t \to \infty$ 和 $s \to 0$ 时，等式两边各有极限存在。

终值定理在分析研究系统的稳态性能（例如分析系统的稳态误差，求取系统输出量的稳态值等）时有着很多的应用。因此终值定理也是一个经常用到的运算定理。

2.3 拉氏反变换

由象函数 $F(s)$ 求取原函数 $f(t)$ 的运算称为拉氏反变换（Inverse Laplace Transform）。拉氏反变换常用下式表示：

$$f(t) = L^{-1}\left[F(s)\right]$$

拉氏变换和拉氏反变换是一一对应的，所以，通常可以通过查表来求取原函数。

2.4 应用拉氏变换求解微分方程

应用拉氏变换求解微分方程的一般步骤是：

微分方程→拉氏变换→拉氏式（代数式）→分解为部分分式→求待定系数→分项查拉氏变换对照表→获得解答。

下面通过例题来说明上述应用步骤。

【例 2-5】 求典型一阶系统（惯性环节）的单位阶跃响应。

设典型一阶系统的微分方程为

$$T\frac{dc(t)}{dt} + c(t) = r(t) \tag{2-13}$$

式中，$r(t)$ 为输入信号；$c(t)$ 为输出信号；T 为时间常数。其初始条件为零。

【解】 1）对微分方程两边进行拉氏变换有

$$TsC(s) + C(s) = R(s)$$

由题意可知，系统的输入信号 $r(t)$ 为单位阶跃信号，即

$r(t) = 1(t)$，则 $R(s) = \dfrac{1}{s}$，代入上式有

$$(Ts + 1)C(s) = \frac{1}{s}$$

2）将上式分解为部分分式。由上式有

$$C(s) = \frac{1}{s}\frac{1}{Ts+1} = \frac{A}{s} + \frac{B}{Ts+1}$$

3）用待定系数法可求得 $A = 1$，$B = -T$，代入上式有

$$C(s) = \frac{1}{s} - \frac{T}{Ts+1} = \frac{1}{s} - \frac{1}{s + \dfrac{1}{T}}$$

4）对上式进行拉氏反变换，由表 2-1 可查得对应项的原函数，于是有

$$c(t) = 1 - e^{-t/T} \tag{2-14}$$

5）由式（2-14）可知，单位阶跃响应曲线如图 2-3 所示。

6）对求解的结果进行分析。

由式（2-14）和图 2-3 可知，典型一阶系统的单位阶跃响应曲线是一条按指数规律上升的曲线。由于典型一阶系统在自动控制系统中是经常遇到的，所以对它的单位阶跃响应曲线应再作进一步的分析：

① 响应曲线起点的斜率 m 为

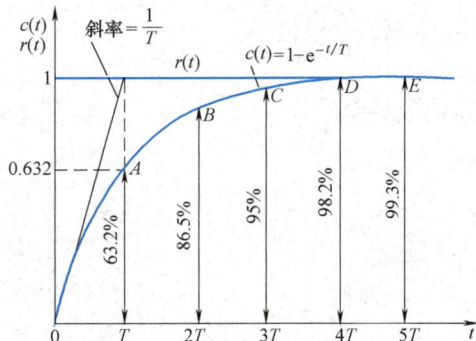

图 2-3 典型一阶系统的单位阶跃响应曲线

$$m = \frac{dc(t)}{dt}\bigg|_{t=0} = \frac{1}{T}e^{-t/T}\bigg|_{t=0} = \frac{1}{T} \qquad (2\text{-}15)$$

由上式可知，响应曲线在起点的斜率 m 为时间常数 T 的倒数，T 越大，m 越小，上升过程越慢。

② 过渡过程时间。由图 2-3 可见，在经历 T、$2T$、$3T$、$4T$ 和 $5T$ 的时间后，其响应的输出分别为稳态值的 63.2%、86.5%、95%、98.2% 和 99.3%。由此可见，典型一阶系统的过渡过程时间大约为 $(3\sim5)\,T$，可达到稳态值的 95%~99.3%。

小　　结

（1）拉氏变换定义式

$$F(s) = L[f(t)] = \int_0^\infty f(t)e^{-st}dt$$

条件是上式等号右边的积分项收敛。

（2）常用典型输入信号的拉氏式为：$L[\delta(t)] = 1$，$L[1(t)] = 1/s$，$L[t] = 1/s^2$，$L[t^2/2] = 1/s^3$。

（3）常用拉氏变换的运算定理有：叠加定理、比例定理、微分定理、积分定理、延迟定理、终值定理等。

（4）应用拉氏变换求解微分方程的一般步骤是：微分方程→拉氏变换→拉氏式（代数式）→分解为部分分式→求待定系数→分项查拉氏变换对照表→获得解答。

习　　题

2-1　已知微分方程为 $u(t) = Ri(t) + L\dfrac{di(t)}{dt} + e(t)$，求电流 $i(t)$ 的拉氏式。

2-2　求 $F(s) = \dfrac{4}{s(s+2)}$ 的拉氏反变换式 $f(t)$。

2-3　应用终值定理求下列象函数的原函数 $f(t)$ 的稳态值：

1）$F(s) = \dfrac{4}{(s+5)(s+8)}$

2）$F(s) = \dfrac{5}{s(s+1)}$

3）$F(s) = \dfrac{(s+1)}{s^2(s+5)}$

4）$F(s) = \dfrac{s(s+4)}{(s+1)}$

第3章

自动控制系统的数学模型

本章概要

本章主要通过微分方程、传递函数和系统框图去建立自动控制系统的数学模型，主要叙述系统微分方程建立的步骤、传递函数的定义与性质、系统框图的建立与变换、框图变换的规则、典型环节与典型系统的数学模型以及系统传递函数的求取。系统的数学模型是对系统进行定量分析的基础和出发点。

研究一个自动控制系统，除定性了解组成系统的各元件或环节的功能以及它们之间的相互关系、工作原理以外，还必须定量分析系统的动态、稳态（静态）过程，才能从本质上把握住系统的基本性能。这些基本性能一般可以用数学表达式来描述，因而整个控制系统的基本性能也可以用数学表达式来描述。描述系统各变量之间的相互关系的数学表达式称为系统的数学模型[⊖]。描述系统动态及稳态性能的数学表达式分别称为动态及稳（静）态模型。

经典控制理论中常用的数学模型有时域模型——微分方程，复频域模型——传递函数、动态和静态框图，频域模型——频率特性、Bode 图等。这些数学模型一般是可以相互转化的，它们是经典控制理论中常用的时域分析方法、频域分析方法等方法所使用的数学工具。

系统的数学模型可以用解析法（又称为理论建模）或实验法（又称为系统辨识）建立。解析法适用于对系统中各元件的物理、化学等性质比较清楚的情况。根据系统的实际结构参数，从系统各元件所依据的物理、化学等规律出发建立系统的数学模型。如果系统的运动机理复杂而不便于分析或不可能进行分析时，则应使用实验法建立数学模型。

用解析法建立系统的数学模型时，应合理地简化其数学模型。模型过于简单，会使分析结果误差太大；模型过于复杂，则会导致分析计算上的困难。一般应在精度许可的前提下，尽量简化其数学模型。

3.1 系统的微分方程

描述系统的输入量和输出量之间的关系的最直接的数学方法是列写系统的微分方程（Differential Equation of Systems）。

当系统的输入量和输出量都是时间 t 的函数时，其微分方程可以确切地描述系统的运动过程。它是系统最基本的数学模型。

⊖ 实践是理论的基础，理论来自实践，理论对实践具有指导作用。把具体的系统抽象成各种数学模型，是分析研究实际系统的重要方法。

3.1.1　系统微分方程的建立

建立微分方程的一般步骤是：

1）全面了解系统的工作原理、结构组成和支配系统运动的物理规律，确定系统的输入量和输出量。

2）一般从系统的输入端开始，根据各元件或环节所遵循的物理规律，依次列写它们的微分方程。

3）将各元件或环节的微分方程联立起来消去中间变量，求取一个仅含有系统的输入量和输出量的微分方程，它就是系统的微分方程。

4）将该方程整理成标准形式。即把与输入量有关的各项放在方程的右边，把与输出量有关的各项放在方程的左边，各导数项按降幂排列，并将方程中的系数化为具有一定物理意义的表示形式，如时间常数等。

3.1.2　微分方程建立举例

下面举例进一步说明微分方程建立的过程。

【例 3-1】　直流电动机的微分方程。

【解】

1. 直流电动机（Direct-Current Motor）各物理量间的关系

直流电动机有两个独立的电路：一个是电枢（Armature）回路，有关物理量的角标用 a 表示，为直观起见，现将电枢的电阻 R_a 和漏磁电感 L_a 单独画出；另一个是励磁回路，有关物理量的角标用 F 表示。直流电动机的电路图如图 3-1 所示。

直流电动机各物理量间的基本关系式如下：

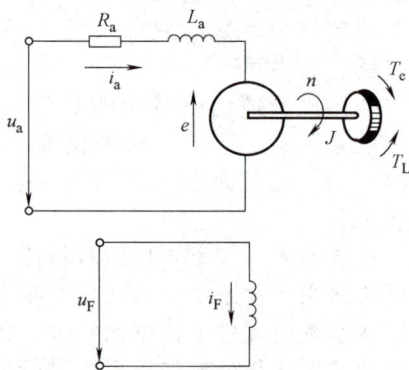

图 3-1　直流电动机电路图

电枢电路：

$$u_a = i_a R_a + L_a \frac{\mathrm{d}i_a}{\mathrm{d}t} + e \tag{3-1}$$

电磁转矩：

$$T_e = K_T \Phi i_a \tag{3-2}$$

运动方程：

$$T_e - T_L = J \frac{\mathrm{d}\omega}{\mathrm{d}t} \tag{3-3}$$

反电动势：

$$e = K_e \Phi n \tag{3-4}$$

若将 $J = mr^2 = \dfrac{GD^2}{4g}$（$g = 9.8\mathrm{m/s^2}$）及 $\omega = \dfrac{2\pi}{60}n$（$\omega$ 单位为 rad/s，n 单位为 r/min）代入式（3-3）有

$$T_e - T_L = J_G \frac{\mathrm{d}n}{\mathrm{d}t} \tag{3-3}'$$

式中，J_G 称为转速惯量，$J_G = \dfrac{2\pi}{60}\dfrac{GD^2}{4g} = \dfrac{GD^2}{375}$。

式（3-3）′还可写成

$$n = \frac{1}{J_G}\int (T_e - T_L)\,\mathrm{d}t \tag{3-3}''$$

以上各式中

u_a——电枢电压（Armature Voltage）；

e——电枢电动势（Armature Electromotive Force）（E. M. F）；

i_a——电枢电流（Armature Current）；

R_a——电枢电阻（Armature Resistance）；

L_a——电枢电感（Armature Inductance）；

T_e——电磁转矩（Electromagnetic Torque）；

Φ——磁通（Magnetic Flux）；

K_T——转矩常量；

K_e——电动势常量；

n——转速（Speed）；

T_L——摩擦和负载阻力矩（Friction and Load Drag Torque）；

J——转动惯量（Moment of Inertia）；

J_G——转速惯量；

G——转动部分的重量（Weight）；

D——转动部分的等效回转直径（Equivalent Diameter）；

GD^2——折合到电动机轴上的机械负载和电动机电枢的飞轮转动惯量。

2. 确定输入量与输出量

如今需要分析改变电枢电压 u_a 对电动机转速 n 的影响（设励磁电流 i_F 恒定）。因此应以电枢电压 u_a 为输入量、电动机转速 n 为输出量来列写电动机的微分方程，而将负载转矩 T_L 作为电动机的外界扰动量。

3. 消去中间变量，并将微分方程整理成标准形式

由式（3-4）有 $e=K_e\Phi n$，由式（3-2）有 $i_a=T_e/(K_T\Phi)$，将 e 及 i_a 代入式（3-1），以消去参变量 e 及 i_a；再由式（3-3）′有 $T_e=T_L+J_G(\mathrm{d}n/\mathrm{d}t)$，代入以消去参变量 T_e，然后按照前面叙述的步骤将微分方程整理成标准形式，于是就可得到以 u_a 为输入量、以 n 为输出量、以 T_L 为扰动量的直流电动机的微分方程：

$$T_m T_a \frac{\mathrm{d}^2 n}{\mathrm{d}t^2}+T_m\frac{\mathrm{d}n}{\mathrm{d}t}+n=\frac{1}{K_e\Phi}u_a-\frac{R_a}{K_e K_T\Phi^2}\left(T_a\frac{\mathrm{d}T_L}{\mathrm{d}t}+T_L\right) \tag{3-5}$$

式中，T_m 为电动机的机电时间常数，有

$$T_m=\frac{J_G R_a}{K_e K_T\Phi^2} \tag{3-6}$$

T_a 为电枢回路的电磁时间常数，有

$$T_a=\frac{L_a}{R_a} \tag{3-7}$$

4. 对微分方程进行分析与简化

由式（3-5）可见，电动机的转速和电动机本身的固有参数 T_m、T_a 有关，和电枢电压 u_a 有关，还和负载转矩 T_L 以及负载转矩对时间的变化率 $\mathrm{d}T_L/\mathrm{d}t$ 有关。

若不考虑电动机的负载转矩，即设 $T_L=0$，则式（3-5）可简化为

$$T_{\mathrm{m}}T_{\mathrm{a}}\frac{\mathrm{d}^2 n}{\mathrm{d}t^2}+T_{\mathrm{m}}\frac{\mathrm{d}n}{\mathrm{d}t}+n=\frac{1}{K_{\mathrm{e}}\varPhi}u_{\mathrm{a}} \tag{3-8}$$

在调速系统中，当只讨论电枢电压 u_{a} 与转速 n 的关系时，常用上式来描述直流电动机。

考虑到直流电动机电枢电感 L_{a} 一般较小，有时为进一步简化起见，可假设 $L_{\mathrm{a}}=0$，则 $T_{\mathrm{a}}=0$。若 $T_{\mathrm{a}}=0$，则式（3-8）可简化为

$$T_{\mathrm{m}}\frac{\mathrm{d}n}{\mathrm{d}t}+n=\frac{1}{K_{\mathrm{e}}\varPhi}u_{\mathrm{a}} \tag{3-9}$$

3.2 传递函数

传递函数（Transfer Function）是系统的另一种数学模型。它比微分方程简单明了、运算方便，是自动控制中最常用的数学模型。

3.2.1 传递函数的定义

传递函数是在用拉氏变换求解微分方程的过程中引申出来的概念。微分方程这一数学模型不仅计算麻烦，并且它所表示的输入、输出关系复杂而不明显。但是，经过拉氏变换的微分方程却是一个代数方程，可以进行代数运算，从而可以用简单的比值关系描述输入、输出关系。据此，建立了传递函数这一数学模型。

传递函数的定义为：对线性定常系统，在初始条件为零时，系统（或部件）输出量的拉氏变换式与输入量的拉氏变换式之比。即

$$传递函数\ G(s)=\frac{输出量的拉氏变换式}{输入量的拉氏变换式}=\frac{C(s)}{R(s)} \tag{3-10}$$

这里所谓的**初始条件为零（又称零初始条件），一般是指输入量在 $t=0$ 时刻以后才作用于系统，系统的输入量和输出量及其各阶导数在 $t \leqslant 0$ 时的值也均为零**。实际的控制系统多属于这种情况。在研究一个系统时，通常总是假定该系统原来处于稳定平衡状态，若不加输入量，系统就不会发生任何变化。系统的各个变量都可用输入量作用前的稳态值作为起算点（即零点），所以，一般都能满足零初始条件。

3.2.2 传递函数的一般表达式

如果系统的输入量为 $r(t)$，输出量为 $c(t)$，并由下列微分方程描述

$$a_n\frac{\mathrm{d}^n}{\mathrm{d}t^n}c(t)+a_{n-1}\frac{\mathrm{d}^{n-1}}{\mathrm{d}t^{n-1}}c(t)+\cdots+a_1\frac{\mathrm{d}}{\mathrm{d}t}c(t)+a_0c(t)$$

$$=b_m\frac{\mathrm{d}^m}{\mathrm{d}t^m}r(t)+b_{m-1}\frac{\mathrm{d}^{m-1}}{\mathrm{d}t^{m-1}}r(t)+\cdots+b_1\frac{\mathrm{d}}{\mathrm{d}t}r(t)+b_0r(t)$$

在初始条件为零时，对方程两边进行拉氏变换：

$$a_ns^nC(s)+a_{n-1}s^{n-1}C(s)+\cdots+a_1sC(s)+a_0C(s)$$

$$=b_ms^mR(s)+b_{m-1}s^{m-1}R(s)+\cdots+b_1sR(s)+b_0R(s)$$

即

$$(a_ns^n+a_{n-1}s^{n-1}+\cdots+a_1s+a_0)C(s)$$

$$=(b_ms^m+b_{m-1}s^{m-1}+\cdots+b_1s+b_0)R(s)$$

根据传递函数的定义有

$$G(s) = \frac{C(s)}{R(s)} = \frac{b_m s^m + b_{m-1} s^{m-1} + \cdots + b_1 s + b_0}{a_n s^n + a_{n-1} s^{n-1} + \cdots + a_1 s + a_0} = \frac{M(s)}{N(s)} \qquad (3-11)$$

式中，$M(s)$ 为传递函数的分子多项式；$N(s)$ 为传递函数的分母多项式。

由以上推导过程可见，在零初始条件下，只要将微分方程中的微分算符 $\frac{\mathrm{d}^{(i)}}{\mathrm{d}t^{(i)}}$ 换成相应的 $s^{(i)}$，即可得到系统的传递函数。式（3-11）为传递函数的一般表达式。若分别将分子和分母的多项式分解为因子连乘的形式，则式（3-11）可写成下列形式：

$$G(s) = K \frac{(s - z_1)(s - z_2) \cdots (s - z_m)}{(s - p_1)(s - p_2) \cdots (s - p_n)} \qquad (3-12)$$

式中，K 为常数；z_1、$z_2 \cdots z_m$ 为分子多项式 $M(s) = 0$ 的根，称为零点；p_1、$p_2 \cdots p_n$ 为分母多项式 $N(s) = 0$ 的根，称为极点。

z_i 与 p_i 可为实数、虚数或复数（若为虚数或复数，则必为共轭虚数或共轭复数）。

3.2.3　传递函数的性质

1）传递函数是由微分方程变换得来的，它和微分方程之间存在着一一对应的关系。对于一个确定的系统（输出量与输入量也已确定），它的微分方程是唯一的，所以，其传递函数也是唯一的。

2）传递函数是复变量 s（$s = \sigma + \mathrm{j}\omega$）的有理分式，$s$ 是复数，而分式中的各项系数 a_n，$a_{n-1} \cdots a_1$，a_0 及 b_m，$b_{m-1} \cdots b_1$，b_0 都是实数，它们是由组成系统的元件的参数构成的。由式（3-11）可见，传递函数完全取决于其系数，所以**传递函数只与系统本身内部结构、参数有关，而与输入量、扰动量等外部因素无关。因此它代表了系统的固有特性，是一种用象函数来描述系统的数学模型，称为系统的复数域模型**（以时间为自变量的微分方程，则称为时间域模型）。

3）传递函数是一种运算函数。由 $G(s) = C(s)/R(s)$ 可得 $C(s) = G(s)R(s)$，此式表明，若已知一个系统的传递函数 $G(s)$，则对任何一个输入量 $r(t)$，只要以 $R(s)$ 乘以 $G(s)$，即可得到输出量的象函数 $C(s)$，再经拉氏反变换，就可求得输出量 $c(t)$。由此可见，$G(s)$ 起着从输入到输出的传递作用，故名传递函数。

4）令传递函数的分母多项式等于零，即 $N(s) = 0$，即为微分方程的特征方程（Characteristic Equation），而以后的分析将表明：特征方程的根反映了系统动态过程的性质，所以由传递函数可以研究系统的动态特性。特征方程的阶次 n 即为系统的阶次。通常 $n \geq m$。

5）传递函数是一种数学模型，因此对不同的物理模型，它们可以有相同的传递函数（如后面的图 3-4～图 3-8 所示）。反之，对同一个物理模型（系统和元件），若选取不同的输入量和输出量，则传递函数将是不同的［如后面的式（3-39）与式（3-40）所示］。

3.3　系统框图

框图（Block Diagram）又称结构图，是传递函数的一种图形描述方式，它可以形象地描述自动控制系统各单元之间和各作用量之间的相互联系，具有简明直观、运算方便的优点，所以框图在自动控制系统分析中获得了广泛的应用。

框图由功能框、信号线、引出点和比较点等部分组成，图形符号如图 3-2 所示。现分别介绍如下：

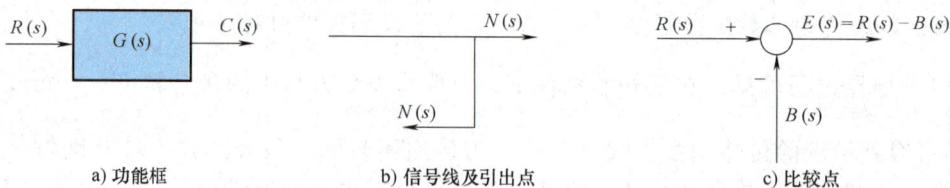

a) 功能框　　　　　　　b) 信号线及引出点　　　　　　c) 比较点

图 3-2　框图的图形符号

1. 功能框（Block Diagram）

功能框如图 3-2a 所示，框左边向内箭头为输入量（拉氏式），框右边向外箭头为输出量（拉氏式），框内为系统中一个相对独立的单元的传递函数 $G(s)$。它们间的关系为 $C(s)=G(s)R(s)$。

2. 信号线（Signal Line）

信号线表示信号流通的途径和方向。流通方向用开口箭头表示。在系统的前向通路中，箭头指向右方，信号由左向右流通。因此输入信号在最左端，输出信号在最右端。而在反馈回路中则相反，箭头由右指向左方，参见图 3-3。

3. 引出点（又称分点）（Pickoff Point）

引出点如图 3-2b 所示，表示信号由该点取出。从同一信号线上取出的信号，其大小和性质完全相同。

4. 比较点（Comparing Point）（又称和点，Summing Point）

比较点如图 3-2c 所示，其输出量为各输入量的代数和。因此在信号输入处要注明它们的极性。

图 3-3 为某典型自动控制系统的框图。它通常包括前向通路和反馈回路（主反馈回路和局部反馈回路）、引出点、比较点、输入量 $R(s)$、输出量 $C(s)$、反馈量 $B(s)$ 和偏差量 $E(s)$。图中各种变量均标以大写英文字母的拉氏式[如 $X(s)$]。功能框中均为传递函数。

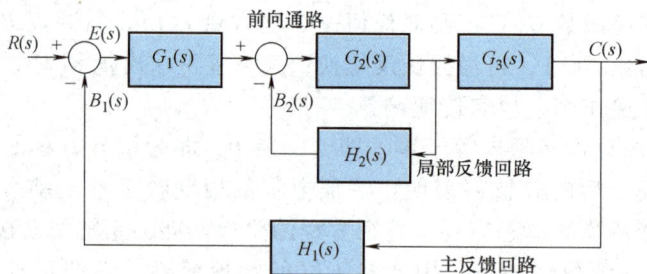

图 3-3　典型自动控制系统框图

3.4　典型环节的传递函数和功能框

任何一个复杂的系统，总可以看成由一些典型环节（Typical Elements）组合而成。掌握这些典型环节的特点，可以更方便地分析较复杂系统内部各单元间的联系。典型环节有比例环节、积分环节、理想微分环节、惯性环节、比例微分环节、振荡环节、延迟环节及运算放大器等，现分别介绍如下。

3.4.1 比例环节

1. 微分方程

$$c(t) = Kr(t)$$

2. 传递函数与功能框

$$G(s) = K \tag{3-13}$$

功能框如图 3-4a 所示。

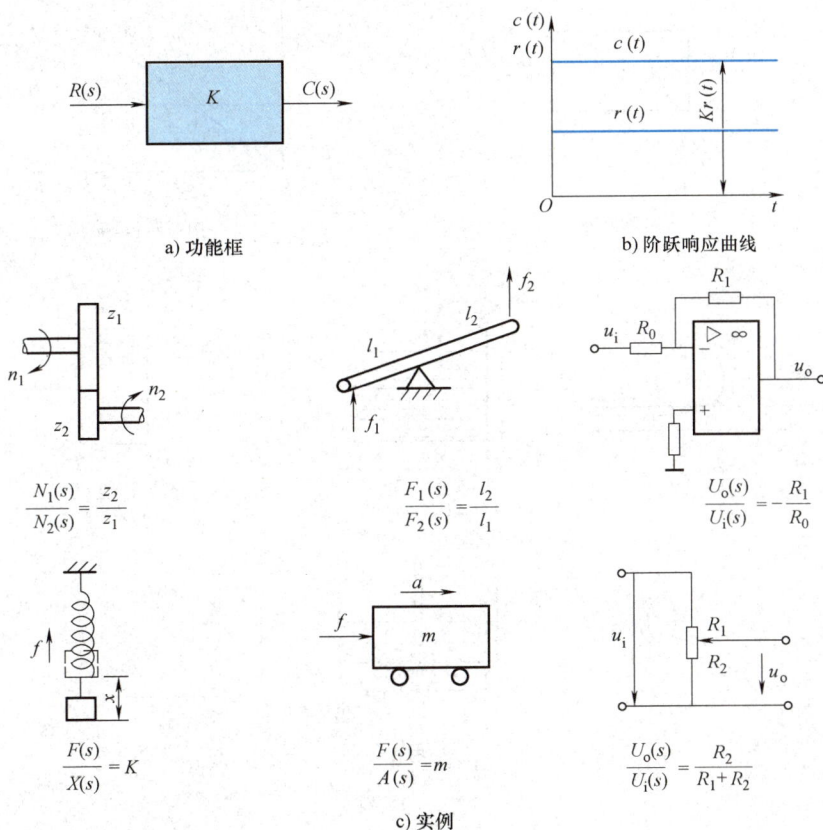

a) 功能框

b) 阶跃响应曲线

$$\frac{N_1(s)}{N_2(s)} = \frac{z_2}{z_1}$$

$$\frac{F_1(s)}{F_2(s)} = \frac{l_2}{l_1}$$

$$\frac{U_o(s)}{U_i(s)} = -\frac{R_1}{R_0}$$

$$\frac{F(s)}{X(s)} = K$$

$$\frac{F(s)}{A(s)} = m$$

$$\frac{U_o(s)}{U_i(s)} = \frac{R_2}{R_1 + R_2}$$

c) 实例

图 3-4 比例环节（Proportional Element）

3. 动态响应

当 $r(t) = 1(t)$ 时，$\qquad c(t) = K1(t) \tag{3-14}$

比例环节能立即成比例地响应输入量的变化，比例环节的阶跃响应曲线如图 3-4b 所示。

4. 实例

比例环节是自动控制系统中使用最多的，例如电子放大器、齿轮减速器（忽略非线性因素）、杠杆机构、弹簧、电位器等，如图 3-4c 所示。

3.4.2　积分环节

1. 微分方程

$$c(t) = \frac{1}{T}\int_0^t r(t)\,\mathrm{d}t \quad （T \text{ 为积分时间常数}）$$

2. 传递函数与功能框

$$G(s) = \frac{1}{Ts} \tag{3-15}$$

功能框如图 3-5a 所示。

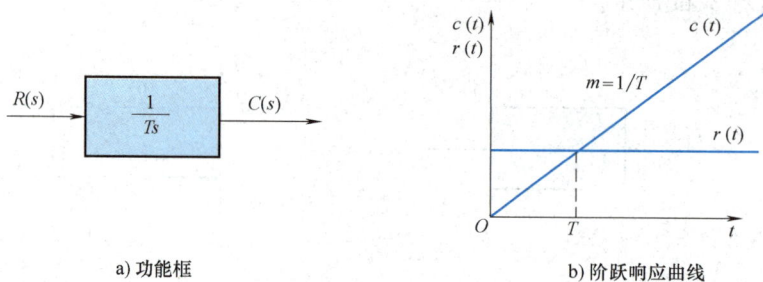

a) 功能框　　　　　　　　　　b) 阶跃响应曲线

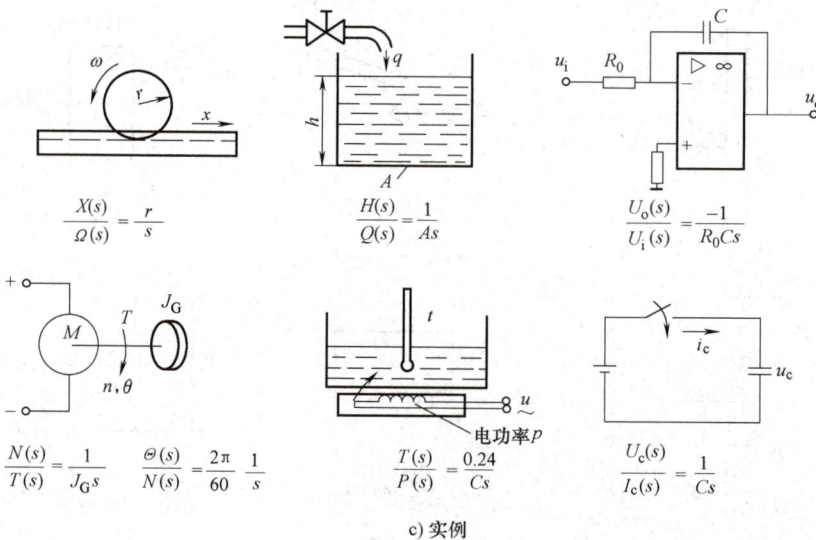

$$\frac{X(s)}{\Omega(s)} = \frac{r}{s}$$

$$\frac{H(s)}{Q(s)} = \frac{1}{As}$$

$$\frac{U_o(s)}{U_i(s)} = \frac{-1}{R_0 Cs}$$

$$\frac{N(s)}{T(s)} = \frac{1}{J_G s} \qquad \frac{\Theta(s)}{N(s)} = \frac{2\pi}{60}\frac{1}{s}$$

$$\frac{T(s)}{P(s)} = \frac{0.24}{Cs}$$

$$\frac{U_c(s)}{I_c(s)} = \frac{1}{Cs}$$

c) 实例

图 3-5　积分环节（Integrating Element）

3. 动态响应

当 $r(t) = 1(t)$ 时，$R(s) = \dfrac{1}{s}$，则有

$$C(s) = G(s)R(s) = \frac{1}{Ts}\frac{1}{s} = \frac{1}{Ts^2}$$

由表 2-1 可得

$$c(t) = \frac{1}{T}t \tag{3-16}$$

其阶跃响应曲线如图 3-5b 所示。由图可见，输出量随着时间的增长而不断增加，增长的斜率为 $1/T$。

4. 实例

积分环节的特点是它的输出量为输入量对时间的积累。因此，凡是输出量对输入量有储存和积累特点的元件一般都含有积分环节。例如水箱的水位与水流量，烘箱的温度与热流量（或功率），机械运动中的转速与转矩、位移与速度、速度与加速度，电容的电量与电流等等，如图 3-5c 所示。积分环节也是自动控制系统中常见的环节之一。

5. ［阅读材料］ 实例分析

【实例 1】 齿轮和齿条。如果忽略齿条和齿轮的非线性因素，齿条的位移和齿轮角速度为积分关系。

由 $\dfrac{\mathrm{d}x(t)}{\mathrm{d}t} = \omega(t)r$，有 $x(t) = r\displaystyle\int\omega(t)\,\mathrm{d}t$，对此式进行拉氏变换后可得：$\dfrac{X(s)}{\Omega(s)} = \dfrac{r}{s}$

【实例 2】 电动机。电动机的转速与转矩，角位移和转速均为积分关系。

$$T(t) = J_\mathrm{G}\frac{\mathrm{d}n(t)}{\mathrm{d}t} \qquad (\text{式中 } J_\mathrm{G} \text{ 为转速惯量})$$

对上式进行拉氏变换后可得

$$\frac{N(s)}{T(s)} = \frac{1}{J_\mathrm{G}s} \tag{3-17}$$

又 $\dfrac{\mathrm{d}\theta(t)}{\mathrm{d}t} = \omega(t) = \dfrac{2\pi}{60}n(t)$，经拉氏变换后可得

$$\frac{\Theta(s)}{N(s)} = \frac{2\pi}{60}\frac{1}{s} \tag{3-18}$$

【实例 3】 水箱。 水箱的水位与水流量为积分关系。

水流量
$$Q(t) = \frac{\mathrm{d}V(t)}{\mathrm{d}t} = A\frac{\mathrm{d}H(t)}{\mathrm{d}t}$$

式中，V 为水的体积；H 为水位高度；A 为容器底面积。

由上式有
$$H(t) = \frac{1}{A}\int Q(t)\,\mathrm{d}t$$

对上式进行拉氏变换并整理可得　　$\dfrac{H(s)}{Q(s)} = \dfrac{1}{As}$

【实例 4】 加热器。温度与电功率为积分关系。

温度
$$T(t) = \frac{1}{C}Q(t) = \frac{0.24}{C}\int p(t)\,\mathrm{d}t$$

式中，Q 为热量；C 为比热容；p 为电功率。

对上式进行拉氏变换并整理可得　　$\dfrac{T(s)}{P(s)} = \dfrac{0.24}{Cs}$

【实例 5】 积分调节器。 输出量与输入量为积分关系。

$$u_o(t) = \frac{-1}{R_0 C} \int u_i(t) dt$$

对上式进行拉氏变换可得 $\dfrac{U_o(s)}{U_i(s)} = \dfrac{-1}{R_0 C\, s} = -\dfrac{1}{Ts}$

式中，T 为积分时间常数$(T = R_0 C)$。

【实例6】 电容电路。电容器电压与充电电流为积分关系。

电容电压 $$u_c(t) = \frac{q(t)}{C} = \frac{1}{C}\int i_c dt$$

对上式进行拉氏变换可得 $\dfrac{U_c(s)}{I_c(s)} = \dfrac{1}{Cs}$

3.4.3　理想微分环节

1. 微分方程

$$c(t) = \tau \frac{dr(t)}{dt}$$

式中，τ 为微分时间常数。

2. 传递函数与功能框

$$G(s) = \tau s \qquad\qquad (3-19)$$

功能框如图3-6a所示。

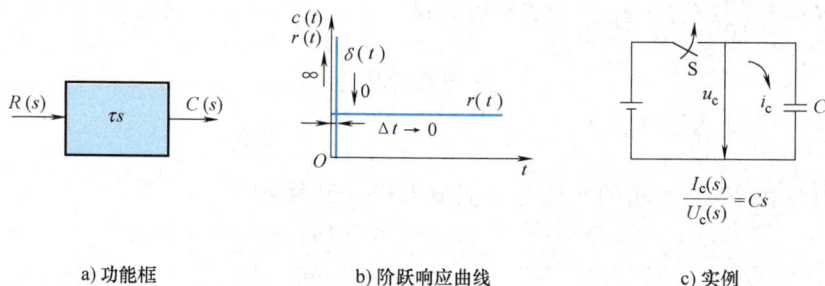

a)功能框　　　　b)阶跃响应曲线　　　　c)实例

图3-6　理想微分环节（Ideal Derivative Element）

3. 动态响应

当 $r(t) = 1(t)$ 时 $$R(s) = \frac{1}{s}$$

$$C(s) = G(s)R(s) = \tau s \frac{1}{s} = \tau$$

由表2-1可得 $$c(t) = \tau\delta(t) \qquad\qquad (3-20)$$

式中，$\delta(t)$ 为单位脉冲函数（参见例2-2）。

其阶跃响应曲线如图3-6b所示。

4. 实例

理想微分环节的输出量与输入量间的关系恰好与积分环节相反，传递函数互为倒数，因此，积分环节的逆过程就是理想微分。如忽略电容器内阻，电流与电压间的关系即为一理想微分，见图 3-6c。

3.4.4　惯性环节

1. 微分方程

$$T\frac{dc(t)}{dt}+c(t)=r(t)$$

式中，T 为惯性时间常数。

2. 传递函数与功能框

$$G(s)=\frac{1}{Ts+1} \tag{3-21}$$

功能框如图 3-7a 所示。

3. 动态响应

当 $r(t)=1(t)$ 时，　　　　　　　$R(s)=1/s$

$$C(s)=G(s)R(s)=\frac{1}{Ts+1}\frac{1}{s}=\left(\frac{1}{s}-\frac{1}{s+\frac{1}{T}}\right)$$

由表 2-1 可得　　　　　　　　$c(t)=1-e^{-t/T}$ 　　　　　　　（3-22）

惯性环节的阶跃响应曲线如图 3-7b 所示。由图可见，**当输入量发生突变时，输出量不能突变，只能按指数规律逐渐变化，这就反映了该环节具有惯性**。

此环节的阶跃响应，在第 2 章例 2-5 已作了详细的分析。

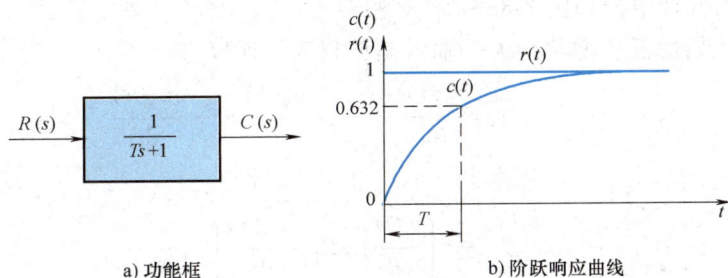

a) 功能框　　　　　　　　　　　　b) 阶跃响应曲线

图 3-7　惯性环节（Inertial Element）

4. 实例

[阅读材料]　实例分析

【实例 7】　电阻、电感电路如图 3-8a 所示。

由基尔霍夫电压定律可得电路微分方程：

$$Ri(t)+L\frac{di(t)}{dt}=u(t)$$

对上式进行拉氏变换，并整理后可得

$$\frac{I(s)}{U(s)}=\frac{K}{Ts+1}\quad\left(T=\frac{L}{R},\quad K=\frac{1}{R}\right) \tag{3-23}$$

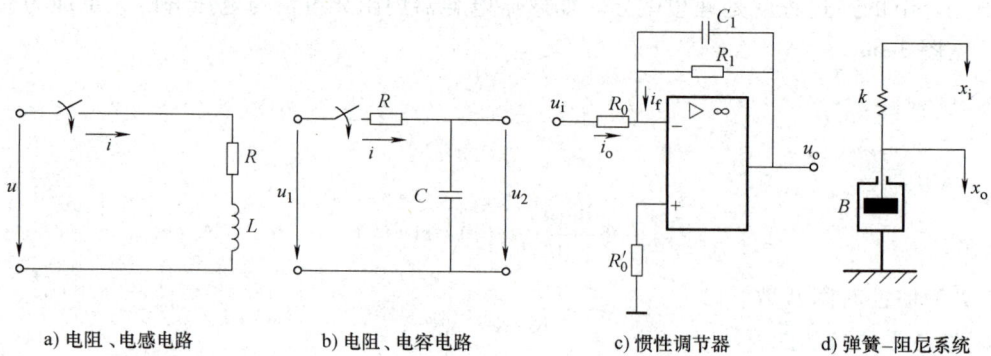

a) 电阻、电感电路　　　b) 电阻、电容电路　　　c) 惯性调节器　　　d) 弹簧–阻尼系统

图 3-8　惯性环节实例

【实例 8】　电阻、电容电路如图 3-8b 所示。

由图可见，
$$u_1(t) = Ri(t) + u_2(t)$$

将 $i(t) = \dfrac{dq(t)}{dt} = C\dfrac{du_2(t)}{dt}$ 代入上式有

$$u_1(t) = RC\frac{du_2(t)}{dt} + u_2(t)$$

对上式进行拉氏变换，并整理后可得

$$\frac{U_2(s)}{U_1(s)} = \frac{1}{Ts+1} \qquad (T = RC) \tag{3-24}$$

【实例 9】　惯性调节器如图 3-8c 所示。

由于运算放大器的开环增益很大、输入阻抗很高，所以有

$$i_o = -i_f \qquad i_o = \frac{u_i(t)}{R_0} \qquad i_f = \frac{u_o(t)}{R_1} + C_1\frac{du_o(t)}{dt}$$

于是有

$$\frac{u_i(t)}{R_0} = -\left[\frac{u_o(t)}{R_1} + C_1\frac{du_o(t)}{dt}\right]$$

对上式进行拉氏变换，并整理后可得

$$\frac{U_o(s)}{U_i(s)} = \frac{K}{Ts+1} \qquad \left(T = R_1C_1, \quad K = -\frac{R_1}{R_0}\right) \tag{3-25}$$

【实例 10】　弹簧-阻尼系统如图 3-8d 所示。图中阻尼器的阻力 $f_1 = B\dfrac{dx_o(t)}{dt}$，$B$ 为黏性阻尼系数（黏性阻力与相对速度成正比）。弹簧力 $f_2 = k[x_i(t) - x_o(t)]$，其中 k 为弹性系数。

由于两力相等，即 $f_1 = f_2$，于是有

$$k[x_i(t) - x_o(t)] = B\frac{dx_o(t)}{dt}$$

对上式进行拉氏变换，并整理后可得

$$\frac{X_o(s)}{X_i(s)} = \frac{1}{Ts+1} \quad \left(T = \frac{B}{k}\right)$$

由以上几个实例可见，**一个储能元件**（如电感、电容和弹簧等）**和一个耗能元件**（如电阻、阻尼器等）**的组合就能构成一个惯性环节。**

3.4.5　比例微分环节

1. 微分方程

$$c(t) = K\tau\frac{dr(t)}{dt} + Kr(t)$$

2. 传递函数与功能框

$$G(s) = K(\tau s + 1) \tag{3-26}$$

式中，τ 为微分时间常数。

比例微分环节的传递函数恰与惯性环节相反，互为倒数。

比例微分环节的功能框如图 3-9a 所示。

3. 动态响应

比例微分环节的阶跃响应为比例与微分环节的阶跃响应的叠加，如图 3-9b 所示。

4. 实例

图 3-9c 所示的实例为比例微分调节器，其传递函数及其在系统中的应用将在后面分析。

比例微分调节器的传递函数为［见式（3-33）］

$$G(s) = \frac{U_o(s)}{U_i(s)} = K(\tau_0 s + 1)$$

式中，$K = \dfrac{-R_1}{R_0}$；$\tau_0 = R_0 C_0$。

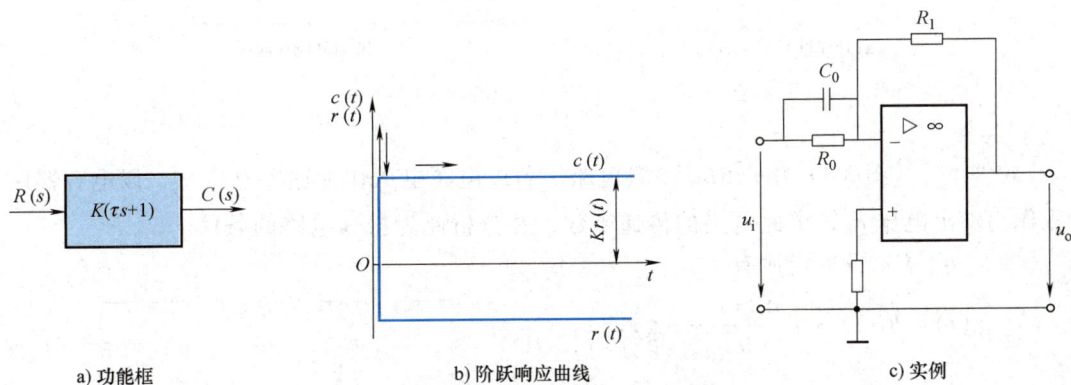

a) 功能框　　　　　　b) 阶跃响应曲线　　　　　　c) 实例

图 3-9　比例微分环节（Proportional-Derivative Element）

3.4.6　振荡环节

1. 微分方程

$$T^2\frac{d^2 c(t)}{dt^2} + 2T\xi\frac{dc(t)}{dt} + c(t) = r(t) \tag{3-27}$$

2. 传递函数与功能框

$$G(s) = \frac{1}{T^2 s^2 + 2\xi T s + 1} = \frac{\omega_n^2}{s^2 + 2\xi \omega_n s + \omega_n^2} \qquad (3\text{-}28)$$

式中，$\omega_n = 1/T$；ξ 为阻尼比。

振荡环节的功能框如图 3-10a 所示。

3. 动态响应（参见 4.1 中的分析）

当 $\xi = 0$ 时，$c(t)$ 为等幅自由振荡（又称为无阻尼振荡）。其振荡频率为 ω_n，ω_n 称为无阻尼自然振荡频率。（参见表 2-1 序号 9）

当 $0 < \xi < 1$ 时，$c(t)$ 为减幅振荡（又称为阻尼振荡）。其振荡频率为 ω_d，ω_d 称为阻尼自然振荡频率。（参见表 2-1 序号 13）

$$c(t) = 1 - \frac{e^{-\xi \omega_n t}}{\sqrt{1 - \xi^2}} \sin(\omega_d t + \varphi) \qquad (3\text{-}29)$$

式中，$\omega_d = \omega_n \sqrt{1 - \xi^2}$；$\varphi = \arctan \dfrac{\sqrt{1 - \xi^2}}{\xi}$。

其阶跃响应曲线如图 3-10b 所示。

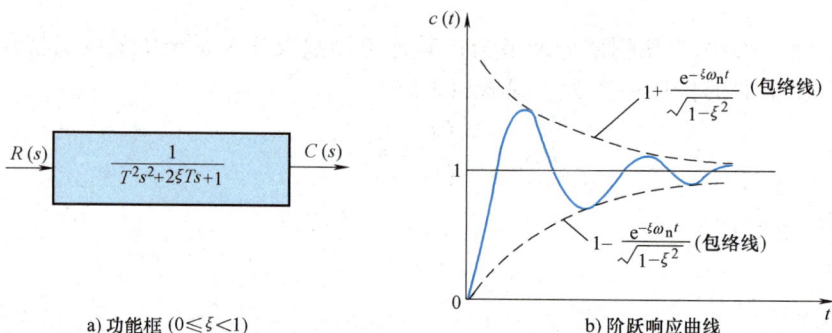

a) 功能框 $(0 \leqslant \xi < 1)$　　b) 阶跃响应曲线

图 3-10　振荡环节（Oscillating Element）

4. 实例

【实例 11】　图 3-11 为一 RLC 串联电路。若以电源电压作为输入电压 u_i，以电容器两端电压作为输出电压 u_o，求此电路的传递函数，并分析此为振荡电路的条件。

【解】　由基尔霍夫定律有

$$u_i(t) = R i(t) + L \frac{di(t)}{dt} + u_o(t)$$

而流过电容的电流 $i = \dfrac{dq}{dt} = \dfrac{dCu_o(t)}{dt}$

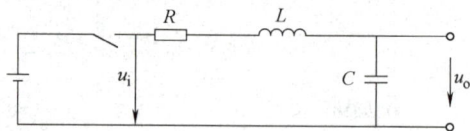

图 3-11　RLC 串联电路

$$= C \frac{du_o(t)}{dt}$$

代入前式，并整理成标准形式。其微分方程为

$$LC \frac{d^2 u_o(t)}{dt^2} + RC \frac{du_o(t)}{dt} + u_o(t) = u_i(t)$$

其传递函数

$$G(s) = \frac{U_o(s)}{U_i(s)} = \frac{1}{LCs^2 + RCs + 1}$$

将上式与式（3-28）相比较，可得

$$T^2 = LC \Rightarrow T = \sqrt{LC} \Rightarrow \omega_n = \frac{1}{T} = \frac{1}{\sqrt{LC}}$$

$$2\xi T = RC \Rightarrow \xi = \frac{RC}{2T} = \frac{RC}{2\sqrt{LC}} = \frac{R}{2}\sqrt{\frac{C}{L}}$$

当 $\xi = \dfrac{R}{2}\sqrt{\dfrac{C}{L}} = 0$，即 $R = 0$ 时，其阶跃响应为等幅振荡。

当 $0 < \xi = \dfrac{R}{2}\sqrt{\dfrac{C}{L}} < 1$，即 $0 < R < 2\sqrt{\dfrac{L}{C}}$ 时，其阶跃响应为减幅振荡。

而当 $\xi = \dfrac{R}{2}\sqrt{\dfrac{C}{L}} \geqslant 1$，即 $R \geqslant 2\sqrt{\dfrac{L}{C}}$ 时，其阶跃响应为非周期过程，不具有振荡性质。

当 $\xi \geqslant 1$ 时，$u_o(t)$ 为单调上升曲线，并不振荡。详细分析见第 4 章例 4-2。

由以上分析可见，只有当 $0 \leqslant \xi < 1$ 时，该环节才成为一个振荡环节。当 $\xi \geqslant 1$ 时，该环节的阶跃响应为单调上升曲线。

在自动控制系统中，若包含着两种不同形式的储能单元，这两种单元的能量又能相互交换，则在能量的储存和交换的过程中，就可能出现振荡而构成振荡环节。

例如，由于 L、C 是两种不同的储能元件，电感储存的磁能和电容储存的电能相互交换，有可能形成振荡过程。

在自动控制系统中，除上述典型环节外，还有一些其他的常用环节，现分别介绍。

3.4.7　延迟环节

延迟环节又称纯滞后环节[⊖]，其输出量与输入量变化形式相同，但要延迟一段时间（τ_0）。

1. 微分方程

$$c(t) = r(t - \tau_0)$$

式中，τ_0 为纯延迟时间（Delay Time）。

2. 传递函数与功能框

由拉氏变换延迟定理可得［参见式（2-11）］

$$G(s) = e^{-\tau_0 s} = \frac{1}{e^{\tau_0 s}} \tag{3-30}$$

若将 $e^{\tau_0 s}$ 按泰勒（Taylor）级数展开

得

$$e^{\tau_0 s} = 1 + \tau_0 s + \frac{\tau_0^2 s^2}{2!} + \frac{\tau_0^3 s^3}{3!} + \cdots$$

⊖　之所以用纯滞后环节，是因为有时将惯性环节称为滞后环节。

由于 τ_0 很小,所以可只取前两项,$e^{\tau_0 s} \approx 1 + \tau_0 s$,于是由式 (3-30) 有

$$G(s) = \frac{1}{e^{\tau_0 s}} \approx \frac{1}{\tau_0 s + 1} \qquad (3-31)$$

上式表明,在延迟时间很小的情况下,延迟环节可用一个小惯性环节来代替。

延迟环节的功能框如图 3-12a 所示。

3. 动态响应

延迟环节的阶跃响应曲线如图 3-12b 所示。

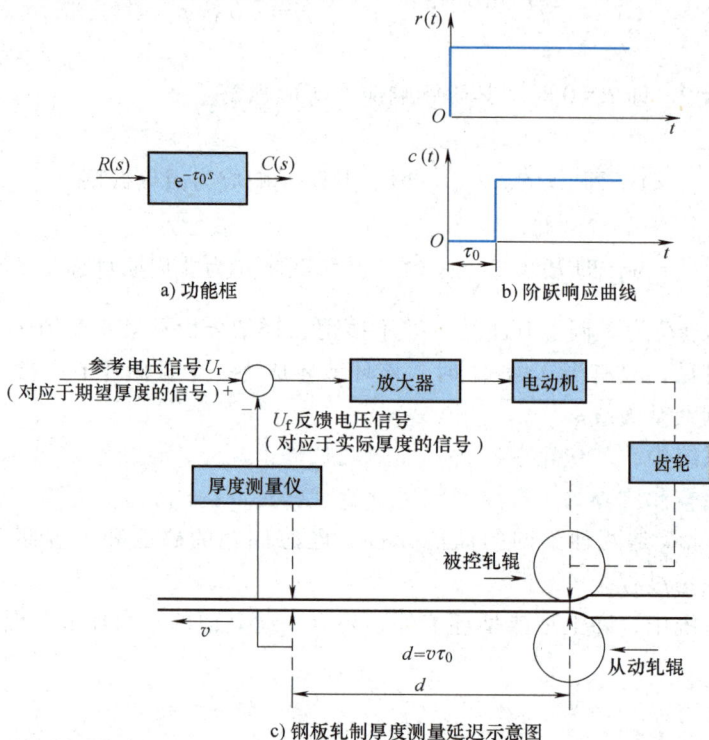

a) 功能框   b) 阶跃响应曲线

c) 钢板轧制厚度测量延迟示意图

图 3-12 延迟环节 (Pure Time Delay Element)

4. 实例

① 液压油从液压泵到阀控液压缸间的管道传输产生的时间上的延迟。

② 热量传导因传输速率低而造成的时间上的延迟。

③ 晶闸管整流电路,当控制电压改变时,由于晶闸管导通后即失控,要等到下一个周期开始后才能响应,这意味着,在时间上也会造成延迟(对单相全波整流电路,平均延迟时间 $\tau_0 = 5\mathrm{ms}$;对三相桥式整流电路,$\tau_0 = 1.67\mathrm{ms}$)。

④ 各种传送带(或传送装置)因传送造成的时间上的延迟。

⑤ 从切削加工状况到测得结果之间的时间上的延迟。

图 3-12c 为一钢板轧制厚度测量延迟示意图。由图可见,若轧机轧辊中心线到厚度测量仪的距离为 d(这段距离是无法避免的),设轧钢的线速度为 v,则测得实际厚度的时刻要比轧制的时刻延迟 τ_0 ($\tau_0 = d/v$)。

3.4.8　运算放大器

图 3-13 为运算放大器（简称"运放"）电路。由于运算放大器的开环增益极大，输入阻抗也极大，所以把 A 点看成"虚地"，即 $u_A \approx 0$。同时有 $i' \approx 0$ 及 $i_1 \approx -i_f$。

于是

$$\frac{U_i(s)}{Z_0(s)} = -\frac{U_o(s)}{Z_f(s)}$$

由上式可得运放的传递函数为

$$G(s) = \frac{U_o(s)}{U_i(s)} = -\frac{Z_f(s)}{Z_0(s)}^{\ominus} \tag{3-32}$$

由上式可见，**选择不同的输入回路阻抗 Z_0 和反馈回路阻抗 Z_f，就可组成不同的传递函数**。这是运放的一个突出优点。应用这一点，可以组成各种调节器（Regulator）和各种模拟电路（Analog Simulator）。

【例 3-2】　求比例微分调节器的传递函数。

【解】　比例微分调节器如图 3-9c 所示。由图可知

$$Z_0(s) = R_0 \, /\!/ \, \frac{1}{C_0 s} = \frac{R_0}{1 + R_0 C_0 s}, \qquad Z_f(s) = R_1$$

将上两式代入式（3-32）有

$$G(s) = \frac{U_o(s)}{U_i(s)} = -\frac{Z_f(s)}{Z_0(s)} = -\frac{R_1}{R_0}(1 + R_0 C_0 s) = K(\tau s + 1) \tag{3-33}$$

式中，$K = -\dfrac{R_1}{R_0}$；$\tau = R_0 C_0$。

【例 3-3】　求比例积分调节器的传递函数。

【解】　比例积分调节器电路如图 3-14 所示。

由图可知

$$Z_0(s) = R_0, \qquad Z_f(s) = R_1 + \frac{1}{C_1 s}$$

将上两式代入式（3-32）有

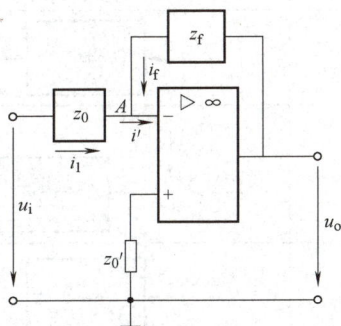

图 3-13　运算放大器电路

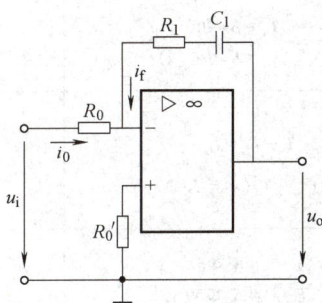

图 3-14　比例积分调节器电路

$\ominus$　式中 $Z(s) = U(s)/I(s)$。对电阻，$Z(s) = R$；对电感，由 $u = L(di/dt)$，有 $U(s) = LsI(s)$，于是 $Z(s) = X_L(s) = Ls$；对电容，由 $i = C(du/dt)$，有 $I(s) = CsU(s)$，于是 $Z(s) = X_C(s) = 1/(Cs)$。若以 ω 取代式中 s，其形式与电工学中的交流阻抗相同。

$$G(s) = \frac{U_o(s)}{U_i(s)} = -\left(\frac{R_1}{R_0} + \frac{1}{R_0 C_1 s}\right) \tag{3-34}$$

$$= K\frac{(Ts+1)}{Ts} \tag{3-35}$$

式中，$K = -\dfrac{R_1}{R_0}$；$T = R_1 C_1$。

3.5　自动控制系统的框图

3.5.1　系统框图的画法

　　系统框图的画法，首先是列出系统各个环节的微分方程，然后进行拉氏变换，根据各量间的相互关系，确定该环节的输入量和输出量，得出对应的传递函数，再由传递函数画出各环节的功能框。在各环节功能框的基础上，首先确定系统的输入量（给定量）和输出量，然后从输入量开始，由左至右，根据相互作用的顺序，依次画出各个环节，直至得出所需要的输出量，并使它们符合各作用量间的关系。然后由内到外，画出各反馈环节，最后在图上标明输入量、输出量、扰动量和各中间参变量。这样就可以得到整个控制系统的框图。

　　下面通过直流电动机来说明系统框图的画法：

　　1）列出直流电动机各个环节的微分方程［参见式（3-1）~式（3-4）］，然后由微分方程→拉氏变换式→传递函数→功能框。将直流电动机各环节的功能框列于表 3-1 中。

表 3-1　直流电动机各环节的功能框

	微分方程 拉氏变换式	传递函数	功能框
I	$u_a = R_a i_a + L_a \dfrac{di_a}{dt} + e$ $U_a(s) - E(s) = (L_a s + R_a) I_a(s)$	$\dfrac{I_a(s)}{U_a(s) - E(s)} = \dfrac{1}{L_a s + R_a} = \dfrac{1/R_a}{T_a s + 1}$ $(T_a = L_a / R_a)$	
II	$T_e = K_T \Phi i_a$ $T_e(s) = K_T \Phi I_a(s)$	$\dfrac{T_e(s)}{I_a(s)} = K_T \Phi$	
III	$T_e - T_L = J_G \dfrac{dn}{dt}$ $T_e(s) - T_L(s) = J_G s N(s)$	$\dfrac{N(s)}{T_e(s) - T_L(s)} = \dfrac{1}{J_G s}$	
IV	$e = K_e \Phi n$ $E(s) = K_e \Phi N(s)$	$\dfrac{E(s)}{N(s)} = K_e \Phi$	
V	$\dfrac{d\theta}{dt} = \dfrac{2\pi}{60} n(t)$ $s\Theta(s) = \dfrac{2\pi}{60} N(s)$	$\dfrac{\Theta(s)}{N(s)} = \dfrac{2\pi}{60} \dfrac{1}{s}$	

　　2）以电动机电枢电压 u_a 作为输入量，以电动机的角位移 θ 为输出量。于是可由 $U_a(s)$

开始，按照电动机的工作原理，由 $U_a(s) \rightarrow I_a(s) \rightarrow T_e(s) \rightarrow N(s) \rightarrow \Theta(s)$ 依次组合各环节的功能框，然后再加上电动势反馈功能框，如图 3-15 所示。

3）在图 3-15 上，标出输入量 $U_a(s)$、输出量 $\Theta(s)$、扰动量 $T_L(s)$ 及各中间参变量 $I_a(s)$、$T_e(s)$、$E(s)$ 和 $N(s)$。

这样，系统框图便完整地表达出来了。

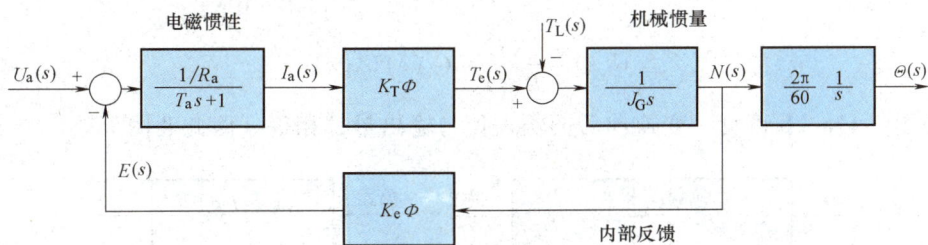

图 3-15　直流电动机的系统框图

3.5.2　系统框图的物理含义

系统框图是一种形象化的数学模型，它之所以重要，是因为它清晰而严谨地表达了系统内部各单元在系统中所处的地位与作用，表达了各单元之间的内在联系，可以使我们更直观地理解它所表达的物理含义。由图 3-15 可以清楚地看到，直流电动机包括：①一个由电磁电路构成的电磁惯性环节（它的惯性时间常数为 T_a）；②一个因电流受磁场作用产生电磁转矩的比例环节；③在综合转矩（$T_e - T_L$）作用下，使电动机产生（旋转）角加速度的环节（从转矩 T 到转速 N，构成一个积分环节），J_G 表征了系统的机械惯性；④由转速 n 变换为角位移的积分环节；⑤此外，由图 3-15 还可见，电枢在磁场中旋转时，会产生感应电动势 E，它对给定电压（电枢电压 U_a）来说，构成了一个负反馈环节。因此，直流电动机本身就是一个负反馈自动调节系统。下面就以负载转矩 T_L 增加为例，来说明其自动调节过程。

图 3-16 为负载转矩增加时，直流电动机内部的自动调节过程。由图可见，当负载转矩 T_L 增加时，$T_e < T_L$（平衡运行时，$T_e = T_L$），这将使转速 n 下降，它将导致电枢电动势 e 下降、电流 i_a 增加，电磁转矩 T_e 增加，这一过程要一直延续到电磁转矩 T_e 达到 T_L，电动机才重新处于新的平衡状态为止。从以上分析可以清楚看到，这个过程主要是通过电动机内部电枢电动势 e 的变化来进行自动调节的。

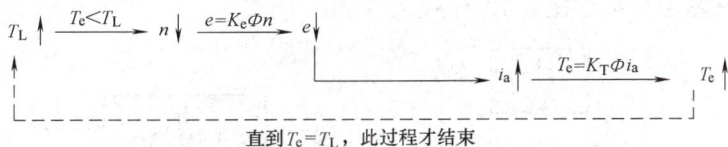

图 3-16　负载转矩增加时，直流电动机内部的自动调节过程

3.6　框图的变换、化简和系统闭环传递函数的求取

自动控制系统的传递函数通常都是利用框图的变换来求取的。现对框图的变换规则介绍如下。

3.6.1 框图的等效变换规则

框图等效变换的原则是**变换后与变换前的输入量和输出量都保持不变**。

1. 串联变换规则

当系统中有两个（或两个以上）环节串联时，其等效传递函数为各环节传递函数的乘积。即

$$G(s) = \frac{C(s)}{R(s)} = G_1(s) G_2(s) \tag{3-36}$$

对照图 3-17a、b 可见，变换前后的输入量与输出量都相等，因此两图等效。

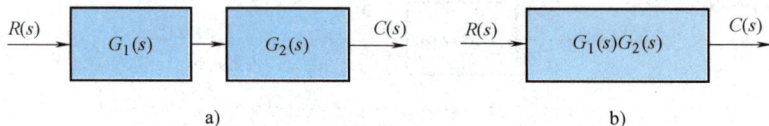

图 3-17 框图串联变换

2. 并联变换规则

当系统中有两个（或两个以上）环节并联时，其等效传递函数为各环节传递函数的代数和。即

$$G(s) = \frac{C(s)}{R(s)} = G_1(s) + G_2(s) \tag{3-37}$$

对照图 3-18a、b 不难看出，变换前后的输入量与输出量都相等，因此两图等效。

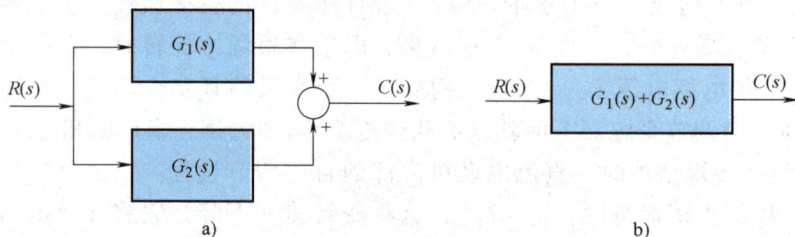

图 3-18 框图并联变换

3. 反馈连接变换规则

反馈连接的框图的变换如图 3-19 所示。

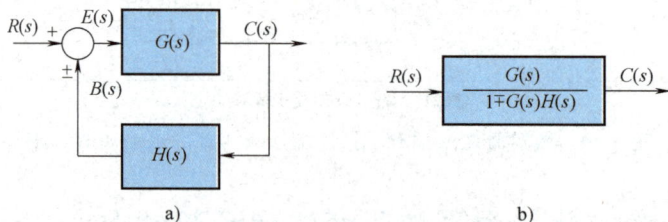

图 3-19 反馈连接变换

由图 3-19a 可见

$$E(s) = R(s) \pm B(s)$$

$$B(s) = H(s)C(s)$$
$$C(s) = G(s)E(s)$$

由以上三个关系式，消去中间变量 $E(s)$ 和 $B(s)$，可得

$$C(s) = \frac{G(s)}{1 \mp G(s)H(s)}R(s)$$

或

$$\Phi(s) = \frac{C(s)}{R(s)} = \frac{G(s)}{1 \mp G(s)H(s)} \tag{3-38}$$

式中，$G(s)$ 为顺馈传递函数；$H(s)$ 为反馈传递函数；$\Phi(s)$ 为闭环传递函数；$G(s)H(s)$ 为闭环系统的开环传递函数。

上式即为反馈连接的等效传递函数，一般称它为闭环传递函数，以 $\Phi(s)$ 表示。式中分母中的加号对应于负反馈；减号对应于正反馈。

对照图 3-19a、b 可见，变换前后的输入量和输出量都相等，因此两图等效。

式（3-38）分母中的 $G(s)H(s)$ 项的物理意义是：在图 3-19a 中，若在反馈处断开，则从断开处"看去"（参见图 3-20），在断开处的作用量为 $[G(s)H(s)]R(s)$，所以将 $G(s)H(s)$ 称为"闭环系统的开环传递函数"，简称"开环传递函数"。在这里之所以引入这样一个物理量，主要在于：在经典控制理论中，有一种从这个"开环传递函数"出发去分析系统性能的方法。但在应用这个"开环传递函数"概念时，要注意：不要与"开环系统的传递函数"的概念相混淆，例如在图 3-19a 中，去掉反馈环节，则此系统成为开环系统，其传递函数即为 $G(s)$。

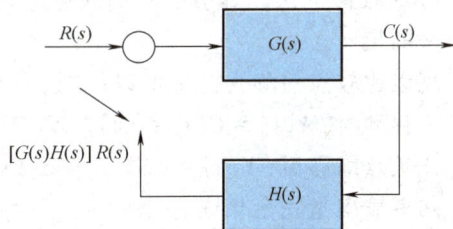

图 3-20　闭环系统的开环传递函数的意义

4. 引出点和比较点的移动规则

移动规则的出发点是等效原则，即移动前后的输入量与输出量保持不变。移动前后框图的对照见表 3-2。

表 3-2　引出点和比较点的移动规则

原　框　图		等　效　框　图	
引出点前移			
引出点后移			

（续）

	原 框 图	等 效 框 图
比较点前移	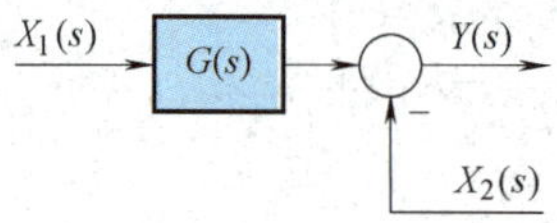	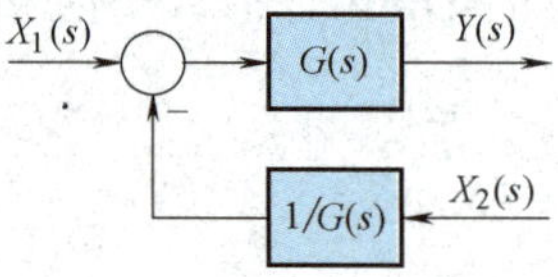
比较点后移	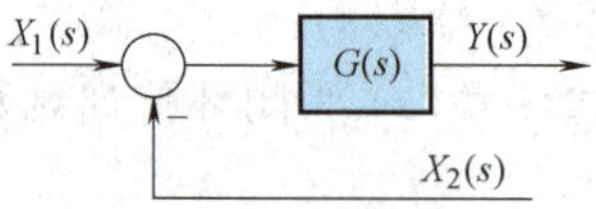	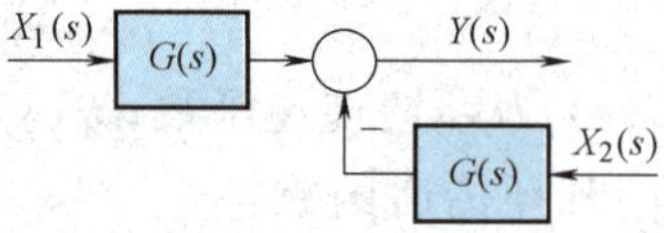

对照表 3-2 中的原框图和等效框图，不难发现：在增添 $G(s)$ 或 $1/G(s)$ 环节后，引出点前移（或后移）后，其引出量仍保持原来的量；比较点后移（或前移）后，其输出量仍保持原来的量。

现以比较点前移为例来加以说明：

未移动时：$Y(s) = G(s)X_1(s) - X_2(s)$

比较点前移后：$Y(s) = [X_1(s) - X_2(s)/G(s)]G(s) = G(s)X_1(s) - X_2(s)$

两者输出量完全相同。

【例 3-4】 简化图 3-15 所示的直流电动机的系统框图（略去 T_L），若直流电动机作调速用，求 $N(s)/U_a(s)$。

【解】 由图 3-15，参考式（3-38）可得

$$\frac{N(s)}{U_a(s)} = \frac{\dfrac{1/R_a}{T_a s + 1} \cdot K_T \Phi \cdot \dfrac{1}{J_G s}}{1 + \dfrac{1/R_a}{T_a s + 1} \cdot K_T \Phi \cdot \dfrac{1}{J_G s} \cdot K_e \Phi}$$

整理上式可得

$$\frac{N(s)}{U_a(s)} = \frac{1/(K_e \Phi)}{T_m T_a s^2 + T_m s + 1} \tag{3-39}$$

式中，$T_m = \dfrac{J_G R_a}{K_e K_T \Phi^2}$；$T_a = \dfrac{L_a}{R_a}$。

若对式（3-8）进行拉氏变换，同样可得式（3-39）。

由式（3-39）可知，作调速用的直流电动机为一个二阶系统，参见图 3-21a。

【例 3-5】 若直流电动机作位置伺服用，求 $\Theta(s)/U_a(s)$。

【解】 由图 3-15 可知

$$\frac{\Theta(s)}{U_a(s)} = \frac{N(s)}{U_a(s)} \cdot \frac{\Theta(s)}{N(s)}$$

$$= \frac{1/(K_e \Phi)}{T_m T_a s^2 + T_m s + 1} \cdot \frac{2\pi/60}{s} \tag{3-40}$$

由式（3-40）可知，作位置伺服用的直流电动机为一个三阶系统。对小功率的直流伺服电动机，通常 $T_a \ll T_m$，于是式（3-39）和式（3-40）分母中的 $T_m T_a s^2$ 可以略去，这样式（3-39）可简化为

$$\frac{N(s)}{U_a(s)} = \frac{1/(K_e \Phi)}{T_m s + 1} \qquad (3-39)'$$

简化后的框图如图 3-21b 所示。同理，当 $T_a \ll T_m$ 时，式（3-40）可简化为

$$\frac{\Theta(s)}{U_a(s)} = \frac{1/(K_e \Phi)}{T_m s + 1} \cdot \frac{2\pi/60}{s} = \frac{K_m}{s(T_m s + 1)} \qquad (3-40)'$$

简化后的框图如图 3-21c、d 所示。

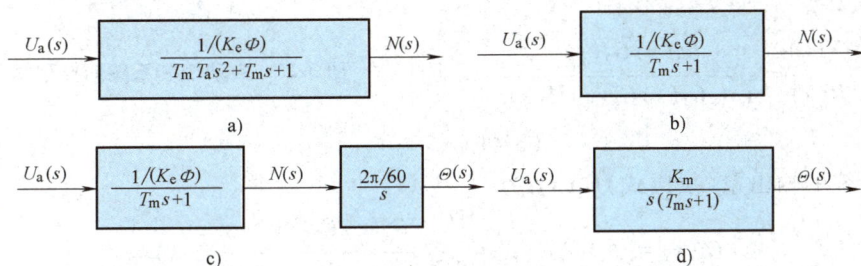

图 3-21 直流电动机框图

【例 3-6】 化简图 3-22a 所示的交叉多回环系统。

【解】 由于此系统有相互交叉的回环，所以首先要设法通过引出点或比较点的移动来消除反馈回环的交叉，然后应用单个反馈回环闭环传递函数的求取公式，即可由图 3-22b→图 3-22c→图 3-22d 逐步化简、合成、获得整个系统的闭环传递函数，如图 3-22d 所示。

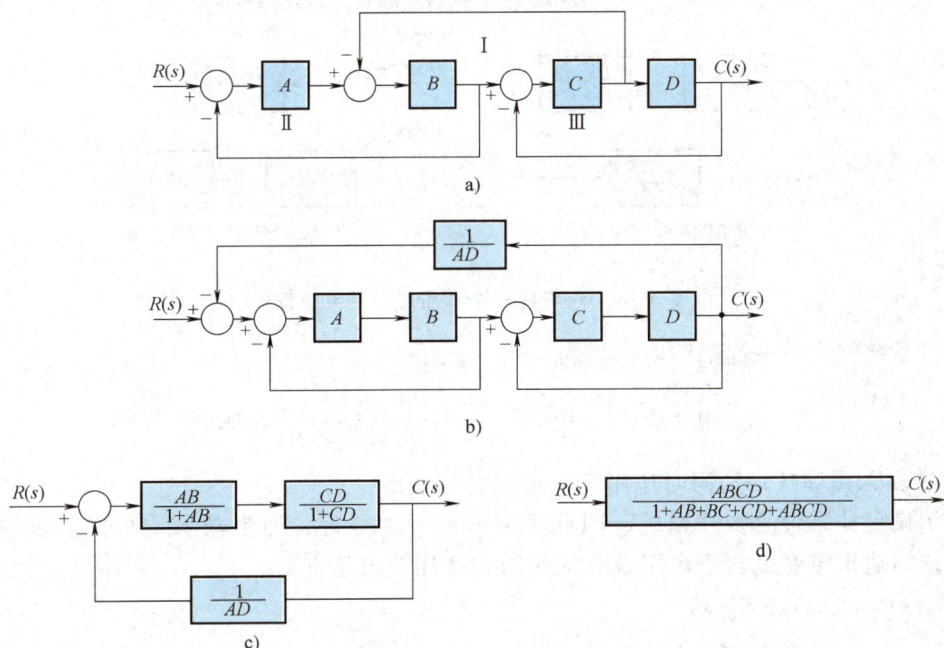

图 3-22 交叉多回环系统的简化

3.6.2 自动控制系统闭环传递函数的求取

自动控制系统的典型框图如图3-23所示。图中$R(s)$为输入量，$C(s)$为输出量，$D(s)$为扰动量。

1. 在输入量$R(s)$作用下的闭环传递函数和系统的输出

若仅考虑输入量$R(s)$的作用，则可暂略去扰动量$D(s)$，如图3-24a所示，可得此时系统的输出量$C_r(s)$对输入量的闭环传递函数$\Phi_r(s)$为

$$\Phi_r(s) = \frac{C_r(s)}{R(s)} = \frac{G_1(s)G_2(s)}{1 + G_1(s)G_2(s)H(s)}$$

(3-41)

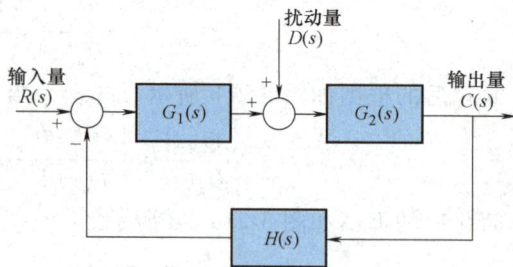

图 3-23 自动控制系统的典型框图

此时系统的输出量（拉氏式）$C_r(s)$为

$$C_r(s) = \Phi_r(s)R(s) = \frac{G_1(s)G_2(s)}{1 + G_1(s)G_2(s)H(s)}R(s) \tag{3-42}$$

2. 在扰动量$D(s)$作用下的闭环传递函数和系统的输出

若仅考虑扰动量$D(s)$的作用，则可暂略去输入量$R(s)$，这时图3-23可变换成图3-24b的形式（在进行图形变换时，负反馈环节中的负号仍需保留）。这样输出量$C_d(s)$对扰动量$D(s)$的闭环传递函数$\Phi_d(s)$为

$$\Phi_d(s) = \frac{C_d(s)}{D(s)} = \frac{G_2(s)}{1 + G_1(s)G_2(s)H(s)} \tag{3-43}$$

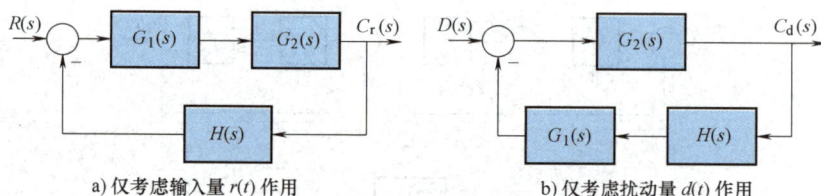

a) 仅考虑输入量 r(t) 作用　　　　　b) 仅考虑扰动量 d(t) 作用

图 3-24 仅考虑一个作用量时的系统框图

此时系统输出量（拉氏式）$C_d(s)$为

$$C_d(s) = \Phi_d(s)D(s) = \frac{G_2(s)}{1 + G_1(s)G_2(s)H(s)}D(s) \tag{3-44}$$

3. 在输入量和扰动量同时作用下，系统的总输出

由于设定此系统为线性系统，因此可以应用叠加原理：即当输入量和扰动量同时作用时，系统的输出可看成两个作用量分别作用的叠加。于是有

$$C(s) = C_r(s) + C_d(s)$$

$$= \frac{G_1(s)G_2(s)}{1 + G_1(s)G_2(s)H(s)}R(s) + \frac{G_2(s)}{1 + G_1(s)G_2(s)H(s)}D(s) \tag{3-45}$$

由以上分析可见，由于输入量和扰动量的作用点不同，即使在同一个系统，输出量对不同作用量的闭环传递函数［如 $\Phi_r(s)$ 和 $\Phi_d(s)$］一般也是不相同的。

3.6.3 交叉反馈系统框图的化简及其闭环传递函数的求取

交叉反馈系统是一种较复杂的多环系统。它的基本形式如图 3-25a 所示［为简化起见，传递函数中的 (s) 省去］。

由图 3-25a 可见，该系统的两个回环的反馈通道是互相交叉的。对这类系统的化简，主要是运用引出点和比较点的移动来解除回路的交叉，使之成为一般的不交叉的多回路系统。在图 3-25a 中，只要将引出点 1 后移，即可解除交叉，成为图 3-25b 所示的形式。由图 3-25b 再引用闭环传递函数的公式即可得到图 3-25c 和图 3-25d，从而得到系统总的闭环传递函数

$$\Phi(s) = \frac{G_1(s)G_2(s)G_3(s)}{1 + G_1(s)G_2(s)H_1(s) + G_2(s)G_3(s)H_2(s)}$$

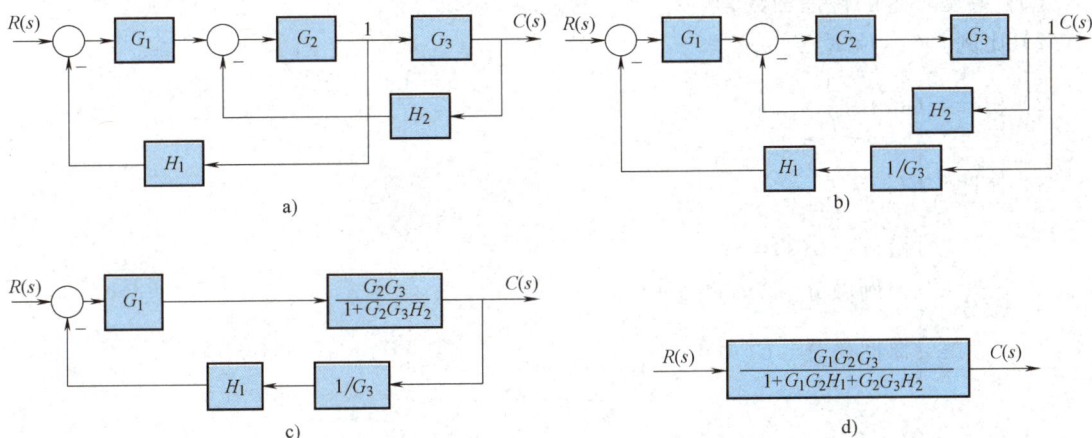

图 3-25　交叉反馈系统的化简

以上虽然是一个典型的例子，但从中可以引申出一般交叉反馈系统闭环传递函数的求取公式：

$$\Phi(s) = \frac{\text{前向通路各串联环节传递函数的乘积}}{1 + \sum_{i=1}^{n}(\text{每一负反馈回环的开环传递函数})} \qquad (3\text{-}46)$$

式中，n 为反馈回环的个数。

对非独立的（彼此均有交叉的）多回环系统，可以应用式（3-46）直接求取系统的闭环传递函数 $\Phi(s)$。当系统含有彼此不相交叉的回环时（图 3-22a 所示系统中，回环Ⅱ与Ⅲ便彼此不相交叉），便不能应用这个公式，而只能采用移动比较点或引出点的方法。

小　　结

（1）微分方程是系统的时间域模型，也是最基本的数学模型。对一个实际系统，一般是从输入端开始，依次根据有关的物理定律，写出各元件或各环节的微分方程，然后消去中间

变量，并将方程整理成标准形式。

（2）传递函数是系统（或环节）在初始条件为零时的输出量的拉氏变换式和输入量的拉氏变换式之比。传递函数只与系统本身内部的结构、参数有关，而与输入量、扰动量等外部因素无关。它代表了系统（或环节）的固有特性。它是系统的复数域模型，也是自动控制系统最常用的数学模型。

（3）传递函数是由拉氏变换导出的，因此，它只适用于线性定常系统，且只能反映零初始条件下的全部运动规律。传递函数 $G(s) = \dfrac{M(s)}{N(s)}$ 是 s 的复变函数，其中 $M(s)$、$N(s)$ 的各项系数均由系统或元件的结构参数决定，并与微分方程式中的各项系数一一对应。$N(s) = 0$ 是控制系统的特征方程式，它与微分方程式的特征方程式一一对应。

（4）对同一个系统，若选取不同的输出量或不同的输入量，则其对应的微分方程表达式和传递函数也不相同。

（5）典型环节的传递函数有

1）比例　$G(s) = K$

2）积分　$G(s) = \dfrac{1}{Ts}$

3）惯性　$G(s) = \dfrac{1}{Ts+1}$

4）微分　$\begin{cases} 微分 \quad G(s) = \tau s \\[2mm] 比例微分 \quad G(s) = \tau s + 1 \\[2mm] 惯性微分 \quad G(s) = \dfrac{\tau s}{\tau s + 1} \end{cases}$

5）振荡　$G(s) = \dfrac{1}{T^2 s^2 + 2\xi T s + 1} = \dfrac{\omega_n^2}{s^2 + 2\xi \omega_n s + \omega_n^2} \quad (0 < \xi < 1)$

6）延迟（纯滞后）　$G(s) = \mathrm{e}^{-\tau_0 s} \approx \dfrac{1}{\tau_0 s + 1}$

对一般的自动控制系统，应尽可能将它分解为若干个典型的环节，以利于理解系统的构成并进行系统的分析。

（6）由运放构成的调节器的传递函数为

$$G(s) = \frac{U_o(s)}{U_i(s)} = -\frac{Z_f(s)}{Z_o(s)}$$

比例积分（PI）调节器的传递函数为

$$G(s) = K \frac{Ts+1}{Ts} \left(K = -\frac{R_1}{R_0}, T = R_1 C_1 \right)$$

（7）自动控制系统的框图是传递函数的一种图形化的描述方式，是一种图形化的数学模型。它由一些典型环节组合而成，能直观地显示出系统的结构特点、各参变量和作用量在系统中的地位，还能清楚地表明各环节间的相互联系，因此它是理解和分析系统的重要方法。

建立系统框图的一般步骤是：

1）全面了解系统的工作原理、结构组成和支配系统工作的物理规律，并确定系统的输入量（给定量）和输出量（被控量）。

2）将系统分解成若干个单元（或环节或部件），然后从被控量出发，由控制对象→执行环节→功率放大环节→控制环节（含给定环节、反馈环节、调节器或控制器以及给定信号和反馈信号的综合等）→给定量，逐个建立各环节的数学模型。通常根据各环节（或各部件）所遵循的物理定律，依次列写它们的微分方程，并将微分方程整理成标准形式，然后进行拉氏变换，求得各环节的传递函数，并把传递函数整理成标准形式（分母的常数项为1），画出各环节的功能框。

3）根据各环节间的因果关系和相互联系，按照各环节的输入量和输出量，采取相同的量相连的方法，便可建立整个系统的框图。

4）在框图上画上信号流向箭头（开叉箭头），比较点注明极性，引出点画上节点（指有四个方向的），标明输入量、输出量，反馈量、扰动量及各中间变量（均为拉氏式）。

（8）反馈连接时闭环传递函数的求取公式为

$$\Phi(s) = \frac{G(s)}{1 \mp G(s)H(s)}$$

式中，$G(s)$ 为顺馈传递函数；$H(s)$ 为反馈传递函数；$G(s)H(s)$ 为开环传递函数。

（9）对较复杂的系统框图，可以通过引出点或比较点的移动来加以化简。移动的依据是移动前后输入量与输出量保持不变。

（10）交叉反馈系统的闭环传递函数

$$\Phi(s) = \frac{前向通道各串联环节传递函数的乘积}{1 + \sum_{i=1}^{n}（每一负反馈回环的开环传递函数）}$$

式中，n 为反馈回环数目（非独立闭环）。

（11）控制系统的开环传递函数 $G(s)$ 用来描述系统的固有特性，闭环传递函数 $\Phi_r(s)$ 用来描述系统的跟随性能，$\Phi_d(s)$ 用来描述系统的抗扰性能。

思　考　题

3-1　定义传递函数的前提条件是什么？为什么要附加这个条件？

3-2　惯性环节在什么条件下可近似为比例环节？又在什么条件下可近似为积分环节？

3-3　一个比例积分环节和一个比例微分环节相连接，能否简化为一个比例环节？

3-4　二阶系统是一个振荡环节，这种说法对吗？为什么？

3-5　建立系统微分方程的步骤是怎样的？

3-6　建立系统框图的步骤是怎样的？在系统框图上，通常应标出哪些量？其中哪几个量是必须标明的？

3-7　框图等效变换的原则是什么？

3-8　应用交叉反馈系统的闭环传递函数公式［式（3-46）］来求取闭环传递函数的前提条件是什么？

习　题

3-9　求取图 3-26a、b、c、d 四个电路的传递函数。图中物理量角标 i 代表输入，o 代表输出。

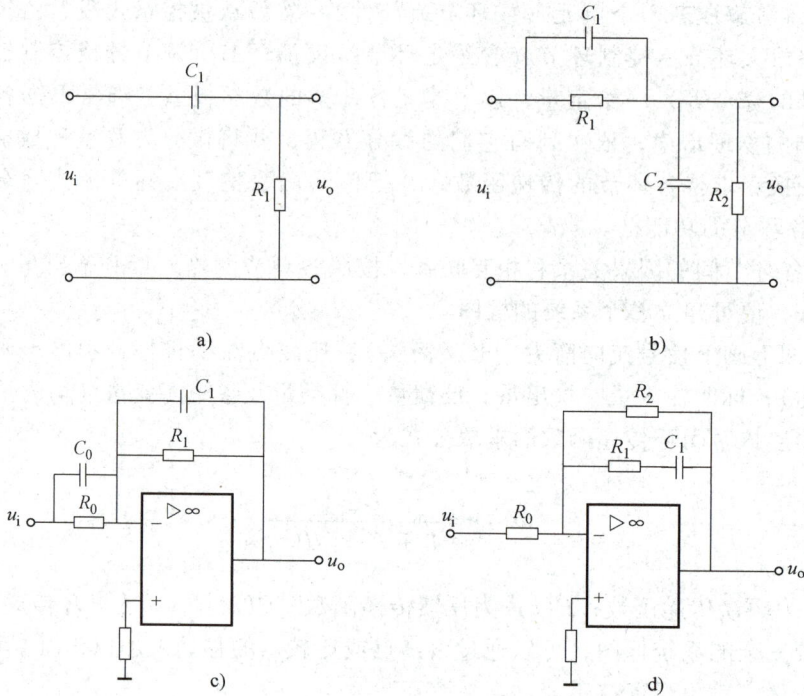

a)

b)

c)

d)

图 3-26　常用环节的电路

3-10　图 3-27 为某控制系统的电模拟电路，试画出此控制系统的系统框图，并注明各参数的数值。

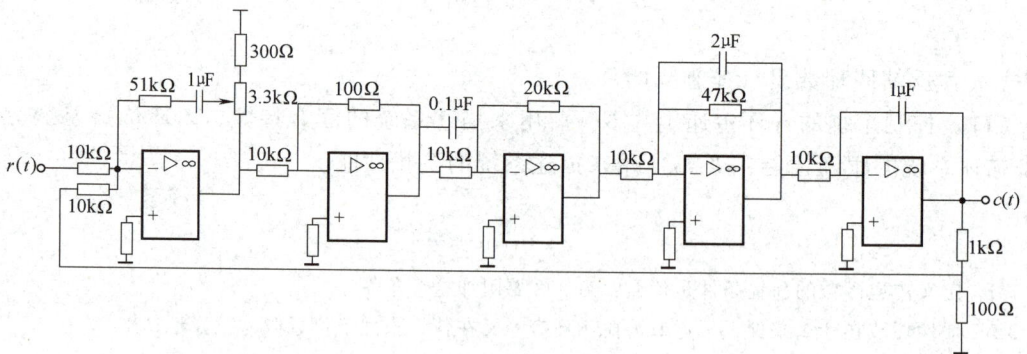

图 3-27　某控制系统的电模拟电路

3-11　图 3-28 为某自动控制系统的系统框图，其中 $R(s)$ 为给定量，$D_1(s)$ 与 $D_2(s)$ 为两个扰动量。求取此系统在 $R(s)$、$D_1(s)$ 和 $D_2(s)$ 同时作用下的输出 $C(s)$。

3-12　化简图 3-29a、b 所示的系统框图。

3-13　应用公式求取图 3-29a、b 所示系统的闭环传递函数 $\Phi(s) = C(s)/R(s)$。

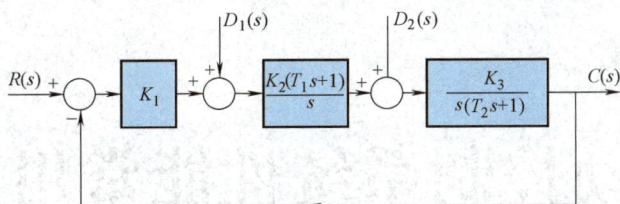

图 3-28 某自动控制系统框图

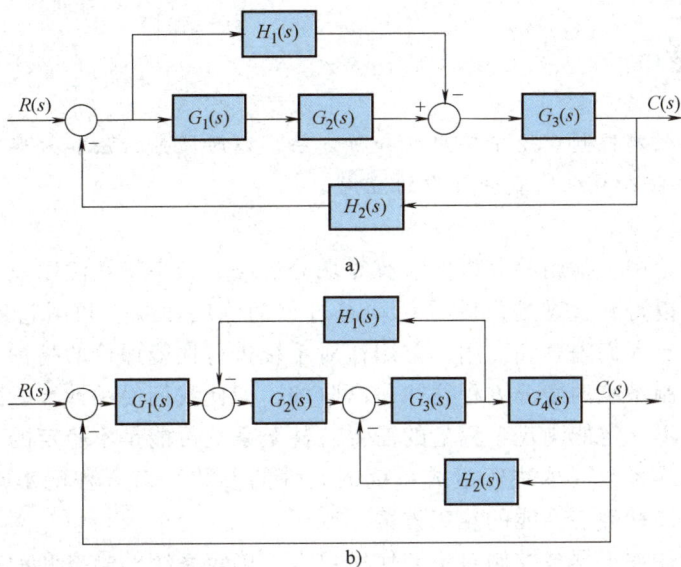

a)

b)

图 3-29 某自动控制系统框图

3-14 图 3-30 为某调速系统框图，其中 $U_i(s)$ 为给定量，$\Delta U(s)$ 为扰动量（电网电压波动）。求取转速对给定量的闭环传递函数 $N(s)/U_i(s)$ 和转速对扰动量的闭环传递函数 $N(s)/\Delta U(s)$。为什么这两个传递函数有很大的差别？

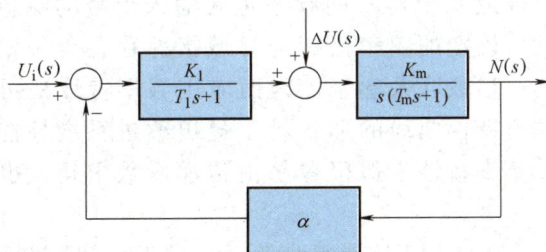

图 3-30 某调速系统框图

第4章

分析自动控制系统性能常用的方法

本章概要

　　本章主要介绍经典控制理论中常用的分析方法，以时域分析法和频率特性法为主，并简要介绍 MATLAB 软件在系统性能分析中的应用。

　　在经典控制理论中，常用的分析方法有时域分析法、频率特性法以及仿真分析法等。

　　时域分析法可以得到直观地反映系统动态过程的响应曲线。利用它建立起来的系统概念、指标体系等易于人们理解和使用，并用作对系统进行性能评价的指标。

　　但是，一个控制系统的微分方程往往是高阶的，即使我们使用计算机处理，所求出响应曲线的性能指标也不一定能满足工程上的需要，甚至系统可能是不稳定的。使用时域分析法难以找出微分方程式系数（取决于组成系统的元件的参数）对方程解影响的一般规律，难以直接提出改善系统动静态性能的校正方案。

　　在工程实践中往往根据被控制对象的使用要求，确定系统的静态和动态性能指标，再根据性能指标的要求确定预期响应曲线，进而通过校正的方法人为地改变系统的结构、参数和性能，使之满足所要求的性能指标。它并不要求校正后的响应曲线严格按照预期的响应曲线变化，而只要求它的变化趋势与预期响应曲线一致，并满足性能指标的要求即可。工程上常将一阶、二阶等系统的响应曲线作为自动控制系统的预期时域响应曲线。

　　频率特性法是分析元件或系统对不同频率正弦输入信号的响应特性。频率特性法的突出优点是：①频率特性所确定的频率指标与时域指标存在着一定的对应关系；②频率特性很容易和系统的结构、参数联系起来，因而应用频率特性法可以方便地进行系统定性和定量分析；③根据频率特性曲线的形状易于提出改进系统性能的方向，方便选择校正元件的结构和参数；④频率特性不但很容易由传递函数求得，也可以方便地通过实验方法直接求得。

　　MATLAB 软件的应用可以很方便地获得高阶系统的近似解，也可很方便地绘制频率特性图等；同时通过 MATLAB 软件的动态系统仿真工具 SIMULINK，还可以很方便地对系统进行模拟仿真分析。根据仿真分析的结果，可以方便地调整校正装置的结构和参数。

　　由于上述任何一种方法都无法单独解决系统分析和校正所面临的全部问题，因而，人们常并行使用多种办法，以达到优势互补的效果[⊖]。

　　⊖　思考自动控制系统常用的分析方法的联系和区别。解决问题的方法多种多样，但是同一个问题，不管采用什么样的方法，结论具有一致性。要学会使用现代工具对复杂系统问题进行评价与模拟。

4.1 时域分析法

时域分析法通常是指直接从微分方程或间接从传递函数出发去进行分析的方法。例如在例 2-5 中对典型一阶系统的阶跃响应分析就是采用的时域分析法。下面通过举例来介绍时域分析过程。

【例 4-1】 求典型一阶系统（惯性环节）的单位斜坡响应。

【解】 典型一阶系统的微分方程为

$$T\frac{\mathrm{d}c(t)}{\mathrm{d}t} + c(t) = r(t) \tag{4-1}$$

上式的拉氏式为

$$TsC(s) + C(s) = R(s)$$

由于为单位斜坡输入，即 $r(t) = t$，因此，$R(s) = 1/s^2$，代入上式有

$$TsC(s) + C(s) = \frac{1}{s^2}$$

由上式有

$$C(s) = \frac{1}{Ts+1}\frac{1}{s^2} = \frac{A}{s^2} + \frac{B}{s} + \frac{C}{Ts+1} \tag{4-2}$$

应用通分的方法，可求得待定系数 $A = 1$，$B = -T$，$C = T^2$。

将待定系数代入式（4-2）有

$$C(s) = \frac{1}{s^2} - \frac{T}{s} + \frac{T^2}{Ts+1}$$

对上式进行拉氏反变换，由表 2-1 可查得各分式对应的原函数，于是可得

$$c(t) = t - T + Te^{-t/T} \tag{4-3}$$

由式（4-3）可画出图 4-1 所示的典型一阶系统的单位斜坡响应曲线。

由式（4-3）和图 4-1 可以看到：典型一阶系统的单位斜坡响应存在着一定的稳态误差。对照输出量 $c(t)$ 和输入量 $r(t)$，可得系统的误差

$$e(t) = r(t) - c(t) = t - (t - T + Te^{-t/T})$$
$$= T(1 - e^{-t/T}) \tag{4-4}$$

由上式可以看出，当 $t \to \infty$ 时，误差 $e(t)$ 趋于 T，此即稳态误差

$$e_{ss} = \lim_{t \to \infty} e(t) = \lim_{t \to \infty} T(1 - e^{-t/T}) = T \tag{4-5}$$

注：$\lim_{t \to \infty} e(t)$ 称为稳态误差。

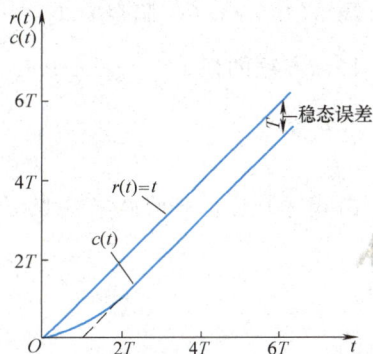

图 4-1 典型一阶系统的单位斜坡响应曲线

由式（4-5）可见，时间常数 T 越小，系统跟踪斜坡输入信号的稳态误差也越小。

在分析随动系统时，通常以单位斜坡信号为典型输入信号（例如匀速转动时的角位移量便是斜坡信号）。因此例 4-1 中的分析方法和结果对分析一般随动系统也有普遍的参考价值。

【例 4-2】 若输入量 $r(t)$ 为一单位阶跃函数，求下列二阶微分方程的输出量 $c(t)$。

$$T^2 \frac{d^2 c(t)}{dt^2} + 2T\xi \frac{dc(t)}{dt} + c(t) = r(t) \tag{4-6}$$

【解】

（1）对式（4-6）进行拉氏变换，并将 $R(s) = 1/s$ 代入，得

$$T^2 s^2 C(s) + 2T\xi s C(s) + C(s) = \frac{1}{s}$$

由上式有

$$C(s) = \frac{1}{T^2 s^2 + 2\xi T s + 1} \frac{1}{s} = \frac{\omega_n^2}{s^2 + 2\xi \omega_n s + \omega_n^2} \frac{1}{s} \tag{4-7}$$

式中

$$\omega_n = \frac{1}{T}$$

（2）为了通过查表求得 $c(t)$，需将式（4-7）用部分分式法进行展开，为此，须先求出方程 $s^2 + 2\xi\omega_n s + \omega_n^2 = 0$ 的根，不难求得此方程的一对根为

$$s_{1,2} = -\xi\omega_n \pm \omega_n \sqrt{\xi^2 - 1} \tag{4-8}$$

由上式可见，对应不同的 ξ 值，根 $s_{1,2}$ 的性质将是不同的。而对不同性质的根，展开成部分分式的形式也将是不同的。现分别求解如下。

1）当 $\xi = 0$（无阻尼或零阻尼）时：

特征方程的根 $s_{1,2} = \pm j\omega_n$，即为一对纯虚根。此时，式（4-7）为

$$C(s) = \frac{\omega_n^2}{s^2 + \omega_n^2} \frac{1}{s}$$

查表 2-1（序号 9）可得

$$c(t) = 1 - \cos \omega_n t \tag{4-9}$$

由式（4-9）可见，**无阻尼时的阶跃响应为等幅振荡曲线**，参见图 4-3 中 $\xi = 0$ 的曲线。

2）当 $0 < \xi < 1$（欠阻尼）时：

特征方程的根 $s_{1,2} = -\xi\omega_n \pm j\omega_n\sqrt{1-\xi^2}$，是一对共轭复根。

通常令

$$\omega_d = \omega_n \sqrt{1-\xi^2}$$

则

$$s_{1,2} = -\xi\omega_n \pm j\omega_d$$

由式（4-7），对照 $0 < \xi < 1$ 的条件，查表 2-1（序号 13）可得

$$c(t) = 1 - \frac{e^{-\xi\omega_n t}}{\sqrt{1-\xi^2}} \sin(\omega_d t + \varphi) \tag{4-10}$$

式中

$$\omega_d = \omega_n \sqrt{1-\xi^2}, \quad \varphi = \arctan \frac{\sqrt{1-\xi^2}}{\xi}$$

由式（4-10）可见，式中 $\sin(\omega_d t + \varphi)$ 的幅值是 ± 1，因此 $c(t)$ 的包络线便是

$\left(1 \pm \frac{1}{\sqrt{1-\xi^2}} e^{-\xi\omega_n t}\right)$（参见图 4-2）。由图 4-2 可见，**$c(t)$ 是一衰减振荡曲线，又称阻尼振**

荡曲线。其振荡频率为 ω_d，称为阻尼振荡频率。

由式（4-10）还可知，**对应不同的 ξ（$0<\xi<1$），可画出一簇阻尼振荡曲线**，参见图 4-3。由图 4-3 可见，**ξ 越小，振荡的最大振幅越大。**

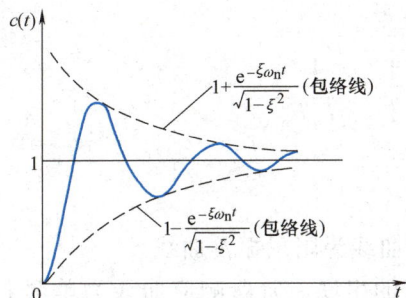

图 4-2 振荡环节的阶跃响应

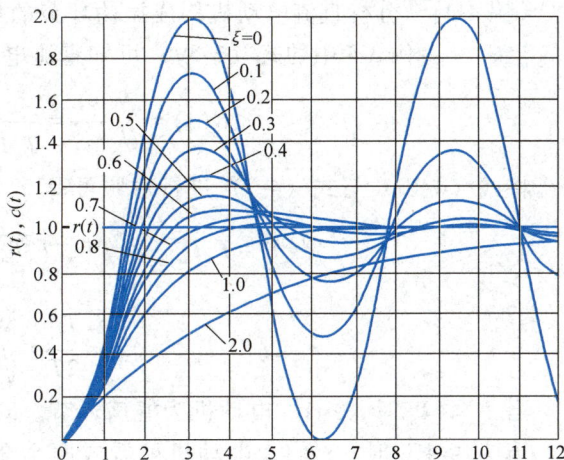

图 4-3 典型二阶系统的单位阶跃响应曲线

3）当 $\xi=1$（临界阻尼）时：

特征方程的根 $s_{1,2}=-\omega_n$，是两个相等的负实根（重根）。

当 $\xi=1$ 时，由式（4-7）有

$$C(s) = \frac{\omega_n^2}{s^2 + 2\omega_n s + \omega_n^2} \cdot \frac{1}{s} = \frac{\omega_n^2}{s(s + \omega_n)^2}$$

查表 2-1（序号 10）可得

$$c(t) = 1 - e^{-\omega_n t}(1 + \omega_n t) \tag{4-11}$$

由式（4-11）可画出图 4-3 中 $\xi=1$ 的曲线。此曲线表明，**临界阻尼时的阶跃响应为单调上升曲线。**

4）当 $\xi>1$（过阻尼）时：

特征方程的根 $s_{1,2}=-\xi\omega_n\pm\omega_n\sqrt{\xi^2-1}$，是两个不相等的负实根。

由式（4-7），对照 $\xi>1$ 的条件，查表 2-1（序号 14）可得

$$c(t) = 1 - \frac{1}{2x(\xi-x)}e^{-(\xi-x)\omega_n t} + \frac{1}{2x(\xi-x)}e^{-(\xi+x)\omega_n t} \tag{4-12}$$

式中

$$x = \sqrt{\xi^2-1}$$

由式（4-12）可画出图 4-3 中 $\xi=2.0$（$\xi>1$）的曲线。由图 4-3 可见，**过阻尼时的阶跃响应也为单调上升曲线。不过其上升的斜率较临界阻尼更慢**，参见图 4-3 中 $\xi=1$ 与 $\xi=2$ 的曲线。

由以上的分析可见，典型二阶系统在不同的阻尼比的情况下，其阶跃响应的差异是很大的。若阻尼比过小，则系统的振荡加剧，超调量大幅度增加；若阻尼比过大，则系统的响应过慢，又大大增加了调整时间。因此，怎样选择适中的阻尼比，以兼顾系统的稳定性和快速

性，便成了研究自动控制系统的一个重要的课题。

我们在例2-5、例4-1和例4-2中对典型一阶系统和典型二阶系统进行分析的方法和所得到的结果，对分析一般自动控制系统具有普遍的参考价值。

【例4-3】 分析直流电动机构成振荡环节的条件。

【解】 由例3-4中的式（3-39）可知直流电动机的传递函数为

$$G(s) = \frac{N(s)}{U_a(s)} = \frac{1/(K_e \Phi)}{T_a T_m s^2 + T_m s + 1} \tag{4-13}$$

将式（4-13）与式（4-7）进行对照可得

$$T^2 = T_a T_m \quad \therefore T = \sqrt{T_a T_m}, \quad \omega_n = \frac{1}{T} = \frac{1}{\sqrt{T_a T_m}}$$

$$2\xi T = T_m \quad \therefore \xi = \frac{T_m}{2T} = \sqrt{\frac{T_m}{4T_a}}$$

当 $T_m < 4T_a$ 时，$\xi < 1$，电动机为振荡环节。阶跃响应曲线为阻尼振荡曲线。

当 $T_m \geq 4T_a$ 时，$\xi \geq 1$，电动机可看成两个惯性环节的串联。阶跃响应曲线为单调上升曲线。

当 $T_m \gg T_a$ 时，可设 $T_a = 0$，于是式（4-13）可简化为

$$G(s) = \frac{N(s)}{U_d(s)} = \frac{1/(K_e \Phi)}{T_m s + 1} \tag{4-14}$$

由式（4-14）可见，这时电动机可看成一个大惯性环节，其阶跃响应曲线为单调上升曲线。

由以上的举例可以看到，时域分析法是一种很有用的方法。本书在第5章分析系统动态性能时，便是从阶跃响应曲线出发的；在第5章分析系统稳态性能和第6章分析反馈校正和前馈补偿时，便是从传递函数出发的。

4.2 频率特性法

频率特性法可以用图解的方法对自动控制系统进行分析计算，元部件（或系统）的频率特性还可用频率特性测试仪测得，因此频率特性法具有很大的实用意义。

4.2.1 频率特性的基本概念

频率特性又称频率响应（Frequency Response），它是系统（或元件）对不同频率正弦输入信号的响应特性。对线性系统，若其输入信号为正弦量，则其稳态输出信号也将是同频率的正弦量。但是其幅值和相位一般都不同于输入量。若逐次改变输入信号的角频率 ω，则输出信号的幅值与相位都会发生变化，参见图4-4。

由图4-4可见，若 $r_1(t) = A\sin\omega_1 t$，其输出为 $c_1(t) = A_1\sin(\omega_1 t + \varphi_1) = M_1 A\sin(\omega_1 t + \varphi_1)$，即振幅增加为 M_1 倍，相位超前了 φ_1 角。若改变频率 ω，使 $r_2(t) = A\sin\omega_2 t$，则系统的输出变为 $c_2(t) = A_2\sin(\omega_2 t - \varphi_2) = M_2 A\sin(\omega_2 t - \varphi_2)$，这时输出量的振幅减少了（增加为 M_2 倍，但 $M_2 < 1$），相位滞后 φ_2 角。因此若以（角）频率 ω 为自变量，系统输出量振幅增长的倍数 M 和相位的变化量 φ 为两个因变量，这便是系统的频率特性。

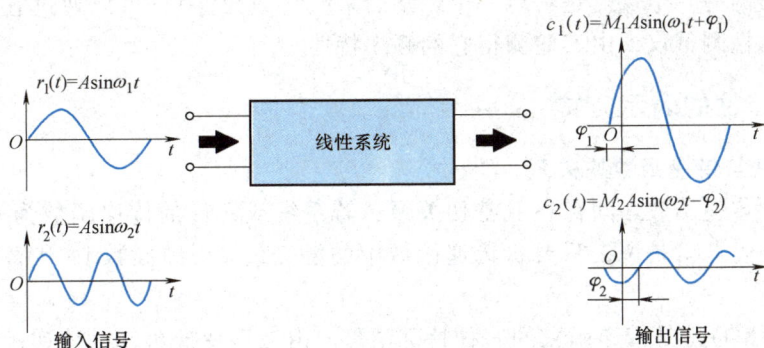

图 4-4　线性系统的频率特性示意图

若设输入量
$$r(t) = A_r\sin\omega t$$

则输出量将为
$$c(t) = A_c\sin(\omega t + \varphi) = MA_r\sin(\omega t + \varphi)$$

上式中输出量与输入量幅值之比称为"模"（Magnitude），以 M 表示（$M = A_c/A_r$）；输出量与输入量的相位移（Phase Shift）则用 φ 表示。

一个稳定的线性系统，模 M 和相位移 φ 都是角频率 ω 的函数（随 ω 变化而改变），所以通常写成 $M(\omega)$ 和 $\varphi(\omega)$。这意味着，它们的值对不同的角频率可能是不同的，参见图 4-5。

$M(\omega)$ 称为幅值频率特性，简称幅频特性（Magnitude Characteristic），如图 4-5a 所示。

$\varphi(\omega)$ 称为相位频率特性，简称相频特性（Phase Characteristic），如图 4-5b 所示。

两者统称为频率特性或幅相频率特性（Frequency Characteristic）。

频率特性常用 $G(j\omega)$ 的符号表示。幅频特性 $M(\omega)$ 表示为 $|G(j\omega)|$，相频特性表示为 $\angle G(j\omega)$，三者可写成下面的形式：

$$G(j\omega) = |G(j\omega)| \angle G(j\omega) \tag{4-15}$$

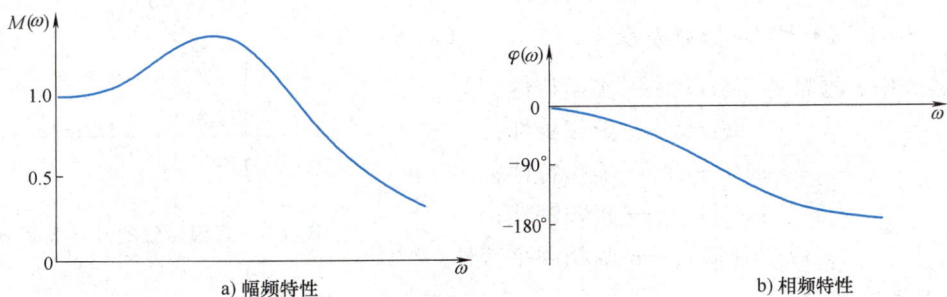

a) 幅频特性　　　　　　　　　b) 相频特性

图 4-5　某自动控制系统的频率特性

频率特性 $G(j\omega)$ 的模 $|G(j\omega)| = M(\omega)$，描述了系统对不同频率的正弦输入信号的衰减（或放大）特性。频率特性 $G(j\omega)$ 的辐角 $\angle G(j\omega) = \varphi(\omega)$，描述了系统对不同频率的正弦输入信号在相位上的滞后（或超前）。两者综合起来反映了系统对不同频率信号的响应特性。而这种特性又反映了自动控制系统内在的动、静态性能。因此从研究和改善系统的频率特性着手，便可间接地去研究和改善系统的性能。以后的分析将会表明，这种间接的方法是十分简便和有效的。

频率特性法的另一个优点是：对一个未知的系统（或元件），可以通过它的电子模拟装置，借助频率特性测试仪，由实验测得它的频率特性。

4.2.2 频率特性的表示方式

1. 频率特性与传递函数的关系

频率特性和传递函数之间存在着密切关系：若系统或元件的传递函数为 $G(s)$，则其频率特性为 $G(j\omega)$。这就是说，只要将传递函数中的复变量 s 用纯虚数 $j\omega$ 代替，就可以得到频率特性。

事实上，频率特性是传递函数的一种特殊情形。由拉氏变换可知，传递函数中的复变量 $s = \sigma + j\omega$。若 $\sigma = 0$，则 $s = j\omega$。所以，$G(j\omega)$ 就是 $\sigma = 0$ 时的 $G(s)$，故频率特性表示为 $G(j\omega)$。反之，传递函数是频率特性的一般化情形。

根据频率特性和传递函数之间的这种关系，可以很方便地由传递函数求取频率特性，也可由频率特性来求取传递函数。即

$$G(s) \xrightleftharpoons[s \leftarrow j\omega]{s \rightarrow j\omega} G(j\omega)$$

既然频率特性是传递函数的一种特殊情形，那么，**传递函数的有关性质和运算规律对于频率特性也是适用的。**

2. 数学式表示方式

频率特性是一个复数，所以它和其他复数一样，可以表示为指数形式、直角坐标形式和极坐标形式等几种形式。如图 4-6 所示，极坐标的横轴为实轴（Real Axis），标以 Re；纵轴为虚轴（Imaginary Axis），标以 Im。

频率特性的几种表示形式如以下各式所示。

$$G(j\omega) = U(\omega) + jV(\omega) \quad (直角坐标表示式) \quad (4-16)$$
$$= |G(j\omega)| \angle G(j\omega) \quad (极坐标表示式) \quad (4-17)$$
$$= M(\omega)e^{j\varphi(\omega)} \quad (指数表示式) \quad (4-18)$$

在以上各式中，通常称 $U(\omega)$——实频特性；

$V(\omega)$——虚频特性；

$M(\omega)$——幅频特性；

$\varphi(\omega)$——相频特性；

$G(j\omega)$——幅相频率特性。

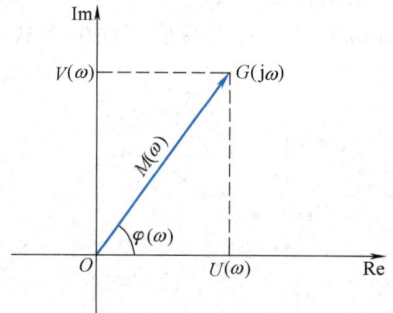

图 4-6 频率特性的几种表示方法

显然，幅频特性
$$M(\omega) = |G(j\omega)| = \sqrt{U^2(\omega) + V^2(\omega)} \quad (4-19)$$

相频特性
$$\varphi(\omega) = \angle G(j\omega) = \arctan \frac{V(\omega)}{U(\omega)} \quad (4-20)$$

3. 图形表示方式

在应用频率特性研究系统性能的过程中，奈奎斯特（Nyquist）采用了极坐标图表示方法，并在 1932 年提出了著名的奈氏稳定判据，使频率特性在分析系统中的应用达到了一个新的高度。但奈氏图绘制麻烦，而且还不够直观。1945 年，伯德（Bode）提出了对数坐标图表示方法，使频率特性的绘制和应用更加方便，更加直观，更加实用。对数频率特性成为经典理论在

工程上应用得最多的一种方法。本书将以对数频率特性作为分析系统的主要方法。

（1）对数频率特性 对于频率特性 $G(j\omega) = M(\omega)e^{j\varphi(\omega)}$，若取它的自然对数，可得

$$\ln G(j\omega) = \ln M(\omega) + j\varphi(\omega)$$

从而可以将频率特性表示为两个函数关系：一是 $\ln M(\omega)$ 与 ω 的关系，称为对数幅频特性；另一是 $\varphi(\omega)$ 与 ω 的关系，称为对数相频特性，两者合称为对数频率特性。

在实际应用中，并不用自然对数来表示幅频特性，而是采用以 10 为底的常用对数表示，并且令

$$L(\omega) = 20\lg M(\omega)^{\ominus}$$

这样，对数频率特性可定义为：

$$\begin{cases} L(\omega) = 20\lg M(\omega) \\ \varphi(\omega) \end{cases} \tag{4-21}$$

（2）伯德（Bode）图 引入对数幅频特性 $L(\omega)$，可以使串联环节的幅值相乘转化为对数幅频特性的相加，这会给图形的处理、分析计算带来很大方便。

以后的分析将表明，**$L(\omega)$ 或它的渐近线大多与 $\lg\omega$ 呈线性关系。因此，若以 $L(\omega)$ 为纵轴，$\lg\omega$ 为横轴，则其图线将为直线**，这可使频率特性的计算和绘制过程大为简化。

此外，若以 $\lg\omega$ 为横轴，则 $\lg\omega$ 每变化一个单位长度，ω 将变化 10 倍〔以后称这为一个"10 倍频程"（decade，记以 dec）〕。由于习惯上都以频率 ω 作为自变量，因此将横轴改为对数坐标，标以自变量 ω（rad/s）。这样，横轴对 $\lg\omega$ 将是等分的，对 ω 将是对数的，两者的相应关系参见图 4-7 的横轴对照。

在应用对数频率特性进行系统分析时，使用的是对数幅频特性 $L(\omega)$，所以伯德图的纵轴以等分坐标来标定 $L(\omega)$，但要注意它的单位是分贝（dB），而且要注意它是 $20\lg M(\omega)$。$L(\omega)$ 与 $M(\omega)$ 的对应关系参见图 4-7 的纵轴对照。

由图 4-7 可见，伯德图是画在纵轴为等分坐标、横轴为对数坐标的特殊坐标纸上，这种坐标纸叫"半对数坐标纸"，横轴对数坐标的每个等分称为一级，图 4-8 横轴有三个相等的等分，因此称为三级"半对数坐标纸"。本书的习题通常需使用四级（或三级）的半对数坐标纸。

在使用对数坐标时要注意：

① 它是不均匀坐标，是由疏到密周期性变化排列的。因此，不能像等分坐标那样任意取值、任意移动，在对数坐标上的取值和移动是以"级"为单位的（即以每 10 倍频程为单位）。

② 对数坐标的每级代表 10 倍频程，即每个等分的级的频率差 10 倍，若第一个"1"处为 0.1，则以后的"1"处便分别为 1、10、100、1000 等。究竟第一个"1"处的频率值取为多少，要视研究的系统所需要的频率段而定，在一般的调速系统和随动系统中，第一个"1"处的频率值通常在 0.01、0.1 和 1 三个数值中取值。对四级对数坐标而言，若第一个"1"处取 0.1，则其频率段为 0.1~1000rad/s。

以上这些都是在初次使用半对数坐标纸时要特别注意的，否则很容易出错，甚至把纵、横坐标混淆。

$\ominus$ 贝尔（Bel）为声学中两个功率比值的常用对数的单位，即 $\lg\dfrac{P_2}{P_1}$（贝尔）。由于功率与振幅的二次方（A^2）成

正比，所以，$\lg\dfrac{P_2}{P_1}$（贝尔）$= \lg\dfrac{A_2^2}{A_1^2}$（贝尔）$= 2\lg\dfrac{A_2}{A_1}$（贝尔）$= 20\lg\dfrac{A_2}{A_1}$（分贝）$= 20\lg M$（分贝，decibel，记以 dB）。

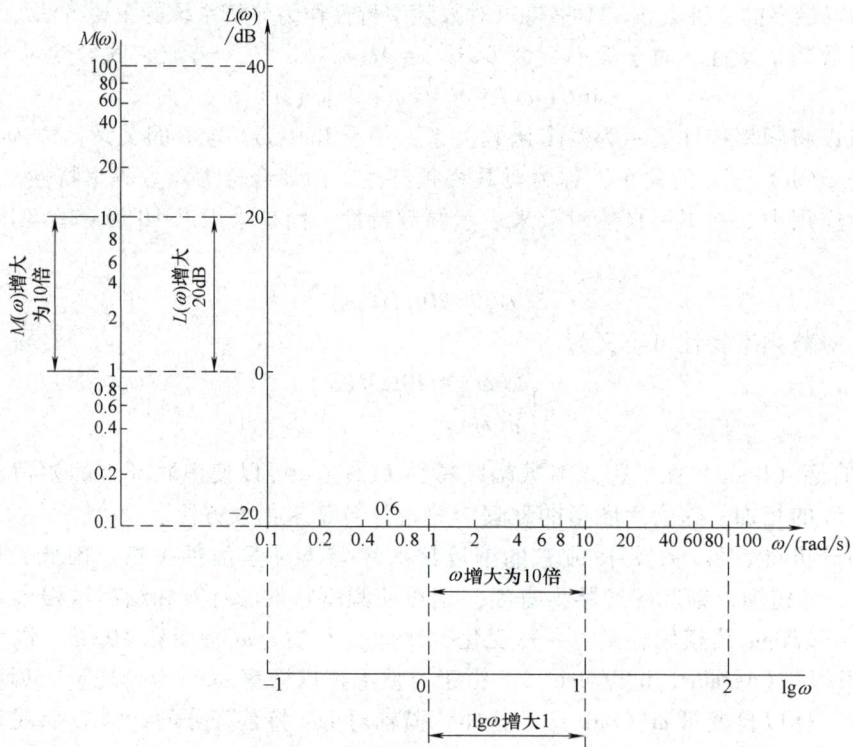

图 4-7 伯德图的横坐标和纵坐标

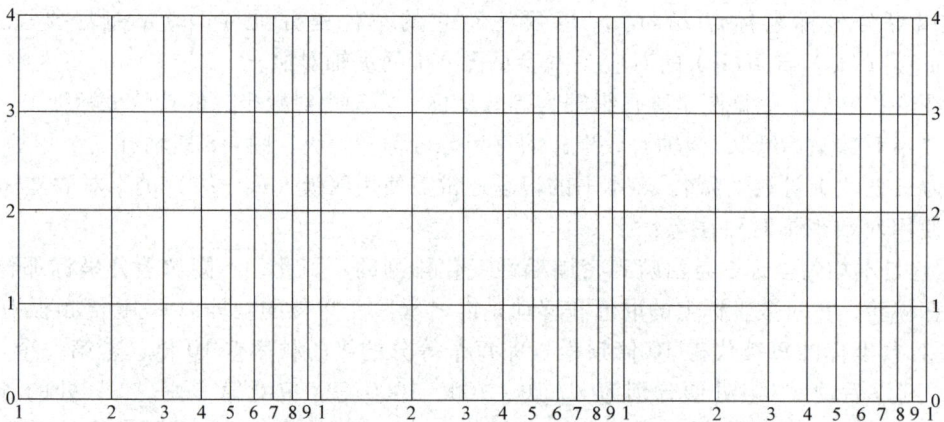

图 4-8 三级半对数坐标纸

由于对数幅频特性 $L(\omega)$ 是画在半对数坐标纸上的，为便于比较对照，所以相频特性 $\varphi(\omega)$ 也画在与 $L(\omega)$ 完全相同的半对数坐标纸上，其横轴的取值与对数幅频特性横坐标相同。画在半对数坐标纸上的 $\varphi(\omega)$ 称为对数相频特性。

画在半对数坐标纸上的伯德图，不仅其 $L(\omega)$ 渐近线均为直线，叠加方便，而且横轴所表示的频率范围将扩展很多（每个等分为 10 倍频程），可以显示从低频到高频较宽频率范围的图形。因此它在自动控制系统的分析和设计中，得到了广泛的应用。

4.2.3 典型环节的对数频率特性

1. 比例环节

（1）传递函数　　　　　　　　　　　$G(s) = K$

（2）频率特性　　　　　　　　　　$G(j\omega) = K + j0 = Ke^{j0}$

（3）对数频率特性　　　$\begin{cases} L(\omega) = 20\lg K \\ \varphi(\omega) = 0 \end{cases}$　　　　　　　　（4-22）

（4）伯德图

1）对数幅频特性 $L(\omega)$。**$L(\omega)$ 为水平直线，其高度为 20lg$K$。**

若 $K>1$，则 $L(\omega)$ 为正值，水平直线在横轴上方。

若 $K=1$，则 $L(\omega) = 0$dB，水平直线与横轴重合，所以横轴又称零分贝线。

若 $K<1$，则 $L(\omega)$ 为负值，水平直线在横轴下方。

2）对数相频特性 $\varphi(\omega)$。**$\varphi(\omega)$ 为与横轴重合的水平直线。**

比例环节的伯德图如图 4-9 所示。由图 4-9 可见，当系统**增设比例环节后，将使系统的 $L(\omega)$ 向上（或向下）平移，而不会改变 $L(\omega)$ 的形状；对系统的 $\varphi(\omega)$ 将不产生任何影响**。这是比例环节的一大特点。

2. 积分环节

（1）传递函数

$$G(s) = \frac{1}{Ts} = \frac{K}{s} \qquad \left(K = \frac{1}{T}\right)$$

（2）频率特性

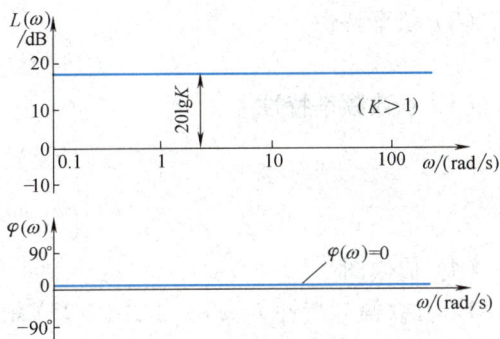

图 4-9　比例环节的伯德图

$$G(j\omega) = \frac{1}{jT\omega} = -j\frac{1}{T\omega} = \frac{1}{T\omega}e^{-j\frac{\pi}{2}}$$

（3）对数频率特性

$$\begin{cases} L(\omega) = 20\lg\dfrac{1}{T\omega} = -20\lg T\omega \\ \varphi(\omega) = -\dfrac{\pi}{2} = -90° \end{cases} \qquad (4\text{-}23)$$

（4）伯德图

1）对数幅频特性 $L(\omega)$。由式（4-23）有

$$L(\omega) = -20\lg T\omega = 20\lg\frac{1}{T} - 20\lg\omega = 20\lg K - 20\lg\omega \qquad (4\text{-}24)$$

式中，$K = 1/T$。

由式（4-24）可知，若以 $\lg\omega$ 为自变量，则 $L(\omega) = f(\lg\omega)$ 的函数为一直线，由于半对数坐标的横轴若以 $\lg\omega$ 为自变量则为等分坐标（参见图 4-10），因此画在半对数坐标纸上的 $L(\omega)$ 即为一直线。其斜率为 -20dB/dec。

当 $\omega = 1$rad/s 时，则 $L(\omega) = 20\lg K = 20\lg(1/T)$。这表明直线在 $\omega = 1$rad/s 时穿过 $L(\omega) =$

$20\lg K$ 的点。

当 $\omega = 1/T$ 时，则 $L(\omega) = 20\lg K - 20\lg(1/T) = 0(K = 1/T)$。这表明直线在 $\omega = 1/T$ 时穿过零分贝线。

综上所述，积分环节的对数幅频特性曲线 $L(\omega)$ 可表述为：**在 $\omega = 1\text{rad/s}$ 处于 $L(\omega) = 20\lg K$ 的点（或在 $\omega = 1/T$ 处过零分贝线）的、斜率为 -20dB/dec 的斜直线**。其图形见图 4-10 中的直线①。

由图还可见，**积分环节的 $L(\omega)$ 过零分贝线的点的 ω 取值即为增益 K**。这是一个十分有用的结论。

当 $K = 1$ 时，$G(s) = 1/s$，这时 $\omega = 1/T = 1\text{rad/s}$，直线在 $\omega = 1\text{rad/s}$ 处穿过零分贝线，见图 4-10 中的直线②。

2）对数相频特性 $\varphi(\omega)$。$\varphi(\omega) = -\dfrac{\pi}{2} = -90°$，**即 $\varphi(\omega)$ 为一条 $-90°$ 水平直线**，见图 4-10。

3. 理想微分环节

（1）传递函数 $\qquad\qquad\qquad G(s) = \tau s$

（2）频率特性

$$G(j\omega) = j\tau\omega = \tau\omega\ e^{j\pi/2}$$

（3）对数频率特性

$$\begin{cases} L(\omega) = 20\lg\tau\omega \\ \varphi(\omega) = \dfrac{\pi}{2} = 90° \end{cases} \qquad\qquad (4\text{-}25)$$

（4）伯德图

1）对数幅频特性 $L(\omega)$。由式（4-25）有

$$\begin{aligned} L(\omega) &= 20\lg\tau\omega = 20\lg\tau + 20\lg\omega \\ &= 20\lg K + 20\lg\omega \quad (K = \tau) \end{aligned}$$

当 $\omega = 1/\tau$ 时，$L(\omega) = 0$。

对照式（4-23）和式（4-25），不难发现，两者仅差一负号。因此理想微分环节的对数幅频特性曲线可表述为：**在 $\omega = 1\text{rad/s}$ 处过 $L(\omega) = 20\lg K$ 的点（或在 $\omega = 1/\tau$ 处过零分贝线）的、斜率为 $+20\text{dB/dec}$ 的斜直线**。其图形见图 4-11 中的斜直线①。

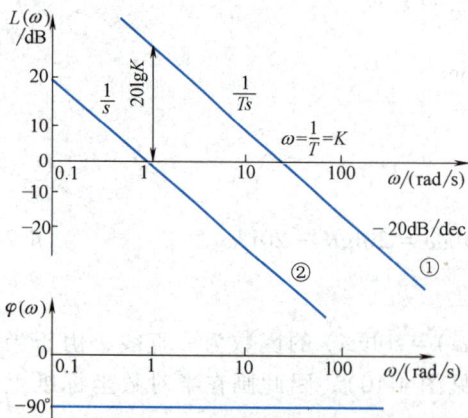

图 4-10　积分环节的伯德图

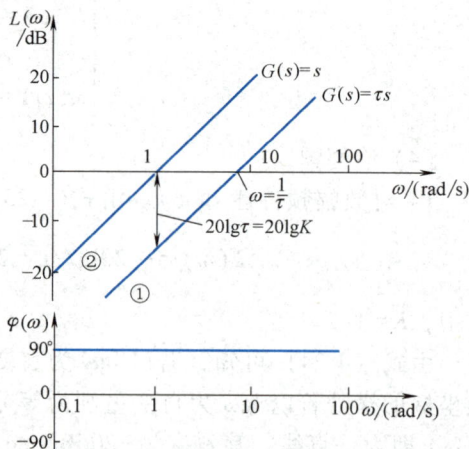

图 4-11　理想微分环节的伯德图

2）对数相频特性 $\varphi(\omega)$。由式（4-25）可知，**$\varphi(\omega)$ 为一条 +90° 水平直线。**

4. 惯性环节

（1）传递函数

$$G(s) = \frac{1}{Ts+1}$$

（2）频率特性

$$G(j\omega) = \frac{1}{jT\omega+1} = \frac{1}{T^2\omega^2+1} - j\frac{T\omega}{T^2\omega^2+1} = \frac{1}{\sqrt{T^2\omega^2+1}}e^{-j\arctan(T\omega)}$$

（3）对数频率特性

$$\begin{cases} L(\omega) = 20\lg\dfrac{1}{\sqrt{T^2\omega^2+1}} = -20\lg\sqrt{T^2\omega^2+1} \\ \varphi(\omega) = -\arctan(T\omega) \end{cases} \qquad (4\text{-}26)$$

（4）伯德图

1）对数幅频特性 $L(\omega)$。惯性环节的幅频特性是一条曲线，若逐点描绘将很繁琐，通常采用近似的绘制方法，即先作出 $L(\omega)$ 的渐近线，求得特殊点（如 $\omega=1/T$ 的点）的数值，然后再求出最大修正量，从而近似描绘出实际曲线，并可估算出用渐近线替代实际曲线可能造成的误差。

① 低频渐近线：低频渐近线是指 $\omega\to0$ 时的 $L(\omega)$ 图形（通常以 $\omega\ll1/T$ 或 $T\omega\ll1$ 来求取）。

当 $\omega\ll1/T$ 时，$T\omega\ll1$，这时 $T\omega$ 相对 1 而言，可略而不计，于是有

$$L(\omega) = -20\lg\sqrt{T^2\omega^2+1} \approx -20\lg1 = 0$$

由上式可见，**惯性环节的低频渐近线为一条零分贝的水平线**，参见图 4-12。

② 高频渐近线：高频渐近线是指 $\omega\to\infty$ 时的 $L(\omega)$ 图形。通常以 $\omega\gg1/T$ 或 $T\omega\gg1$ 来求取。

当 $\omega\gg1/T$ 时，$T\omega\gg1$，这时 1 相对于 $T\omega$ 而言，可略而不计，于是有

$$L(\omega) = -20\lg\sqrt{T^2\omega^2+1} \approx -20\lg T\omega$$

上式与式（4-24）完全相同，因此，**惯性环节的高频渐近线与积分环节的 $L(\omega)$ 相同，即为在 $\omega=1/T$ 处过零分贝线的、斜率为 $-20\mathrm{dB/dec}$ 的斜直线**，参见图 4-12。

③ 交接频率：交接频率又称转角频率，它是高、低频渐近线交接处的频率。由图 4-12 可见，当 $\omega=1/T$ 时，高、低频渐近线相接（它们的幅值均为零），因此 $\omega=1/T$ 称为交接频率。

④ 修正量（又称误差）：惯性环节的 $L(\omega)$ 的实际曲线（Exact Curve）如图 4-12 曲线①所示，其最大误差发生在交接频率处。在该频率处 $L(\omega)$ 的实际值为

$$L(\omega)\big|_{\omega=\frac{1}{T}} = -20\lg\sqrt{T^2\omega^2+1}\,\big|_{\omega=\frac{1}{T}} = -20\lg\sqrt{2} = -3.03\mathrm{dB}$$

所以其最大误差（亦即最大修正量）约为 $-3\mathrm{dB}$。由此可见，若以渐近线取代实际曲线，引起的误差是不大的。

2）对数相频特性 $\varphi(\omega)$。对数相频特性曲线通常也采用近似的作图方法。

① 低频渐近线：由式（4-26）可知，当 $\omega\to0$ 时，$\varphi(\omega)\to0$。因此，**其低频渐近线为 $\varphi(\omega)=0$ 的水平线。**

② 高频渐近线：当 $\omega\to\infty$ 时，由式（4-26）可知，$\varphi(\omega)=-\arctan(T\omega)\to-\pi/2$，因此，**其高频渐近线为 $\varphi(\omega)=-\pi/2$ 的水平线。**

③ 交接频率处的相位：当 $\omega=1/T$ 时，$\varphi(\omega)=-\arctan(T\omega)\big|_{\omega=\frac{1}{T}} = -\dfrac{\pi}{4} = -45°$，参见图 4-12 曲线②。

5. 比例微分环节

（1）传递函数　　　$G(s) = (\tau s + 1)$

（2）频率特性　　　$G(j\omega) = (j\tau\omega + 1) = \sqrt{\tau^2\omega^2 + 1}\, e^{j\arctan(\tau\omega)}$

（3）对数频率特性

$$\begin{cases} L(\omega) = 20\lg\sqrt{\tau^2\omega^2 + 1} \\ \varphi(\omega) = \arctan(\tau\omega) \end{cases} \qquad (4\text{-}27)$$

（4）伯德图　对照式（4-26）和式（4-27），显然可见，两者仅相差一个负号。这意味着它们的图形将对称于横轴。比例微分环节的伯德图如图4-13所示。

对照图4-12和图4-13不难发现，它们对系统的作用恰好是相反的。惯性环节使系统的相位滞后 φ 角，而比例微分环节却使系统的相位超前 φ 角。在中、高频段，前者使幅值下降，后者却使幅值增大（它们对低频段影响不大）。

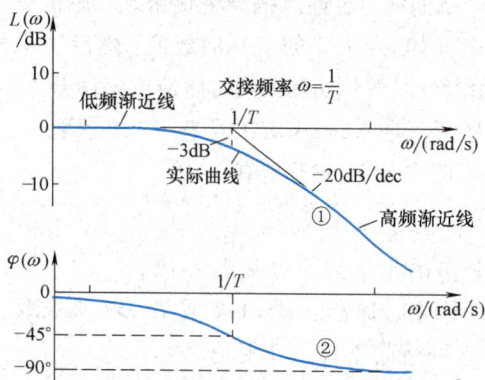

图 4-12　惯性环节的伯德图

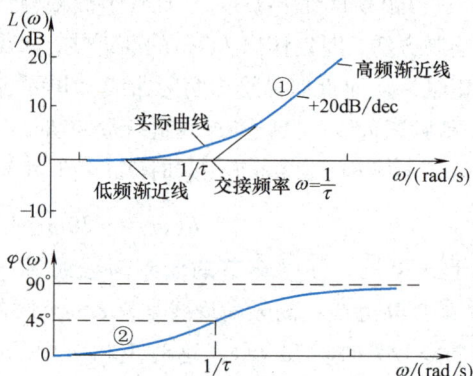

图 4-13　比例微分环节的伯德图

6. 振荡环节

（1）传递函数　　　$$G(s) = \dfrac{1}{T^2 s^2 + 2\xi T s + 1}$$

（2）频率特性　　$G(j\omega) = \dfrac{1}{T^2(j\omega)^2 + 2\xi T(j\omega) + 1} = \dfrac{1}{(1 - T^2\omega^2) + j2\xi T\omega}$

$$= \dfrac{1 - T^2\omega^2}{(1 - T^2\omega^2)^2 + (2\xi T\omega)^2} - j\dfrac{2\xi T\omega}{(1 - T^2\omega^2)^2 + (2\xi T\omega)^2}$$

$$= \dfrac{1}{\sqrt{(1 - T^2\omega^2)^2 + (2\xi T\omega)^2}}\, e^{-\arctan\frac{2\xi T\omega}{1 - T^2\omega^2}}$$

由上式可以看出，振荡环节的频率特性不仅与 ω 有关，还与阻尼比 ξ 有关。

（3）对数频率特性

$$\begin{cases} L(\omega) = -20\lg\sqrt{(1 - T^2\omega^2)^2 + (2\xi T\omega)^2} \\ \varphi(\omega) = -\arctan\dfrac{2\xi T\omega}{1 - T^2\omega^2} \end{cases} \qquad (4\text{-}28)$$

（4）伯德图

1）对数幅频特性 $L(\omega)$。振荡环节的对数幅频特性也采用近似的方法绘制。

① 低频渐近线：当 $\omega \ll 1/T$ 时，即 $T\omega \ll 1$，$(1-T^2\omega^2) \approx 1$，于是

$$L(\omega) = -20\lg\sqrt{(1-T^2\omega^2)^2+(2\xi T\omega)^2} \approx -20\lg\sqrt{1} = 0$$

由上式可见，**振荡环节的 $L(\omega)$ 的低频渐近线也是一条零分贝线**，参见图 4-14 曲线①。

② 高频渐近线：当 $\omega \gg 1/T$ 时，即 $T\omega \gg 1$，$(1-T^2\omega^2) \approx -T^2\omega^2$，于是

$$L(\omega) = -20\lg\sqrt{(1-T^2\omega^2)^2+(2\xi T\omega)^2} \approx -20\lg\sqrt{(T^2\omega^2)[T^2\omega^2+(2\xi)^2]}$$

当 $T\omega \gg 1$，且 $0<\xi<1$ 时，显然，$T\omega \gg 2\xi$，$[T^2\omega^2+(2\xi)^2] \approx T^2\omega^2$。于是

$$L(\omega) \approx -20\lg\sqrt{(T^2\omega^2)^2} = -40\lg T\omega$$

由上式可见，**振荡环节的 $L(\omega)$ 的高频渐近线，则是一条在 $\omega=1/T$ 处过零分贝线的、斜率为 $-40\mathrm{dB/dec}$ 的斜直线**，参见图 4-14 曲线①。

③ 交接频率：当 $\omega=1/T$ 时，高、低频渐近线的 $L(\omega)$ 均为零，两直线在此相接。

④ 修正量：当 $\omega=1/T$ 时，

$$L(\omega) = -20\lg\sqrt{(2\xi)^2} = -20\lg(2\xi) \tag{4-29}$$

由上式可见，在 $\omega=1/T$ 时，$L(\omega)$ 的实际值是与阻尼系数 ξ 有关的。即振荡环节的对数幅频特性曲线的渐近线与实际曲线之间的误差不仅与 ω 有关，还与 ξ 有关。$L(\omega)$ 在 $\omega=1/T$ 时的实际值可按式（4-29）计算。此计算结果列于表 4-1 中。

表 4-1　振荡环节对数幅频特性最大误差修正表

ξ	0.1	0.15	0.2	0.25	0.3	0.4	0.5	0.6	0.7	0.8	1.0
最大误差/dB	+14.0	+10.4	+8	+6	+4.4	+2.0	0	−1.6	−3.0	−4.0	−6.0

由表 4-1 可见，当 $0.4<\xi<0.7$ 时，误差不超过 3dB，这时可以允许不对渐近线进行修正。但当 $\xi<0.4$ 或 $\xi>0.7$ 时，误差都是很大的，必须进行修正。

2）对数相频特性 $\varphi(\omega)$

① 低频渐近线：当 $\omega \ll 1/T$ 时，$\varphi(\omega) = \arctan\dfrac{-2\xi T\omega}{1-T^2\omega^2} \approx 0$

由上式可见，**振荡环节的 $\varphi(\omega)$ 的低频渐近线是一条 $\varphi(\omega)=0$ 的水平直线**，参见图 4-14 曲线②。

② 高频渐近线：当 $\omega \to \infty$（或 $\omega \gg 1/T$）时，$\dfrac{-2\xi T\omega}{1-T^2\omega^2} \to 0^-$，因此 $\arctan\dfrac{-2\xi T\omega}{1-T^2\omega^2} \to -\pi$。

由上式可见，**振荡环节的 $\varphi(\omega)$ 的高频渐近线是一条 $\varphi(\omega)=-\pi=-180°$ 的水平直线**，参见图 4-14 曲线②。

③ 交接频率处的相位：当 $\omega=1/T$ 时，$\dfrac{-2\xi T\omega}{1-T^2\omega^2} \to -\infty$，因此 $\varphi(\omega) = \arctan\dfrac{-2\xi T\omega}{1-T^2\omega^2} \approx -\dfrac{\pi}{2} = -90°$。

④ 由式（4-28）可见，振荡环节的对数相频特性 $\varphi(\omega)$ 也与阻尼系数 ξ 有关。图 4-14 曲线②为对应不同阻尼系数 ξ 的对数相频特性曲线。

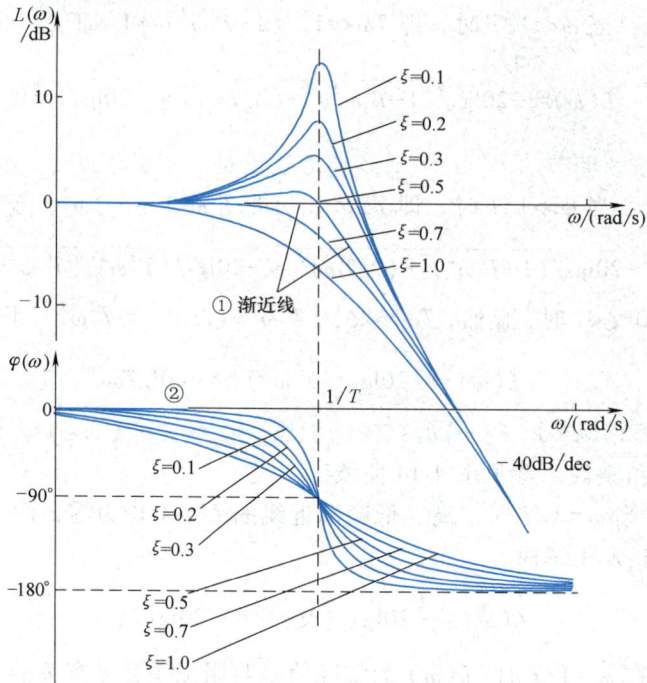

图 4-14 振荡环节的伯德图

4.2.4 系统的开环对数频率特性 [○]

系统的开环传递函数通常为反馈回路中各串联环节的传递函数的乘积。若熟悉了典型环节的对数频率特性，则串联环节的对数频率特性是很容易求取的。

1. 采用叠加的方法求串联环节的伯德图

图 4-15 为某随动系统框图，其中比例调节器的传递函数为 $G_1(s) = K_1$（比例环节），伺服电动机的传递函数为 $G_2(s) = K_2/(T_m s + 1)$（经过简化处理了的数学模型，为一惯性环节），由转速变换为位移环节（并包括减速器）的传递函数 $G_3(s) = K_3/s$。图中为单位负反馈，即反馈系数为 1。

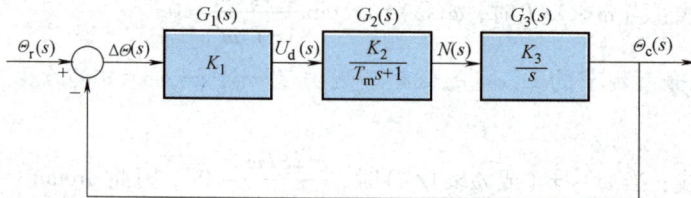

图 4-15 某随动系统框图

此系统的开环传递函数 $G(s)$ 为

$$G(s) = G_1(s) G_2(s) G_3(s)$$

其对应的开环频率特性则为

[○] 奈氏（Nyquist）稳定判据使我们可以根据系统的开环频率特性研究闭环系统的稳定性，而不必去解出特征方程的根，这是频率特性法的一个突出的优点。

$$G(j\omega) = G_1(j\omega) G_2(j\omega) G_3(j\omega)$$
$$= M_1(\omega) e^{j\varphi_1(\omega)} M_2(\omega) e^{j\varphi_2(\omega)} M_3(\omega) e^{j\varphi_3(\omega)}$$
$$= M_1(\omega) M_2(\omega) M_3(\omega) e^{j[\varphi_1(\omega)+\varphi_2(\omega)+\varphi_3(\omega)]}$$

由上式可得其对数幅频特性为

$$L(\omega) = 20\lg[M_1(\omega) M_2(\omega) M_3(\omega)]$$
$$= 20\lg M_1(\omega) + 20\lg M_2(\omega) + 20\lg M_3(\omega)$$
$$= L_1(\omega) + L_2(\omega) + L_3(\omega)$$

其对数相频特性为

$$\varphi(\omega) = \varphi_1(\omega) + \varphi_2(\omega) + \varphi_3(\omega)$$

由以上分析可见，**串联环节的对数频率特性，即为各串联环节的对数频率特性的叠加。**

【**例 4-4**】 求取图 4-15 所示系统的开环频率特性。

【**解**】 由图 4-15 可见，系统的开环传递函数为

$$G(s) = K_1 \frac{K_2}{T_m s + 1} \frac{K_3}{s} = \frac{K}{s(T_m s + 1)} \qquad (4-30)$$

式中，$K = K_1 K_2 K_3$。

由上式可见，系统可以看成由比例、积分和惯性三个典型环节组成。因此，该系统的开环对数频率特性则为上述三个典型环节的对数频率特性的叠加。

对照图 4-9 可画出比例环节（K）（此处 $K>1$）的伯德图（如图 4-16 中的①所示）。对照图 4-10 可画出积分环节（$1/s$）的伯德图（如图 4-16 中的②所示）。对照图 4-12 可画出惯性环节的伯德图（如图 4-16 中的③所示）。

上述三个曲线的叠加（①+②+③）即为该随动系统的伯德图，如图 4-16 中曲线④所示（④=①+②+③）。

【**例 4-5**】 求比例积分调节器的伯德图。

【**解**】 由第 3 章中例 3-3 的式（3-35）有

$$G(s) = K \frac{Ts+1}{Ts} = K \frac{1}{Ts}(Ts+1)$$

由上式可见，比例积分调节器可看成比例、积分和比例微分三个环节的串联。采用和上例一样的叠加方法，便可得到图 4-17 所示的比例积分调节器的伯德图。

图中曲线①为比例环节；曲线②为积分环节；曲线③为比例微分环节；曲线④为比例积分环节（④=①+②+③）。

2. 系统开环对数幅频特性的简便画法

由上述例题可见，串联环节的对数幅频特性也可以直接绘出。从典型环节的对数幅频特性可见，在低频段，惯性、振荡和比例微分等环节的低频渐近线均为零分贝线。因此，对数幅频特性 $L(\omega)$ 的低频段主要取决于比例环节和积分环节（理想微分环节一般很少出现）。而在 $\omega = 1\text{rad/s}$ 处，积分环节为过零点，因此在 $\omega = 1\text{rad/s}$ 处，对数幅频特性的高度仅取决于比例环节。即 $L(\omega)|_{\omega=1} = 20\lg K$，此时的斜率则主要取决于积分环节，每多一个积分环节，则斜率便降低 20dB/dec。若有 ν 个积分环节，则在 $\omega = 1\text{rad/s}$ 处的斜率便为

-20νdB/dec。在确定了低频段以后，往后若遇到惯性环节，经交接频率，$L(\omega)$ 的斜率便降低 20dB/dec；遇到振荡环节，过交接频率，则斜率便降低 40dB/dec；若遇到比例微分环节，过交接频率，则斜率增加 20dB/dec。这样，掌握了以上规律，就可以直接画出串联环节的总的渐近对数幅频特性。其步骤是：

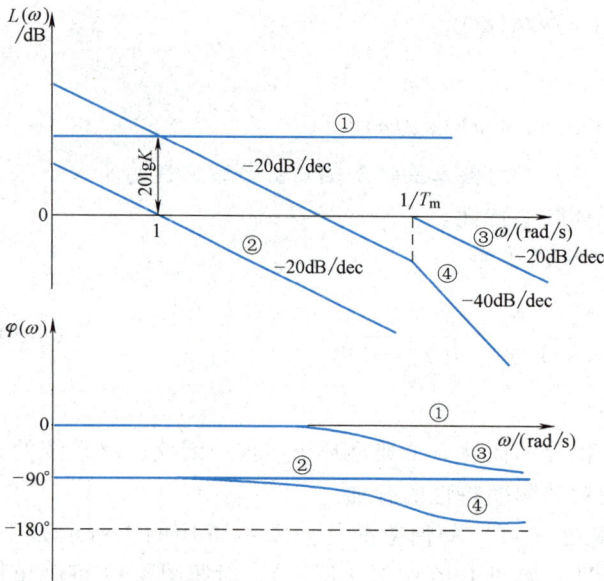

图 4-16 例 4-4 所示系统的伯德图

曲线①：$G_1(s)=K$ 曲线②：$G_2(s)=\dfrac{1}{s}$ 曲线③：$G_3(s)=\dfrac{1}{T_m s+1}$

曲线④：$G(s)=\dfrac{K}{s(T_m+1)}$ 曲线④＝①＋②＋③

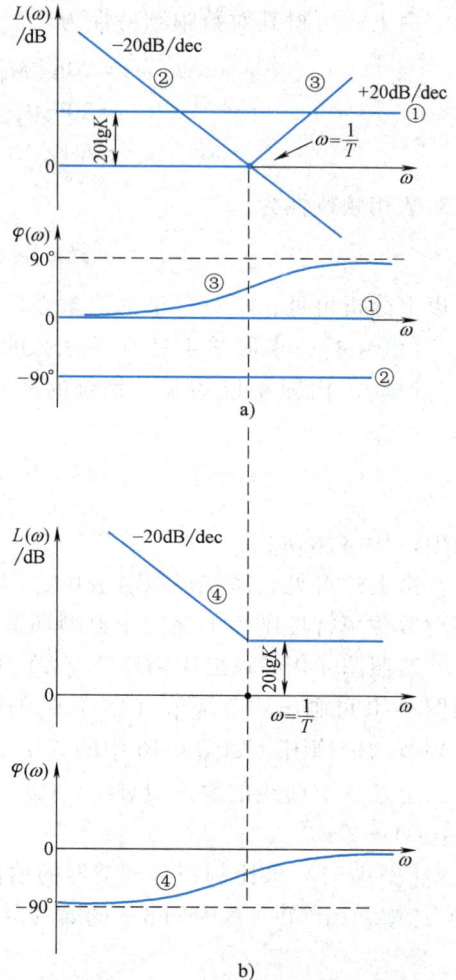

图 4-17 比例积分调节器的伯德图

①：$G_1(s)=K$ ②：$G_2(s)=\dfrac{1}{Ts}$

③：$G_3(s)=(Ts+1)$ ④：$G(s)=K\dfrac{(Ts+1)}{Ts}$

④＝①＋②＋③

① 分析系统是由哪些典型环节串联组成的，将这些典型环节的传递函数都化成标准形式（分母常数项为 1）。

② 根据比例环节的 K 值，计算 $20\lg K$。

③ 在半对数坐标纸上，找到横坐标为 $\omega=1\text{rad}/\text{s}$、纵坐标为 $L(\omega)=20\lg K$ 的点，过该点作斜率为 -20νdB/dec 的斜线，其中 ν 为积分环节的数目。

④ 计算各典型环节的交接频率，将各交接频率按由低到高的顺序进行排列，并按下列原则依次改变 $L(\omega)$ 的斜率：

若过惯性环节的交接频率，斜率减去 20dB/dec；

若过比例微分环节的交接频率，斜率增加 20dB/dec；

若过振荡环节的交接频率，斜率减去 40dB/dec。

⑤ 如果需要，可对渐近线进行修正，以获得较精确的对数幅频特性曲线。

【例 4-6】 若在例 4-4 所示的随动系统中，将比例（P）调节器改换成比例积分（PI）调节器，如图 4-18 所示。图中已标明系统的有关参数。试画出该系统的开环对数频率特性（伯德图）。

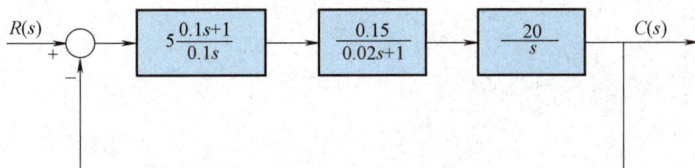

$$R(s) \quad \xrightarrow{\quad+\quad} \quad \boxed{5\frac{0.1s+1}{0.1s}} \quad \boxed{\frac{0.15}{0.02s+1}} \quad \boxed{\frac{20}{s}} \quad C(s)$$

图 4-18　某自动控制系统框图

【解】　由图 4-18 可得该系统的开环传递函数 $G(s)$

$$G(s) = \frac{5 \times 0.15 \times 20}{0.1} \times \frac{0.1s+1}{s^2(0.02s+1)}$$

$$= 150 \times \frac{1}{s^2} \times \frac{1}{0.02s+1}(0.1s+1)$$

由上式可见，它是由一个比例环节、两个积分环节、一个惯性环节和一个比例微分环节串联组成的。

（1）对数幅频特性

1）低频段的绘制。由 $K = 150$，所以 $L(\omega)$ 在 $\omega = 1\text{rad/s}$ 处的高度为

$$20\lg K = 20\lg 150 = 43.5\text{dB}$$

由于含两个积分环节，其低频段斜率为

$$2 \times (-20\text{dB/dec}) = -40\text{dB/dec}$$

2）中、高频段的绘制。比例微分环节的交接频率　$\omega_1 = \frac{1}{0.1}\text{rad/s} = 10\text{rad/s}$

惯性环节的交接频率　　　　　$\omega_2 = \frac{1}{0.02}\text{rad/s} = 50\text{rad/s}$

因此，在低频段斜率为 -40dB/dec 的斜直线，经 $\omega_1 = 10\text{rad/s}$ 处，遇到比例微分环节，斜率应增加 20dB/dec，成为 -20dB/dec 的直线。再经 $\omega_2 = 50\text{rad/s}$ 处，又遇到一惯性环节，斜率应降低 20dB/dec，又成为 -40dB/dec 的斜直线。因此该系统的对数幅频特性如图 4-19a 所示。

（2）对数相频特性

1）比例环节：$\varphi_1(\omega) = 0$（水平直线①）。

2）两个积分环节：$\varphi_2(\omega) = -180°$（水平直线②）。

3）比例微分环节：$\varphi_3(\omega) = \arctan(0.1\omega)$（曲线③）。其低频渐近线为 $\varphi(\omega) = 0$，高频渐近线为 $\varphi(\omega) = +90°$，在 $\omega = 10\text{rad/s}$ 处，$\varphi_3(\omega) = 45°$。

4）惯性环节：$\varphi_4(\omega) = -\arctan(0.02\omega)$（曲线④）。其低频渐近线为 $\varphi(\omega) = 0$，高频渐近线为 $\varphi(\omega) = -90°$，在 $\omega = 50\text{rad/s}$ 处，$\varphi_4(\omega) = -45°$。

该系统的对数相频特性 $\varphi(\omega)$，则为四者的叠加。即

$$\varphi(\omega) = \varphi_1(\omega) + \varphi_2(\omega) + \varphi_3(\omega) + \varphi_4(\omega)$$

曲线 $\varphi(\omega) = ① + ② + ③ + ④$，如图 4-19b 所示。

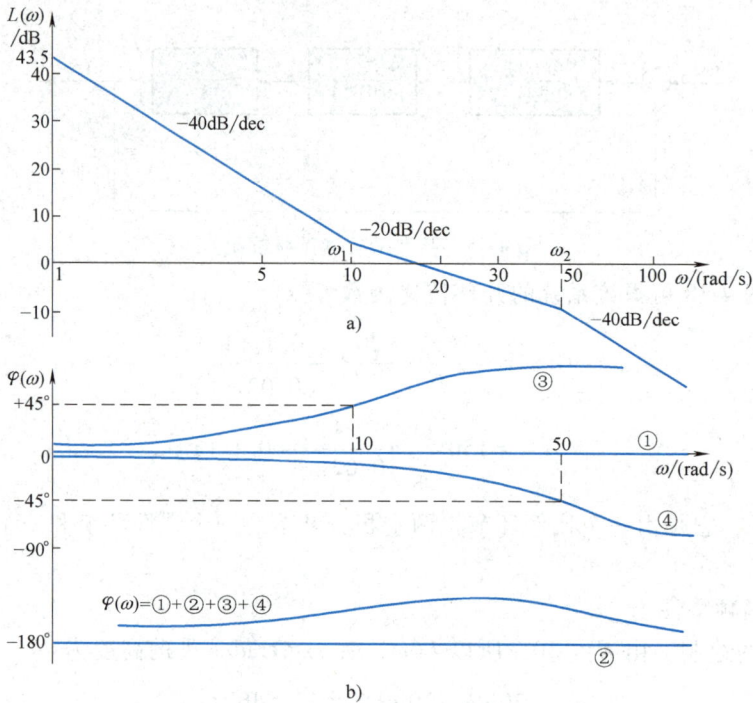

图 4-19 例 4-6 系统的开环对数频率特性（伯德图）

3. 最小相位系统与非最小相位系统的概念

设系统的传递函数为

$$G(s) = \frac{K(s-z_1)(s-z_2)\cdots(s-z_m)}{(s-p_1)(s-p_2)\cdots(s-p_n)} \tag{4-31}$$

在 s 复平面上，对应分母 $(s-p_i) = 0$ $[G(s) \to \infty]$ 的点 $s_i(s_i = p_i)$，称为极点。若 s_i 为负根，则极点 s_i 在 s 复平面的左侧；若 s_i 为正根，则极点 s_i 在 s 复平面的右侧。

在 s 复平面上，对应分子 $(s-z_j) = 0$ $[G(s) = 0]$ 的点 $s_j(s_j = z_j)$，称为零点。若 s_j 为负根，则零点 s_j 在 s 复平面的左侧；若 s_j 为正根，则零点 s_j 在 s 复平面的右侧。

由式（4-31）可知，在 s 复平面上，可画出 n 个极点和 m 个零点。

根据传递函数的零、极点在 s 复平面上分布的情况，可以来定义最小相位系统和非最小相位系统：传递函数的极点和零点均在 s 复平面的左侧的系统称为最小相位系统。反之，传递函数的极点和（或）零点有在 s 复平面右侧的系统称为非最小相位系统。

上述定义意味着，最小相位系统传递函数的分子和分母中不含正根，即分子、分母不含诸如 $(s-p)$、$(as^2 - bs + c)$ 的项。最小相位系统的特点是：具有相同幅频特性的一些系统，

最小相位系统的相位角范围将是最小的。下面通过几个例子来说明这一点。

【例4-7】 已知控制系统的开环传递函数为

$$G_1(s) = \frac{1 + T_1 s}{1 + T_2 s}, \qquad G_2(s) = \frac{1 - T_1 s}{1 + T_2 s}, \qquad G_3(s) = \frac{1 + T_1 s}{1 - T_2 s}$$

式中，T_1、T_2 均为正值，且设 $T_2 = 10T_1$。

求它们的对数幅频特性与对数相频特性。

【解】 （1） $$M_1(\omega) = M_2(\omega) = M_3(\omega) = \frac{\sqrt{(T_1\omega)^2 + 1}}{\sqrt{(T_2\omega)^2 + 1}}$$

对数幅频特性 $L_1(\omega) = L_2(\omega) = L_3(\omega) = 20\lg\sqrt{(T_1\omega)^2 + 1} - 20\lg\sqrt{(T_2\omega)^2 + 1}$

其对数幅频特性曲线如图4-20a所示。

（2）对数相频特性 其对数相频特性曲线如图4-20b所示。

$\varphi_1(\omega) = \arctan(T_1\omega) - \arctan(T_2\omega)$

$\varphi_2(\omega) = -\arctan(T_1\omega) - \arctan(T_2\omega)$

$\varphi_3(\omega) = \arctan(T_1\omega) + \arctan(T_2\omega)$

由上图可见，$G_1(s)$ 为最小相位系统的传递函数，$\varphi_1(\omega)$ 为最小[注]。$G_2(s)$、$G_3(s)$ 为非最小相位系统的传递函数，$\varphi_2(\omega)$、$\varphi_3(\omega)$ 均非"最小"。

最小相位系统的特点是：它的对数相频特性和对数幅频特性间存在着确定的对应关系。即一条对数幅频特性曲线 $L(\omega)$，只能有一条对数相频特性 $\varphi(\omega)$ 与之对应。因而利用伯德图对

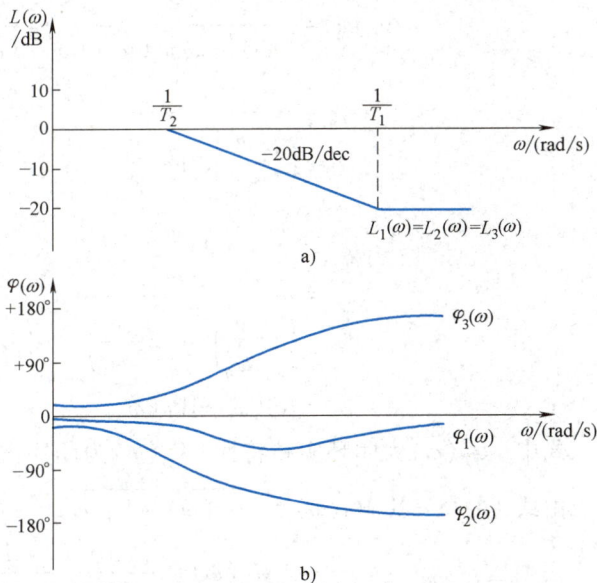

图4-20 最小相位系统与非最小相位系统的伯德图

系统进行分析时，对于最小相位系统，往往只画出它的对数幅频特性曲线就够了。或者，对于最小相位系统，只需根据其对数幅频特性就能写出其传递函数。在本书中，为简化起见，若非特别注明，则默认为最小相位系统。

*4.2.5 系统的闭环频率特性

前面讨论的是系统的开环频率特性 $G(j\omega)$，在分析自动控制系统时，也常应用系统的闭环频率特性 $\Phi(j\omega)$。

图4-21所示为典型的二阶系统框图。现以此典型二阶系统为例来求取该系统的闭环频率特性。

系统的开环传递函数 $G(s)$ 为

$\ominus$ 指 $\varphi(\omega)$ 离横轴的"距离"最小。

$$G(s) = \frac{K}{s(Ts+1)} = \frac{\omega_n^2}{s(s+2\xi\omega_n)}$$

(4-32)

图 4-21 典型的二阶系统框图

式中 $\omega_n = \sqrt{\dfrac{K}{T}}, \qquad \xi = \dfrac{1}{2\sqrt{TK}}, \qquad \xi\omega_n = \dfrac{1}{2T}$

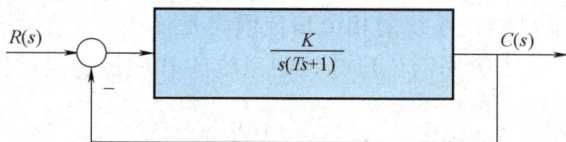

(4-33)

系统的闭环传递函数 $\Phi(s)$ 为

$$\Phi(s) = \frac{G(s)}{1+G(s)} = \frac{K}{Ts^2+s+K} = \frac{\omega_n^2}{s^2+2\xi\omega_n s+\omega_n^2}$$

其闭环频率特性

$$\Phi(j\omega) = \frac{\omega_n^2}{(j\omega)^2+2\xi\omega_n(j\omega)+\omega_n^2} = \frac{\omega_n^2}{(\omega_n^2-\omega^2)+j2\xi\omega_n\omega}$$

(4-34)

$$= \frac{1}{\left(1-\dfrac{\omega^2}{\omega_n^2}\right)+j2\xi\dfrac{\omega}{\omega_n}}$$

$$= \frac{1-\dfrac{\omega^2}{\omega_n^2}}{\left(1-\dfrac{\omega^2}{\omega_n^2}\right)^2+\left(2\xi\dfrac{\omega}{\omega_n}\right)^2} + j\frac{-2\xi\dfrac{\omega}{\omega_n}}{\left(1-\dfrac{\omega^2}{\omega_n^2}\right)^2+\left(2\xi\dfrac{\omega}{\omega_n}\right)^2}$$

$$= U_B(\omega)+jV_B(\omega)$$

(4-35)

式中，$U_B(\omega)$ 为闭环实频特性，$V_B(\omega)$ 为闭环虚频特性。

由式（4-35）及 $M_B(\omega) = \sqrt{U_B(\omega)^2+V_B(\omega)^2}$ 可得闭环幅频特性

$$M_B(\omega) = \frac{1}{\sqrt{\left(1-\dfrac{\omega^2}{\omega_n^2}\right)^2+\left(2\xi\dfrac{\omega}{\omega_n}\right)^2}}$$

(4-36)

由式（4-35）及 $\varphi_B(\omega) = \arctan\dfrac{V_B(\omega)}{U_B(\omega)}$ 可得闭环相频特性

$$\varphi_B(\omega) = -\arctan\frac{2\xi\dfrac{\omega}{\omega_n}}{1-\dfrac{\omega^2}{\omega_n^2}}$$

(4-37)

若 ω 为自变量，$M_B(\omega)$、$\varphi_B(\omega)$ 为因变量，则可画出图 4-22a 所示的闭环幅频特性和图 4-22b 所示的闭环相频特性。

当然，闭环频率特性也可以和开环频率特性一样，转换成对数频率特性。图 4-23 所示即为前向通路传递函数 $G(s) = 1/[s(0.5s+1)(s+1)]$ 的单位负反馈系统的闭环对数幅频特性（图 4-23a）和闭环对数相频特性（图 4-23b）。

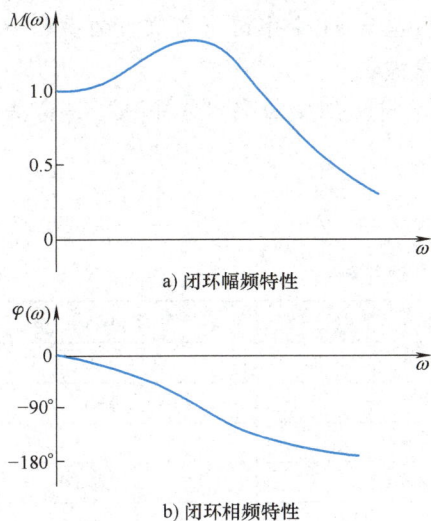

图 4-22 典型二阶控制系统的
闭环频率特性

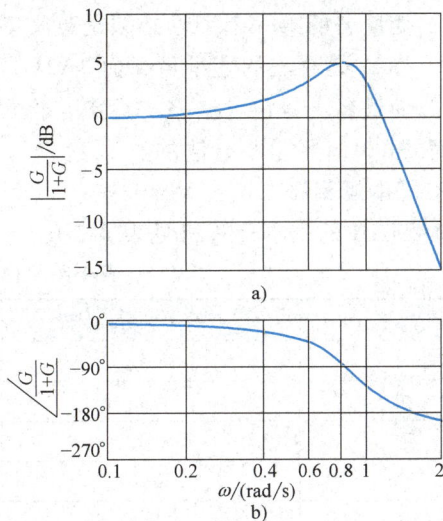

图 4-23 开环传递函数 $G(s) = \dfrac{1}{s(0.5s+1)(s+1)}$
的单位负反馈系统的闭环对数频率特性

4.3 MATLAB 软件在系统性能分析中的应用

MATLAB 是 Matrix Laboratory（矩阵实验室）的英文缩写。它是由美国 Math Works 公司于 1982 年推出的一个软件包。它适用于 Windows 环境，是一个功能强、效率高、有着完善的数值分析、强大的矩阵运算、复杂的信息处理和完美的图形显示等多种功能的软件包；它有着方便实用、界面友好的、开放的用户环境，可以很方便地进行科学分析和工程计算；特别是多年来经过各方面的努力，开发了许多具有专门用途的"工具箱"软件（专用的应用程序集），如控制系统工具箱（Control System Toolbox）、信号处理工具箱（Signal Processing Toolbox）、系统识别工具箱（System Identification Toolbox）及多变量系统分析与综合工具箱（Mu-analysis and Synthesis Toolbox）等。它们进一步扩展了 MATLAB 的应用领域，使 MATLAB 软件在自动控制系统的分析和设计方面获得广泛的应用。

本节以 MATLAB7.1 版本为例，介绍其中的程序命令和 SIMULINK 工具的使用以及它们在分析自动控制系统性能中的应用。

4.3.1 MATLAB 中的数值表示、变量命名、基本运算符和表达式

1. 数值表示

MATLAB 的数值采用十进制，可以带小数点或负号。以下表示都合法：

0 −100 0.008 12.752 1.8e-6 8.2e52

2. 变量命名

1）变量名、函数名：字母大小写表示不同的变量名。如 A 和 a 表示不同的变量名；sin 是 MATLAB 定义的正弦函数，而 Sin、SIN 等都不是。

2）变量名的第一个字母必须是英文字母，最多可包含 31 个字符（英文、数字和下连字符）。如 A21 是合法的变量名，而 3A21 是不合法的变量名。

3）变量名不得包含空格、标点，但可以有下连字符。如变量名"A_b21"是合法变量名，而"A，21"是不合法的。

3. 基本运算符

MATLAB 的基本运算符见表 4-2。

表 4-2　MATLAB 的基本运算符

	数学表达式	MATLAB 运算符	MATLAB 表达式
加	a+b	+	a+b
减	a−b	−	a−b
乘	a×b	*	a * b
除	a÷b	/或\	a/b 或 a\b
幂	a^b	^	a^b

注：MATLAB 用左斜杠或右斜杠分别表示"左除"或"右除"运算。对标量而言，这两者的作用没有区别；对矩阵来说，"左除"和"右除"将产生不同的结果。

4. 表达式

MATLAB 书写表达式的规则与"手写算式"几乎完全相同。

1）表达式由变量名、运算符和函数名组成。

2）表达式将按常规的优先级自左至右执行运算。

3）优先级的规定为：指数运算级别最高，乘除运算次之，加减运算级别最低。

4）括号可以改变运算的次序。

4.3.2　应用 MATLAB 进行数值运算

【例 4-8】　求 $[18+4×(7−3)]÷5^2$ 的运算结果。

【解】　1）双击 MATLAB 图标，进入 MATLAB 命令窗口（Command Window），如图 4-24 所示。

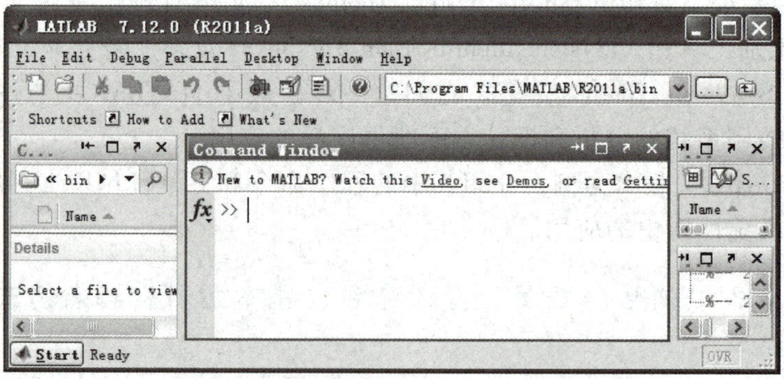

图 4-24　MATLAB 命令窗口

2）用键盘在 MATLAB 命令窗中输入以下表达式：

≫[18+4 * (7−3)]/5^2

3）在上述表达式输入完成后，按【Enter】键，该命令就被执行。

4）在指令执行后，命令窗口显示如下结果：

ans =

　　1. 3600

其中"ans"是 answer 的缩写。

4. 3. 3　应用 MATLAB 绘制二维图线

（1）调用 plot（ ）函数绘制二维图形　在二维曲线绘制中，最基本的指令是 plot（ ）函数。如果用户将 x 轴和 y 轴的两组数据分别在向量 x 和 y 中存储，且它们的长度相同，则调用该函数的格式为：

plot（x，y）

这时将在一个图形窗口中绘出所需要的二维图形。

【例 4-9】　绘制两个周期内的正弦曲线。

【解】　以 t 为 x 轴，$\sin(t)$ 为 y 轴，取样间隔为 0. 1，取样长度为 4π（$4*\mathrm{pi}$），于是可在 MATLAB 的命令窗口输入：

≫t = 0：0. 1：4 * pi；

y = sin（t）；

plot（t，y）

命令输入完成后，按【Enter】键执行，结果如图 4-25 所示。

【例 4-10】　同时绘制两个周期内的正弦曲线和余弦曲线。

【解】　绘制多条曲线时，plot（ ）的格式为：

　　plot（x1，y1，x2，y2…）

于是可在 MATLAB 的命令窗口输入：

≫t1 = 0：0. 1：4 * pi；

t2 = 0：0. 1：4 * pi；

plot（t1，sin（t1），t2，cos（t2））

按【Enter】键执行，结果如图 4-26 所示。

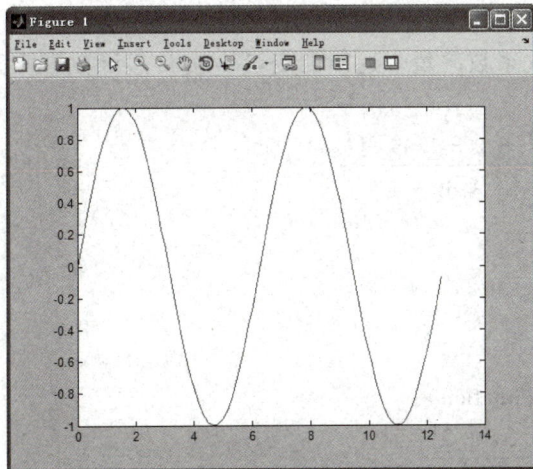

图 4-25　plot（ ）函数绘制的正弦曲线　　　　图 4-26　在同一窗口绘制的两条曲线

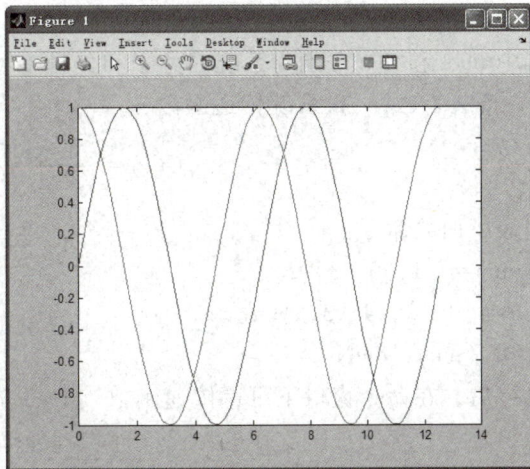

（2）在图形上加注网格线、图形标题、x 轴与 y 轴标记　　MATLAB 中关于网格线、图

形标题、x 轴标记和 y 轴标记的命令分别为：

grid（加网格线）；title（加图形标题）；xlabel（加 x 轴标记）和 ylabel（加 y 轴标记）。

在例 4-9 中，增加上述标记的命令为：

≫t = 0：0. 1：4 * pi;

plot（t，sin（t））；

grid;

title（'正弦曲线'）；

xlabel（'Time'）；

ylabel（'sin（t）'）；

增加上述标记后的图形如图 4-27 所示。

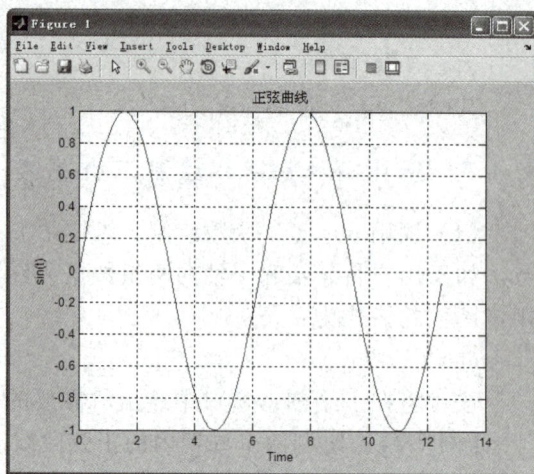

图 4-27　加有基本标注的图形样式

4. 3. 4 应用 MATLAB 处理传递函数的变换

1. 传递函数在 MATLAB 中的表达形式

线性系统的传递函数一般可以表示成复数变量 s 的有理函数形式

$$G(s) = \frac{b_m s^m + b_{m-1} s^{m-1} + \cdots + b_1 s + b_0}{a_n s^n + a_{n-1} s^{n-1} + \cdots + a_1 s + a_0}$$

采用下列命令格式可以方便地把传递函数模型输入到 MATLAB 环境中：

num = [b_m，b_{m-1}，$\cdots$，b_1，b_0]；　　　[num 为分子项（Numerator）英文缩写]

den = [a_n，a_{n-1}，$\cdots$，a_1，a_0]；　　　[den 为分母项（Denominator）英文缩写]

也就是将系统的分子和分母多项式的系数按降幂的方式以向量的形式输入给两个变量 num 和 den。

若要在 MATLAB 环境下得到传递函数的形式，可以调用 tf（）函数（Transfer Function）。该函数的调用格式为

G = tf（num，den）；

其中 num 和 den 分别为系统的分子和分母多项式系数向量。返回的变量 G 为传递函数形式。

【例 4-11】　设系统传递函数

$$G(s) = \frac{s^3 + 5s^2 + 3s + 2}{s^4 + 2s^3 + 4s^2 + 3s + 1} \tag{4-38}$$

输入下面的命令：

≫num = [1，5，3，2]；

den = [1，2，4，3，1]；

G = tf（num，den）

执行后，在命令窗口下可得传递函数（Transfer Function）：

$$\frac{s\hat{\ }3 + 5s\hat{\ }2 + 3s + 2}{s\hat{\ }4 + 2s\hat{\ }3 + 4s\hat{\ }2 + 3s + 1}$$

2. 将以多项式表示的传递函数转换成零极点形式

以多项式形式表示的传递函数还可以在 MATLAB 中转换为零极点形式。调用函数格式为

$G_1 = zpk（G）$　　［z 表示零点（Zero），P 表示极点（Pole），k 表示增益］

【例 4-12】　把例 4-11 中的传递函数转换成零极点形式的传递函数 G_1。

【解】　MATLAB 程序如下：

$$>>G_1 = zpk（G）$$

执行程序后，得到如下结果：

Zero/Pole/Gain：

$$\frac{(s + 4.424)(s^2 + 0.5759s + 0.4521)}{(s^2 + s + 0.382)(s^2 + s + 2.618)}$$

在系统的零极点模型中，若出现复数值，则在显示时将以二阶形式来表示相应的共轭复数对。事实上，我们可以通过下面的 MATLAB 命令得出系统的极点：

$$>>G_1 . p \ \{1\}$$

执行命令后得出如下结果：

ans =

－0.5000+1.5388i

－0.5000－1.5388i

－0.5000+0.3633i

－0.5000－0.3633i

从下面的 MATLAB 命令可得出系统的零点：

$$>>Z = tzero（G_1）$$

执行命令后得到如下结果

Z =

－4.4241

－0.2880+0.6076i

－0.2880－0.6076i

零点、极点在复平面上的位置如图 4-28 所示，共轭极点和零点对称于 Re 轴。

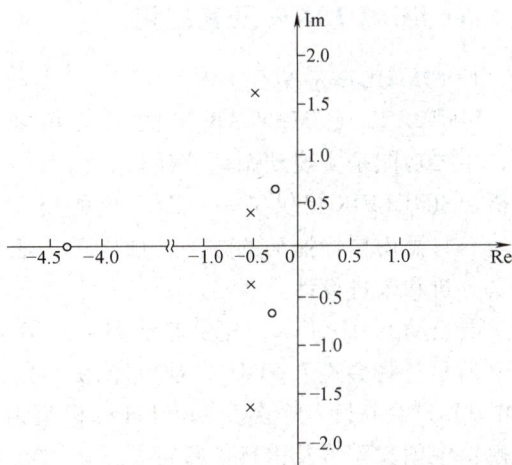

图 4-28　零点、极点分布图

×—极点　○—零点

Re—实轴（Real Axis）

Im—虚轴（Imaginary Axis）

4.3.5　应用 MATLAB 求取输出量对时间的响应

对单输入-单输出系统，其传递函数为 G = tf(num,den)，下面介绍求取不同输入信号（阶跃信号、脉冲信号）时输出量对时间的响应的命令格式。

1. 阶跃响应

命令格式为：

$$>>y = step（num, den, t）$$

2. 对脉冲的响应

命令格式为：

$$>>y = impulse（num, den, t）$$

【例 4-13】　计算并绘制下列传递函数的阶跃响应（$t = 0 \sim 10s$）。

$$G(s) = \frac{10}{s^2 + 2s + 10}$$

【解】　输入 MATLAB 命令：

>>num = 10;

den = [1, 2, 10];

>>t = [0: 0.1: 10];

y = step (num, den, t);

plot (t, y)

于是可获得图 4-29 所示的阶跃响应曲线。

4.3.6　SIMULINK 及其应用

1. SIMULINK 简介

SIMULINK 是 MATLAB 里的工具箱之一，主要功能是实现动态系统建模、仿真与分析。SIMULINK 提供了一种图形化的交互

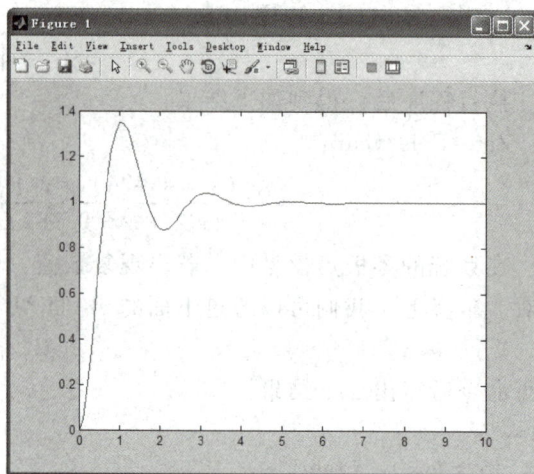

图 4-29　$G(s) = \dfrac{10}{s^2+2s+10}$ 系统的阶跃响应曲线

环境，只需用鼠标拖动的方法，便能迅速地建立起系统框图模型，并在此基础上对系统进行仿真分析和改进设计。

要启动 SIMULINK，先要启动 MATLAB。在 MATLAB 窗口中输入命令"simulink"，如图 4-30 所示，将会进入 SIMULINK 库模块浏览界面，如图 4-31 所示。单击界面左上方的按钮，SIMULINK 会打开一个名为 untitled 的模型窗口，如图 4-32 所示。随后，按用户要求在此模型窗口中创建模型及进行仿真运行。

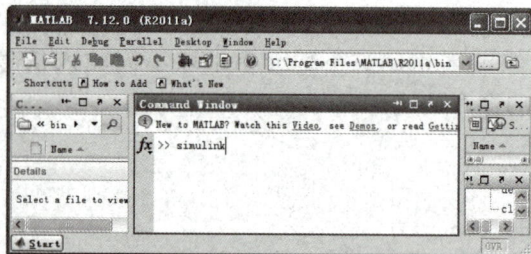

图 4-30　启动 SIMULINK

图 4-31　SIMULINK 库模块浏览器界面

为便于用户使用，SIMULINK 可提供 9 类基本模块库和许多专业模块子集。考虑到本课程主要分析连续控制系统，这里仅介绍其中的连续系统模块库（Continuous）、系统输入模

块库（Sources）和系统输出模块库（Sinks）。

（1）连续系统模块库（Continuous）　连续系统模块库以及其中各模块的功能如图 4-33 及表 4-3 所示。

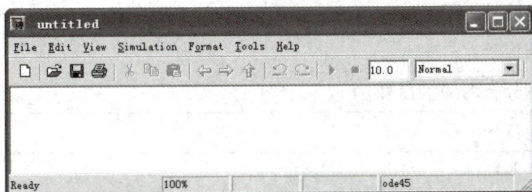

图 4-32　空的模块窗口

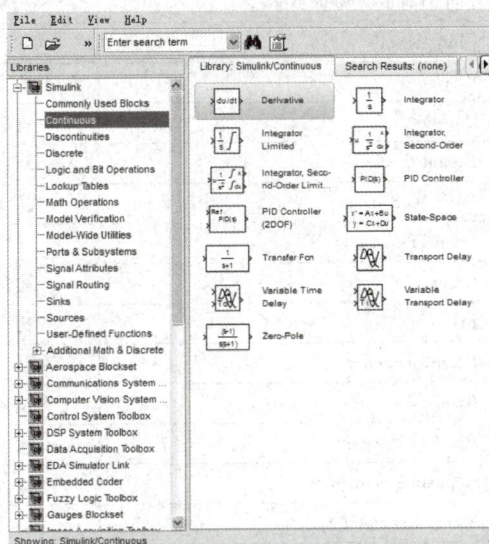

图 4-33　连续系统模块库

表 4-3　连续系统模块功能（常用部分）

模块名称	模块用途
Derivative	对输入信号进行微分
Integrator	对输入信号进行积分
State-Space	建立一个线性状态空间数模型
Transfer Fcn	建立一个线性传递函数模型
Transport Delay	对输入信号进行给定的延迟
Variable Transport Delay	对输入信号进行不定量的延迟
Zero-Pole	以零极点形式建立一个传递函数模型

（2）系统输入模块库（Sources）　系统输入模块库以及其中各模块的功能如图 4-34 及表 4-4 所示。

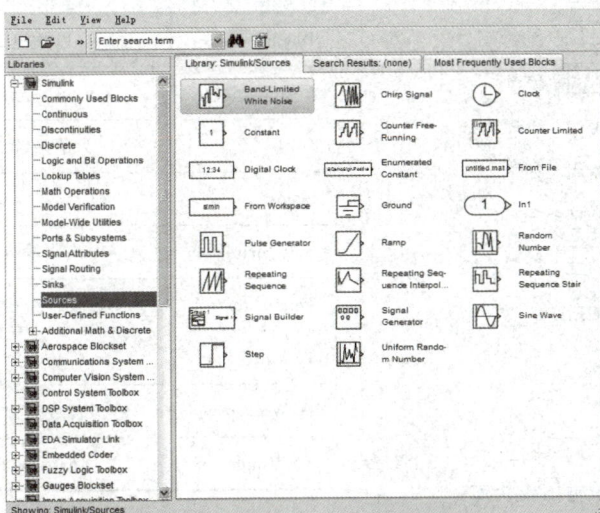

图 4-34　系统输入模块库

表 4-4　系统输入模块功能（常用部分）

模块名称	模块用途
Band-Limited White Noise	有限带宽白噪声
Chirp Signal	输出频率随时间线性变换的正弦信号
Clock	输出当前仿真时间
Constant	常数输入
Digital Clock	以固定速率输出当前仿真时间
From Workspace	从 MATLAB 工作空间中输入数据
From File	从".mat"文件中输入数据
Ground	接地信号
In1	为子系统或其他模型提供输入端口
Pulse Generator	输入脉冲信号
Ramp	输入斜坡信号
Random Number	输入正态分布的随机信号
Repeating Sequence	输入周期信号
Signal Generator	信号发生器
Signal Builder	信号编码程序
Sine Wave	正弦信号初始器
Step	输入阶跃信号
Uniform Random Number	输入均匀分布的随机信号

（3）系统输出模块库（Sinks）　系统输出模块库以及其中各模块的功能如图 4-35 及表 4-5 所示。

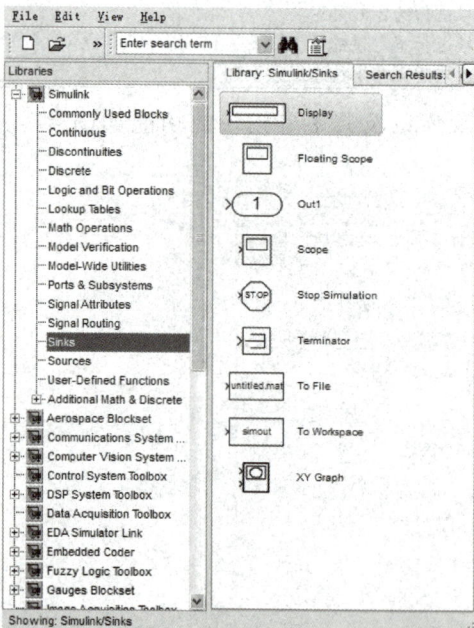

图 4-35　系统输出模块库

表 4-5　系统输出模块功能

模块名称	模块用途
Display	以数值形式显示输入信号
Floating Scope	悬浮信号显示器
Out1	为子系统或模型提供输出端口
Scope	信号显示器
Stop Simulation	当输入非零时停止仿真
Terminator	中断输出信号
To File	将仿真数据写入".mat"文件
To Workspace	将仿真数据输出到 MATLAB 工作空间
XY Graph	使用 MATLAB 图形显示数据

2. 用 SIMULINK 建立系统模型及系统仿真

下面通过举例来介绍应用 SIMULINK 对系统进行仿真分析的过程。

【例 4-14】 应用 SIMULINK 对下列系统建模，并进行系统仿真分析（求其单位阶跃响应曲线）。

$$G(s) = \frac{35}{s(0.2s + 1)(0.01s + 1)}$$

$$= 35 \times \frac{1}{0.2s^2 + s} \times \frac{1}{(0.01s + 1)}$$

$$(4-39)$$

【解】 1）双击 MATLAB 图标→打开 Simulink Library Browser→单击图 4-31 中左上方的 <Continuous> 选项，建立图 4-32 所示的 untitled 空模块窗口。

2）选择 Continuous 选项，从中选择传递函数（Transfer Fcn），并用拖拽的方式拖至窗口。再双击传递函数（Transfer Fcn），得到框图参数（Function Block Parameters）对话框（如图 4-36 所示）。在对话框中的分子项（Numerator coefficients）中输入 [1]，分母项（Denominator coefficients）中输入 [0.2　1　0]，对应 $1/(0.2s^2 + s)$ 环节，单击 OK，即得到图 4-37 中间的方框。

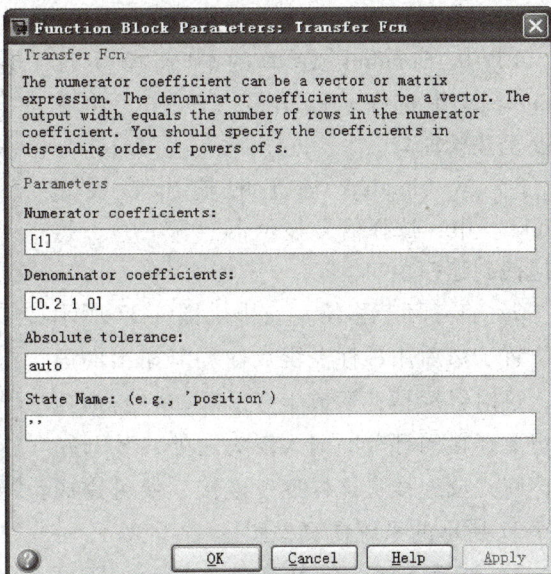

图 4-36　传递函数框图参数对话框

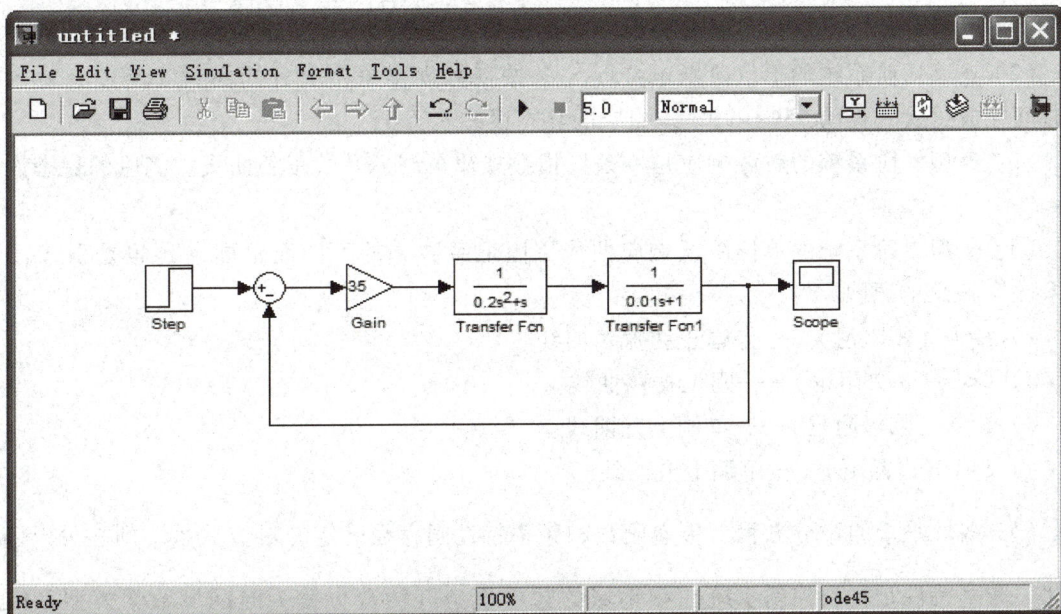

图 4-37　SIMULINK 系统仿真

同理再建立传递函数为 $1/(0.01s+1)$ 的方框（对应分子项为[1]，分母项为[0.01   1]）。

3）在 Math Operations 选项内选择和点，将和点符号设定为［+-］，得到图 4-37 的比较点符号。选择增益模块（Gain），拖拽到建模窗口。

4）从 Simulink 库里的输入模块库（Sources）中选择阶跃信号（Step），将它拖拽至建模窗口。

5）从 Simulink 库里的输出模块库（Sinks）中，选择信号显示器（Scope），将它拖拽到建模窗口。

6）将各环节移位，安排成图 4-37 所示的位置。然后用鼠标左键点住环节输出的箭头，这时鼠标指针变成十字形叉，将它拖拽至想要连接的环节的输入箭头之处，放开左键，就完成连线；这样逐一连接，便可完成图 4-37 所示的系统仿真框图。

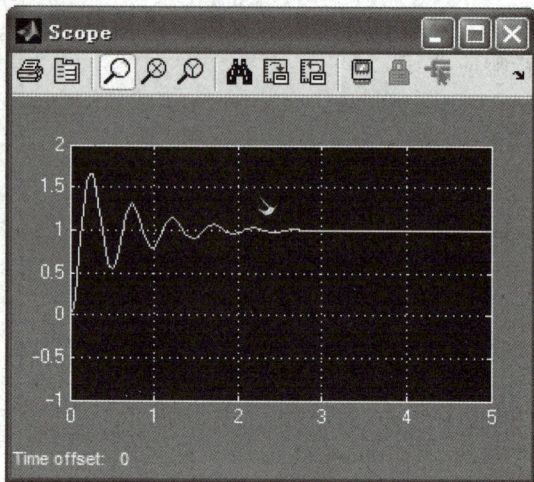

图 4-38   系统仿真输出结果显示

7）选择 Simulink 菜单命令 Start，即可对系统进行仿真。将 Scope 参数设定为 y：2，x：5；双击 Scope 模块，即可得到图 4-38 所示的单位阶跃响应曲线。

小　　结

（1）时域分析法是直接从微分方程或间接从传递函数出发去对系统进行分析的方法。

（2）典型一阶系统的单位阶跃响应是一条按指数规律单调上升的曲线，经过 $(3\sim5)T$ 的时间完成过渡过程的 $95\%\sim99\%$，响应的稳态误差 $e_{ss}=0$。

（3）典型一阶系统的斜坡响应是一条按指数规律单调上升的跟随曲线。响应的稳态误差 $e_{ss}=T$。

（4）典型二阶系统的单位阶跃响应曲线因阻尼系数 ξ 的不同而不同（这也是引入"阻尼系数"概念的原因）[⊖]：

1）$\xi=0$（零阻尼）——等幅正弦振荡曲线。

2）$0<\xi<1$（欠阻尼）——阻尼振荡曲线。

3）$\xi=1$（临界阻尼）——单调上升曲线。

4）$\xi>1$（过阻尼）——单调上升曲线。

（5）线性系统的微分方程、传递函数和频率特性间存在确定的对应关系，即 $\dfrac{\mathrm{d}}{\mathrm{d}t}\rightleftharpoons s\rightleftharpoons \mathrm{j}\omega$。因此，频率特性是自动控制系统在频率域的数学模型（微分方程为时间域数学模型，传递函数为复数域数学模型）。

⊖　可以证明，当 $\xi<0$ 时（负阻尼），系统为发散系统。

（6）由于采用了典型化、对数化和图形化等处理方法，使得对数频率特性法具有直观、计算方便等优点，因而它在工程上获得了广泛的应用。

（7）频率特性为使用实验法求取未知系统或元件的数学模型提供了切实可行的办法。但是如果系统不稳定，就不能观测到系统输出的稳态分量，因而无法使用实验法求取系统的频率特性。

（8）虽然频率特性的概念是从稳定系统推导出来的，但我们知道，系统的输出总是由两个分量组成的，因此，从理论上讲，稳态分量总是可以从系统的动态响应中分离出来。所以频率特性的定义可以推广为线性定常系统输出的稳态分量与正弦输入信号的复数比。也就是说，不论系统稳定与否，其频率特性总是存在的。

（9）控制系统的频率特性有多种表示方法

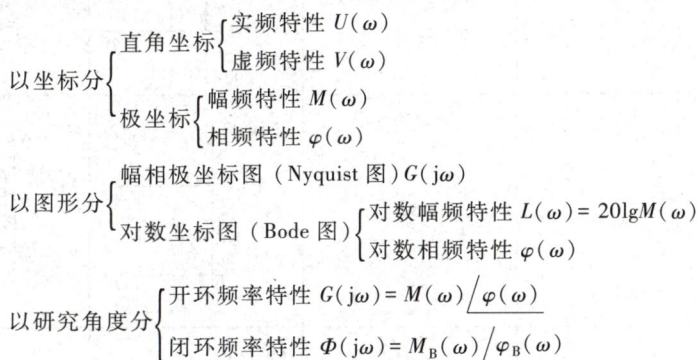

$$
以坐标分
\begin{cases}
直角坐标
\begin{cases}
实频特性\ U(\omega)\\
虚频特性\ V(\omega)
\end{cases}\\
极坐标
\begin{cases}
幅频特性\ M(\omega)\\
相频特性\ \varphi(\omega)
\end{cases}
\end{cases}
$$

$$
以图形分
\begin{cases}
幅相极坐标图（Nyquist 图）G(j\omega)\\
对数坐标图（Bode 图）
\begin{cases}
对数幅频特性\ L(\omega)=20\lg M(\omega)\\
对数相频特性\ \varphi(\omega)
\end{cases}
\end{cases}
$$

$$
以研究角度分
\begin{cases}
开环频率特性\ G(j\omega)=M(\omega)\underline{/\varphi(\omega)}\\
闭环频率特性\ \varPhi(j\omega)=M_{B}(\omega)\underline{/\varphi_{B}(\omega)}
\end{cases}
$$

（10）控制系统开环对数幅频特性曲线的画法

1）先分析系统由哪些典型环节组成，然后进行简化，并将各环节传递函数整理成标准形式。

2）求出总增益 K，并算出 $20\lg K$ 的数值。

3）在半对数坐标纸上，在 $\omega=1\mathrm{rad/s}$ 处，过 $L(\omega)=20\lg K$ 的点，作斜率为 $-\nu\times20\mathrm{dB/dec}$ 的斜线（ν 为积分环节数）。

或过横轴上 $[\omega=K（对\ \nu=1），\omega=\sqrt{K}（对\ \nu=2），或\ \omega=\sqrt[3]{K}（对\ \nu=3）]$ 的点，作斜率为 $-\nu\times20\mathrm{dB/dec}$ 的斜直线（ν 为积分环节个数）。

4）计算各环节的交接频率，$L(\omega)$ 过惯性环节的交接频率处斜率减去 $20\mathrm{dB/dec}$，过比例微分环节的交接频率处斜率增加 $20\mathrm{dB/dec}$，过振荡环节的交接频率处斜率减去 $40\mathrm{dB/dec}$。

5）根据需要，可对渐近线进行修正，以获得较准确曲线。

由对数幅频特性求取对应的传递函数的过程为上述步骤的逆过程。

（11）传递函数的极点和零点均在 s 复平面的左侧的系统称为最小相位系统。最小相位系统的相频特性与幅频特性间存在着确定的对应关系。对最小相位系统，可根据它的对数幅频特性写出对应的传递函数，并可以仅根据对数幅频特性去分析系统的性能。

（12）典型环节的数学模型，列于表4-6中。

（13）MATLAB 是一个功能强大、界面友好、使用方便、用于进行科学分析和工程计算的软件，在自动控制系统的分析与设计中获得了广泛的应用。因此要学会 MATLAB 的数值表示、变量命名、基本运算符和表达式，并能进行以下操作：

表 4-6 典型环节的数学模型

	微分方程	传递函数	对数频率特性	阶跃响应特性
比例环节	$c(t)=Kr(t)$	K	$L(\omega)/\mathrm{dB}$, $20\lg K$; $\varphi=0$	$c(t)$, K
积分环节	$c(t)=\dfrac{1}{T}\displaystyle\int_0^t r(t)\,\mathrm{d}t$	$\dfrac{1}{Ts}$	$L(\omega)/\mathrm{dB}$, -20, $\dfrac{1}{T}$; φ, $-90°$	$c(t)$, 1, T
微分环节	$c(t)=T\dfrac{\mathrm{d}r(t)}{\mathrm{d}t}$	Ts	$L(\omega)/\mathrm{dB}$, $+20$, $\dfrac{1}{T}$; φ, $90°$	$c(t)$
惯性环节	$T\dfrac{\mathrm{d}c(t)}{\mathrm{d}t}+c(t)=r(t)$	$\dfrac{1}{Ts+1}$	$L(\omega)/\mathrm{dB}$, $\dfrac{1}{T}$, -20; φ, $-90°$	$c(t)$
比例微分环节	$c(t)=T\dfrac{\mathrm{d}r(t)}{\mathrm{d}t}+r(t)$	$Ts+1$	$L(\omega)/\mathrm{dB}$, $+20$, $\dfrac{1}{T}$; φ, $90°$	$c(t)$, 1
振荡环节	$T^2\dfrac{\mathrm{d}^2c(t)}{\mathrm{d}t^2}+2\xi T\dfrac{\mathrm{d}c(t)}{\mathrm{d}t}+c(t)=r(t)$ 或 $\dfrac{\mathrm{d}^2c(t)}{\mathrm{d}t^2}+2\xi\omega_n\dfrac{\mathrm{d}c(t)}{\mathrm{d}t}+\omega_n^2=\omega_n^2 r(t)$ $(0<\xi<1)$	$\dfrac{1}{T^2s^2+2\xi Ts+1}$ 或 $\dfrac{\omega_n^2}{s^2+2\xi\omega_n s+\omega_n^2}$	$L(\omega)/\mathrm{dB}$, $\dfrac{1}{T}$, -40; φ, $-80°$	$c(t)$, 1

1）数值运算，如：$[18+4\times(7-3)]\div 5^2$ 为 >>$[18+4*(7-3)]/5\hat{}2\Rightarrow$Enter$\Rightarrow$ans。

2）绘制二维图线，如：>>t1=0：0.1：4*pi；t2=0：0.1：4*pi；plot（t1，sin（t1），t2，cos（t2））$\Rightarrow$Enter$\Rightarrow$两条二维图线。

3）处理传递函数，如：>>num=[1，2，3]；den=[4，5，6]；G=tf(num，den)$\Rightarrow$Enter$\Rightarrow$ans。
又如>>G_1=zpk（G），再如>>G_1.p｛1｝、>>Z=tzero（G_1）（求取系统的极点与零点）等。

4）求取输出量对时间的响应，如 >> y = step（num，den，t），又如 >> y = impulse（num，den，t）等。

（14）SIMULINK 仿真软件可以很方便地用图形化的交互环境，来实现系统的建模、仿真与分析。如图 4-37 所示的系统，可以很方便地获得它的动态响应曲线。

思 考 题

4-1 典型一阶系统的阶跃响应与斜坡响应对应着哪一类控制系统的特点？它们之间的主要差别在哪里？

4-2 典型二阶系统的阻尼系数 ξ 是什么？引入它的原因是什么？

4-3 对典型二阶系统，当阻尼系数分别为：$\xi<0$，$\xi=0$，$0<\xi<1$，$\xi=1$，$\xi>1$ 时，它的单位阶跃响应曲线的特点是什么？

4-4 应用频率特性来描述系统（或元件）特性的前提条件是什么？

4-5 频率特性有哪几种分类方法？

4-6 采用半对数坐标纸有哪些优点？

4-7 从伯德图上看，一个比例微分环节与一个比例积分环节串联，两者是否有可能相抵消？若系统中有一个惯性环节使系统性能变差，那再添加一个怎样的环节（串联）来完全消除这种影响？它的条件是什么？

4-8 几个放大器的增益分别为 60dB、35dB、0dB 和 -20dB，问这几个放大器的放大倍数各为多少倍？

4-9 已知 PI 调节器的传递函数为 $\dfrac{100（0.1s+1）}{s}$，问画出它的对数幅频特性曲线的最简捷的步骤是什么？

4-10 应用 MATLAB 软件求取系统的输出响应曲线，常用哪些方法？

习 题

4-11 画出题 4-9 中所列的比例积分调节器的对数幅频特性 $L(\omega)$。

4-12 画出第 3 章习题 3-9 图 3-26c 所示的调节器的对数幅频特性 $L(\omega)$。设图中 $R_0=10\text{k}\Omega$，$R_1=22\text{k}\Omega$，$C_0=0.2\mu\text{F}$，$C_1=1\mu\text{F}$。

4-13 已知某随动系统的系统框图如图 4-39 所示。图中 $G_c(s)$ 为检测环节和串联校正环节的总传递函数。现设

$$G_c(s)=\frac{K_1(T_1s+1)}{T_1s}，\quad 其中 K_1=2，\quad T_1=0.5\text{s}$$

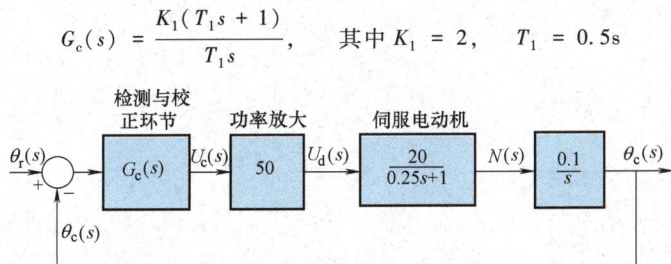

图 4-39 某随动系统框图

试写出该随动系统的开环传递函数，画出该系统的开环对数幅频特性 $L(\omega)$。

4-14 若上题中，$G_c(s)$ 为比例调节器，并设 $K_c=0.5$，重解上题。

4-15 已知某比例-积分-微分（PID）调节器的对数幅频特性如图 4-40 所示，写出该调节器的传递函数。

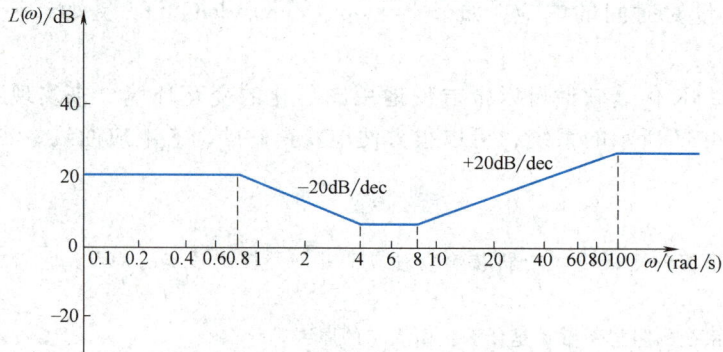

图 4-40 某 PID 调节器的对数幅频特性

4-16 求取题 4-13 所示系统的闭环传递函数 $\Phi(s)$。并应用 MATLAB 软件，求取 $\Phi(s)$ 的零点与极点。并在 s 复平面上，标出零点与极点的位置。

4-17 求取题 4-14 所示系统的闭环传递函数 $\Phi(s)$。并应用 MATLAB 软件，求取 $\Phi(s)$ 的零点与极点。并在 s 复平面上，标出零点与极点的位置。

4-18 应用 MATLAB 的 SIMULINK 工具箱，建立题 4-13 所示系统的仿真模型，并求此系统校正前、后的单位阶跃响应曲线。

4-19 应用 MATLAB 的 SIMULINK 工具箱，建立题 4-14 所示系统的仿真模型，并求此系统的单位阶跃响应曲线。

4-20 比较题 4-18 所示系统与题 4-19 所示系统输出的技术性能，从中分析校正装置对系统性能的影响。

第5章

自动控制系统的性能分析

本章概要

在建立系统数学模型的基础上，就可对系统的性能进行分析，本章将从时域和频域两个方面对系统的性能进行分析。主要从对数频率特性出发，分析系统的稳定性（频域分析）；从传递函数出发，分析系统的稳态性能（时域分析）；从系统输出的阶跃响应出发，分析系统的动态性能（时域分析）。主要分析影响系统性能的因数和改善系统性能的途径。

研究任何自动控制系统，首要的工作是建立合理的数学模型。一旦建立了数学模型，就可以进行自动控制系统的分析和设计。对控制系统进行分析，就是分析控制系统能否满足对它所提出的性能指标要求，分析某些参数变化对系统性能的影响。工程上对系统性能进行分析的主要内容是稳定性分析、稳态性能分析和动态性能分析。其中最重要的性能是稳定性，这是因为工程上所使用的控制系统必须是稳定的系统，不稳定的系统是根本无法工作的。因此，分析研究系统时，首先要进行稳定性分析。其次是稳态性能分析，因为系统长期运行在稳态状况，稳态性能关系到系统日常工作的质量。最后是系统的动态性能分析，对要求快速且平稳过渡的系统，则还要分析系统的动态性能。

5.1 自动控制系统的稳定性分析

系统稳定性分析，主要是分析系统稳定的条件、系统的稳定程度和改善系统稳定性能的途径。

5.1.1 系统稳定性概念

系统的稳定性（Stability）[一]是指自动控制系统在受到扰动作用使平衡状态破坏后，经过调节，能重新达到平衡状态的性能。当系统受到扰动后（如负载转矩变化、电网电压的变化等），偏离了原来的平衡状态，若这种偏离不断扩大，即使扰动消失，系统也不能回到平衡状态，这种系统就是不稳定的，如图 5-1a 所示；若通过系统自身的调节作用，使偏差最后逐渐减小，系统又逐渐恢复到平衡状态，那么，这种系统便是稳定的，如图 5-1b 所示。

在自动控制系统中，造成系统不稳定的物理原因主要是：系统中存在惯性或延迟环节（例如机械惯性、电动机电路的电磁惯性、液压缸液压传递中的惯性、晶闸管开通的延迟、齿轮的间隙等），它们使系统中的信号产生时间上的滞后，使输出信号在时间上较输入信号

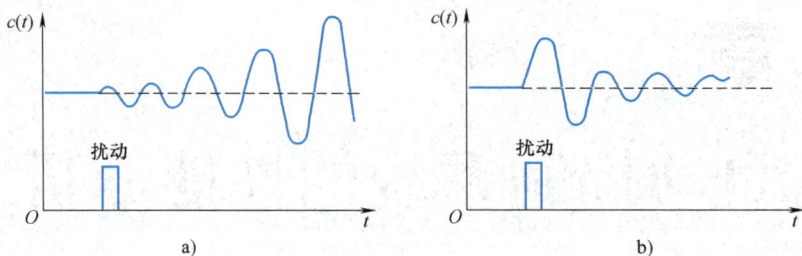

图 5-1 稳定系统与不稳定系统

滞后了 τ 时间。当系统设有反馈环节时，又将这种在时间上滞后的信号反馈到输入端。参见图 5-2。

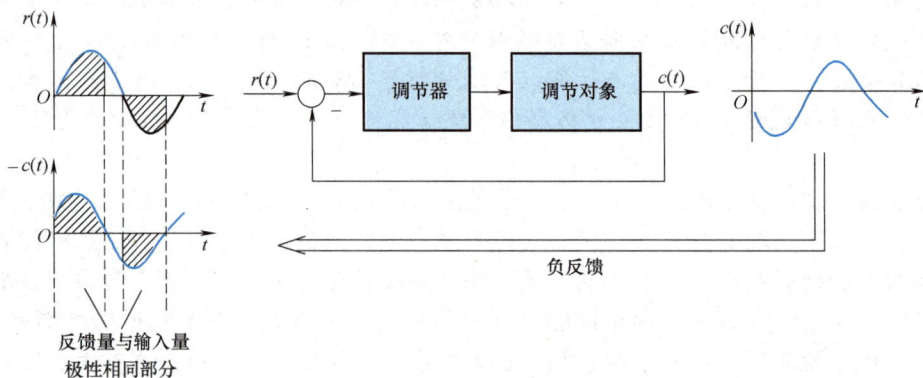

图 5-2 造成自动控制系统不稳定的物理原因

由图可见，反馈量中出现了与输入量极性相同的部分，这同极性的部分便具有正反馈的作用，它便是系统不稳定的因素。

当滞后的相位过大，或系统放大倍数不适当（例如过大），使正反馈作用成为主导作用时，系统便会形成振荡而不稳定了。例如当滞后的相位为 180° 时，则在所有时间上都成了正反馈，倘若系统的开环放大倍数又大于 1，则反馈量进入输入端，经放大后，又会产生更大的输出，如此循环，即使输入量消失，输出量的幅值也会越来越大，形成增幅振荡，成为图 5-1a 所示的不稳定状况。

系统的稳定性概念又分为绝对稳定性和相对稳定性。

系统的绝对稳定性是指系统稳定（或不稳定）的条件，即形成图 5-1b 所示状况的充要条件。

系统的相对稳定性是指稳定系统的稳定程度。例如图 5-3a 所示系统的相对稳定性就明显好于图 5-3b 所示的系统。

下面先来分析自动控制系统的绝对稳定性——系统稳定的充要条件。

5.1.2 系统稳定的充要条件

分析了影响系统稳定性的物理原因，可以明确改善系统稳定性的方向，但系统中的参数（或结构）究竟应取怎样的数值（或结构）才能满足系统稳定性的要求，仅用定性分析是解

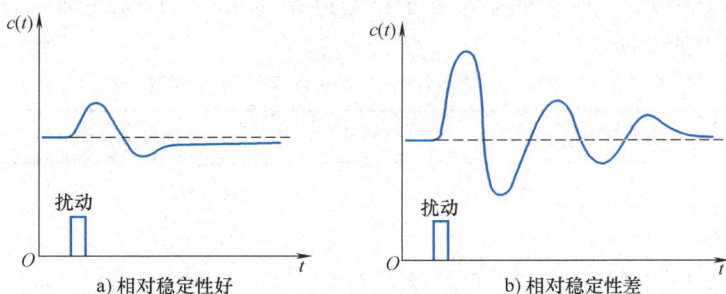

图 5-3 自动控制系统的相对稳定性

决不了的。为此，必须应用数学方法来研究系统的稳定性。

在应用数学方法研究系统的稳定性时，首先要研究稳定性和数学模型之间的关系。系统最基本的数学模型是微分方程。所以，下面先研究稳定性与微分方程之间的关系。

若设系统的输入量只有扰动作用 $D(t)$，扰动作用下的输出为 $c(t)$，则系统微分方程的一般式为

$$a_n \frac{\mathrm{d}^n}{\mathrm{d}t^n}c(t) + a_{n-1}\frac{\mathrm{d}^{n-1}}{\mathrm{d}t^{n-1}}c(t) + \cdots + a_1\frac{\mathrm{d}}{\mathrm{d}t}c(t) + a_0c(t)$$

$$= b_m\frac{\mathrm{d}^m}{\mathrm{d}t^m}D(t) + b_{m-1}\frac{\mathrm{d}^{m-1}}{\mathrm{d}t^{m-1}}D(t) + \cdots + b_1\frac{\mathrm{d}}{\mathrm{d}t}D(t) + b_0D(t)$$

根据稳定性的概念可知，研究系统稳定性，就是研究系统在扰动消失以后的运动情况。因而，可以从研究上列微分方程的齐次方程入手：

$$a_n \frac{\mathrm{d}^n}{\mathrm{d}t^n}c(t) + a_{n-1}\frac{\mathrm{d}^{n-1}}{\mathrm{d}t^{n-1}}c(t) + \cdots + a_1\frac{\mathrm{d}}{\mathrm{d}t}c(t) + a_0c(t) = 0$$

这时，扰动消失，即 $D(t) = 0$，微分方程即变为上式所示的齐次方程。该齐次方程的解就是扰动作用过后系统的运动过程。因此若此解是收敛的，则该系统便是稳定的；若此解是发散的，则该系统便是不稳定的。

由高等数学可知，解齐次微分方程时，首先应求解它的特征方程（Characteristic Equation）

$$D(s) = a_ns^n + a_{n-1}s^{n-1} + \cdots + a_1s + a_0 = 0 \tag{5-1}$$

当求得了特征方程的根 s_1、$s_2 \cdots s_n$，就可以得到齐次微分方程的解的一般式

$$c(t) = C_1\mathrm{e}^{s_1t} + C_2\mathrm{e}^{s_2t} + \cdots + C_n\mathrm{e}^{s_nt} \tag{5-2}$$

式中，C_1、$C_2 \cdots C_n$ 是由初始条件所决定的积分常数。

特征方程的根可能是实根，也可能是复数根。

如果特征方程有一个实根 $s = \alpha$，则齐次微分方程相应的解为 $c(t) = C\mathrm{e}^{\alpha t}$。它表示系统在扰动消失以后的运动过程是指数曲线形式的非周期性变化过程。

若 α 为负数，则当 $t \to \infty$ 时，$c(t) \to 0$，说明系统的运动是衰减的，并最终返回原平衡状态，即系统是稳定的，如表 5-1 中的 1 所示。

若 α 为正数，则当 $t \to \infty$ 时，$c(t) \to \infty$，说明系统的运动是发散的，不能返回原平衡状态，即系统是不稳定的，如表 5-1 中的 5 所示。

若 $\alpha=0$，$c(t)\rightarrow$ 常数，则说明系统处于稳定边界（并不返回原平衡状态）（不属于稳定状态），如表 5-1 中的 3 所示。

表 5-1　系统稳定性和特征方程的根的关系

根的性质			根在复平面上的位置（×—根）	系统运动过程	系统的稳定性
$\alpha<0$	实根	1			稳　定
	复根	2			
$\alpha=0$	实根	3			稳定边界（不属于稳定状态）
	复根	4			
$\alpha>0$	实根	5			不稳定
	复根	6			

如果特征方程有一对复根 $s=\alpha\pm j\omega$，则齐次微分方程相应的解为

$$c(t)=C_1 e^{(\alpha+j\omega)t}+C_2 e^{(\alpha-j\omega)t}=C e^{\alpha t}\cos(\omega t+\varphi) \tag{5-3}$$

它表示系统在扰动消失以后的运动过程是一个周期性振荡过程。

若 α 是负数，则当 $t\rightarrow\infty$ 时，$c(t)\rightarrow0$，这个周期性振荡过程是衰减的，即系统是稳定的，如表 5-1 中的 2 所示。

若 α 是正数，则当 $t\rightarrow\infty$ 时，$c(t)\rightarrow\infty$，这个周期性振荡过程是发散的，即系统是不稳定的，如表 5-1 中的 6 所示。

若 $\alpha = 0$，则当 $t \to \infty$ 时，$c(t) \to C\cos(\omega t + \varphi)$，这时是等幅振荡，系统处于稳定边界（不属于稳定状态），如表 5-1 中的 4 所示。

系统稳定性和系统特征方程的根的关系见表 5-1。表中 1、2 属于稳定系统，3、4、5、6 则属于不稳定系统。

通常，特征方程的根不止一个，这时，应把系统的运动看成是许多运动分量的合成，每一个特征方程的根对应一个运动分量。不难理解，只要有一个运动分量是发散的，合成后的系统运动也必然是发散的，即系统是不稳定的。所以，**系统稳定的必要和充分条件是：系统微分方程的特征方程的所有的实根必须是负根，所有复根的实数部分也必须是负数，换言之，特征方程的所有的根的实部都必须是负数，亦即所有的根都在复平面的左侧。**这是判别一个自动控制系统是否稳定的理论根据。

如：在第 4 章例 4-11 中，系统闭环传递函数如式（4-38）所示，它的特征根在复平面上的分布如图 4-28 所示。由图可见，所有的特征根都在复平面左侧，所以它是一个稳定的系统。

又如：闭环传递函数 $\Phi(s) = \dfrac{s+4}{s^5 + 10s^4 + 20s^3 + 30s^2 + 40s + 50}$，应用 MATLAB 软件解得一个实根，两对共轭复根为

$$-7.8752, \quad -1.3891 \pm j0.9693, \quad 0.3267 \pm j1.4512$$

由以上分析可知，其中有一对共轭复根的实部为正数（这对共轭复根在复平面右侧），所以是不稳定系统。

由以上分析还可见，对稳定的系统，若 α 的绝对值 $|\alpha|$ 越大 [亦即负实根或具有负实部的复根离虚轴（Im 轴）越远]，由式（5-3）可见，指数曲线衰减得越快，则系统的调整时间越短，系统的相对稳定性越好，参见图 5-4。

由图 5-4 还可见，若系统特征根有多个，那么，最靠近虚轴的极点对系统稳定性（衰减慢）的影响最大，因此通常把最靠近虚轴的闭环极点，称为闭环主导极点（通常是共轭复数极点）。当然，这是以该极点附近不存在抵消它的作用的零点为前提的。

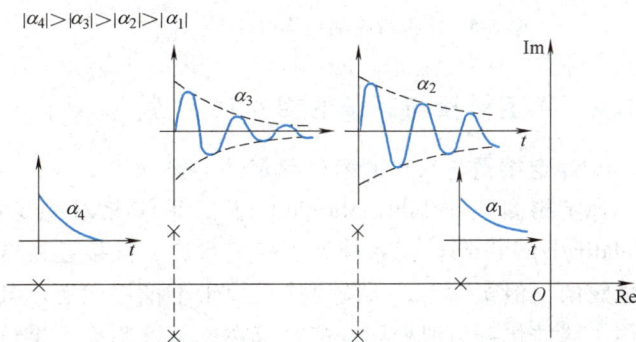

图 5-4　复平面上根的位置与系统的相对稳定性

综上所述，由特征方程的根在复平面上的位置，即可推知系统是否稳定。若稳定，相对稳定性又怎样？在过去，由于求取三阶及三阶以上系统的特征根往往很困难，因此相继出现了一些间接判断系统稳定性的方法，称之为稳定判据。稳定判据有多种，例如由微分方程的系数来判断稳定性的代数判据、由开环幅相频率特性曲线（Nyquist 曲线）来判断系统稳定性的奈奎斯特稳定判据（简称奈氏稳定判据）等。MATLAB 可以求得特征根的近似解，甚至可直接得到系统输出量对时间的响应曲线，从而判断出系统是否稳定，稳定程度如何。虽说如此，但有些稳定判据（如奈氏稳定判据）的分析思路对系统性能分析仍是十分有用的，为此，下面扼要介绍奈氏稳定判据的分析方法。

5.1.3 对数频率稳定判据

对数频率稳定判据是建立在 Nyquist 图（奈氏图）基础之上的，因而又称为 Nyquist 稳定判据。但作 Nyquist 图较麻烦，所以工程上一般都采用系统的开环伯德图来判断系统的稳定性，这就是对数频率稳定判据。它实际上是 Nyquist 稳定判据在伯德图上的应用。对数频率稳定判据不但可以回答系统稳定与否的问题，还可以研究系统的稳定裕量（相对稳定性）以及研究系统结构和参数对系统稳定性的影响。

对于图 5-5 所示的典型系统，对数频率稳定判据可以表达为：

若系统开环是稳定的，则闭环系统稳定的充分必要条件是：当 $L(\omega)$ 线过 0dB 线时，$\varphi(\omega)$ 在 $-\pi$（$-180°$）线上方，如图 5-6 所示。

上述对数频率稳定判据是针对图 5-5 所示的典型系统，并且系统开环时是稳定的条件下得到的，工程中的一般系统都是满足这个条件的。

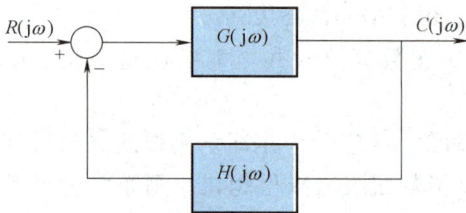

图 5-5　典型系统的框图

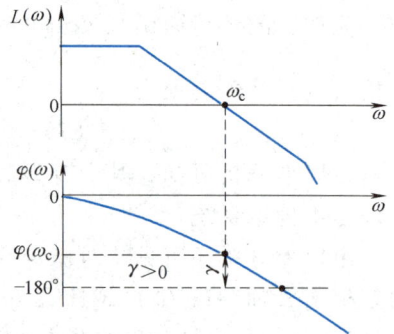

图 5-6　对数频率稳定判据

5.1.4 稳定裕量与系统的相对稳定性

1. 稳定裕量与系统的相对稳定性的概念

稳定裕量（Stability Margin）表征系统相对稳定的程度，也就是系统的相对稳定性（Relative Stability）。当系统处于稳定状态，且接近临界稳定状态时，虽然从理论上讲，系统是稳定的，但实际上，系统可能已处于不稳定状态。其原因可能是在建立系统数学模型时，采用了线性化等近似处理方法；或系统参数测量不准确；或系统参数在工作中发生变化等。为了确保系统的可靠稳定，应使系统留有足够的稳定裕量。稳定裕量越大，系统的相对稳定程度越高。但并不是稳定裕量越大越好，在后面的学习中可知，稳定裕量过大可能导致系统的快速性能变差。

稳定裕量通常用相位裕量（Phase Margin）和增益裕量（Gain Margin）来表示。由于在工程上常常主要使用相位裕量 γ 来表征系统的稳定裕量，因此下面来介绍相位裕量。

参照图 5-6，由对数频率稳定判据可知，若同时满足：

$$20\lg \mid G(j\omega_c)H(j\omega_c) \mid = 0$$

$$\angle G(j\omega_c)H(j\omega_c) = -180° \tag{5-4}$$

式中，ω_c 为对应 $L(\omega) = 0$ 时的频率，称为穿越频率。

则，显然这时系统处于临界稳定状态。

2. 相位裕量的定义

在系统的开环伯德图上的穿越频率 ω_c 处，使系统达到临界稳定状态所需要附加的相移（超前或迟后）量，也就是系统开环对数相频特性在 $\omega=\omega_c$ 时的值 $\varphi(\omega_c)$ 与 $-180°$ 之差，称为系统的相位裕量，记为 γ，即：

$$\gamma = \varphi(\omega_c) - (-180°) = 180° + \varphi(\omega_c) \tag{5-5}$$

系统稳定时，$\gamma > 0$；系统不稳定时，$\gamma < 0$，如图 5-6 所示。对于一般的闭环系统，通常希望 γ 为 $30° \sim 40°$。

3. 相位裕量的求取

相位裕量 γ 计算方法（对最小相位系统）是：由开环传递函数 $G(s)$ 作系统的开环对数幅频特性（一般以渐近线近似代替），从图中得到穿越频率 ω_c（计算或图解均可），计算出对应于 ω_c 时的相位 $\varphi(\omega_c)$，再由式(5-5)求得 γ。

若系统的开环传递函数的形式为

$$G(s) = \frac{K \prod_{i=1}^{m}(\tau_i s + 1)}{s^\nu \prod_{j=1}^{n}(T_j s + 1)} \tag{5-6}$$

即系统可简化成由比例 K、ν 个积分、n 个惯性和 m 个比例微分环节组成的，则其对应于 ω_c 时的相位 $\varphi(\omega_c)$ 为［参见第 4 章式（4-24）~式（4-27）］

$$\varphi(\omega_c) = -\nu \times 90° - \sum_{j=1}^{n}\arctan(T_j \omega_c) + \sum_{i=1}^{m}\arctan(\tau_i \omega_c)$$

将上式代入式（5-5）有

$$\gamma = 180° - \nu \times 90° - \sum_{j=1}^{n}\arctan(T_j \omega_c) + \sum_{i=1}^{m}\arctan(\tau_i \omega_c) \tag{5-7}$$

式中，T_j 为惯性环节的时间常数；τ_i 为比例微分环节的时间常数。

由上式可见，**系统在前向通路中含有积分环节将使系统的稳定性严重变差；系统含惯性环节也会使系统的稳定性变差，其惯性时间常数越大，这种影响就越显著；而微分环节则可改善系统的稳定性。**

5.1.5　自动控制系统的稳定性分析举例

这里我们将通过应用举例的形式，介绍分析自动控制系统稳定性的一般方法，并在讨论中再介绍一些重要的概念和规律。

1. 二阶系统的稳定性分析

图 5-7 为某典型二阶系统框图。

在图 5-7 所示的系统框图中，T、K_2、K_3 为系统固有参数，K_1 为比例调节器放大倍数，K_1 是可调的，下面来分析改变 K_1 对系统稳定性的影响：

由图 5-7 可知系统的开环传递函数为

$$G(s) = \frac{K}{s(Ts+1)} \quad (K = K_1 K_2 K_3)$$

其对应的伯德图如图 5-8 所示。

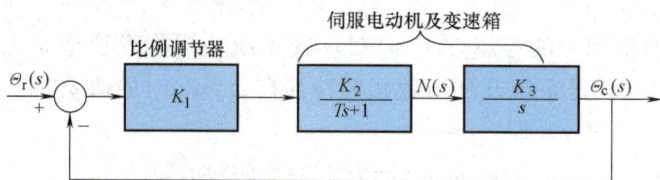

图 5-7　典型二阶系统框图

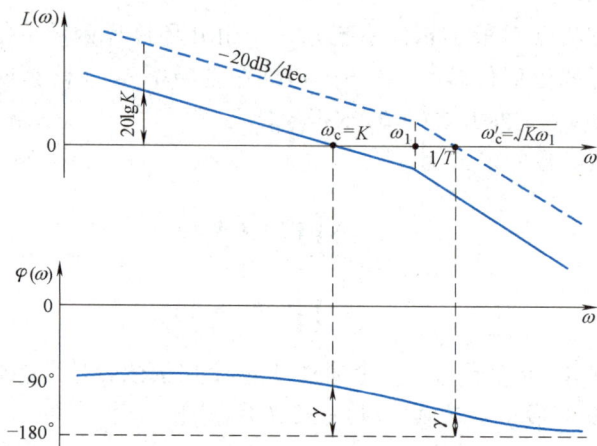

图 5-8　改变增益对二阶系统稳定性的影响

当增益 K 较小，$K<1/T$ 时，$L(\omega)$ 如图 5-8 中实线所示。此时 $L(\omega)$ 穿越零分贝线时的斜率为 -20dB/dec，其穿越频率 $\omega_c=K$，这时其相位稳定裕量 γ 较大，系统稳定性较好（以后称它为典型 Ⅰ 型系统）。当增益 K 增大到 $K>1/T$ 时，$L(\omega)$ 如图 5-8 中虚线所示，此时 $L(\omega)$ 穿越零分贝线时的斜率为 -40dB/dec，其穿越频率 $\omega'_c=\sqrt{K\omega_1}$，式中 $\omega_1=1/T$。由图可见，当增益增大时，其穿越频率 ω_c 增加，但相位稳定裕量减少，系统的稳定性变差。

以上分析表明：对二阶系统，加大增益，将使系统稳定性变差。

2. 三阶系统的稳定性分析

在工程上，由三个惯性环节组成的系统是经常遇到的，例如，由比例调节器控制直流调速系统，调速系统中的直流电动机通常可变换成两个惯性环节，若控制电路或触发电路再增设一个 RC 滤波电路（它相当于一个惯性环节），或计及晶闸管整流电路的延迟（它也相当于一个惯性环节），这样，该系统便成了由三个惯性环节组成的系统。下面就以三个惯性环节组成的系统为例来分析说明三阶系统的稳定性。此系统的开环传递函数为

$$G(s)=\frac{K}{(T_1s+1)(T_2s+1)(T_3s+1)}$$

今设式中 $T_1>T_2>T_3$，由上式可画出此系统的对数频率特性（伯德图）如图 5-9 所示。下面来分析改变增益对三阶系统稳定性的影响：

改变系统增益使 $K_3>K_2>K_1$，这样在伯德图上，系统的 $L(\omega)$ 将随着增益 K 的增大而向上平移，参见图中 $L(\omega)$ 曲线①、②、③。增益的变化对 $\varphi(\omega)$ 则不会发生影响，因此 $\varphi(\omega)$

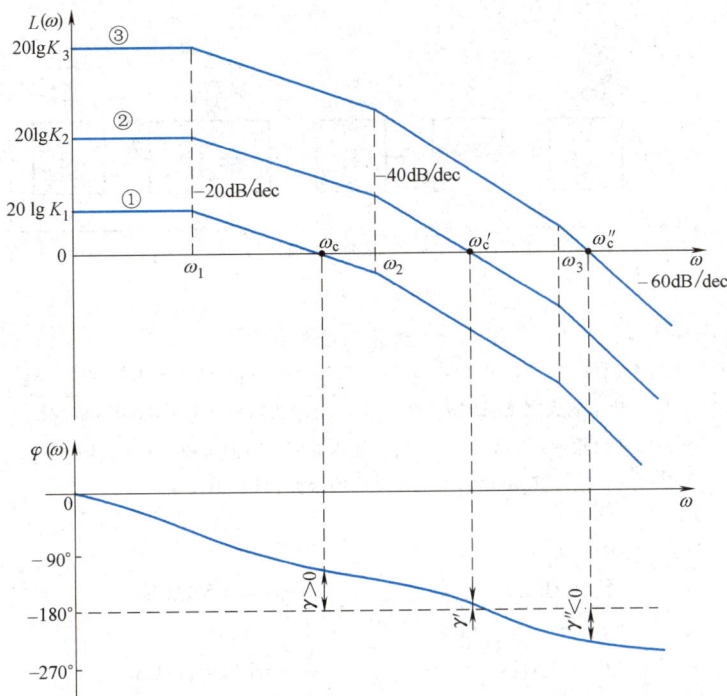

图 5-9 改变增益对三阶系统稳定性的影响

为一条曲线。对照 $L(\omega)$ 曲线①、②、③及 $\varphi(\omega)$，不难发现，它们穿越零分贝线时的斜率分别为 -20dB/dec、-40dB/dec 和 -60dB/dec；它们的穿越频率分别为 ω_c、ω_c' 和 ω_c''；它们的相位裕量分别为 γ、γ' 和 γ''。由此可以看到改变增益对三阶系统稳定性的影响：

1）当增益较小（$K=K_1$）时，ω_c 附近 $L(\omega)$ 的斜率为 -20dB/dec，系统稳定且稳定裕量 γ 较大，稳定性较好。

2）当增益加大（$K=K_2$）时，ω_c' 附近 $L(\omega)$ 的斜率变为 -40dB/dec，这时系统虽仍属稳定，但 γ' 很小，系统稳定性变差。

3）当增益过大（$K=K_3$）时，ω_c'' 附近 $L(\omega)$ 的斜率高达 -60dB/dec，这时 $\gamma''<0$，系统已是不稳定的了。

由以上分析可见，对三阶系统，加大增益，将使系统稳定性变差，甚至造成不稳定。由此，我们也可得到一个启示，当系统不能稳定运行时，可以首先考虑将系统的增益调小一些。此外，由此例还可见，在穿越频率 ω_c 附近 $L(\omega)$ 的斜率为 -20dB/dec 时，系统的相位稳定裕量较大。因此伯德提出：为了保证系统有足够的稳定裕量，**在设计自动控制系统时，要使 ω_c 附近（左、右各几个频程）$L(\omega)$ 的斜率为 -20dB/dec（这又称为伯德第一定理）。**

【**例 5-1**】 分析图 5-10 所示的位置随动系统的相位稳定裕量。

【**解**】 随动系统的开环传递函数

$$G(s)=\frac{K_1K_2K_3K_4K_5}{s(T_xs+1)(T_ms+1)}=\frac{5.73\times2\times25\times4\times0.1}{s(0.01s+1)(0.2s+1)}=\frac{114.6}{s(0.01s+1)(0.2s+1)}$$

由上式有

$$K=114.6 \qquad 20\lg K=20\lg114.6=41.2\text{dB}$$

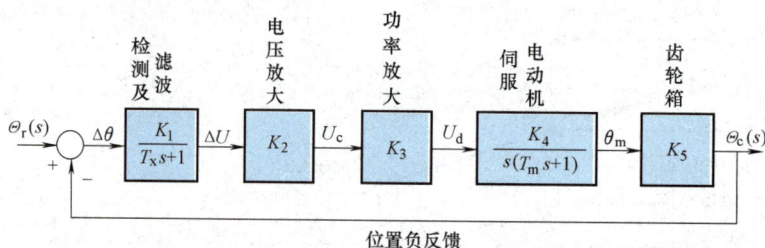

图 5-10 位置随动系统框图

K_1—自整角机常数，$K_1 = 0.1\text{V}/(°) = 5.73\text{V}/\text{rad}$ K_2—电压放大器增益，$K_2 = 2$

K_3—功率放大器增益，$K_3 = 25$ K_4—电动机增益常数，$K_4 = 4\ \text{rad}/\text{V}$

K_5—齿轮速比，$K_5 = 0.1$ T_x—输入滤波器时间常数，$T_x = 0.01\text{s}$

T_m—电动机的机电时间常数，$T_m = 0.2\text{s}$

$$T_m = 0.2\text{s} \qquad \omega_1 = \frac{1}{T_m} = \frac{1}{0.2}\text{rad}/\text{s} = 5\text{rad}/\text{s}$$

$$T_x = 0.01\text{s} \qquad \omega_2 = \frac{1}{T_x} = \frac{1}{0.01}\text{rad}/\text{s} = 100\text{rad}/\text{s}$$

于是，该系统的开环对数幅频特性如图 5-11 曲线①所示。

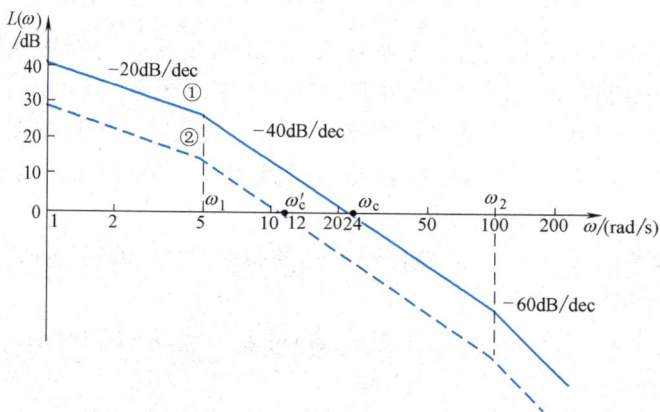

图 5-11 系统开环对数幅频特性

由图解可得 $\omega_c = 24\text{rad}/\text{s}$（可以证明，如图 5-11 中 $\omega_c = \sqrt{K\omega_1} = 24\text{rad}/\text{s}$）。

由式（5-7）有

$$\gamma = 180° - 90° - \arctan(T_x\omega_c) - \arctan(T_m\omega_c)$$
$$= 180° - 90° - \arctan(0.01 \times 24) - \arctan(0.2 \times 24)$$
$$= -2° < 0$$

由以上分析可见，$\gamma < 0$，显然，该系统不能稳定运行。应用图 4-37 所示的系统仿真，将增益改为 114.6，即可得图 5-12a 所示的波形，系统为不稳定的发散状况。

【例 5-2】 若将上题中的放大器的增益 K_2 降为原先的 $1/4$，即 $K_2 = 0.5$，重解上题。

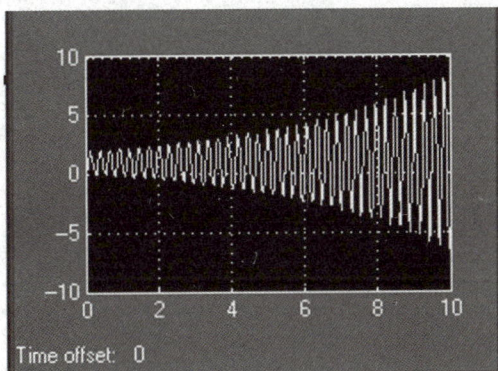

a) $G(s) = \dfrac{114.6}{s(0.2s+1)(0.01s+1)}$　　　　b) $G(s) = \dfrac{28.6}{s(0.2s+1)(0.01s+1)}$

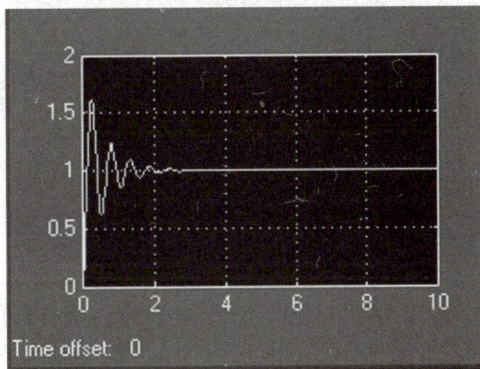

图 5-12　系统稳定性分析举例

【解】　由 $K_2 = 0.5$ 有 $K = 28.6$，于是 $20\lg K = 20\lg 28.6 = 29.1\text{dB}$

同时由式 $\omega'_c = \sqrt{K\omega_1} = \sqrt{28.6 \times 5}\ \text{rad/s} = 12\text{rad/s}$

此时系统的开环对数幅频特性如图 5-11 曲线②所示。

同理由式（5-7）有

$$
\begin{aligned}
\gamma' &= 180° - 90° - \arctan(T_x\omega_c) - \arctan(T_m\omega_c) \\
&= 180° - 90° - \arctan(0.01 \times 12) - \arctan(0.2 \times 12) \\
&= 15.8°
\end{aligned}
$$

此时系统的相位裕量 $\gamma' = 15.8°$，这样，系统成为稳定系统。但其稳定裕量并不大，稳定性能仍然不好。同理，应用 MATLAB 的 SIMULINK 工具，对系统进行仿真分析，可得到图 5-12b 所示的阶跃响应曲线。由图可见，系统的最大超调量（σ）仍然高达 60%，系统的相对稳定性仍然不好。若再继续降低系统增益，又会影响系统的稳态精度（详见 5.2），这时较好的办法是将比例调节器改为 PID 调节器（参见第 9 章题 9-13 中的分析）。

3. 延迟环节对系统稳定性的影响

至今我们所讨论的反馈系统采用的都是线性集中参数的数学模型（由代数多项式的比来构成传递函数）。但这只对传递能量的时间可以忽略，即输出量能立即反映输入信号的变化（包括缓慢变化）的系统才是正确的。事实上，传送带传递、管道传输、切削加工测量、晶闸管整流响应等，都会存在时间上的延迟。延迟环节的传递函数在第 3 章中已介绍过。下面将通过例子来说明延迟环节对系统稳定性的影响。

【例 5-3】　图 5-13 为工件加工检测示意图。若已知由检测-比较放大-电动机-齿轮-刀具加工等环节组成的加工检测系统的开环传递函数为 $G(s) = 100/[s(s+4)]$。若工件以 $v = 1\text{m/s}$ 的恒定速度移动，求不产生持续振荡的最大允许检测距离 d。

【解】　由 $G(s) = \dfrac{100}{s(s+4)} = \dfrac{25}{s(0.25s+1)} = \dfrac{K}{s(T_1s+1)}$ 可知，此为典型二阶系统。

由于此时 $K > 1/T_1$，则 $\omega_c = \sqrt{K\omega_1} = \sqrt{25 \times 4}\ \text{rad/s} = 10\text{rad/s}$。

若设加工检测没有时间上的延迟，则此系统的相位稳定裕量 γ 可由式（5-7）求得

$$\gamma = 180° - 90° - \arctan(0.25 \times 10) = 21.8° = 0.38\text{rad}$$

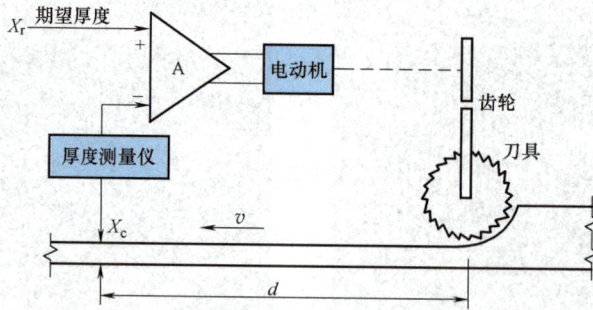

图 5-13　工件加工检测示意图

由以上计算可知，此系统在不计检测延迟时的相位稳定裕量仅有 21.8°（0.38rad），而事实上，厚度的检测时刻较切削加工时刻延迟了 τ_0，这个时间上的延迟带来相位上的滞后，由延迟环节的传递函数 $G(s) = \mathrm{e}^{-\tau_0 s}$ 可知，$\varphi(\omega) = -\tau_0 \omega^{\ominus}$，此时系统的相位稳定裕量变为

$$\gamma' = \gamma - \tau_0 \omega_c$$

如今要求系统稳定，即要求 $\gamma' > 0$，亦即 $\tau_0 \omega_c < \gamma$，而由题意可知 $\tau_0 = d/v$，于是有

$$\frac{d}{v}\omega_c < \gamma, \qquad d < \frac{\gamma}{\omega_c}\frac{v}{} = \frac{0.38 \times 1\mathrm{m}}{10} = 0.038\mathrm{m} = 3.8\mathrm{cm}$$

由以上计算求得最大允许检测距离仅 3.8cm。若在这样短的间距内安置厚度检测头，将是很困难的。那只有降低系统开环增益（或增加校正环节），增加系统相位稳定裕量 γ，以使检测距离 d 扩大。

由此例可见，延迟环节使系统相位稳定裕量减少了（$\tau_0 \omega_c$），特别是当 τ_0 或 ω_c 较大时，**延迟环节将使系统的稳定性明显变差。**

4. 典型 Ⅱ 型系统的稳定性分析

（1）开环传递函数如式（5-8）所示的三阶系统的稳定条件

$$G(s) = \frac{K(T_1 s + 1)}{s^2(T_2 s + 1)} \tag{5-8}$$

此系统为三阶系统，由于它含有两个积分环节，又称为 Ⅱ 型三阶系统。在此系统中，通常 T_2 为固有参数，K 与 T_1 为可调参数。现在来分析此系统的稳定条件：

由式（5-8），应用相位稳定裕量 γ 求取式（5-7）有

$$\begin{aligned}\gamma &= 180° - 2 \times 90° + \arctan(T_1 \omega_c) - \arctan(T_2 \omega_c)\\ &= \arctan(T_1 \omega_c) - \arctan(T_2 \omega_c)\end{aligned} \tag{5-9}$$

由上式可知，若要求系统稳定，即 $\gamma > 0$，则必须 $T_1 > T_2$，即比例微分环节的时间常数 T_1（它常是 PI 调节器的可调参数）要大于惯性环节的时间常数 T_2（它是系统固有参数）。

于是我们将满足 $T_1 > T_2$ 条件的传递函数 $G(s) = \dfrac{K(T_1 s + 1)}{s^2(T_2 s + 1)}$ 的系统称为典型 Ⅱ 型系统（简称"典Ⅱ"系统），它是一个稳定的三阶系统。

$\ominus$　由 $G(s) = \mathrm{e}^{-\tau_0 s}$，可得频率特性 $G(\mathrm{j}\omega) = \mathrm{e}^{-\mathrm{j}\tau_0 \omega}$，由此式可知，$\varphi(\omega) = -\tau_0 \omega$。

（2）典型Ⅱ型系统的稳定性分析　在诸如调速系统、跟随系统及其他工程系统的系统设计中，常通过选择适当的调节器（或控制器），把系统校正成典型Ⅱ型系统。因此下面我们将进一步分析"典Ⅱ"系统的稳定性。参见图 4-18 和图 4-19，不难发现，图 4-19 即为"典Ⅱ"系统伯德图。由于"典Ⅱ"系统可调参数有 T_1 和 K 两个，下面将分别调节 T_1 和调节 K 来分析它们对系统稳定性的影响。

1）调节 T_1 对系统稳定性的影响。由式（5-9）可知：加大 T_1，将使 γ 增加，系统稳定性改善。为了保证有足够的稳定裕量，在工程上，一般取 $T_1 = (4 \sim 20) T_2$。

2）调节 K 对系统稳定性的影响。如前所述，改变系统的开环增益 K，$L(\omega)$ 将上、下平移，而 $\varphi(\omega)$ 则不会发生变化。由图 5-14 可见，当增益 K 过大或过小时，$L(\omega)$ 穿越零分贝线的斜率都会由 $-20\mathrm{dB/dec}$ 变为 $-40\mathrm{dB/dec}$，系统的相位稳定裕量 γ 变小，系统稳定性变差。

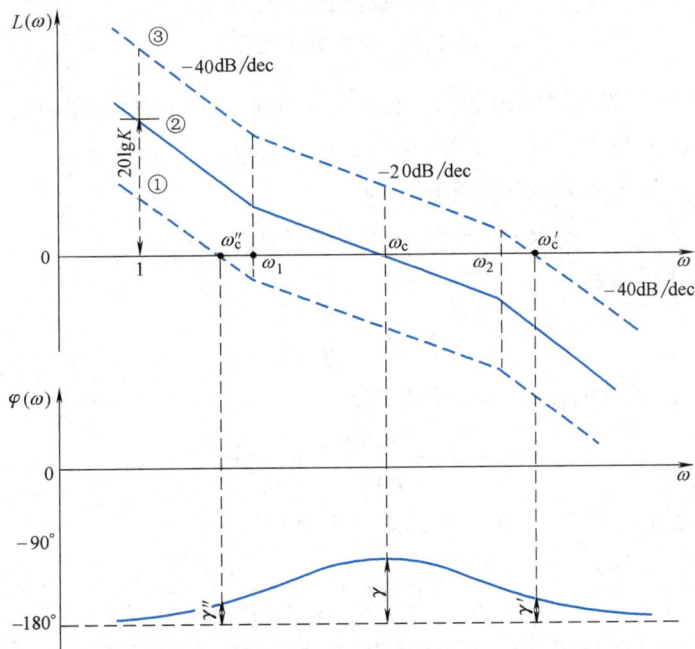

图 5-14　改变增益 K 对典型Ⅱ型系统稳定性的影响

由此我们还得到一个启示，就是：减小增益，并不总能改善系统稳定性，而是要具体问题具体分析。

5.2　自动控制系统的稳态性能分析

自动控制系统的输出量一般包含两个分量，一个是稳态分量，另一个是暂态分量。暂态分量反映了控制系统的动态性能。对于稳定的系统，暂态分量随着时间的推移，将逐渐减小并最终趋向于零。稳态分量反映系统的稳态性能，它反映控制系统跟随给定量和抑制扰动量的能力和准确度。稳态性能的优劣，一般以稳态误差的大小来度量。

稳态误差始终存在于系统的稳态工作状态之中，一般来说，系统长时间的工作状态是稳态，因此在设计系统时，除了要保证系统能稳定运行外，还要求系统的稳态误差小于规定的容许值。

5.2.1 系统稳态误差的概念

1. 系统误差 $e(t)$（Error）

现以图 5-15 所示的典型系统来说明系统误差的概念。

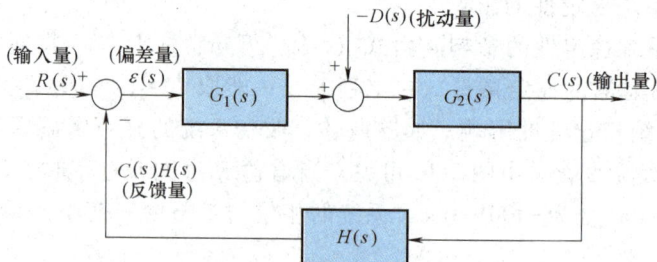

图 5-15 典型系统框图

系统误差 $e(t)$ 的一般定义是希望值 $c_r(t)$ 与实际值 $c(t)$ 之差。即 $e(t) = c_r(t) - c(t)$。

系统误差的拉氏式为
$$E(s) = C_r(s) - C(s) \tag{5-10}$$

通常以偏差信号 ε 为零来确定希望值，即
$$\varepsilon(s) = R(s) - H(s) C_r(s) = 0$$

于是，输出希望值（拉氏式）
$$C_r(s) = \frac{R(s)}{H(s)}$$

代入式（5-10），系统的误差（拉氏式）为
$$E(s) = \frac{R(s)}{H(s)} - C(s)^{\ominus} \tag{5-11}$$

系统的实际输出量由图 5-15 有［参见式（3-45）］
$$C(s) = \frac{G_1(s) G_2(s)}{1 + G_1(s) G_2(s) H(s)} R(s) + \frac{G_2(s)}{1 + G_1(s) G_2(s) H(s)} [- D(s)] \tag{5-12}$$

式中，$R(s)$ 为输入量（拉氏式）；$- D(s)$ 为扰动量（拉氏式）。

于是，将 $C_r(s)$ 及 $C(s)$ 的值代入式（5-11）可得系统误差
$$
\begin{aligned}
E(s) &= C_r(s) - C(s) \\
&= \frac{R(s)}{H(s)} - \left[\frac{G_1(s) G_2(s)}{1 + G_1(s) G_2(s) H(s)} R(s) - \frac{G_2(s)}{1 + G_1(s) G_2(s) H(s)} D(s) \right] \\
&= \frac{1}{[1 + G_1(s) G_2(s) H(s)] H(s)} R(s) + \frac{G_2(s)}{1 + G_1(s) G_2(s) H(s)} D(s) \\
&= E_r(s) + E_d(s)
\end{aligned}
\tag{5-13}
$$

式中，$E_r(s)$ 为输入量产生的误差（拉氏式），有

$\ominus$ 对系统误差，有的就以系统的偏差 $\varepsilon(s)$ 来定义。由图 5-15 可见，$\varepsilon(s) = R(s) - C(s) H(s)$，由此式可得 $\dfrac{\varepsilon(s)}{H(s)} = \dfrac{R(s)}{H(s)}$

$- C(s)$。与式（5-11）对照有，$E(s) = \dfrac{\varepsilon(s)}{H(s)}$。此式表明了两种定义的差别。对于单位负反馈，$H(s) = 1$，两者相同。

$$E_r(s) = \frac{1}{[1 + G_1(s)G_2(s)H(s)]H(s)}R(s) \tag{5-14}$$

$E_d(s)$ 为扰动量产生的误差（拉氏式），有

$$E_d(s) = \frac{G_2(s)}{1 + G_1(s)G_2(s)H(s)}D(s) \tag{5-15}$$

对 $E_r(s)$ 进行拉氏反变换，即可得 $e_r(t)$，$e_r(t)$ 为跟随动态误差。

对 $E_d(s)$ 进行拉氏反变换，即可得 $e_d(t)$，$e_d(t)$ 为扰动动态误差。

两者之和即为系统误差

$$e(t) = e_r(t) + e_d(t) \tag{5-16}$$

式（5-16）表明，**系统误差 $e(t)$ 为时间的函数，是动态误差，它是跟随动态误差 $e_r(t)$ 和扰动动态误差 $e_d(t)$ 的代数和。**

对稳定的系统，当 $t \to \infty$ 时，$e(t)$ 的极限值即为稳态误差 e_{ss}，即

$$e_{ss} = \lim_{t \to \infty} e(t) \tag{5-17}$$

2. 稳态误差 e_{ss}（Steady-State Error）

利用拉氏变换终值定理可以直接由拉氏式 $E(s)$ 求得稳态误差。即

$$e_{ss} = \lim_{t \to \infty} e(t) = \lim_{s \to 0} sE(s) \tag{5-18}$$

由式（5-14）~式（5-18）有给定稳态误差（又称跟随稳态误差）

$$e_{ssr} = \lim_{s \to 0} sE_r(s) = \lim_{s \to 0} \frac{sR(s)}{[1 + G_1(s)G_2(s)H(s)]H(s)} \tag{5-19}$$

扰动稳态误差

$$e_{ssd} = \lim_{s \to 0} sE_d(s) = \lim_{s \to 0} \frac{sG_2(s)D(s)}{1 + G_1(s)G_2(s)H(s)} \tag{5-20}$$

于是系统的稳态误差有

$$e_{ss} = e_{ssr} + e_{ssd} \tag{5-21}$$

由式（5-19）~式（5-21）可见，$G_1(s)$、$G_2(s)$、$H(s)$ 取决于系统的结构、参数；$R(s)$ 取决于输入；$D(s)$ 取决于外界扰动的影响；式（5-20）分子中的 $G_2(s)$ 取决于扰动量的作用点。因此由以上分析可见：

系统的稳态误差由跟随稳态误差和扰动稳态误差两部分组成。它们不仅和系统的结构、参数有关，而且还和作用量（输入量和扰动量）的大小、变化规律和作用点有关。[当然，这个结论对系统误差（动态误差）也是适用的，因为稳态误差仅是系统误差在 $t \to \infty$ 时的极限。]

5.2.2　系统稳态误差与系统型别、系统开环增益间的关系

一个复杂的控制系统通常可看成由一些典型的环节组成。设控制系统的传递函数为

$$G(s) = \frac{K\Pi(\tau s + 1)(b_2 s^2 + b_1 s + 1)}{s^v \Pi(Ts + 1)(a_2 s^2 + a_1 s + 1)} \tag{5-22}$$

在这些典型环节中，当 $s \to 0$ 时，除 K 和 s^v 外，其他各项均趋于 1。这样，**系统的稳态误差将主要取决于系统中的比例和积分环节。**这是一个十分重要的结论。

在图 5-15 所示的典型系统中，设 $G_1(s)$ 中包含 ν_1 个积分环节，其增益为 K_1，于是

$$\lim_{s \to 0} G_1(s) = \lim_{s \to 0} \frac{K_1}{s^{\nu_1}} \tag{5-23}$$

式中，ν_1 为扰动作用点前的积分个数。

$G_2(s)$ 中包含 ν_2 个积分环节，其增益为 K_2，于是

$$\lim_{s \to 0} G_2(s) = \lim_{s \to 0} \frac{K_2}{s^{\nu_2}} \tag{5-24}$$

式中，ν_2 为扰动作用点后的积分个数。

$H(s)$ 中不含积分环节，其增益为 α，于是

$$\lim_{s \to 0} H(s) = \alpha \tag{5-25}$$

于是系统的跟随稳态误差由式（5-19）［将式（5-23）~式（5-25）代入］有

$$e_{ssr} = \lim_{s \to 0} \frac{sR(s)}{[1 + G_1(s)G_2(s)H(s)]H(s)} = \lim_{s \to 0} \frac{sR(s)}{\left[1 + \dfrac{K_1 K_2 \alpha}{s^{\nu_1 + \nu_2}}\right]\alpha}$$

设 $K_1 K_2 \alpha = K$（开环增益），$\nu_1 + \nu_2 = \nu$（前向通路积分个数）。此外，当 $K \gg 1$ 时，特别是当 $s \to 0$ 时，$\left[1 + \dfrac{K}{s^{\nu}}\right] \approx \dfrac{K}{s^{\nu}}$，代入上式，于是

$$e_{ssr} = \lim_{s \to 0} \frac{sR(s)}{\left[1 + \dfrac{K}{s^{\nu}}\right]\alpha} \approx \lim_{s \to 0} \frac{sR(s)}{\dfrac{\alpha K}{s^{\nu}}} = \lim_{s \to 0} \frac{s^{\nu+1}}{\alpha K}R(s)^{\ominus} \tag{5-26}$$

同理，系统的扰动稳态误差［将式（5-23）~式（5-25）代入式（5-20）］有

$$e_{ssd} = \lim_{s \to 0} \frac{sG_2(s)D(s)}{1 + G_1(s)G_2(s)H(s)}$$

$$= \lim_{s \to 0} \frac{\dfrac{sK_2}{s^{\nu_2}}D(s)}{1 + \dfrac{K_1 K_2 \alpha}{s^{\nu_1 + \nu_2}}} \approx \lim_{s \to 0} \frac{s^{\nu_1 + 1}}{K_1 \alpha}D(s)^{\ominus} \tag{5-27}$$

分析式（5-26）和式（5-27），可以看出：

1）系统的稳态误差与系统中所包含的积分环节的个数 ν（或 ν_1，下同）有关，因此工程上往往把系统中所包含的积分环节的个数 ν 称为型别（Type）或无静差度。

若 $\nu = 0$，称为 0 型系统（又称零阶无静差）。

若 $\nu = 1$，称为 Ⅰ 型系统（又称一阶无静差）。

若 $\nu = 2$，称为 Ⅱ 型系统（又称二阶无静差）。

由于含两个以上积分环节的系统不易稳定［参见式（5-7）］，所以很少采用 Ⅱ 型以上的系统。

2）对同一个系统，由于作用量和作用点不同，一般说来，其跟随稳态误差和扰动稳态

$\ominus$　若 $\nu = 0$，或不满足 $K \gg 1$ 条件，则不可采用近似公式。

误差是不同的。**对于随动系统，前者是主要的；对于恒值控制系统，则后者是主要的**（对动态误差也大致如此）。

① 跟随稳态误差 e_{ssr} 与前向通路积分个数 ν 和开环增益 K 有关。若 ν 越多，K 越大，则跟随稳态精度越高（对跟随信号，系统为 ν 型系统）。

② 扰动稳态误差 e_{ssd} 与扰动量作用点前的前向通路的积分个数 ν_1 和增益 K_1 有关，若 ν_1 越多，K_1 越大，则系统对该扰动信号的稳态精度越高（对该扰动信号，系统为 ν_1 型系统）。

由以上分析可见，对不同的作用量，系统的型别不一定是相同的。

5.2.3　系统稳态误差与输入信号间的关系

1. 典型输入信号

由式（5-19）和式（5-20）还可看出，对变化规律不同的输入信号，系统的稳态误差也将是不同的。在实用上，常用三种典型输入信号来进行分析，它们是：

（1）单位阶跃信号　　　　　　　　$r(t) = 1$, 　　　$R(s) = \dfrac{1}{s}$

（2）等速信号（斜坡信号）　　　　$r(t) = t$, 　　　$R(s) = \dfrac{1}{s^2}$

（3）等加速信号（抛物线信号）　　$r(t) = \dfrac{1}{2}t^2$, 　　$R(s) = \dfrac{1}{s^3}$

三种典型信号见表 5-2（参见表 5-2 第二行）。

2. 系统跟随稳态误差与系统型别、输入信号类型间的关系

现以跟随稳态误差为例来分析 e_{ssr} 与 $r(t)$ 间的关系。

对 0 型系统：$\nu = 0$，代入式（5-26）有

$$e_{ssr} = \lim_{s \to 0} \frac{s}{\alpha(1+K)}R(s) \begin{cases} 1)\ R(s) = \dfrac{1}{s}, & \text{则 } e_{ssr} = \dfrac{1/\alpha}{1+K} \\[2mm] 2)\ R(s) = \dfrac{1}{s^2}, & \text{则 } e_{ssr} \to \infty \\[2mm] 3)\ R(s) = \dfrac{1}{s^3}, & \text{则 } e_{ssr} \to \infty \end{cases} \tag{5-28}$$

（零阶无静差）

0 型系统响应曲线及系统误差参见表 5-2 第三行。

对 I 型系统：$\nu = 1$，代入式（5-26）有

$$e_{ssr} = \lim_{s \to 0} \frac{s^2}{\alpha K}R(s) \begin{cases} 1)\ R(s) = \dfrac{1}{s}, & \text{则 } e_{ssr} = 0 \\[2mm] 2)\ R(s) = \dfrac{1}{s^2}, & \text{则 } e_{ssr} = \dfrac{1/\alpha}{K} \\[2mm] 3)\ R(s) = \dfrac{1}{s^3}, & \text{则 } e_{ssr} \to \infty \end{cases} \tag{5-29}$$

（一阶无静差）

表 5-2 系统稳态误差与输入信号及系统型别间的关系

		单位阶跃信号	等速信号	等加速信号
	输入信号	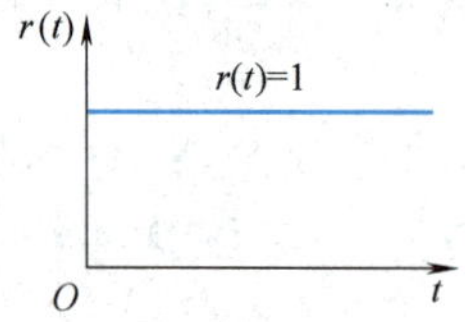 $r(t)=1$	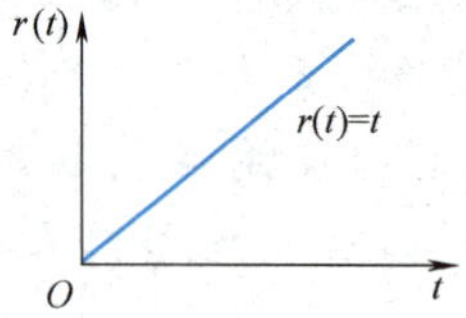 $r(t)=t$	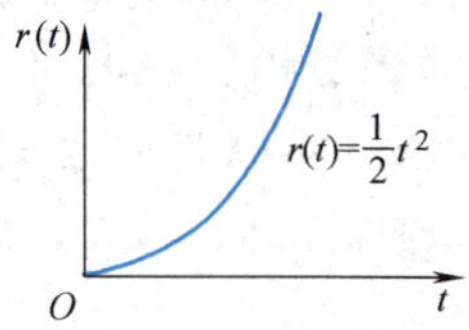 $r(t)=\frac{1}{2}t^2$
系统型别	0 型系统	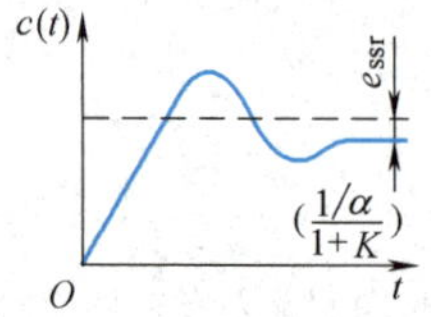 e_{ssr} $\left(\frac{1/\alpha}{1+K}\right)$	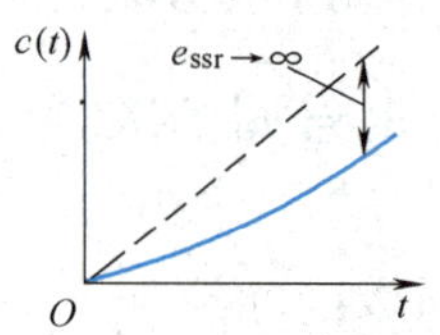 $e_{ssr}\to\infty$	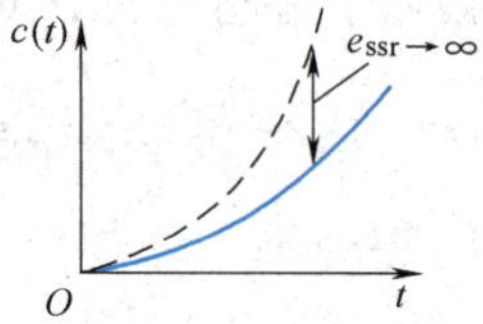 $e_{ssr}\to\infty$
	Ⅰ 型系统	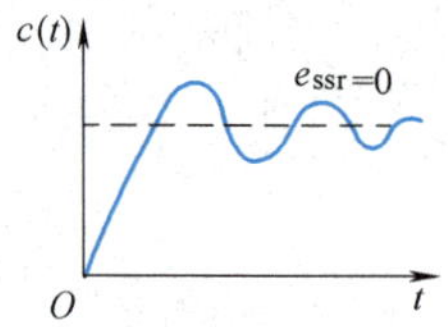 $e_{ssr}=0$	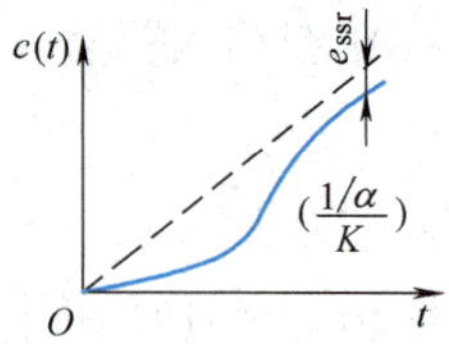 e_{ssr} $\left(\frac{1/\alpha}{K}\right)$	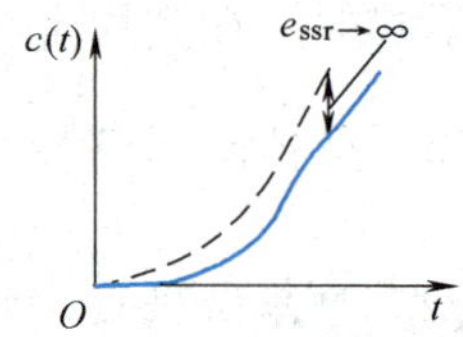 $e_{ssr}\to\infty$
	Ⅱ 型系统	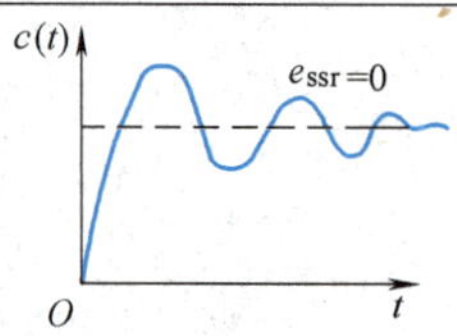 $e_{ssr}=0$	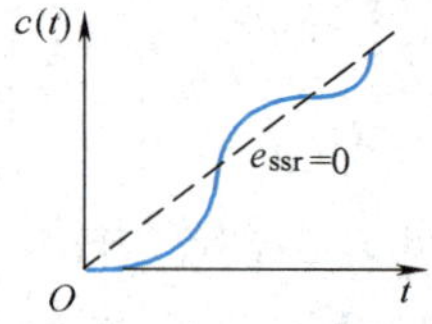 $e_{ssr}=0$	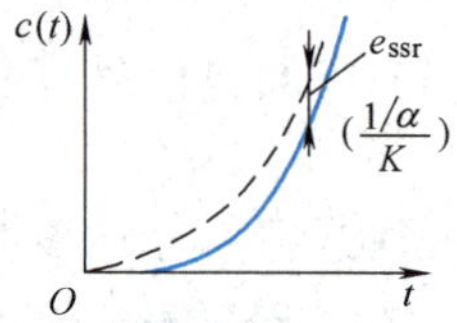 e_{ssr} $\left(\frac{1/\alpha}{K}\right)$

Ⅰ型系统响应曲线及系统误差参见表 5-2 第四行图形。

对Ⅱ型系统：$\nu=2$，代入式（5-26）有

$$e_{ssr}=\lim_{s\to 0}\frac{s^3}{\alpha K}R(s) \quad \begin{cases} 1)\ R(s)=\dfrac{1}{s}, & 则\ e_{ssr}=0 \\[2mm] 2)\ R(s)=\dfrac{1}{s^2}, & 则\ e_{ssr}=0 \\[2mm] 3)\ R(s)=\dfrac{1}{s^3}, & 则\ e_{ssr}=\dfrac{1/\alpha}{K} \end{cases} \tag{5-30}$$

（二阶无静差）

Ⅱ型系统响应曲线及系统误差参见表 5-2 第五行图形。

3. 系统跟随稳态误差分析

对位置随动系统，由以上分析可知（参照表 5-2 中的各图形进行分析）：

1）输入为单位阶跃信号（输入为一确定的位移量）：若系统不含积分环节，则其稳态误差 $e_{ssr}=1/[\alpha(1+K)]$；系统开环增益 K 越大，e_{ssr} 越小，系统稳态精度越高。若系统含有积分环节，便能实现无静差（$e_{ssr}=0$），系统最后无偏差地定位到所需位置。

2）输入为斜坡信号（参考输入位移作匀速变化）：这时若系统不含积分环节，则系统将无法进行跟随（$e_{ssr}\to\infty$），若含一个积分环节，则 $e_{ssr}=1/(\alpha K)$，增益 K 越大，稳态精度越高。若要实现无偏差地跟随作匀速运动，则要求系统含有两个积分环节。

3）输入为抛物线信号（参考输入位移作匀加速运动）：这时系统至少要含有两个积分环节，才能实现有一定误差的跟随运动，若要求系统无误差地跟随，则需含三个积分环节。

综上所述，若系统含有的积分个数 ν 越多，开环放大倍数 K 越大，则系统的稳态性能越好。但在上一节中已知，ν 多、K 大将使系统的稳定性变差。这表明，对于自动控制系统，它的稳态性能和稳定性往往是相矛盾的。

对扰动稳态误差，同理可得到上述结论，只要将 ν_1 取代 ν、K_1 取代 K 即可。

5.2.4 由系统的开环对数频率特性分析系统的稳态性能

1. 以开环频率特性分析闭环系统动、稳态性能的条件

对系统的动、稳态性能进行分析，最基本的途径是由系统的闭环频率特性去进行分析。有时由开环频率特性去进行分析可使分析过程简化，但以系统开环频率特性去分析系统的动、稳态性能只适用于单位负反馈系统。这是因为单位负反馈系统的开、闭环传递函数间存在着确定的对应关系：$\Phi(s) = \dfrac{G(s)}{1+G(s)}$。这样开环传递函数 $G(s)$ 一经确定,其闭环传递函数 $\Phi(s)$ 也就唯一地被确定了。

如果为非单位负反馈系统，则不能直接应用开环频率特性进行分析，这时可采用框图变换的方法，将非单位负反馈系统转换成单位负反馈系统。若反馈回路传递函数复杂，应用开环频率特性进行分析便不方便，这时宜采用系统的闭环频率特性进行分析。

2. 由开环对数频率特性分析系统的稳态性能

在上节已知，系统的稳态精度取决于系统的型别 ν 和增益 K，而由系统开环对数幅频特性 $L(\omega)$ 的低频段可以很直观地看出系统的型别和增益。

1）$L(\omega)$ 低频段（渐近线）的斜率代表着系统的型别：

若 $\nu = 0$，则 $L(\omega)$ 的低频段的斜率为 0dB（水平直线），见图 5-16a。

若 $\nu = 1$，则 $L(\omega)$ 低频段的斜率为 -20dB/dec，见图 5-16b。

若 $\nu = 2$，则 $L(\omega)$ 低频段的斜率为 -40dB/dec，见图 5-16c。

2）$L(\omega)$ 在 $\omega = 1$rad/s 的高度为 $20\lg K$，见图 5-16。

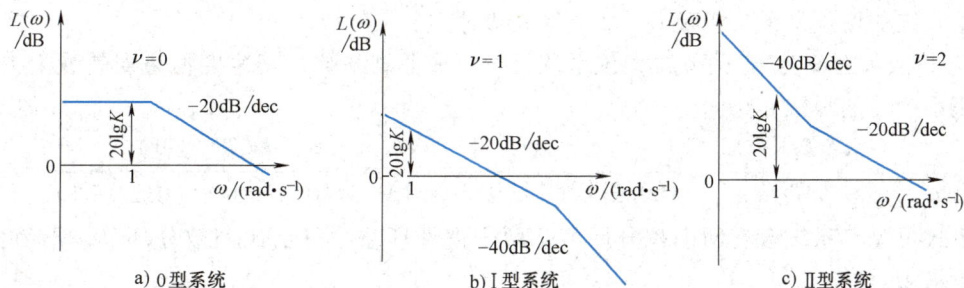

图 5-16 $L(\omega)$ 的低频段

综上所述，系统开环对数幅频特性 $L(\omega)$ 低频段曲线的斜率越陡，$L(\omega)$ 在 $\omega = 1$rad · s^{-1} 处的高度越高，则系统的稳态误差将越小，系统的稳态精度越好。

最后，需要指出的是：在同一个系统中，对不同的作用量，其传递函数是不同的，因此，其开环对数幅频特性也是不同的，因此，各作用量产生的稳态误差也是不同的。

5.2.5 自动控制系统稳态性能分析举例

1. 随动系统的稳态性能分析举例

（1）随动系统稳态性能的特点

1）随动系统的特点是给定量是在不断变化着的，输入信号可能是位置的突变（阶跃信号），也可能是位置不断地等速递增（等速信号），甚至加速递增（等加速信号）。

2）对随动系统来讲，稳态误差主要是跟随稳态误差 e_{ssr}。

（2）随动系统稳态性能分析举例

【例5-4】 分析图5-11所示系统的稳态性能，其参数为5.1.5中例5-2的参数，其开环传递函数 $G(s)$ 为

$$G(s) = \frac{28.6}{s(0.01s+1)(0.2s+1)}$$

此系统在5.1.5例5-2中已被证明是稳定的。若该系统的最大跟踪速度为200密位/s[⊖]，求：

① 该系统的位置跃变形成的稳态误差。

② 该系统的速度跟随稳态误差。

【解】 ① 此为Ⅰ型系统，因此对位置跃变（阶跃信号）的稳态误差为零，$e_{ssr} = 0$。

② 对速度跟随稳态误差，由于此时输入信号 $R(s) = 200/s^2$，系统为Ⅰ型系统（$\nu = 1$），系统开环增益 $K = 28.6$，于是由式（5-26）有

$$e_{ssr} = \lim_{s \to 0} \frac{s^{\nu+1}}{K} R(s) = \lim_{s \to 0} \frac{s^2}{28.6} \times \frac{200}{s^2} \text{ 密位} = 7 \text{ 密位}$$

【例5-5】 若上例中要求速度跟踪精度小于1密位，问该系统应怎样改进？

【解】 ① 若要求 $e_{ssr} < 1$ 密位，由上例计算可知，若增益增大为原先的7倍，则 e_{ssr} 为原先的1/7，即可达到要求。此时的增益 $K = 28.6 \times 7 = 200$。但在5.1.5例5-1中的分析已表明：当 $K = 114.6$ 时，系统已不稳定。而如今 K 高达200，系统更无法稳定运行。因此，此例中，单纯调整系统的增益是无法实现 $e_{ssr} < 1$ 密位的要求的。

② 若将放大器改为 PI 调节器，该系统可校正成Ⅱ型系统，其速度稳态误差看上去将为零，但该系统传递函数

$$G(s) = \frac{K'(T_1s+1)}{T_1s} \times \frac{K''}{s(0.01s+1)(0.2s+1)} = \frac{K(T_1s+1)}{s^2(0.01s+1)(0.2s+1)}$$

由上式可见，系统含有两个积分环节、两个惯性环节、一个比例微分环节，不易稳定，因此很少采用。

由于位置控制系统较调速系统多含一个积分环节 $[\theta(s)/N(s) = K/s]$，所以其稳定性较后者差。

⊖ 密位为工程上的角位移单位，其定义为一周360°等于6000密位，因此，1密位等于0.06°。对随动系统，通常以最大等速信号作为典型输入信号。

③ 在随动系统中，较多采用的是增设 PID 调节器，以兼顾系统的稳态精度和稳定性。详细分析见第 6 章。

2. 自动调速（恒值控制）系统的稳态性能分析举例

（1）自动调速系统稳态性能的特点

1）自动调速系统是恒值控制系统，其给定量是恒定的（确切地说，是预选的），因此其给定量产生的稳态误差总是可以通过调节给定量来加以补偿的。所以，对自动调速系统来说，主要是扰动量产生的稳态误差。这是因为扰动量是事先无法确定的，并且是在不断地变化着的。

2）对恒值控制系统来说，作用信号一般都以阶跃信号为代表，这是因为从稳态来看，阶跃信号是一个恒值的控制信号，从动态来看，阶跃信号是突变信号中最严重的一种输入信号。因此，对恒值控制系统，其扰动量一般以 $D(s)=D/s$ 为代表。

（2）自动调速系统的稳态误差（扰动稳态误差）　根据以上分析，自动调速系统的扰动稳态误差由式（5-27）有

$$e_{ssd}=\lim_{s\to0}\frac{s^{\nu_1+1}}{\alpha K_1}D(s)=\lim_{s\to0}\frac{s^{\nu_1+1}}{\alpha K_1}\frac{D}{s}=\lim_{s\to0}\frac{s^{\nu_1}D}{\alpha K_1} \tag{5-31}$$

由式（5-31）可见，**要使自动调速系统实现无静差，则在扰动量作用点前的前向通路中应含有积分环节；要减小稳态误差，则应使作用点前的前向通路中的增益 K_1 适当大一些。**

（3）自动调速系统的静差率 s　自动调速系统的稳态误差用转速降 Δn 来表示（即 $e_{ss}=\Delta n$）。转速降 Δn 对额定转速的相对值称为静差率 s，而自动调速系统的静差率通常是对最低额定转速而言的，即

$$s=\frac{\Delta n_N}{n_{Nmin}}\times100\% ^{\ominus} \tag{5-32}$$

式中，Δn_N 为负载由空载到额定负载的转速降（它就是负载阶跃扰动产生的稳态误差）；n_{Nmin} 为系统最低额定转速。

对不同的生产机械，允许的静差率也是不同的，如普通车床允许静差率为 $10\%\sim20\%$；龙门刨为 6%；冷轧机为 2%；热轧机为 $0.2\%\sim0.5\%$；造纸机为 1% 以下等。

（4）自动调速系统稳态性能分析举例

【例 5-6】　在图 5-17 所示的调速系统中（具体电路分析见第 7 章），已知电网电压波动（扰动量）$\Delta U(s)=-\dfrac{20}{s}$，①求电网电压波动产生的转速降 Δn；②若系统的额定给定量 $U_s(s)=\dfrac{10}{s}$，求此时系统的稳态输出 n_N；③问此时相对的转速降 $\Delta n/n_N$ 为多少？式中 n_N 为额定转速。

【解】　① 由图 5-17 可见，ΔU 作用点前的积分个数 $\nu_1=0$，作用点前的增益 $K_1=5\times40=200$，于是，由式（5-31）有

$\ominus$　有的以理想空载转速到额定负载时的转速降与最低理想空载转速之比来定义静差率。但在实用上，理想空载转速难以测量。所以此处采用工程上常用的表示方式来定义静差率 s。

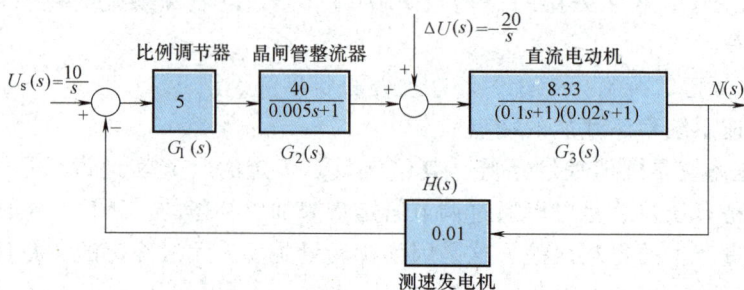

图 5-17 晶闸管直流调速系统框图

$$\Delta n = \lim_{s \to 0} \frac{s^{\nu_1} D}{\alpha K_1} = \frac{-20}{0.01 \times 200} \text{r/min} = -10 \text{ r/min}$$

若不按式（5-31）近似算式计算，而按式（5-27）前面的准确算式计算，则 $\Delta n = -9.4$ r/min。

② 系统的稳态输出 n。由式（5-12）并根据终值定理有

$$n = \lim_{s \to 0} sN(s) = n_{\mathrm{N}} + \Delta n$$

$$= \lim_{s \to 0} \left[\frac{sG_1 G_2 G_3 \times (10/s)}{1 + G_1 G_2 G_3 H} + \frac{sG_3 \times (-20/s)}{1 + G_1 G_2 G_3 H} \right]^{\ominus}$$

$$= \left(\frac{5 \times 40 \times 8.33 \times 10}{1 + 5 \times 40 \times 8.33 \times 0.01} - \frac{8.33 \times 20}{1 + 5 \times 40 \times 8.33 \times 0.01} \right) \text{r/min}$$

$$= (943.4 - 9.4) \text{r/min} = 934 \text{r/min}$$

上式中 943.4r/min 为额定给定量下的输出，即额定转速 n_{N}。式中 -9.4r/min 即为电网电压波动（突降20V）产生的转速降 Δn。

③ 相对转速降

$$\frac{\Delta n}{n_{\mathrm{N}}} = \frac{-9.4 \text{r/min}}{943.4 \text{r/min}} \times 100\% \approx -1\%$$

【例 5-7】 在上例中，欲使 Δn 降为原来的一半左右，即 $\Delta n = -5$ r/min，问可采用哪些办法？

【解】 在此系统中，除了比例调节器的增益 K_k 可调外，其余均为系统部件的固有参数。由式（5-31）可见，若使比例调节器的增益 K_k 增加一倍（即 $K_k = 10$），便可使 Δn 降低一半。习题 5-26 的答案将表明，当 $K_k = 8$ 时，系统已呈不稳定状态，若 $K_k \geq 8$，系统更不稳定了。因此，在此处，不能单纯采用调节增益的办法来改善系统的稳态性能。这时，在工程上常用的办法，就是将比例调节器改为 PI 调节器或 PID 调节器（这是第 6 章"自动控制系统的校正"中要着重讨论的问题）。

由此例还可体会到，在采取措施改善系统的稳态性能时，还必须兼顾到它对系统稳定性带来的影响。

$\ominus$ 为简化算式，将 $G(s)$ 中的 (s) 符号省去。此外当 $s \to 0$ 时，$G_2(s)$ 与 $G_3(s)$ 的分母均 $\to 1$。

5.3 自动控制系统的动态性能分析

对一个已经满足了稳定性要求的系统，除了要求有较好的稳态性能外，要求较高的，还要求有较好的动态性能。亦即希望系统的最大偏差量（Δc_{max}）小一些，过渡过程时间（t）短一些，振荡次数（N）少一些。

与系统的稳态性能一样，系统的动态性能同样也可分为跟随动态性能和抗扰动态性能。下面先从时域方面分析这些动态性能。

5.3.1 系统跟随动态指标的求取及分析

研究系统动态性能，通常以二阶系统对单位阶跃信号的响应为代表。这是由于二阶系统的阶跃响应比较典型，数学分析也比较容易，许多高阶系统的动态过程常可用二阶系统来近似处理。

1. 跟随阶跃响应曲线

图 5-18 为典型二阶系统框图。

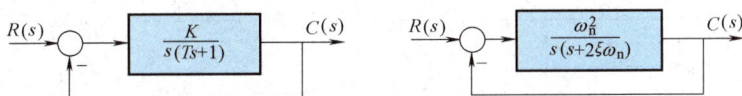

图 5-18 典型二阶系统框图

其开环传递函数为

$$G(s) = \frac{K}{s(Ts+1)} = \frac{\omega_n^2}{s(s+2\xi\omega_n)} \tag{5-33}$$

式中

$$\omega_n = \sqrt{\frac{K}{T}}, \qquad \xi = \frac{1}{2\sqrt{TK}}, \qquad \xi\omega_n = \frac{1}{2T} \tag{5-34}$$

系统的跟随闭环传递函数为

$$\Phi_r(s) = \frac{C_r(s)}{R(s)} = \frac{K}{Ts^2 + s + K} = \frac{\omega_n^2}{s^2 + 2\xi\omega_n s + \omega_n^2} \tag{5-35}$$

若 $r(t)$ 为单位阶跃信号，则 $R(s) = \dfrac{1}{s}$ ，于是

$$C_r(s) = \frac{\omega_n^2}{s^2 + 2\xi\omega_n s + \omega_n^2} \frac{1}{s}$$

对上式进行拉氏反变换，并取 $0<\xi<1$，由式（4-10）有

$$c(t) = 1 - \frac{e^{-\xi\omega_n t}}{\sqrt{1-\xi^2}}\sin(\omega_d t + \varphi) \tag{5-36}$$

式中

$$\omega_d = \omega_n\sqrt{1-\xi^2} \tag{5-37}$$

$$\varphi = \arctan \frac{\sqrt{1 - \xi^2}}{\xi} \tag{5-38}$$

其阶跃响应曲线如图 5-19 所示。

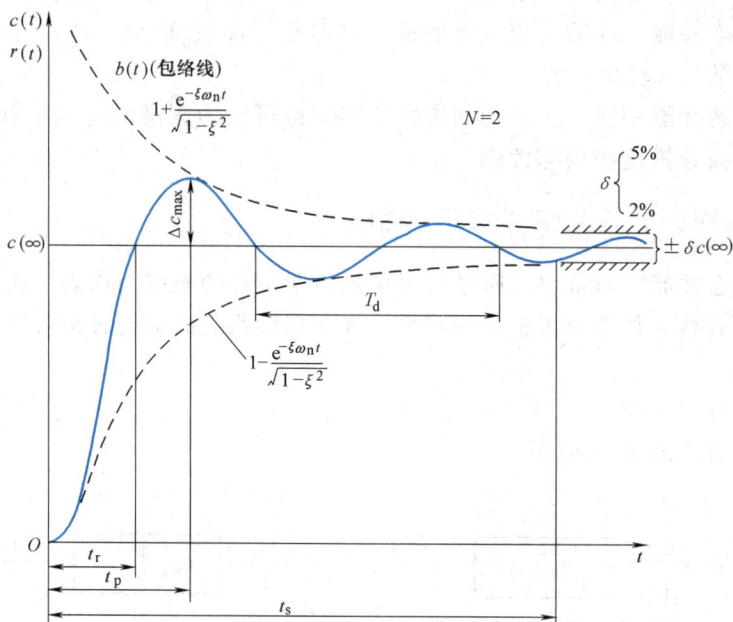

图 5-19　二阶系统阶跃响应曲线及动态指标

t_r—上升时间　Δc_{max}—最大偏差量　t_p—第一个峰值时间　$\pm \delta c$（∞）—误
差带　t_s—调整时间　T_d—振荡周期

2. 跟随动态指标

1）根据式（5-36）所示的阶跃响应方程，从各动态指标的定义出发，便可求得动态指标的算式：

① 最大超调量　$\sigma = e^{-\frac{\xi \pi}{\sqrt{1 - \xi^2}}}$ 　　　　　　　　　　　　　[即式（5-42）]

② 上升时间　$t_r = \frac{\pi - \varphi}{\omega_d}$ 　　　　　　　　　　　　　　　　[即式（5-43）]

③ 调整时间　$t_s \approx \frac{3（或4）}{\xi \omega_n} = 6（或8）T$[对应误差带 $\delta = 5\%$（或 2%）]　　[即式（5-47）]

④ 振荡次数　$N \approx -1.5（或2）\frac{1}{\ln \sigma}$（同上）　　　　　　　　[即式（5-49）]

对以上各式的推导见以下分析，对以上各式的物理含义见 5.3.2 分析。

*2）跟随动态指标的求取（阅读材料）[⊖]

① 最大超调量 σ（Maximum Overshoot）。最大超调量是输出量 $c(t)$ 与稳态值 $c(\infty)$ 的

⊖　阅读时，请注意分析思路及分析叙述中的黑体字（分析结论）。

最大偏差量 $\Delta c_{\max}$ 与稳态值 $c(\infty)$ 之比。这是一个最大相对误差。由图 5-19 可见，最大偏差量 $\Delta c_{\max}$ 恰好是系统响应的第一个峰值 $c(t_\mathrm{p})$ 与稳态量 $c(\infty)$ 之差，于是最大超调量可写成：

$$\sigma = \frac{\Delta c_{\max}}{c(\infty)} \times 100\% = \frac{c(t_\mathrm{p}) - c(\infty)}{c(\infty)} \times 100\% \qquad (5\text{-}39)$$

式中，$c(\infty)$ 为输出稳态值，由于为单位负反馈及单位阶跃输入，所以 $c(\infty) = 1$；t_p 为第一个峰值时间（Peak Time）。

令 $\dfrac{\mathrm{d}c(t)}{\mathrm{d}t} = 0$，并取第一个峰值（$n=1$）[⊖]，即可求得 t_p。

由式（5-36）有

$$\frac{\mathrm{d}c(t)}{\mathrm{d}t} = \frac{\mathrm{d}}{\mathrm{d}t}\left[1 - \frac{\mathrm{e}^{-\xi\omega_\mathrm{n}t_\mathrm{p}}}{\sqrt{1-\xi^2}}\sin(\omega_\mathrm{d}t_\mathrm{p} + \varphi)\right]$$

$$= \frac{\xi\omega_\mathrm{n}\mathrm{e}^{-\xi\omega_\mathrm{n}t_\mathrm{p}}}{\sqrt{1-\xi^2}}\sin(\omega_\mathrm{d}t_\mathrm{p} + \varphi) - \frac{\mathrm{e}^{-\xi\omega_\mathrm{n}t_\mathrm{p}}}{\sqrt{1-\xi^2}}\omega_\mathrm{d}\cos(\omega_\mathrm{d}t_\mathrm{p} + \varphi) = 0$$

整理上式可得

$$\frac{\xi}{\sqrt{1-\xi^2}}\sin(\omega_\mathrm{d}t_\mathrm{p} + \varphi) = \cos(\omega_\mathrm{d}t_\mathrm{p} + \varphi)$$

由上式有

$$\tan(\omega_\mathrm{d}t_\mathrm{p} + \varphi) = \frac{\sqrt{1-\xi^2}}{\xi}$$

取反正切，得

$$\omega_\mathrm{d}t_\mathrm{p} + \varphi = \arctan\frac{\sqrt{1-\xi^2}}{\xi} + n\pi$$

由式（5-38）已知 $\varphi = \arctan\dfrac{\sqrt{1-\xi^2}}{\xi}$，代入上式有

$$\omega_\mathrm{d}t_\mathrm{p} = n\pi \quad (n = 0,\ 1,\ 2\cdots)$$

因为取第一个峰值，所以取 $n=1$，因此第一个峰值时间

$$t_\mathrm{p} = \frac{\pi}{\omega_\mathrm{d}} \qquad (5\text{-}40)$$

将式（5-40）及式（5-36）代入式（5-39）可得

$$\sigma = \frac{c(t_\mathrm{p}) - c(\infty)}{c(\infty)} = -\frac{\mathrm{e}^{-\xi\omega_\mathrm{n}\pi/\omega_\mathrm{d}}}{\sqrt{1-\xi^2}}\sin(\pi + \varphi) \qquad (5\text{-}41)$$

根据 $\varphi = \arctan\dfrac{\sqrt{1-\xi^2}}{\xi}$，参见图 5-20 可以看出

$$\sin\varphi = \sqrt{1-\xi^2}$$

因此

$$\sin(\pi + \varphi) = -\sin\varphi = -\sqrt{1-\xi^2}$$

此外，由式（5-37）有

$$\frac{\omega_\mathrm{n}}{\omega_\mathrm{d}} = \frac{1}{\sqrt{1-\xi^2}}$$

⊖ n 的取值应为 $n=0,\ 1,\ 2\cdots$其中 $n=0$ 对应的第一个极值是响应曲线的起始点；对应第一个峰值，$n=1$。

将以上两式代入式（5-41）于是有

$$\sigma = e^{-\frac{\xi\pi}{\sqrt{1-\xi^2}}} \tag{5-42}$$

由式（5-42）可见，σ 仅与阻尼系数 ξ 有关，ξ 越小，则 σ 越大。σ 与 ξ 间的关系如图 5-21 所示。

由式（5-34）可知 $\xi = \dfrac{1}{2\sqrt{TK}}$，因此当 $\dfrac{T \, 大}{K \, 大} > \rightarrow \xi$ 小 $\rightarrow \sigma$ 大。

② 上升时间 t_r（Rise Time）。上升时间是指输出量 $c(t)$ 第一次到达稳定值 $c(\infty)$ 所需的时间。

因此，可令 $c(t_r) = c(\infty) = 1$，并取 $n = 1$〔对应 $c(t)$ 与 $c(\infty)$ 的第一个交点〕，即可解得上升时间 t_r。

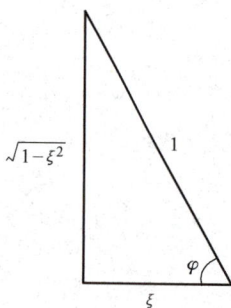

图 5-20 $\sin\varphi$ 与 $\tan\varphi$ 间的关系

$$\left(\tan\varphi = \frac{\sqrt{1-\xi^2}}{\xi}, \ \sin\varphi = \sqrt{1-\xi^2} \right)$$

图 5-21 二阶系统的最大超调量 σ 与 ξ 间的关系

令 $c(t) = 1$ 有

$$c(t_r) = 1 - \frac{e^{-\xi\omega_n t_r}}{\sqrt{1-\xi^2}}\sin(\omega_d t_r + \varphi) = 1$$

由于因子 $e^{-\xi\omega_n t_r} \neq 0$，所以因子 $\quad \sin(\omega_d t_r + \varphi) = 0$

于是 $\qquad\qquad\qquad\qquad\qquad \omega_d t_r + \varphi = n\pi$

取 $n = 1$ 有

$$t_r = \frac{\pi - \varphi}{\omega_d} \tag{5-43}$$

③ 调整时间 t_s（Settling Time）。由于 t_s 的求取较为复杂，一般采用近似的求取方法，即以 $c(t)$ 的包络线（Envelope Curve）$b(t)$ 进入误差带来近似求取调整时间 t_s。

由式（5-36）可见，$c(t)$ 的包络线 $b(t)$ 为

$$b(t) = 1 \pm \frac{e^{-\xi\omega_n t}}{\sqrt{1-\xi^2}} \tag{5-44}$$

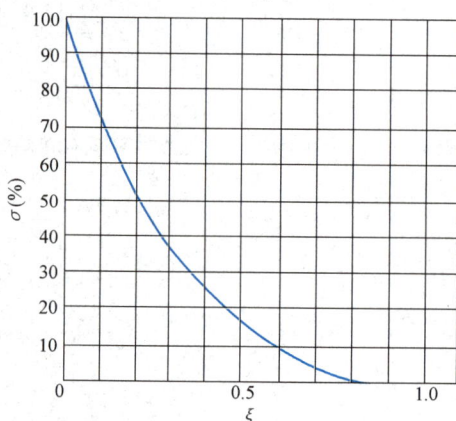

由图 5-19 可见,上半部分的包络线为 $1+\dfrac{e^{-\xi\omega_n t}}{\sqrt{1-\xi^2}}$,下半部分的包络线为 $1-\dfrac{e^{-\xi\omega_n t}}{\sqrt{1-\xi^2}}$。误差带为 $\pm\delta c(\infty)$,δ 通常取 2% 或 5%。

当 $b(t)$ 进入误差带内时,对应的时间即为调整时间 t_s。即

$$b(t_s)-c(\infty)=\pm\delta c(\infty)$$

将 $c(\infty)=1$ 及式(5-44)代入上式有

$$\left(1\pm\frac{e^{-\xi\omega_n t_s}}{\sqrt{1-\xi^2}}\right)-1=\pm\delta$$

由上式得

$$\frac{e^{-\xi\omega_n t_s}}{\sqrt{1-\xi^2}}=\delta\left(\delta\begin{cases}2\%\\5\%\end{cases}\right)$$

对上式两边求对数,有

$$-\xi\omega_n t_s=\ln\left(\delta\sqrt{1-\xi^2}\right)$$

由上式有

$$t_s=\frac{-\left(\ln\delta+\ln\sqrt{1-\xi^2}\right)}{\xi\omega_n} \tag{5-45}$$

当 $0.8>\xi>0$ 时,一般 $|\ln\sqrt{1-\xi^2}|$ 较 $|\ln\delta|$ 小得多,于是上式可近似写成

$$t_s\approx\frac{-\ln\delta}{\xi\omega_n} \tag{5-46}$$

在上式中,当 $\delta=2\%$ 时,$-\ln\delta=-\ln 0.02\approx 4$;当 $\delta=5\%$ 时,$-\ln\delta=-\ln 0.05\approx 3$。

将式(5-34)代入式(5-46)有

$$\begin{cases}当\ \delta=5\%\ 时,\quad t_s\approx\dfrac{3}{\xi\omega_n}=6T\\[3mm]当\ \delta=2\%\ 时,\quad t_s\approx\dfrac{4}{\xi\omega_n}=8T\end{cases} \tag{5-47}$$

④ 振荡次数 N(Order Number)。由式(5-36)可知阻尼振荡的周期 T_d,则振荡次数

$$N\approx\frac{t_s}{T_d}(若略去\ t_r)$$

由式(5-37)可知阻尼振荡的周期

$$T_d=\frac{2\pi}{\omega_d}=\frac{2\pi}{\omega_n\sqrt{1-\xi^2}}$$

所以振荡次数

$$N=\frac{t_s}{T_d}=\frac{\dfrac{3(或4)}{\xi\omega_n}}{\dfrac{2\pi}{\omega_n\sqrt{1-\xi^2}}}=\frac{1.5(或2)}{\pi}\frac{\sqrt{1-\xi^2}}{\xi}\quad[\delta=5\%(或2\%)] \tag{5-48}$$

由上式可见,二阶系统的振荡次数 N 与 ξ 有关,N 与 ξ 间的关系如图 5-22 所示。ξ 越小,振荡次数越多。

由式（5-42）有

$$\frac{\sqrt{1-\xi^2}}{\pi\xi}=\frac{-1}{\ln\sigma}$$

代入式（5-48）有

$$N=-1.5（或2）\frac{1}{\ln\sigma}\qquad(5-49)$$

由上式可见，当 $\sigma\uparrow$ 时，因 $\sigma<1$，则 $N\uparrow$。即**系统的最大超调量 σ 越大，则振荡次数 N 越多**。比较图 5-21 与图 5-22 也能得出相同的结论。

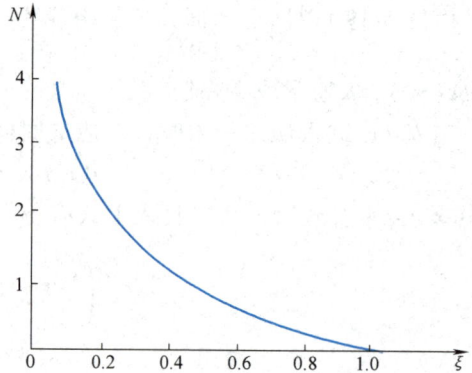

图 5-22　二阶系统的振荡次数 N 与 ξ 间的关系

5.3.2　跟随动态性能分析

综上所述，由式（5-42）、式（5-43）、式（5-45）、式（5-48）等可以得到二阶（典型 I 型）系统参数 KT 或 ξ 与跟随动态性能指标（σ、t_r、t_s）的关系。这些关系现列于表 5-3 中。

表 5-3　二阶（典型 I 型）系统参数与跟随动态性能指标的关系 $\left(\xi=\dfrac{1}{2\sqrt{KT}}\right)$　（$KT\leqslant1$）

系统参数 KT		0.25	0.31	0.39	0.50	0.69	1.0
阻尼系数 ξ		1.0	0.9	0.8	0.707	0.6	0.5
最大超调量 σ（%）		0	0.15	1.5	4.3	9.5	16.3
相位裕量 γ		76.3°	73.5°	69.9°	65.5°	59.2°	51.8°
上升时间 t_r				6.7T	4.7T	3.3T	2.4T
调整时间 t_s	$\delta=5\%$	9.4T	7.2T	6T 左右			
	$\delta=2\%$	11T	8.5T	8T 左右			

由表 5-3 可以看出：

1）表中 T 一般为系统的固有惯性参数，ξ 的通常取值范围为 0.5～0.8，此时 $t_s=$（6～8）T，这意味着，**T 越大，则系统的调整时间 t_s 越长，即系统的快速性越差**。此外，**T 越大，对应的阻尼比 ξ 越小，系统的最大超调量 σ 越大，系统的相对稳定性越差**。

由上所述，**惯性环节的时间常数 T 越大，对系统的快速性和稳定性越不利**。

2）系统的开环增益 K 增大（K 一般是可以调整的）（K 大，则 ξ 小），系统的最大超调量 σ 将增加。同时，上升时间 t_r 将减小。亦即**系统的增益加大，则系统的快速性改善，但系统的稳定性变差**（参见图 5-23）。

上面的这个结论，从典型 I 型系统的伯德图（见图 5-9 实线）中也可以看出，当 K 增大时，ω_c 增加，系统的快速性改善；γ 减小，最大超调量增大，系统的稳定性变差。

3）由以上分析可见，系统的快速性和稳定性往往是矛盾的。为了兼顾两方面的要求，通常采取折中的办法，取 $\xi=1/\sqrt{2}=0.707$［即取 $K=1/(2T)$］，此时

$$\begin{cases}\sigma=4.3\% \\ t_r=4.7T \\ t_s=8.4T（对应 \delta=2\%）\end{cases}\qquad(5-50)$$

系统的稳定性和快速性都比较好（参见图 5-23）。有时称取 $\xi = 0.707$ 时的系统处于"二阶最佳"。

4）由表 5-3 和图 5-23 还可以看出，ξ 在 $0.5 \sim 0.8$ 的范围内变化时，调整时间 t_s 的变化并不大，约为 $6T$（对应 $\delta = 5\%$）或 $8T$（对应 $\delta = 2\%$）。

5.3.3 系统动态性能与开环频率特性间的关系

1. 系统的动态性能指标与开环频率特性的指标存在着确定的对应关系

其对应关系是（下面的结论可参见下面阅读材料中的推导与分析）：

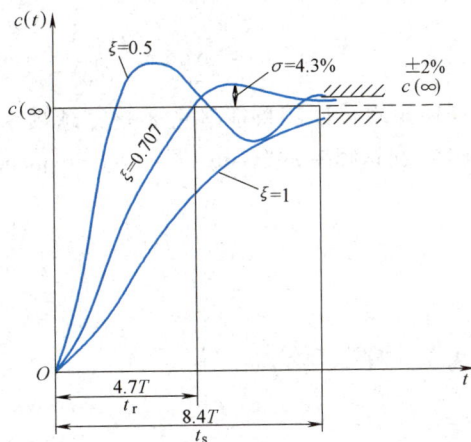

图 5-23 典型 I 型系统的跟随动态特性

1）相位裕量 γ 越大，则系统的最大超调量 σ 越小，振荡次数 N 也越少（即 $\gamma \uparrow \rightarrow \sigma \downarrow$，$N \downarrow$）。

2）穿越频率 ω_c 越大，则调整时间 t_s 越短（即 $\omega_c \uparrow \rightarrow t_s \downarrow$）。

由以上结论可见，系统开环频率特性中频段的主要参数（相位裕量 γ、穿越频率 ω_c）与动态时域指标（最大超调量 σ 和调整时间 t_s）间存在着确定的对应关系。因此**系统的开环对数幅频特性的中频段表征着系统的动态性能**。这恰与 $L(\omega)$ 的低频段表征着系统的稳态性能是相互映衬的。

由于 σ 与 γ 存在着确定的对应关系，因此在 5.1 中**所有关于相位裕量 γ 的分析，都可延伸用来衡量系统的最大超调量 σ**（$\gamma \uparrow \rightarrow \sigma \downarrow$）。

* 2. 时域指标与频域指标间的关系（阅读材料）[⊖]

对单位负反馈系统，二阶系统的开环传递函数

$$G(s) = \frac{K}{s(Ts + 1)} = \frac{\omega_n^2}{s(s + 2\xi\omega_n)}$$

二阶系统的开环频率特性

$$G(j\omega) = \frac{\omega_n^2}{j\omega(j\omega + 2\xi\omega_n)}$$

$$= \frac{-\omega^2\omega_n^2}{\omega^4 + 4\xi^2\omega^2\omega_n^2} + j\frac{-2\xi\omega\omega_n^3}{\omega^4 + 4\xi^2\omega^2\omega_n^2}$$

$$= U(\omega) + jV(\omega)$$

由上式可知其幅频特性

$$M(\omega) = \sqrt{U^2(\omega) + V^2(\omega)} = \frac{\omega_n^2}{\omega\sqrt{\omega^2 + 4\xi^2\omega_n^2}} \tag{5-51}$$

⊖ 阅读时，请注意分析思路、图线比较和黑体字（分析结论）。

其相频特性

$$\varphi(\omega) = \arctan \frac{V(\omega)}{U(\omega)} = \arctan \frac{-2\xi\omega_n}{-\omega} = -\pi + \arctan \frac{2\xi\omega_n}{\omega} \qquad (5\text{-}52)$$

开环频率特性的特征量主要是穿越频率 ω_c 和相位裕量 γ（又称频域指标）。

（1）穿越频率 ω_c（Gain Crossover Frequency） 在 5.1.4 中已知，当 $\omega = \omega_c$ 时，$M(\omega_c) = 1$

即

$$M(\omega_c) = \frac{\omega_n^2}{\omega_c\sqrt{\omega_c^2 + 4\xi^2\omega_n^2}} = 1$$

由上式有

$$\omega_n^2 = \omega_c\sqrt{\omega_c^2 + 4\xi^2\omega_n^2}$$

将上式等号两边二次方，得

$$\omega_n^4 = \omega_c^2(\omega_c^2 + 4\xi^2\omega_n^2)$$

即

$$\omega_c^4 + 4\xi^2\omega_n^2\omega_c^2 - \omega_n^4 = 0$$

解此方程得

$$\omega_c^2 = \omega_n^2(-2\xi^2 \pm \sqrt{4\xi^4 + 1})$$

由于频率 ω_c 必须为正实数，所以

$$\omega_c = \omega_n\sqrt{\sqrt{4\xi^4 + 1} - 2\xi^2}$$

将上式代入式（5-47）得，当 $\delta = 5\%$（或 2%）时

$$t_s = \frac{3（或4）}{\xi\omega_n} = \frac{3（或4）}{\xi\omega_c}\sqrt{\sqrt{4\xi^4 + 1} - 2\xi^2} \qquad (5\text{-}53)$$

由以上分析可见，**增益穿越频率 ω_c 反映了系统的快速性。$\omega_c\uparrow \to t_s\downarrow$，即穿越频率越大，则系统的快速性越好。**

当然 t_s 还受阻尼系数 ξ 及误差带 δ 大小的影响（$\delta\uparrow \to t_s\downarrow$）。

（2）相位裕量 γ（Phase Margin） 由式（5-5）已知 $\gamma = \pi + \varphi(\omega_c)$

将式（5-52）代入上式有

$$\gamma = \pi + \varphi(\omega_c) = \arctan \frac{2\xi\omega_n}{\omega_c} = \arctan \frac{2\xi}{\sqrt{\sqrt{4\xi^4 + 1} - 2\xi^2}} \qquad (5\text{-}54)$$

由式（5-54）可见，二阶系统的相位裕量 γ 也仅与 ξ 有关。γ 与 ξ 间的关系如图 5-24 所示。

对照图 5-24 和图 5-21，可得 σ 与 γ 间的关系。σ 与 γ 间的关系如图 5-25 所示。

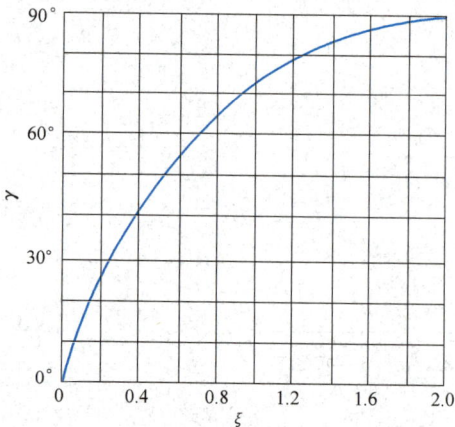

图 5-24　相位裕量 γ 与 ξ 间的关系　　　　图 5-25　最大超调量 σ 与相位裕量 γ 间的关系

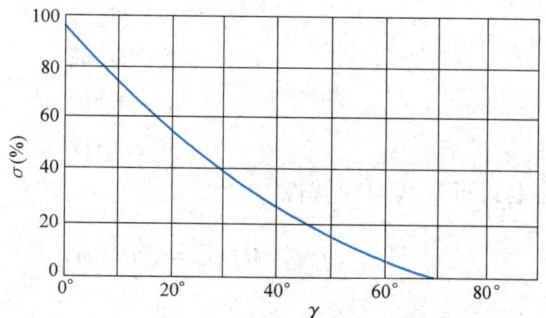

由以上分析可见，**相位裕量 γ 反映了系统的稳定性，$\gamma\uparrow\rightarrow\sigma\downarrow$**。即**系统开环频率特性的相位裕量 γ 越大，则最大超调量越小，系统稳定性越好。**

例如取 $\gamma=45°$ 时，则 $\sigma=20\%$；若取 $\gamma=60°$，则 $\sigma=5\%$。

5.4　自动控制系统分析举例

现以水位控制系统为例进行分析。水位控制系统是最常见的自动控制系统之一。它的特点是控制对象的惯性相对比较大（即水位的变化相对比较缓慢），因此对其要求大多只是稳态技术指标。下面将通过图1-7所示的实例来介绍系统的分析过程。

图1-7所示的水位控制系统的组成和工作原理已在第1章1.3节［例1-1］的图1-8和图1-9中进行了分析，现再对它的稳态性能进行进一步的分析，分析的第一步还是建立系统的框图。

1. 系统框图

在搞清系统组成和工作原理的基础上，根据图1-8所示的系统的组成框图，由各环节的传递函数，便可建立系统框图。

在图1-8中，水箱水位 H 与水流量 Q 间的关系，在第3章3.4.2图3-5中已经给出：$H(s)/Q(s)=1/(As)$；直流伺服电动机的传递函数由式（3-40）′可得，$\Theta(s)/U_a(s)=K_m/[s(T_ms+1)]$；图中的放大器、变速箱、控制阀、用水开关和浮球-杠杆-电位器 RP_B 组件均可认为是比例环节，它们的比例系数分别为 K_s、K_i、K_1、K_2 和 α；至于出水量 Q_2，它不仅取决于用水开关（K_2），还与水箱水位 H 有关（水位越高，出水量越大），一般可写成 $Q_2=K_2H^{\ominus}$；对水位控制系统的放大器，一般采用比例调节器。在此系统中，水位 H 是被控量，U_A 是给定量，U_B 是反馈量（可标以 U_{fh}）$U_{fh}=\alpha H$，Q_2 是扰动量。综上所述，便可画出图5-26a所示的系统框图。

由图5-26a可得

$$\frac{H(s)}{Q_1(s)}=\frac{1/(As)}{1+K_2/(As)}=\frac{1}{As+K_2}=\frac{1/K_2}{\dfrac{A}{K_2}s+1}$$

由以上分析可见，有出水流量的水箱为一个惯性环节，又由于水箱的底面积 A 通常比较大，所以水箱是一个大惯性环节。经过简化与合并后的系统框图如图5-26b所示。

2. 系统性能分析

1）由图5-26b可见，此系统含有一个积分环节和两个惯性环节，而且带出水开关的水箱是一个惯性时间常数很大的惯性环节，若控制器增益偏大，$L(\omega)$ 提高，ω_c 增大，则很容易产生低频振荡。因此在含有大惯性环节的过程控制系统（如轻工、化工系统）中，通常采用比例-积分-微分（PID）调节器及顺馈补偿的方法（详见第6章分析）。

2）由图5-26b还可见，在扰动量（Q_2）作用点前的前向通路上，含有一个积分环节（伺服电动机），因此对属于恒值控制的水位控制系统来说，将是无静差的，即 $\Delta U=0$［见表5-2和式（5-29）分析］。由 $\Delta U=0$ 有

⊖　开关的水流量 Q 与水位高 H 间的关系，对层流为 $Q=KH$；对紊流，则为 $Q=K\sqrt{H}$。此处采用前者。

a) 水位控制系统框图

b) 水位控制系统简化框图

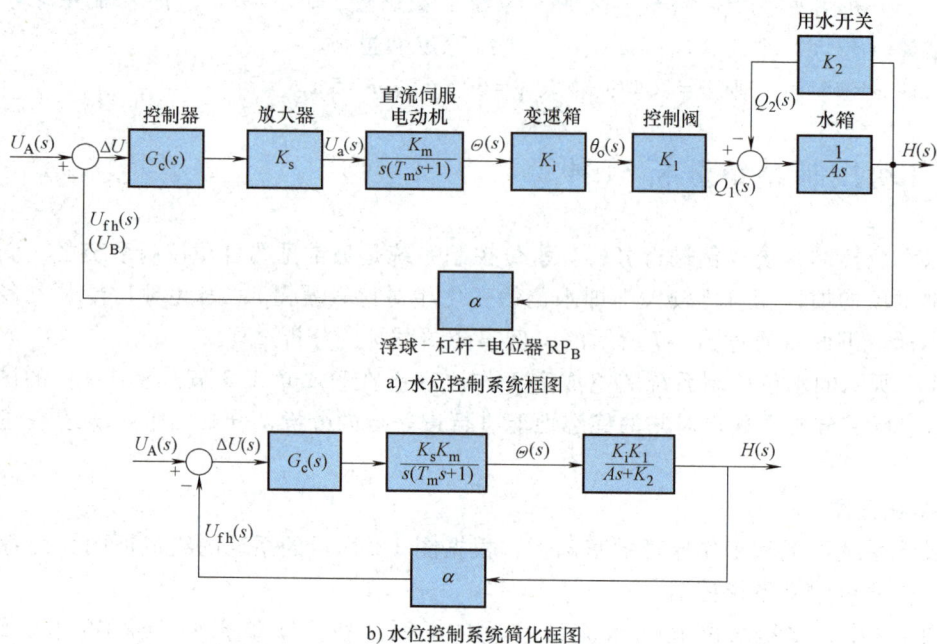

图 5-26 水位控制系统框图

$$\Delta U = U_A - U_{fh} = U_A - \alpha H = 0 \quad 或 \quad H = U_A/\alpha$$

上式意味着，水箱水位将稳定在 U_A/α 的数值上，调节 U_A，即可调节水位 H。

小 结

（1）自动控制系统正常进行工作的首要条件是系统稳定。通常以系统在扰动作用消失后，其被调量与给定量之间的偏差能否不断减小来衡量系统的稳定性。

（2）系统是否稳定称为系统的绝对稳定性。判断线性定常系统是否稳定的充要条件是：系统微分方程的特征方程所有的根的实部是否都是负数，或特征方程所有的根是否均在复平面的左侧。

（3）系统稳定的程度称为系统的相对稳定性，系统微分方程的特征方程的根（在复平面左侧）离虚轴越远，则系统的相对稳定性越好。

（4）稳定判据是间接判断系统是否稳定的准则。常用对数频率判据：在伯德图上，若 $\varphi(\omega_c) > -180°$，则闭环系统便是稳定的；反之，就是不稳定的（它实质上是奈氏稳定判据在伯德图上的表示形式）。

（5）稳定裕量是系统相对稳定性的度量。相位稳定裕量 γ 是系统开环增益 $M(\omega_c)=1$ 时，$\varphi(\omega_c)$ 离 $-180°$ 的"距离"。$\gamma = \varphi(\omega_c) + 180°$，一般要求 $\gamma > 40°$。

（6）如果在 ω_c 附近，$L(\omega)$ 的斜率为 -20dB/dec，系统便有较大的稳定裕量。所以在设计自动控制系统时，一般是使 ω_c 附近，$L(\omega)$ 的斜率为 -20dB/dec。

（7）对最小相位系统，相位裕量

$$\gamma = 180° - \nu \times 90° - \sum_{j=1}^{n} \arctan(T_j\omega_c) + \sum_{i=1}^{m} \arctan(\tau_i\omega_c)$$

式中，ν 为积分个数；T_j 为惯性环节的时间常数；τ_i 为比例微分环节的时间常数。

由上式可见，系统在前向通路中，含有积分环节，将使系统的稳定性严重变差 [γ 减少（$\nu \times 90°$）]，甚至造成系统不稳定；系统含惯性环节，也会使系统的稳定性变差，其惯性时间常数越大，这种影响越显著；而比例微分环节则可使系统的稳定性明显改善。

（8）二阶系统是稳定系统。增大系统开环增益 K，将使 $L(\omega)$ 的穿越频率 ω_c 增加，系统快速性改善；相位裕量 γ 减小，系统的相对稳定性变差。

开环传递函数 $G(s) = \dfrac{K}{s(Ts+1)}$ 且 $K < \dfrac{1}{T}$ 的系统，称为**典型 Ⅰ 型系统**。其穿越频率 $\omega_c = K$。

（9）三阶系统的稳定性视结构与参数而定。对三阶系统，增大开环增益 K，通常是穿越频率 ω_c 增加，系统快速性改善（$t_s \downarrow$）；相位裕量 γ 减小，系统稳定性变差（$\sigma \uparrow$、$N \uparrow$）。

（10）开环传递函数 $G(s) = \dfrac{K(T_1 s+1)}{s^2(T_2 s+1)}$ 且 $T_1 > T_2$ 的系统，称为**典型 Ⅱ 型系统**，它是稳定系统。

（11）延迟环节对系统的 $L(\omega)$ 不发生影响，但使系统的 $\varphi(\omega)$ 滞后 $\varphi_0(\omega) = -\tau_0 \omega$。在 ω_c 处，将使 γ 减少 $\tau_0 \omega_c$，对系统的稳定性产生明显的消极影响。

（12）改善系统的稳定性，通常有两条途径。一条是调整系统的参数（通常是改变增益），另一条是改变系统的结构（这通常是采用增设不同的校正环节来满足对系统性能的要求）。

应用这两种方法时，从伯德图上可以很直观地看出它们对系统稳定性改善的程度（这也是伯德图的一个很大的优点）。

（13）应用开环对数频率特性去分析闭环系统的动、稳态性能，可使问题变得简单、直观（特别是分析串联校正对系统性能的影响），但这只适用于单位负反馈系统，因为只有单位负反馈系统，其闭环传递函数才和开环传递函数存在唯一的确定关系 $\Phi(s) = G(s) / [1+G(s)]$。

（14）自动控制系统的稳态误差是希望输出量与实际输出量之差。

取决于给定量的稳态误差称为跟随稳态误差 e_{ssr}。

取决于扰动量的稳态误差称为扰动稳态误差 e_{ssd}。

系统的稳态误差 e_{ss} 为两者之和。$e_{ss} = e_{ssr} + e_{ssd}$。

（15）跟随稳态误差 e_{ssr} 与系统的前向通路的积分个数 ν 和开环增益 K 有关。

$$e_{ssr} = \lim_{s \to 0} \frac{s^{\nu+1}}{aK} R(s)$$

ν 越多，K 越大，则系统稳态精度越高。

扰动稳态误差 e_{ssd} 与扰动量作用点前前向道路的积分个数 ν_1 和增益 K_1 有关。

$$e_{ssd} = \lim_{s \to 0} \frac{s^{\nu_1+1}}{aK_1} D(s)$$

ν_1 越多，K_1 越大，则系统稳态精度越高。

对跟随系统，主要矛盾是跟随稳态误差；对恒值控制系统，主要矛盾是扰动稳态误差。

（16）系统的型别取决于所含积分环节的个数 ν（$\nu = 0$，为 0 型系统；$\nu = 1$，为 Ⅰ 型系统；$\nu = 2$，为 Ⅱ 型系统）。系统的型别越高，系统的稳态精度越高。

（17）作用量的数值越大，它对时间的微分的阶数越高，则它对系统造成的误差越大。

（18）系统的开环对数幅频特性 $L(\omega)$ 的低频段反映了系统的稳态性能，$L(\omega)$ 在低频段的斜率越陡，在 $\omega = 1 \text{rad}/\text{s}$ 处的高度越高，则系统的稳态性能越好。

（19）对同一个控制系统，其稳态性能对系统的要求，往往和稳定性是相矛盾的，因此要根据用户的对系统性能指标的要求做某种折衷的选择，以兼顾稳态性能和稳定性两方面的要求。

（20）系统跟随动态指标的定义

1）最大超调量：$\sigma = \dfrac{\Delta c_{max}}{c(\infty)} \times 100\%$。

2）调整时间 t_s：$c(t)$（或它的包络线）进入并保持在误差带 $\pm \delta c(\infty)$ 内所经历的时间。δ 通常取 5% 或 2%。

3）上升时间 t_r：$c(t)$ 第一次到达稳态值 $c(\infty)$ 的时间。

4）振荡次数 N：在调整时间内系统振荡的次数。

（21）由时域分析动态性能的分析思路

1）将 $R(s)$ 代入 $\Phi(s)$ 得 $C(s)$，经拉氏反变换求得 $c(t)$。

2）令 $\dfrac{dc(t)}{dt} = 0$，可求得 σ。

3）令 $c(t)$ 的包络线进入误差带 $\delta c(\infty)$，可求得 t_s。令 $c(t) = 1$，可求得 t_r。

4）由 $N = t_s / T_d$，可求得 N。

（22）系统开环对数频率特性的中频段的特征量：穿越频率 ω_c、相位裕量 γ 表征着系统的动态性能指标。

$$\gamma \uparrow \to \sigma \downarrow$$
$$\omega_c \uparrow \to t_s \downarrow$$

（23）对二阶（典型 Ⅰ 型）系统的跟随动态性能，增大增益 K，将使系统的快速性改善、超调量增加，系统的稳定性变差。

$$K \uparrow \begin{cases} t_r \downarrow \ (t_s \downarrow) \\ \sigma \uparrow \end{cases} \qquad \left[G(s) = \dfrac{K}{s(Ts+1)} \right]$$

当取 $K = \dfrac{1}{2T}$（$\xi = 0.707$ 时）（"二阶最佳"）$\begin{cases} \sigma = 4.3\% \\ t_r = 4.7T \\ t_s = 8.4T \ (\delta = 2\%) \end{cases}$

（24）开环频率特性的低频段主要决定系统的稳态性能，中频段主要决定系统的动态性能，而高频段主要决定系统的抗扰性能以及系统阶跃响应的起始阶段。

（25）频率分析法中控制系统的动态性能指标用相位裕量 γ、幅值穿越频率 ω_c 等来评价；而稳态性能指标用 K 和 ν、K_1 和 ν_1、K_2 和 ν_2 等来评价。

思 考 题

5-1 今将一调速系统改制为位置跟随系统（以位置负反馈取代转速负反馈），系统的其他结构、参数未变。若原调速系统是一个稳定系统，则由它改制的位置跟随系统是否也将是稳定的？为什么？

5-2 在调试中，发现一采用 PI 调节器控制的调速系统持续振荡，试分析可采取哪些措施使系统稳定下来。

5-3 在研制具有厚度检测反馈控制、以电动机为驱动部件的铜箔轧制系统时，发现轧制出来的铜箔严重厚薄不匀，你认为对检测-加工系统应该从哪些方面去进行改进与调整？

5-4 为什么自动控制系统会产生不稳定现象？开环系统是不是总是稳定的？

5-5 系统的稳定性与系统特征方程的根有怎样的关系？为什么？

5-6 由开环对数幅频特性 $L(\omega)$ 曲线，应用式（5-7）求取相位裕量 γ 时，为什么要强调这仅适用于最小相位系统？试举例说明之。

5-7 不用计算或作图，对照式（5-7），判断下列闭环系统的稳定状况（稳定、不稳定、稳定状况无法确定）。下列系统开环传递函数为

1) $G(s) = \dfrac{40}{s(0.1s+1)}$

2) $G(s) = \dfrac{100}{s^2}$

3) $G(s) = \dfrac{K(0.01s+1)}{s^2(0.1s+1)}$

4) $G(s) = \dfrac{K(0.4s+1)}{s^2(0.1s+1)}$

5) $G(s) = \dfrac{K(0.45s+1)}{(0.4s+1)(0.5s+1)(0.6s+1)}$

5-8 某系统对跟随信号为无静差，则对扰动信号是否也是无静差？反之，若对扰动信号为无静差，则对跟随信号是否也是无静差？为什么？

5-9 在分析系统性能时，对调速系统为什么通常以阶跃输入信号为代表？而对随动系统为什么又通常以速度输入信号为代表？

5-10 提高系统稳态性能的途径有哪些？采取这些改善系统稳态性能的措施可能产生的副作用又有哪些？

5-11 不用计算，写出图3-28所示系统的跟随稳态误差 e_{ssr}，两个扰动量产生的扰动误差 e_{ssd1} 和 e_{ssd2}［设 $R(s) = 1/s, D_1(s) = 10/s, D_2(s) = 4/s$］。

5-12 试判断图5-10所示的随动系统是几阶系统？就跟随性能来说为几型系统？若输入量 $\theta_i(t)$ 为一位置阶跃信号，问此系统能否实现无静差？若输入量 $\theta_i(t)$ 为一单位斜坡信号，问能否实现无静差？它的稳态误差 e_{ss} 为多少？若输入量 $\theta_i(t)$ 为一匀加速信号，则它的稳态误差 e_{ss} 又为多少？

5-13 什么叫典型Ⅰ型系统？什么叫典型Ⅱ型系统？

5-14 分析增大系统的开环增益 K 对典型Ⅰ型系统静、动态性能的影响（参见图5-8）。

5-15 分析增大系统的开环增益 K 对典型Ⅱ型系统静、动态性能的影响（参见图5-14①②③）。

5-16 分析增大系统开环增益 K 对有三个惯性环节的系统的静、动态性能的影响（参见图5-9①②③）。

5-17 什么叫"二阶最佳"设计准则？按此准则进行设计有什么优点？此时其动、静态指标如何。

5-18 在电子控制线路中，为什么要增设一些由 RC 组成的滤波环节？试分析增设滤波环节对系统动态、稳态性能的影响。

5-19 若要改善系统的相对稳定性（使 σ 和 N 减小），有哪些途径？

5-20 若要改善系统的快速性（使 t_s 减少），有哪些途径？

习   题

5-21 证明典型二阶系统 $G(s) = K/[s(T_1s+1)]$ 在 $K>1/T$ 时，$\omega_c = \sqrt{K\omega_1}$。

提示：在 Bode 图上，对等分坐标，纵坐标为 $20\lg K$，横坐标则为 $\lg\omega$；这样，便可用几何图形的方法，求得 $L(\omega)$ 与横轴的交点 ω_c（下同）。

5-22 证明图5-27所示的某典型Ⅱ型系统的穿越频率 $\omega_c = K\sqrt{\omega_1}$。

5-23 若图5-27所示的系统为最小相位系统，求此系统的相位稳定裕量 γ 为多少？

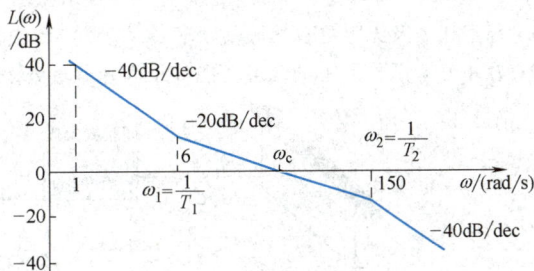

图 5-27 某典型Ⅱ型系统的伯德图

5-24 判断第4章习题中下列系统是否稳定，并求其相位稳定裕量 γ 为多少（利用在上章中已解习题的伯德图）。

1）题 4-13 所列系统。

2）题 4-14 所列系统。

3）比较题 4-13 和题 4-14 所列系统的差别（分析不同调节器对系统稳定性的影响）。

5-25 在图 3-12 所示的轧钢机的自动控制系统中，若已知此系统未计检测延时的影响时，其开环传递函数为 $G(s)=5/[s(0.1s+1)(0.01s+1)]$，轧制速度 $v=10m/s$，问若要求此系统能正常运行，测厚仪的检测点离轧辊中心的最大距离 d 为多少？

5-26 在图 5-17 所示的系统中，若比例调节器的增益 $K_k=8$，求此系统的相位稳定裕量 γ。

5-27 图 5-28 为某随动系统框图，设图中 $K_1=2V/(°)$，$K_2=10°/(V\cdot s)$，$T_x=0.01s$，$T_m=0.1s$，输入量 θ_i 为位移突变 $10°$，扰动量为电压突变 $+2V$，求此系统的稳态误差（e_{ss}）。该系统为几型系统？此时系统的输出量 θ_o 的稳态值为多少？

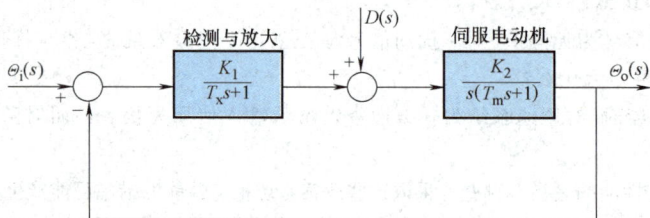

图 5-28 某随动系统框图

5-28 图 5-29 为某调速系统框图。

1）求该系统因扰动而引起的稳态误差 Δn。

2）求该系统的静差率 s（设如图所示的转速为系统额定最低转速）。

3）怎样才能减小静差率？怎样才能实现无静差？

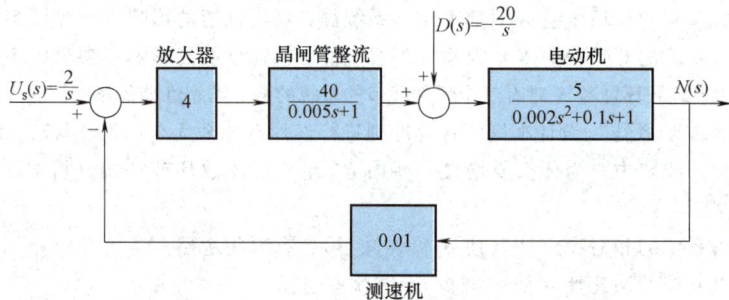

图 5-29 某调速系统框图

5-29 图 5-30 所示为仿型机床位置随动系统示意图。求该系统的：

1）阻尼比 ξ 及无阻尼自然振荡频率 ω_n。

2）在单位阶跃作用下的动态性能［最大超调量 σ，调整时间 t_s（$\delta=2\%$）及振荡次数 N］。

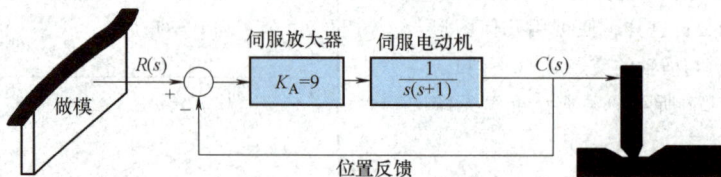

图 5-30 位置随动系统示意图

第6章

自动控制系统的校正
（改善系统性能的途径）

本章概要

在系统性能分析的基础上，当系统性能指标不能满足技术要求时，就可以对系统进行校正，以改善系统的性能。本章将从开环对数频率特性（Bode 图）出发，去分析串联校正对系统动、稳态性能的影响；从传递函数出发，去分析反馈校正和前馈补偿对系统动、稳态性能的影响；并通过 MATLAB 的 SIMULINK 工具，对系统进行仿真，来显示校正对系统性能改善的具体情况。

当被控制对象确定后，根据被控制对象的工作条件、技术要求、工艺要求、经济性要求以及可靠性要求等提出控制系统的性能指标。在确定了合理的系统性能指标之后，就可以进行系统的初步设计了。首先选择系统的执行元件、比较元件、放大元件和测量元件等。上述元件除放大元件的放大系数可以调整外，其他元件的参数基本上是固定的，因此，它们与被控制对象一起组成系统的不可变部分，称为系统的固有部分。为了使系统达到满意的稳态和动态指标，就必须在已选定的系统固有部分的基础上增设校正装置[⊖]，使系统能全面满足设计要求的性能指标。加入校正装置使控制系统性能得到改善的过程称为对控制系统的校正，简称系统校正。

根据校正装置在系统中所处的位置不同，可分为串联校正、反馈校正、顺馈补偿校正。在串联校正中，根据校正装置对系统开环频率特性相位的影响，又可分为超前校正、滞后校正和滞后-超前校正。在反馈校正中，根据校正是否经过微分环节，又可分为软反馈校正和硬反馈校正。在顺馈补偿校正中，根据补偿采样源的不同，又可分为扰动顺馈补偿校正和输入顺馈补偿校正。

6.1 校正装置

根据校正装置本身是否另接电源，校正装置又分为无源校正装置和有源校正装置。

无源校正装置（Passive Compensator）通常是由一些电阻和电容组成的两端口网络。无源校正装置电路简单、组合方便、无需外供电源，但本身没有增益，只有衰减；且输入阻抗较低，输出阻抗又较高，因此很少实际应用。

⊖ 根据工况的变化，控制系统有可能从一个稳定状态进入另一个稳定状态或者不稳定状态，需要采取校正措施满足新的指标要求。社会的发展也是如此，根据实际情况的变化，不断改革创新，一步步向前发展。

有源校正装置（Active Compensator）是由运算放大器组成的调节器。表 6-1 为几种典型的有源校正装置（校正装置的电路有多种，可参阅有关手册）。

表 6-1 几种典型的有源校正装置

	比例-积分（PI）调节器	比例-微分（PD）调节器
电路	 相位滞后校正 a)	 相位超前校正 b)
传递函数	$$\frac{U_o(s)}{U_i(s)} = -\frac{K(T_1 s + 1)}{T_1 s} = -\left(K + \frac{1}{T_2 s}\right)$$ $$K = \frac{R_1}{R_0} \quad T_1 = R_1 C_1$$ $$T_2 = R_0 C_1$$	$$\frac{U_o(s)}{U_i(s)} = -K(T_1 s + 1) = -(T_2 s + K)$$ $$T_1 = R_0 C_0 \quad K = \frac{R_1}{R_0}$$ $$T_2 = R_1 C_0$$
伯德图	 c)	 d)

	比例-积分-微分（PID）调节器（1）	比例-积分-微分（PID）调节器（2）
电路	 相位滞后-超前校正 e)	 相位滞后-超前校正 f)

（续）

比例-积分-微分（PID）调节器（1）	比例-积分-微分（PID）调节器（2）
传递函数 $$\frac{U_o(s)}{U_i(s)} = -\frac{K(T_1s+1)(T_2s+1)}{T_1s}$$ $$= -\left(K' + \frac{1}{T_1's} + T_2's\right)$$ $T_1 = R_1C_1$, $T_2 = R_0C_0$ $T_1' = R_0C_1$, $K = \dfrac{R_1}{R_0}$ $T_2' = R_1C_0$, $K' = \dfrac{R_1}{R_0} + \dfrac{C_0}{C_1}$	$$\frac{U_o(s)}{U_i(s)} = -\frac{K(T_2s+1)(T_3s+1)}{(T_1s+1)(T_4s+1)}$$ $$K = \frac{R_1+R_2+R_3}{R_0}$$ $T_1 = R_2C_1$, $T_2 = \dfrac{R_1R_2}{R_1+R_2}C_1$ $T_3 = (R_3+R_4)C_2$, $T_4 = R_4C_2$ $(R_0 \gg R_3)$
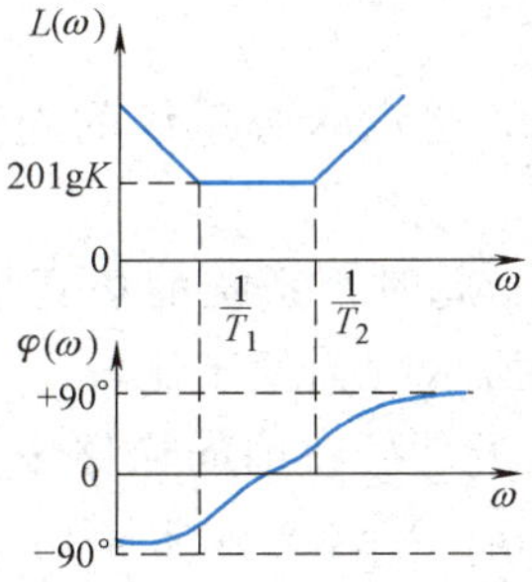 伯德图 g)	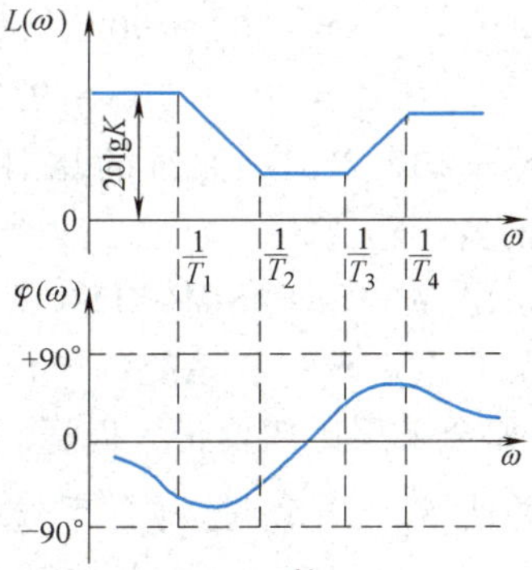 h)

有源校正装置本身有增益，且输入阻抗高，输出阻抗低。此外，只要改变反馈阻抗，就可以很容易地改变校正装置的结构。参数调整也方便。所以如今较多采用有源校正装置。它的缺点是电路较复杂，需另外供给电源（通常需正、负电压源）。

本章主要通过有源校正来阐述校正的作用和它对系统性能的影响。

6.2 串联校正

串联校正（Series Compensation）是将校正装置串联在系统的前向通路中，来改变系统结构，以达到改善系统性能的方法。下面将通过例题来分析几种常用的串联校正方式对系统性能的影响。

6.2.1 比例（P）校正

1）图 6-1 为某随动系统框图，图中 $G_1(s)$ 为随动系统的固有部分（参见图 5-10），

$G_1(s) = \dfrac{K_1}{s(T_1s+1)(T_2s+1)}$ ，若其中 $K_1 = 35$ ， $T_1 = 0.2\text{s}$ ， $T_2 = 0.01\text{s}$ 。

由以上参数可以画出图 6-2 中 I 所示的开环对数频率特性曲线。图中 $\omega_1 = 1/T_1 = (1/0.2)\text{rad/s} = 5\text{rad/s}$ ， $\omega_2 = 1/T_2 = (1/0.01)\text{rad/s} = 100\text{rad/s}$ ， $L(\omega)|_{\omega=1} = 20\lg K_1 = 20\lg$

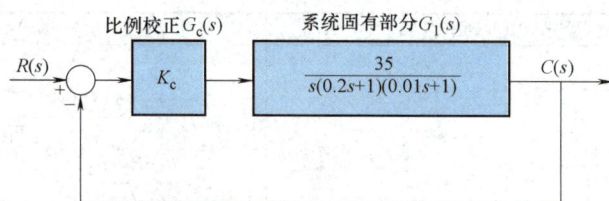

图 6-1 具有比例校正（Proportion Compensation）的系统框图

$35 = 31dB$。由图解可得 $\omega_c = 13.5rad/s$。

于是由式（5-7）可求得系统相位裕量

$$\gamma = 180° - 90° - \arctan(T_1\omega_c) - \arctan(T_2\omega_c)$$
$$= 180° - 90° - \arctan(0.2 \times 13.5) - \arctan(0.01 \times 13.5)$$
$$= 90° - 70° - 7.7° = 12.3°$$

显然 $\gamma = 12.3°$ 时，系统的相对稳定性是比较差的，这意味着系统的超调量将较大，振荡次数较多。

若采用 MATLAB/SIMULINK 对系统进行仿真分析，此时，系统的仿真框图如图 4-37 所示［参见式（4-39）］。系统的单位跃阶响应如图 4-38 所示（为便于比较，现列于图 6-3a）。

2）如今采用比例校正，以适当降低系统的增益。于是可在前向通路中，串联一比例调节器，并使 $K_c = 0.5$。这样，系统的开环增益 $K = K_1 K_c = 35 \times 0.5 = 17.5$，$L(\omega)\big|_{\omega=1} = 20\lg17.5 \approx 25dB$。校正后的伯德图如图 6-2 中曲线 II 所示。由于改变增益对 $\varphi(\omega)$ 不产生影响，因此 $\varphi(\omega)$ 仍为原曲线。

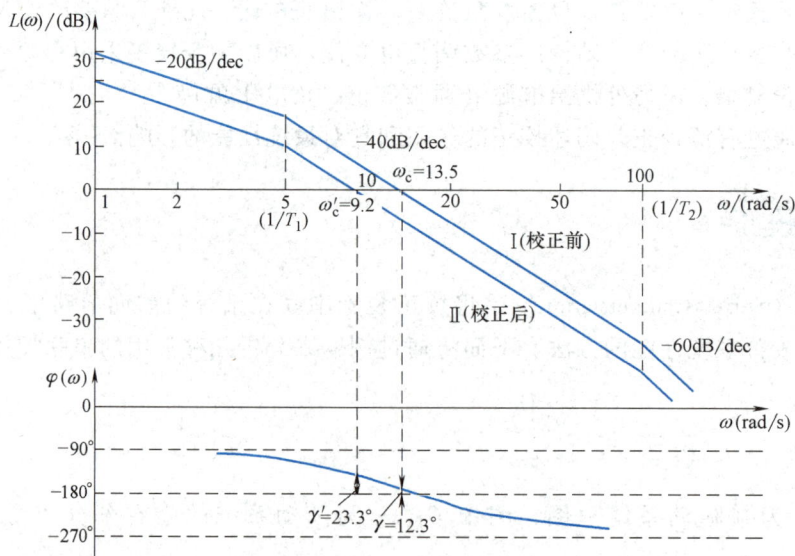

图 6-2 比例校正对系统性能的影响

由校正后的曲线 II 可见，此时 $\omega_c' = 9.2rad/s$，于是可求得相位裕量

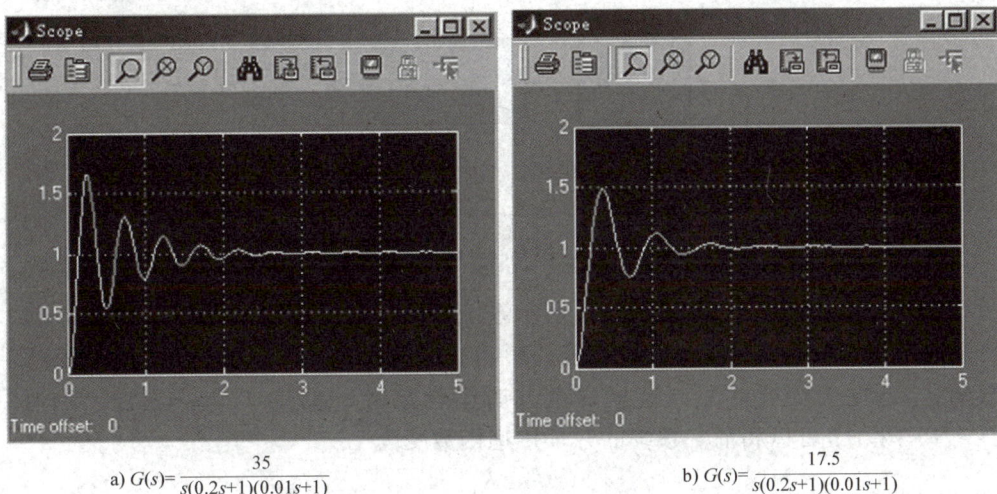

a) $G(s)=\dfrac{35}{s(0.2s+1)(0.01s+1)}$　　　　　b) $G(s)=\dfrac{17.5}{s(0.2s+1)(0.01s+1)}$

图 6-3　比例校正前、后的单位阶跃响应曲线

$$\gamma' = 180° - 90° - \arctan(0.2 \times 9.2) - \arctan(0.01 \times 9.2) = 23.3°$$

参见图 6-2。

同理，应用 MATLAB/SIMULINK，只要在系统仿真框图中将 Gain（增益）的参数改为 17.5，双击 Scope，即可得到图 6-3b 所示的单位阶跃响应曲线。

比较图 6-2 中的曲线 Ⅰ 和曲线 Ⅱ 及图 6-3a、b，不难看出，降低系统增益后：

① 系统的相对稳定性改善，最大超调量下降，振荡次数减少。σ 由 70%→50%，N 由 5 次→3 次。

② 增益降低为原来的 1/2，则此随动系统（Ⅰ型系统）的速度跟随稳态误差 e_{ssr} 将增大一倍（为原来的两倍），系统的稳态精度变差。

综上所述：**降低增益，将使系统的稳定性改善，但使系统的稳态精度变差。**当然，若增加增益，系统性能变化与上述相反。

调节系统的增益，在系统的相对稳定性和稳态精度之间做某种折衷的选择，以满足（或兼顾）实际系统的要求，是最常用的调整方法之一。

由图 6-3b 还可见，虽然增益降为原来的一半，但最大超调量仍达 50%，这是由于系统含有一个积分环节和两个较大的惯性环节造成的。因此要进一步改善系统的性能，应采用含有微分环节的校正装置（如 PD 或 PID 调节器）。

6.2.2　比例-微分（PD）校正（相位超前校正）

在自动控制系统中，一般都包含有惯性环节和积分环节，它们使信号产生时间上的滞后，使系统的快速性变差，也使系统的稳定性变差，甚至造成不稳定。当然有时可以通过调节增益来做某种折衷的选择（如上面的分析），但调节增益通常都会带来副作用，而且有时即使大幅度降低增益也不能使系统稳定（如含有两个积分的系统）。这时若在系统的前向通路上串联比例-微分（PD）校正装置，则可使相位超前，以抵消惯性环节和积分环节使相位（亦即时间上）滞后而产生的不良后果。现仍以上面的例子来说明比例-微分（PD）校正对系统性能的影响，图 6-4 为具有比例-微分（PD）校正的系统框图。

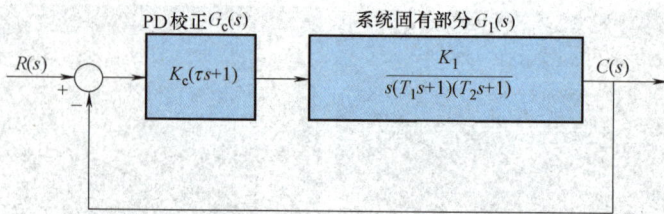

图 6-4　具有比例-微分（PD）校正（Proportional-Derivative Compensation）的系统框图

图 6-4 所示系统的固有部分与图 6-1 所示系统相同。其校正装置 $G_c(s) = K_c(\tau s + 1)$，为了更清楚地说明相位超前校正对系统性能的影响，这里取 $K_c = 1$（为避开增益改变对系统性能的影响），同时为简化起见，这里的微分时间常数取 $\tau = T_1 = 0.2\mathrm{s}$，这样，$(\tau s + 1)$ 与 $1/(T_1 s + 1)$ 两环节可以相消。系统的开环传递函数变为

$$G(s) = G_c(s) G_1(s) = K_c(\tau s + 1) \frac{K_1}{s(T_1 s + 1)(T_2 s + 1)} = \frac{K_1}{s(T_2 s + 1)} = \frac{35}{s(0.01s + 1)}$$

以上分析表明，比例-微分环节与系统固有部分的大惯性环节的作用相消了。这样，系统由原来的一个积分和两个惯性环节变成一个积分和一个惯性环节，其开环对数频率特性曲线（伯德图）如图 6-5 所示。

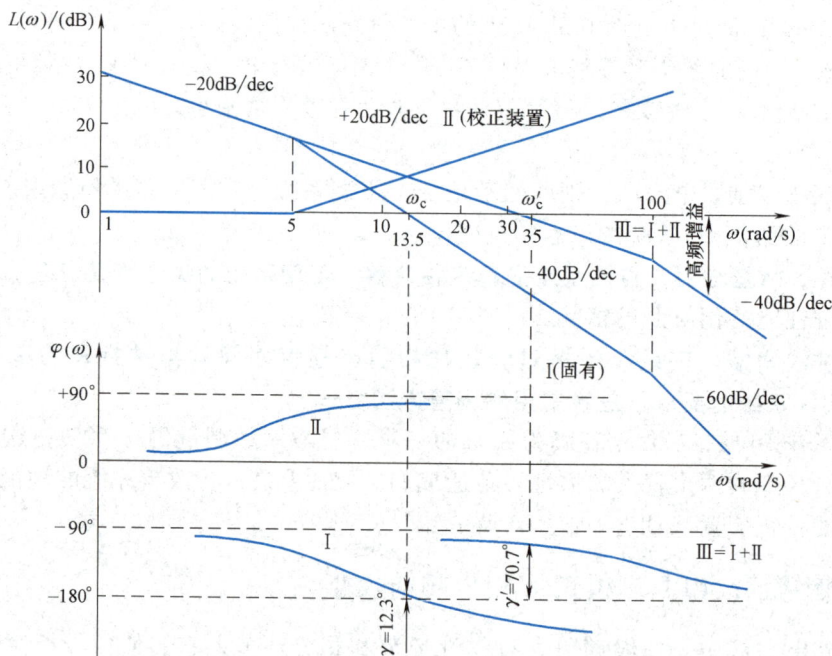

图 6-5　比例-微分校正对系统性能的影响

在图 6-5 中，系统的固有部分（曲线Ⅰ）与图 6-2 中的曲线Ⅰ完全相同，其 $\omega_c = 13.5\mathrm{rad/s}$，$\gamma = 12.3°$。

图 6-5 中的曲线Ⅱ为校正装置的伯德图，由于取 $K_c = 1$，所以其低频渐近线为零分贝线。其高频渐近线为 +20dB/dec 斜直线，其交点（交接频率）为 $\omega = 1/\tau = (1/0.2)\ \mathrm{rad/s} = 5\mathrm{rad/s}$。

其相位曲线为 $0 \rightarrow +90°$ 的曲线（相位超前）。

校正后的 $L(\omega)$ 与 $\varphi(\omega)$ 曲线为Ⅲ，Ⅲ = Ⅰ + Ⅱ。由图可见，曲线Ⅲ已被校正成典型Ⅰ型系统（此为稳定系统），此时的 $\omega_c' = 35\mathrm{rad/s}$，其相位稳定裕量

$$\gamma' = 180° - 90° - \arctan(0.01 \times 35) = 70.7°$$

同理，可以应用 MATLAB/SIMULINK，求取校正后系统的单位阶跃响应曲线，如图 6-6 所示。

对照曲线Ⅲ和曲线Ⅰ及图 6-6 和图 6-3a 的响应曲线，不难看出，增设 PD 校正装置后：

1）**比例-微分环节使相位超前的作用，可以抵消惯性环节使相位滞后的不良后果，使系统的稳定性显著改善**。系统的相位稳定裕量 γ 由 $12.3°$ 提高到 $70.7°$。这意味着最大超调量下降，振荡次数减少。最大超调量 σ 由 $70\% \rightarrow 0\%$，振荡次数由 5 次 $\rightarrow 0$ 次。稳定性显著改善。

2）**穿越频率** ω_c 提高（由 $13.5\mathrm{rad/s}$ 提高到 $35\mathrm{rad/s}$），从而**改善了系统的快速性**，使调整时间减少（因 $\omega_c \uparrow \rightarrow t_s \downarrow$）。调整时间 t_s 由 $2.5\mathrm{s} \rightarrow 0.1\mathrm{s}$。

3）系统的高频增益增大（参见图 6-5 中的高频段），而很多干扰信号都是高频信号，因此**比例-微分校正容易引入高频干扰**，这是它的缺点。

4）比例-微分校正对系统的稳态误差不产生直接的影响。

综上所述，**比例-微分校正将使系统的稳定性和快速性改善，但抗高频干扰能力明显下降**。

由于 PD 校正使系统的相位 $\varphi(\omega)$ 前移，所以又称为相位超前校正。

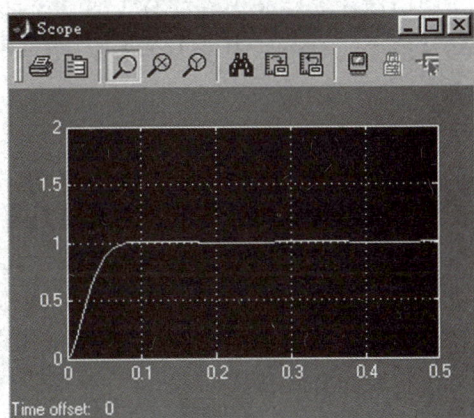

图6-6　对应开环传递函数 $G(s) = \dfrac{35}{s(0.01s + 1)}$ 的单位负反馈系统的单位阶跃响应曲线

6.2.3　比例-积分（PI）校正（相位滞后校正）

在自动控制系统中，要实现无静差，系统必须在前向通路上（对扰动量，则在扰动作用点前），含有积分环节。若系统中不包含积分环节而又希望实现无静差，则可以串接比例-积分调节器。例如在调速系统中，系统的固有部分往往不含积分环节，为实现转速无静差，常在前向通路的功率放大环节前串联由比例-积分调节器构成的速度调节器。现在就以调速系统为例来分析说明比例-积分（PI）校正对系统性能的影响。图 6-7 为具有比例-积分（PI）校正的系统框图。

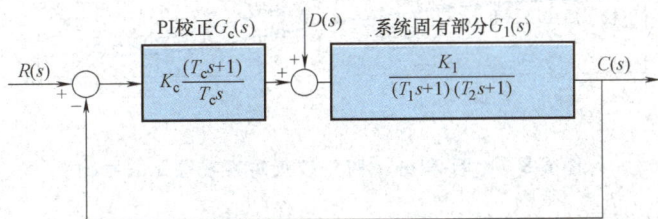

图6-7　具有比例-积分（PI）校正（Proportional-Integral Compensation）的系统框图

图中调速系统的固有部分主要是电动机和功率放大环节，它可看成由一个比例和两个惯性环节组成的系统，现设 $K_1 = 3.2$，$T_1 = 0.33\text{s}$，$T_2 = 0.036\text{s}$，这样系统的固有部分的传递函数为

$$G_1(s) = \frac{3.2}{(0.33s + 1)(0.036s + 1)} \tag{6-1}$$

由于此系统不含有积分环节，它显然是有静差系统。如今为实现无静差，可在系统前向通路中功率放大环节前，增设速度调节器，其传递函数 $G_c(s) = K_c(T_c s + 1)/(T_c s)$。为了使分析简明起见，今取 $T_c = T_1 = 0.33\text{s}$。此外同样为了简明起见，取 K_c 接近于 1，今取 $K_c = 1.3$。这样，可使校正装置中的比例-微分部分 $[G_c(s)$ 的分子$]$ 与系统固有部分的大惯性环节相消。

校正后的开环传递函数

$$G(s) = G_c(s)G_1(s) = \frac{K_c(T_c s + 1)}{T_c s} \times \frac{K_1}{(T_1 s + 1)(T_2 s + 1)}$$

$$= \frac{1.3(0.33s + 1)}{0.33s} \times \frac{3.2}{(0.33s + 1)(0.036s + 1)}$$

$$= \frac{12.6}{s(0.036s + 1)} = \frac{K}{s(T_2 s + 1)} \tag{6-2}$$

式中，$K = 12.6$。

图 6-8 为系统校正前、后的伯德图。

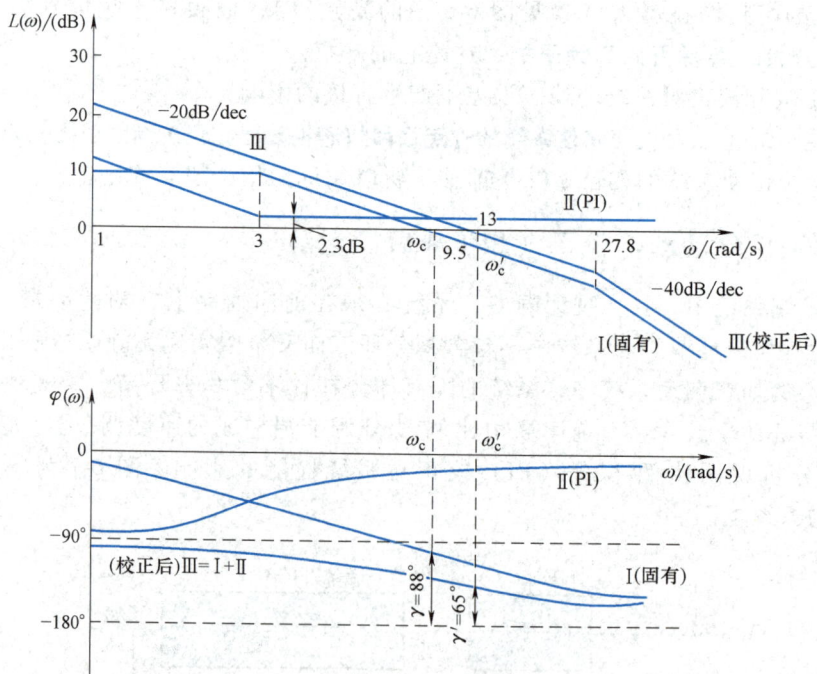

图 6-8 比例-积分（PI）校正对系统性能的影响

图中曲线 I 为系统固有部分的伯德图。

其在 $\omega = 1\text{rad/s}$ 处高度 $L(\omega)\Big|_{\omega=1} = 20\lg K_1 = 20\lg 3.2 = 10\text{dB}$

其转折频率 $\omega_1 = 1/T_1 = (1/0.33)\,\text{rad/s} = 3\,\text{rad/s}$

$$\omega_2 = 1/T_2 = (1/0.036)\,\text{rad/s} = 27.8\,\text{rad/s}$$

由图可见，其穿越频率 $\omega_c = 9.5\,\text{rad/s}$。其对数相频特性 $\varphi(\omega)$ 为由 $0 \rightarrow -180°$ 的曲线。系统固有部分的相位裕量为

$$\gamma = 180° - \arctan(T_1\omega_c) - \arctan(T_2\omega_c)$$
$$= 180° - \arctan(0.33 \times 9.5) - \arctan(0.036 \times 9.5)$$
$$= 88°$$

图中曲线Ⅱ为 PI 调节器的伯德图（参见图 4-17），其 $L(\omega)$ 水平部分的高度为 $20\lg K_c = 20\lg 1.3 = 2.3\,\text{dB}$，$L(\omega)$ 低频段的斜率为 -20dB/dec，转折频率为 ω_1。PI 调节器的对数相频特性为由 $-90° \rightarrow 0$ 的曲线。

图中曲线Ⅲ为校正后系统的伯德图。曲线Ⅲ为曲线Ⅰ和Ⅱ的叠加，即 Ⅲ = Ⅰ + Ⅱ。由图可见，此时系统已被校正成典型Ⅰ型系统，参见式（6-2）。

此时的穿越频率 $\omega_c' = K = 12.6\,\text{rad/s}$（$\approx 13\text{rad/s}$）

相位裕量 γ' 为

$$\gamma' = 180° - 90° - \arctan T_2\omega_c'$$
$$= 180° - 90° - \arctan(0.036 \times 12.6)$$
$$= 65°$$

对照系统校正前、后的曲线Ⅰ和曲线Ⅲ，不难看出，增设 PI 校正装置后：

1）在低频段，$L(\omega)$ 的斜率由 0dB/dec 变为 -20dB/dec，系统由 0 型变为Ⅰ型（即系统由不含积分环节变为含有积分环节），从而实现了无静差（对阶跃信号）。这样，**系统的稳态误差将显著减小**，从而**改善了系统的稳态性能**。

2）在中频段，由于积分环节的影响，系统的相位稳定裕量由 γ 变为 γ'（由 88° 变为 65°），而 $\gamma' < \gamma$，相位稳定裕量减小，系统的最大超调量将增加，**降低了系统的稳定性**。

3）在高频段，校正前后的影响不大。

综上所述，**比例-积分校正将使系统的稳态性能得到明显的改善，但使系统的稳定性变差**。

由于 **PI 校正使系统的相位 $\varphi(\omega)$ 后移，所以又称为相位滞后校正**。

【例 6-1】　应用 MATLAB/SIMULINK，分析采用 PI 调节器对上列系统性能的影响。

【解】　应用 MATLAB/SIMULINK，可得系统校正前的单位阶跃响应曲线（如图 6-9a 所示）和系统校正后的曲线（如图 6-9b 所示）。

对照图 6-9a 与图 6-9b 可以发现，原先由于开环增益较小（其数据是某双闭环调速系统电流环的参数），该系统（单元）有很大的稳态误差（$e_{ss} > 20\%$），采用 PI 校正后，稳态误差 $e_{ss} \approx 0$，系统稳态性能获得显著改善。由于系统原先相位裕量就很大（$\gamma = 88°$），校正后，即使有所影响（由 $88° \rightarrow 65°$），对系统稳定性影响也不明显；若系统原先相位裕量不大，则影响将是很明显的（见下例分析）。

【例 6-2】　在图 6-7 所示的系统中，若固有部分的传递函数（对应随动系统）为

$$G_1(s) = \frac{100}{s(0.2s + 1)} \tag{6-3}$$

如今要求对斜坡信号输入为无静差，希望将系统校正成Ⅱ型系统（前向通路含两个积

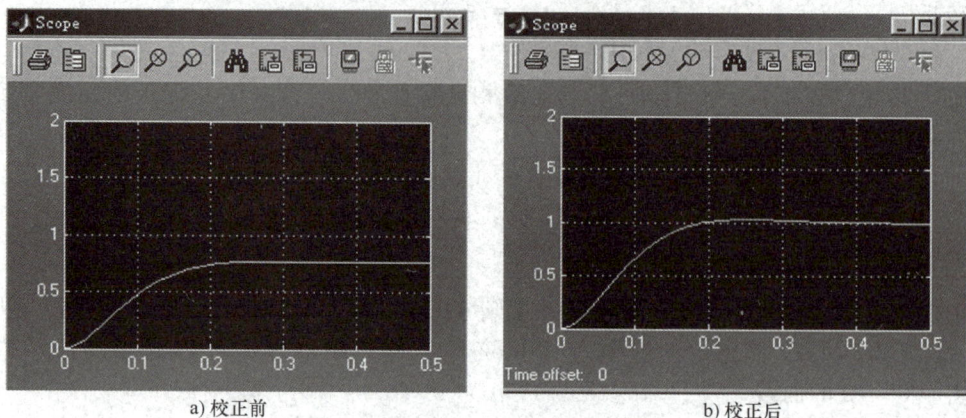

a) 校正前　　　　　　　　　　　　　　　　b) 校正后

图 6-9　比例-积分（PI）校正对系统性能的影响

分环节），欲采用 PI 校正，并设 PI 调节器传递函数 $G_c(s)$ 为

$$G_c(s) = \frac{K_c(T_c s + 1)}{T_c s} = \frac{2(0.5s + 1)}{0.5s}$$

试分析 PI 校正对系统性能的影响。

【解】　校正后，系统的开环传递函数为

$$G_2(s) = G_c(s) G_1(s) = \frac{2(0.5s + 1)}{0.5s} \times \frac{100}{s(0.2s + 1)} = \frac{400(0.5s + 1)}{s^2(0.2s + 1)} \tag{6-4}$$

对照式（6-4）与式（6-3），不难发现，系统已校正成Ⅱ型系统［它对斜坡输入信号是无静差系统（见表 5-2）］。

应用 MATLAB/SIMULINK，得到校正前、后系统的单位阶跃响应曲线如图 6-10a、b 所示（由于图 6-10a 为Ⅰ型系统，图 6-10b 为Ⅱ型系统，它们对阶跃信号均为无静差）。

对照图 6-10a 与 6-10b，不难发现，比例-积分校正将使系统的相对稳定性变差（当然，其中包含增益加大为 4 倍的因素），特别是在已含积分环节的系统（如随动系统）中，甚至会造成不稳定，在这种情况下，通常采用 PID 校正，见下面分析。

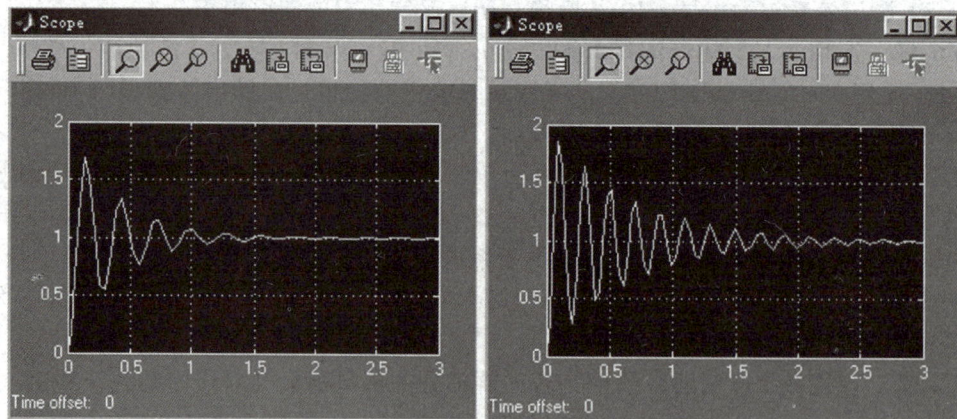

a) 校正前 $G_1(s) = \dfrac{100}{s(0.2s+1)}$　　　　　　b) 校正后 $G_2(s) = \dfrac{400(0.5s+1)}{s^2(0.2s+1)}$

图 6-10　比例-积分校正对系统性能的影响

综上所述，比例-积分校正虽然对系统的动态性能有一定的副作用，但它却能使系统的稳态误差大大减小，显著地改善了系统的稳态性能。而稳态性能是系统在运行中长期起着作用的性能指标，往往是首先要求保证的。因此，在许多场合，宁愿牺牲一点动态方面的要求，而首先保证系统的稳态精度，这就是比例-积分校正（或称比例-积分控制）获得广泛采用的原因。例如在双闭环调速系统中，电流调节器和速度调节器都采用 PI 调节器。

由以上分析可见，比例-微分校正能改善系统的动态性能，但使高频抗干扰能力下降；比例-积分校正能改善系统的稳态性能，但使动态性能变差；为了能兼得两者的优点，又尽可能减少两者的副作用，常采用比例-积分-微分（PID）校正。

6.2.4 比例-积分-微分（PID）校正（相位滞后-超前校正）

下面以对随动系统的校正来说明 PID 校正对系统性能的影响。

图 6-11a 为某随动系统框图[⊖]。如今调节器采用 PID 调节器，将系统固有部分合并后如图 6-11b 所示。图中 T_m 为伺服电动机的机电时间常数，设 $T_m = 0.2s$；T_x 为检测滤波时间常数，设 $T_x = 10ms = 0.01s$；τ_0 为晶闸管延迟时间或触发电路滤波时间常数，设 $\tau_0 = 5ms = 0.005s$；K_1 为系统的总增益，设 $K_1 = 35$。

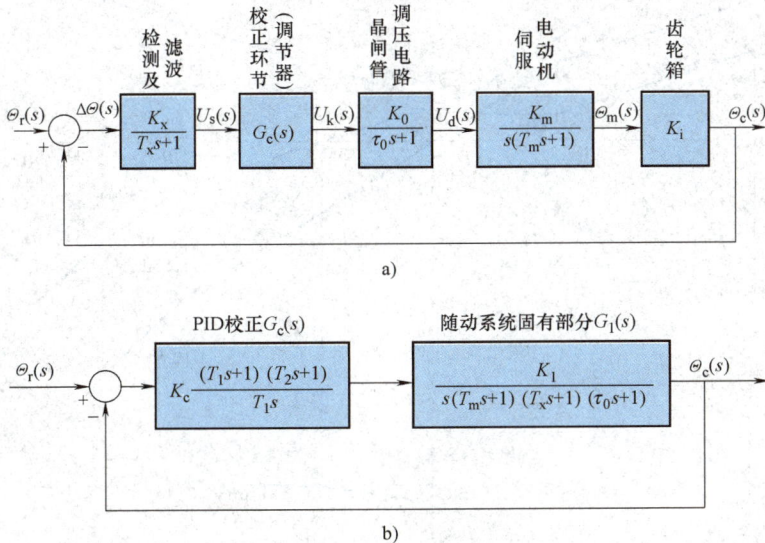

a)

b)

图 6-11 具有比例-积分-微分（PID）校正
（Proportional-Integral-Derivative Compensation）**的系统框图**

由框图可见，此随动系统含有一个积分环节（它是由转速转换成位移而形成的）、一个大惯性环节（电动机）和两个小惯性环节（滤波及延迟）。这是 I 型系统，它对阶跃输入是无静差的，但对等速输入信号却是有静差的。若如今要求此系统对等速输入信号也是无静差的，则应将它校正成 II 型系统（即再引入一个积分环节）。若调节器采用 PI 调节器，固然可

⊖ 此系统框图可参见第 9 章分析。

以提高系统的无静差度，但这对含有一个积分、三个惯性环节的系统（它的稳定裕量一般都已经是比较小的了）来说，将使系统的稳定性变得更差，甚至造成不稳定，因此很少采用。常用的办法就是采用 PID 校正。今设 PID 调节器的传递函数

$$G_c(s) = \frac{K_c(T_1 s + 1)(T_2 s + 1)}{T_1 s}$$

于是校正后的系统的开环传递函数为

$$G(s) = G_c(s) G_1(s)$$

$$= \frac{K_c(T_1 s + 1)(T_2 s + 1)}{T_1 s} \times \frac{K_1}{s(T_m s + 1)(T_x s + 1)(\tau_0 s + 1)}$$

为使分析简明起见，今设 $T_1 = T_m = 0.2\text{s}$，并且为了使校正后的系统有足够的相位裕量，今取 $T_2 = 10 T_x = 10 \times 0.01\text{s} = 0.1\text{s}$，$K_c = 2$。现将以上参数代入上式，并画出对应的开环对数频率特性曲线（伯德图）如图 6-12 所示。

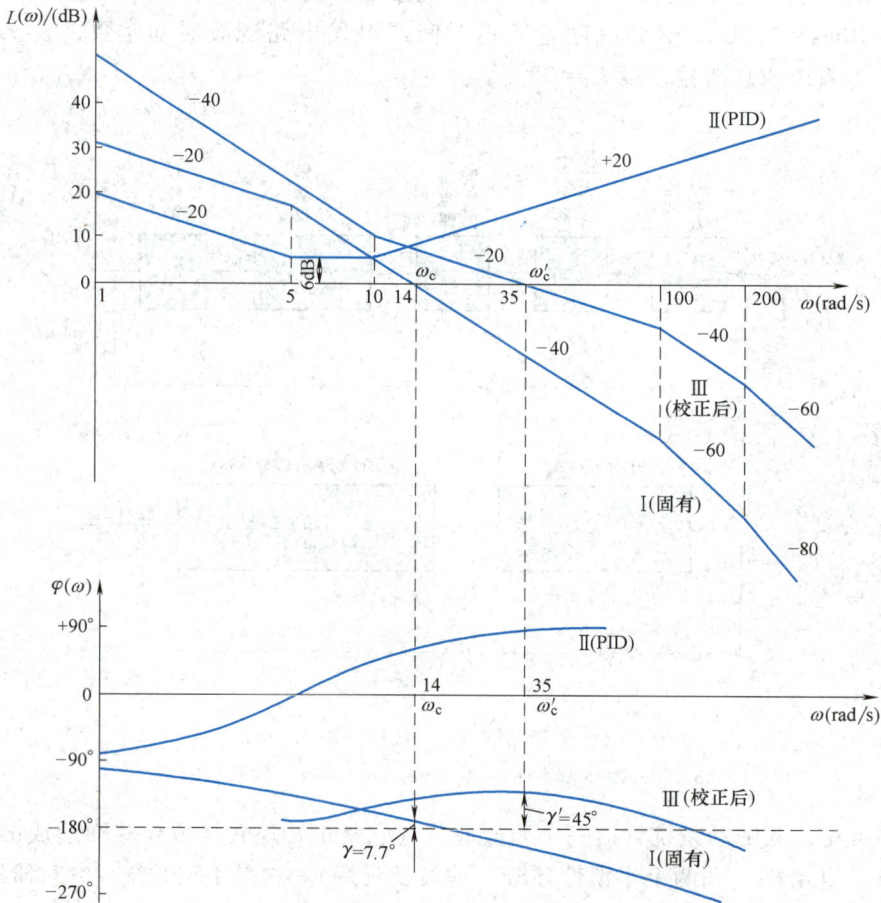

图 6-12　比例-积分-微分（PID）校正对系统性能的影响

（1）系统固有部分的伯德图　图中曲线 I 为系统固有部分的伯德图，固有部分的传递函

数为

$$G_1(s) = \frac{K_1}{s(T_m s + 1)(T_x s + 1)(\tau_0 s + 1)}$$

$$= \frac{35}{s(0.2s + 1)(0.01s + 1)(0.005s + 1)} \tag{6-5}$$

由上式可知，

$$L(\omega)\Big|_{\omega = 1} = 20\lg K_1 = 20\lg 35 = 31\text{dB}$$

其转折频率

$$\omega_m = 1/T_m = (1/0.2)\text{rad/s} = 5\text{rad/s}$$

$$\omega_x = 1/T_x = (1/0.01)\text{rad/s} = 100\text{rad/s}$$

$$\omega_0 = 1/\tau_0 = (1/0.005)\text{rad/s} = 200\text{rad/s}$$

其低频段斜率为 -20dB/dec（因 $\nu = 1$）；$L(\omega)$ 在 $\omega = 1\text{rad/s}$ 处高度为 31dB；过 ω 等于 5rad/s、100rad/s、200rad/s 等处，$L(\omega)$ 逐次减去 20dB/dec，参见 $L(\omega)$ 曲线 I。由图解可得穿越频率 $\omega_c = 14\text{rad/s}$。此时系统的相位裕量为

$$\gamma = 180° - 90° - \arctan(T_m \omega_c) - \arctan(T_x \omega_c) - \arctan(\tau_0 \omega_c)$$

$$= 180° - 90° - \arctan(0.2 \times 14) - \arctan(0.01 \times 14) - \arctan(0.005 \times 14)$$

$$= 180° - 90° - 70.3° - 8° - 4° = 7.7°$$

由上式可知，此系统相位裕量仅 7.7°，稳定裕量过小，稳定性较差。

系统的对数相频特性 $\varphi(\omega)$ 为由 $-90° \rightarrow -360°$ 的曲线，参见 $\varphi(\omega)$ 曲线 I。

（2）校正装置的伯德图 图中曲线 II 为 PID 调节器的伯德图。PID 调节器的传递函数

$$G_c(s) = \frac{K_c(T_1 s + 1)(T_2 s + 1)}{T_1 s} = \frac{2(0.2s + 1)(0.1s + 1)}{0.2s} \tag{6-6}$$

由表 6-1 中的图 g 可知此 PID 调节器伯德图的形状与参数：其 $L(\omega)$ 水平部分高度为 $20\lg K_c = 20\lg 2 = 6\text{dB}$，其转折频率分别为 $\omega_1 = 1/T_1 = (1/0.2)\text{rad/s} = 5\text{rad/s}$，$\omega_2 = 1/T_2 = (1/0.1)\text{rad/s} = 10\text{rad/s}$，参见 $L(\omega)$ 曲线 II。其 $\varphi(\omega)$ 为由 $-90° \rightarrow +90°$ 的曲线，参见 $\varphi(\omega)$ 曲线 II。

（3）校正后系统的伯德图 图中曲线 III 为校正后系统的伯德图。图中曲线 III 为曲线 I 和 II 的叠加，即 III = I + II。

校正后的系统的传递函数

$$G(s) = \frac{2(0.2s + 1)(0.1s + 1)}{0.2s} \times \frac{35}{s(0.2s + 1)(0.01s + 1)(0.005s + 1)}$$

$$= \frac{2 \times 35}{0.2} \times \frac{(0.1s + 1)}{s^2(0.01s + 1)(0.005s + 1)} = \frac{350(0.1s + 1)}{s^2(0.01s + 1)(0.005s + 1)} \tag{6-7}$$

由图可知，校正后的穿越频率为 35rad/s，于是可求得相位裕量 γ

$$\gamma = 180° - 180° + \arctan(T_2 \omega_c') - \arctan(T_x \omega_c') - \arctan(\tau_0 \omega_c')$$

$$= \arctan(0.1 \times 35) - \arctan(0.01 \times 35) - \arctan(0.005 \times 35)$$

$$= 74.1° - 19.3° - 9.9° = 44.9° \approx 45°（有了足够的裕量）$$

校正后的伯德图参见曲线 III。

对照系统校正前、后的曲线 I 和曲线 III，不难看出，增设 PID 校正装置后：

1）在低频段，由于 PID 调节器积分部分的作用，$L(\omega)$ 斜率增加了 -20dB/dec，系统增加了一阶无静差度（由一阶无静差变为二阶无静差），从而显著地**改善了系统的稳态性能**（在此例中，对输入等速信号由有静差变为无静差）。

2）在中频段，由于 PID 调节器微分部分的作用（进行相位超前校正），使系统的相位裕量增加，这意味着最大超调量减小，振荡次数减少，从而**改善了系统的动态性能**（相对稳定性和快速性均有改善）。

3）在高频段，由于 PID 调节器微分部分的影响，使高频增益有所增加，会降低系统的抗高频干扰的能力。但这可通过选择适当的 PID 调节器，使其 $L(\omega)$ 在高频段的斜率为 0dB/dec（见表 6-1 中的图 h）避免。图 9-12 和图 9-15 所示的随动系统就是采用的高频段、$L(\omega) = 0\text{dB}$ 的 PID 调节器。

同理，可应用 MATLAB/SIMULINK 对系统性能进行分析，图 6-13 为校正前、后系统的单位阶跃响应曲线和单位斜坡响应曲线。

图 6-13 中 a、b 为单位阶跃响应，对照图 6-13a、b，可以看到，最大超调量 σ 由 75%→60%，振荡次数由 8 次→2 次，调整时间由 4s→0.4s（注意图 6-13b 的横轴进行了放大，每格为 0.2s，为图 6-13a 的 1/5）。由此可见，系统的动态性能获得明显改善。由于此为单位阶跃响应，对Ⅰ型与Ⅱ型系统，都是无静差的。

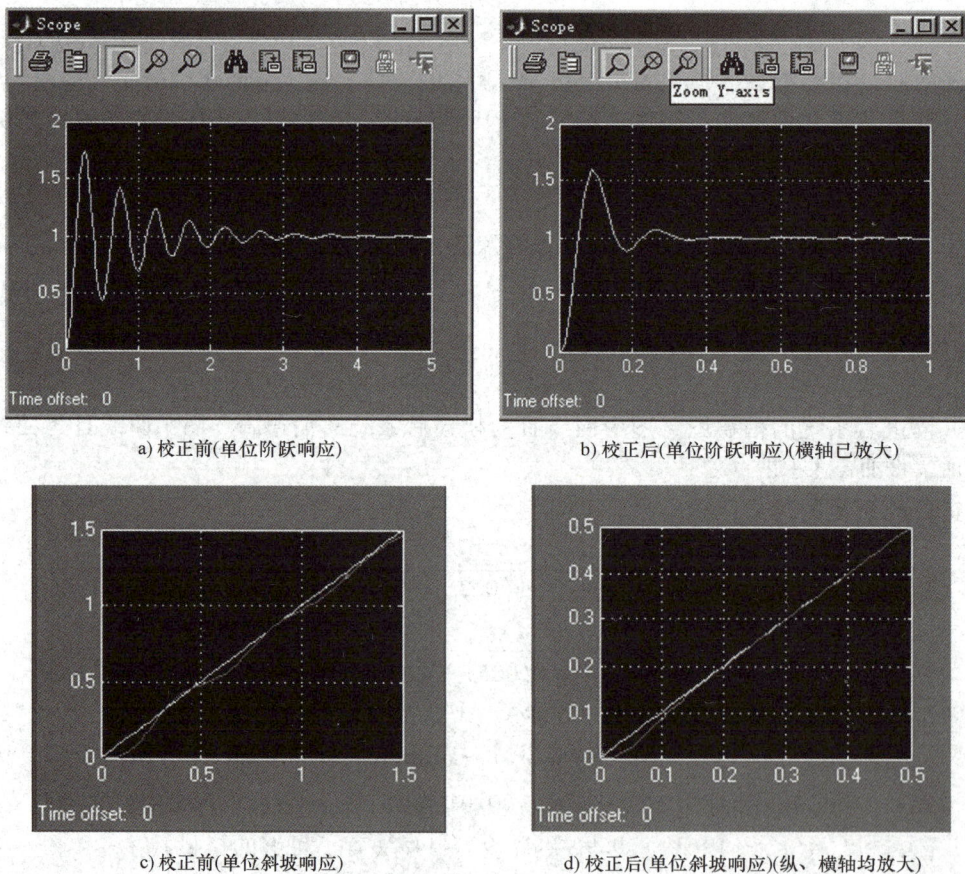

a) 校正前(单位阶跃响应)

b) 校正后(单位阶跃响应)(横轴已放大)

c) 校正前(单位斜坡响应)

d) 校正后(单位斜坡响应)(纵、横轴均放大)

图 6-13　PID 校正对系统性能的影响

图 6-13 中 c、d 为单位斜坡响应，对照图 6-13c、d，可以看到，未校正前，不仅超调量大，而且是有静差的，若延长时间轴（横轴），可以看到调整时间也长得多；而 PID 校正后，不仅超调量减小，系统对单位斜坡输入实现了无静差，并且调整时间也很小，仅 0.3s 左右（请注意，图 6-13d 的横轴每格为 0.1s，为图 6-13c 的 1/5，图 6-13d 的纵轴每格为 0.1，也为图 6-13c 的 1/5）。

综上所述，**比例-积分-微分（PID）校正兼顾了系统稳态性能和动态性能的改善**，因此在要求较高的场合（或已含有积分环节的系统），较多采用 PID 校正。PID 调节器的形式有多种，可根据系统的具体情况和要求选用。

由于 **PID 校正使系统在低频段相位后移，而在中、高频段相位前移** ［参见图 6-12 中 $\varphi(\omega)$ 曲线 Ⅰ、Ⅱ、Ⅲ］，**因此又称为相位滞后-超前校正。**

6.3 反馈校正

在自动控制系统中，为了改善系统的性能，除了采用串联校正外，反馈校正（Feedback Compensation）也是常采用的校正形式之一。[注] 它在系统中的形式如图 6-14 所示。

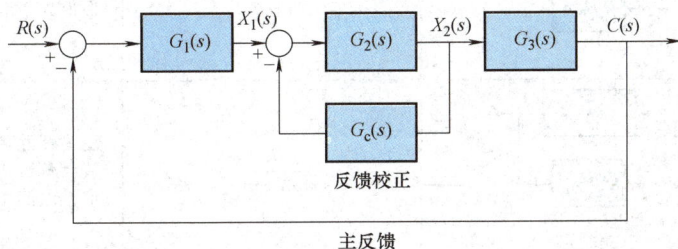

图 6-14 反馈校正在系统中的形式

在反馈校正方式中，校正装置 $G_c(s)$ 反馈包围了系统的部分环节（或部件），它同样可以改变系统的结构、参数和性能，使系统的性能达到所要求的性能指标。

通常反馈校正又可分为硬反馈和软反馈。

硬反馈校正装置的主体是比例环节（可能还含有小惯性环节），它在系统的动态和稳态过程中都起到反馈校正作用。

软反馈校正装置的主体是微分环节（可能还含有小惯性环节），它的特点是只在动态过程中起校正作用，而在稳态时，形同开路，不起作用。下面对微分负反馈环节的特点再做一些说明。

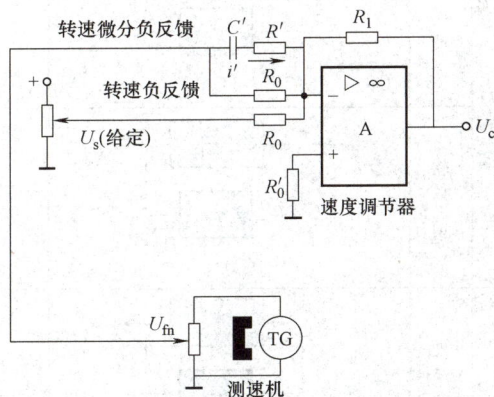

图 6-15 带转速负反馈和转速微分负反馈的速度调节器

○ 反馈校正在控制系统中扮演着至关重要的角色。在工作学习中，也需要时刻运用反馈校正。《论语》中"自省吾身""常思己过""善修其身"正是对人生的一种反馈校正。通过反馈校正，可以不断修正自己的行为和工作方式，提高自身的能力和素质。

在自动控制系统中，有时还将某一输出量（例如转速）经电容 C 反馈到输入端，如图 6-15 所示。它注入输入端的信号电流 i' 与反馈量对时间的变化率成正比，即与输出量对时间的变化率成正比，亦即 $i' \propto dU_{fn}/dt \propto dn/dt$。由于 i' 与输出量的微分成正比，所以又称为微分反馈。

微分反馈的特点是：在稳态时，输出量不发生变化，其微分将为零（即 $dn/dt = 0$），于是 $i' = 0$，微分反馈不起作用。当输出量随时间发生变化时，它便起反馈作用。而且输出量变化率越大，这种反馈作用越强。这意味着，微分负反馈将限制转速变化率（dn/dt），亦即限制调速系统的加速度。

同理，电压微分负反馈将限制电压的上升率（du/dt），电流微分负反馈将限制电流上升率（di/dt）。微分负反馈有利于系统的稳定，因此获得广泛的应用。

由于微分负反馈只在动态过程中起作用，而在稳态时不起作用，因此又称它为软反馈。

下面以对比例环节和积分环节的反馈校正为例来说明反馈校正的作用，参见表 6-2。

表 6-2　反馈校正对典型环节性能的影响

校正方式		框　图	校正后的传递函数	校正效果
比例环节的反馈校正	硬反馈	a)	$\dfrac{K}{1+\alpha K}$	仍为比例环节 但放大倍数减为 $\dfrac{K}{1+\alpha K}$
	软反馈	b)	$\dfrac{K}{\alpha K\,s+1}$	变为惯性环节 放大倍数仍为 K 惯性时间常数为 αK
惯性环节的反馈校正	硬反馈	c)	$\dfrac{K}{1+\alpha K+Ts}$ 或 $\dfrac{\dfrac{K}{1+\alpha K}}{\dfrac{T}{1+\alpha K}s+1}$	仍为惯性环节 但放大倍数减为 $\dfrac{1}{1+\alpha K}$ 时间常数减为 $\dfrac{1}{1+\alpha K}$ 可提高系统的稳定性和快速性
	软反馈	d)	$\dfrac{K}{(T+\alpha K)s+1}$	仍为惯性环节 放大倍数不变 时间常数增加为 $(T+\alpha K)$
积分环节的反馈校正	硬反馈	e)	$\dfrac{K}{s+\alpha K}$ 或 $\dfrac{1/\alpha}{\dfrac{1}{\alpha K}s+1}$	变为惯性环节（变为有静差） 放大倍数为 $\dfrac{1}{\alpha}$ 惯性时间常数为 $\dfrac{1}{\alpha K}$ 有利于系统的稳定性
	软反馈	f)	$\dfrac{K/s}{1+\alpha K}$ 或 $\dfrac{\dfrac{K}{1+\alpha K}}{s}$	仍为积分环节 但放大倍数减为 $\dfrac{1}{1+\alpha K}$

（续）

校正方式		框　图	校正后的传递函数	校正效果
典型 I 型系统的反馈校正	硬反馈	g)	$\dfrac{K}{Ts^2+s+\alpha K}$ 或 $\dfrac{1/\alpha}{\dfrac{T}{\alpha K}s^2+\dfrac{1}{\alpha K}s+1}$	系统由无静差变为有静差 放大倍数变为 $\dfrac{1}{\alpha}$ 时间常数也减小
	软反馈	h)	$\dfrac{K}{Ts^2+s+\alpha K\,s}$ 或 $\dfrac{\dfrac{K}{1+\alpha K}}{s\left(\dfrac{T}{1+\alpha K}s+1\right)}$	仍为典型 I 型系统 但放大倍数减为 $\dfrac{1}{1+\alpha K}K$ 时间常数减为 $\dfrac{1}{1+\alpha K}T$ 阻尼比为 $(1+\alpha K)\xi$ 使系统稳定性和快速性改善，但稳态精度下降

【例 6-3】 比例环节。

（1）加上硬反馈（α）　见表 6-2a，校正前，$G(s)=K$；校正后，$G'(s)=K/(1+\alpha K)$。

上式说明，比例环节加上硬反馈（α）后，仍为比例环节，但其增益为原先的 $1/(1+\alpha K)$（降低了）。对于那些因增益过大而影响系统性能的环节，采取硬反馈校正是一种有效的方法。另外，反馈可抑制反馈回环内扰动量对系统输出的影响。

（2）加上软反馈（αs）　见表 6-2b，校正前，$G(s)=K$；校正后，$G'(s)=K/(\alpha Ks+1)$。

上式表明，比例环节加上软反馈后，变成了惯性环节，其惯性时间常数 $T=\alpha K$。校正后的稳态增益仍为 K（未变），但动态响应却变得平缓。对于那些希望过渡过程平稳的系统，采用微分负反馈（即软反馈）是一种常用的方法。

【例 6-4】 积分环节。

（1）加上硬反馈（α）　见表 6-2e，校正前，$G(s)=K/s$；校正后，$G'(s)=\dfrac{1/\alpha}{(1/\alpha K)\,s+1}$。

上式表明，积分环节加上硬反馈后变为惯性环节，这对系统的稳定性有利。但系统的稳定性能变差（由无静差变为有静差）。**凡含有积分环节的单元，被硬反馈校正包围后，单元中的积分将消失。**

（2）加上软反馈（αs）　见表 6-2f，校正前，$G(s)=K/s$；校正后，$G'(s)=\dfrac{K/(1+\alpha K)}{s}$。

上式表明，积分环节加上软反馈后仍为积分环节，但其增益为原来的 $1/(1+\alpha K)$。

由以上四例可见，**环节（或部件）经反馈校正后，不仅参数发生了变化，甚至环节（或部件）的结构和性质也可能发生改变。** 反馈校正对典型环节的性能的影响，列于表 6-2 中。

此外，反馈校正还有一个重要的特点，在图 6-14 所示的反馈校正回路中，若反馈校正回路的增益 $|G_2(s)G_c(s)|\gg 1$，则

$$\frac{X_2(s)}{X_1(s)} = \frac{G_2(s)}{1 + G_2(s)G_c(s)} \approx \frac{1}{G_c(s)} \tag{6-8}$$

上式说明由于反馈校正的作用，系统被包围部分 $[G_2(s)]$ 的影响可以忽略。**此时，该局部反馈回路的特性完全取决于反馈校正装置 $G_c(s)$。因此，当系统中某些元件的特性或参数不稳定时，常常用反馈校正装置将它们包围，以削弱这些元件对系统性能的影响。**但这时对反馈校正装置本身的要求较高。

【例 6-5】　图 6-16a 为具有位置负反馈和转速负反馈的随动系统的系统框图。

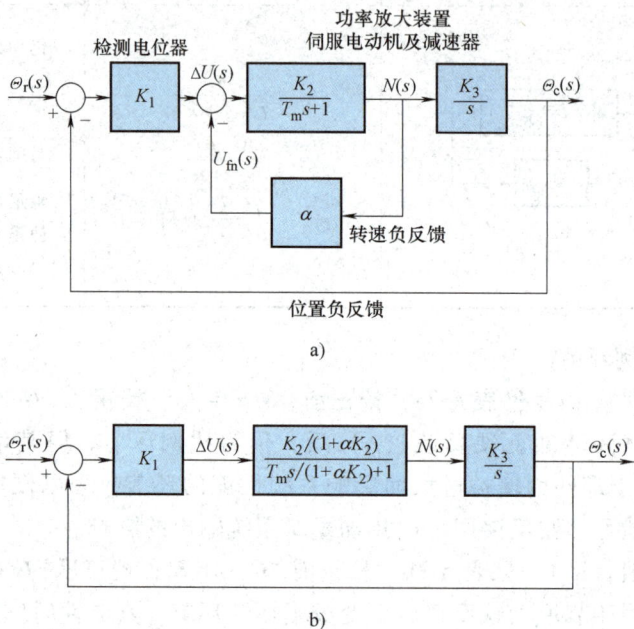

a)

b)

图 6-16　具有位置负反馈和转速负反馈的随动系统框图

图中　检测电位器常数　　　　　　$K_1 = 0.1\text{V}/(°)$

功率放大装置及电动机转速总增益 $K_2 = 400$ （r/min）/V

电动机机电时间常数　　　　　$T_m = 0.2\text{s}$

电动机及齿轮箱的转速-位移常数 $K_3 = 0.5(°)/(\text{r/min})$

转速反馈系数　　　　　　　$\alpha = 0.005\text{V}/(\text{r/min})$

试分析增设转速负反馈（反馈校正）对系统性能的影响。

【解】　①　若系统未设转速负反馈环节，由图 6-16a 可见，系统的开环传递函数

$$G_1(s) = \frac{K_1 K_2 K_3}{s(T_m s + 1)} = \frac{K}{s(T_m s + 1)} = \frac{\omega_n^2}{s(s + 2\xi\omega_n)}$$

式中　　　　　　　　$K = K_1 K_2 K_3 = 0.1 \times 400 \times 0.5 = 20$

$$T_m = 0.2\text{s}$$

$$\omega_n = \sqrt{\frac{K}{T_m}} = \sqrt{\frac{20}{0.2}}\text{rad/s} = 10\text{rad/s}$$

$$\xi = \frac{1}{2\sqrt{T_m K}} = \frac{1}{2\sqrt{0.2 \times 20}} = 0.25$$

由以上分析可见，此为典型 I 型系统。由第 5 章 5.3 中有关分析及式（5-40）、式（5-42）、式（5-47）可知

$$\sigma = e^{-\frac{\xi\pi}{\sqrt{1-\xi^2}}} = 45\%$$

$$t_p = \frac{\pi}{\omega_d} = \frac{\pi}{\omega_n\sqrt{1-\xi^2}} = 0.32s$$

$$t_s = \frac{4}{\xi\omega_n} = 1.6s \quad (\delta = 2\%)$$

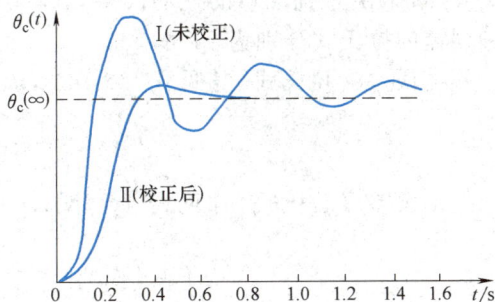

图 6-17 转速负反馈对随动系统动态性能的影响

此时系统的阶跃响应曲线如图 6-17 曲线 I 所示。

② 当系统增设转速负反馈环节后，系统的结构图可简化成图 6-16b。对照图 6-16a 和图 6-16b 不难发现，系统仍为典型 I 型系统，但

系统的开环增益变为 $K' = \dfrac{K}{1+\alpha K_2}$ ［为原来的 $1/(1+\alpha K_2)$ 倍］

系统中的惯性环节时间常数变为 $T_m' = \dfrac{T_m}{1+\alpha K_2}$ ［为原来的 $1/(1+\alpha K_2)$ 倍］

系统的阻尼比变为 $\xi' = (1+\alpha K_2)\xi$ ［为原来的 $(1+\alpha K_2)$ 倍］

系统的自然振荡频率 $\omega_n' = \sqrt{\dfrac{K'}{T_m'}} = \sqrt{\dfrac{K}{T_m}} = \omega_n$ （未变）

以上各式中 $(1+\alpha K_2) = 1+0.005\times400 = 3$，因此有 $K' = K/3 = 20/3$，$T_m' = T_m/3 = 0.2s/3$，$\xi' = 3\times0.25 = 0.75$，同理，由第 5 章 5.3 中有关公式可得

$$\sigma' = 3\%, \qquad t_p' = 0.47s, \qquad t_s' = 0.53s$$

校正后系统的阶跃响应曲线如图 6-17 中的曲线 II 所示。

比较曲线 I 和 II，显然可见，**增设转速负反馈环节后，系统的位置超调量 σ 显著下降，调整时间 t_s 也明显减小**，系统的动态性能得到了显著改善。因此转速负反馈在随动系统中得到普遍的应用。

当然，系统的增益下降，会影响系统的稳态性能。由于此为 I 型系统，对阶跃信号，其稳态误差仍为零，而对速度输入信号，其稳态误差将会增加。但这可通过提高放大器增益，使 K_2 增加来进行补偿，同时相应减少反馈系数 α，仍可使 ξ' 保持在 0.7 左右，使系统具有较好的动、静态特性。

6.4 顺馈补偿

在 6.2 和 6.3 两节的分析中，我们已经看到串联校正和反馈校正都能有效地改善系统的动态和稳态性能，因此在自动控制系统中获得普遍的应用。此外，在自动控制系统中，除了上述的校正方法外，还有一种能有效地改善系统性能的方法，那就是顺馈补偿（Feedforward Compensation）。

在第 5 章的分析中，已经介绍了系统工作时存在着两种误差：即取决于输入量的跟随误

差 $e_r(t)$ 和取决于扰动量的扰动误差 $e_d(t)$。并且以图 6-18 所示的典型系统框图为例，得出两种误差的拉氏式分别为

跟随误差（拉氏式）[见式（5-14），$H(s) = 1$]

$$E_r(s) = \frac{1}{1 + G_1(s)G_2(s)}R(s) \tag{6-9}$$

扰动误差（拉氏式）[见式（5-15）]

$$E_d(s) = \frac{G_2(s)}{1 + G_1(s)G_2(s)}D(s) \tag{6-10}$$

式中，$G_1(s)$ 为扰动量作用点前的前向通路中的传递函数；$G_2(s)$ 为扰动量作用点后的前向通路中的传递函数。

系统的动态误差和稳态误差就取决于式（6-9）和式（6-10）。由式（6-9）和式（6-10）可见，系统的误差除了取决于体现系统的结构、参数的 $G_1(s)$ 和 $G_2(s)$ 外，还取决于 $R(s)$ 和 $D(s)$。倘若我们能设法直接或间接获取输入量信号 $R(s)$ 和扰动量信号 $D(s)$，便可以以某种方式在系统信号的输入处引入 $R(s)$ 和 $D(s)$ 信号来进行某种补偿，以降低甚至消除系统误差，这便是顺馈补偿（又称前馈补偿）。

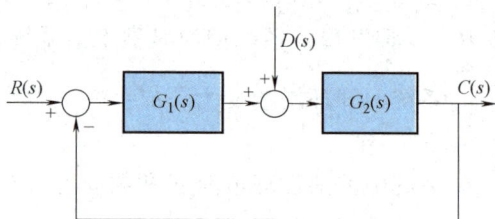

顺馈补偿又可分为按扰动进行补偿和按输入进行补偿。通常把顺馈补偿和反馈控制结合起来的控制方式称为"复合控制"。下面分别介绍扰动顺馈补偿和输入顺馈补偿的方法和完全消除系统误差的条件。

图 6-18 典型系统框图

6.4.1 扰动顺馈补偿

当作用于系统的扰动量可以直接或间接获得时，可采用图 6-19 所示的复合控制。

在图 6-19 所示的系统中，将获得的扰动量信号 $D(s)$，经过扰动量检测器 [其传递函数为 $G_d(s)$] 变换后送到系统控制器的输入端。

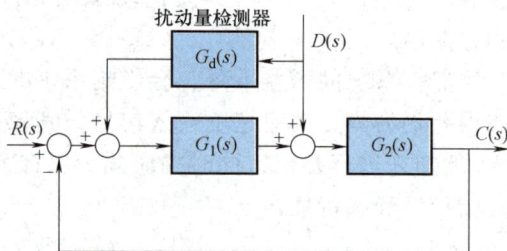

在图 6-19 所示的系统中，若无扰动顺馈补偿，由扰动量产生的系统误差由式（6-10）已知

$$\Delta C_d(s) = E_d(s) = \frac{G_2(s)}{1 + G_1(s)G_2(s)}D(s)$$

图 6-19 具有扰动顺馈补偿的复合控制

如今增设扰动顺馈补偿后，系统误差变为

$$\Delta C_d'(s) = \frac{G_2(s)}{1 + G_1(s)G_2(s)}D(s) + \frac{G_d(s)G_1(s)G_2(s)}{1 + G_1(s)G_2(s)}D(s)$$

$$= [1 + G_d(s)G_1(s)]\frac{G_2(s)}{1 + G_1(s)G_2(s)}D(s) \tag{6-11}$$

由上式可见，若 $G_d(s)$ 与 $G_1(s)$ 极性相反，则可以使系统的扰动误差减小；若 $[1 + G_d(s)G_1(s)] = 0$，即 $G_d(s) = -1/G_1(s)$，则可使 $\Delta C_d'(s) = 0$。这意味着：**因扰动量而引起的扰动误差已全部被扰动顺馈环节所补偿了，这称为"全补偿"。**

扰动误差全补偿的条件是

$$G_d(s) = -\frac{1}{G_1(s)} \tag{6-12}$$

当然，实际上要实现全补偿是比较困难的，但可以实现近似的全补偿，从而可以大幅度地减小扰动误差，显著地改善系统的动态和稳态性能。

此外，直接引入扰动量信号来进行补偿，要比从输出量那里引入反馈控制来得更及时。因为后者要等到输出量变化以后，再经过检测，通过反馈渠道送入到输入端，这个过程便产生时间上的延迟。

含有扰动顺馈补偿的复合控制具有显著减小扰动误差的优点，因此在要求较高的场合，获得广泛的应用（当然，这是以系统的扰动量有可能被直接或间接测得为前提的）。

6.4.2 输入顺馈补偿

当系统的输入量可以直接或间接获得时，可采用图 6-20 所示的复合控制。

在图 6-20 所示的系统中，将获得的输入量信号 $R(s)$，经过输入量检测器 [其传递函数为 $G_r(s)$] 变换后送到系统控制器的输入端。

若无输入顺馈补偿，由输入量产生的跟随误差由式（6-9）已知

$$\Delta C_r(s) = E_r(s) = \frac{1}{1 + G_1(s)G_2(s)}R(s)$$

如今增设输入顺馈补偿后，系统误差变为

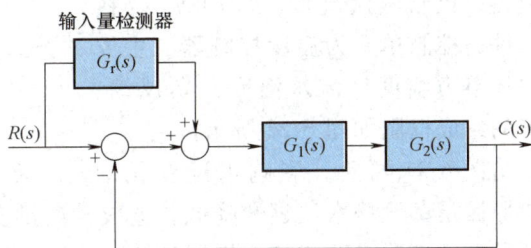

图 6-20 具有输入顺馈补偿的复合控制

$$\Delta C_r'(s) = R(s)^{\ominus} - \left[\frac{G_1(s)G_2(s)R(s)}{1 + G_1(s)G_2(s)} + \frac{G_r(s)G_1(s)G_2(s)R(s)}{1 + G_1(s)G_2(s)}\right]$$

$$= \frac{[1 - G_r(s)G_1(s)G_2(s)]}{1 + G_1(s)G_2(s)}R(s) \tag{6-13}$$

若 $G_r(s)$ 与 $G_1(s)G_2(s)$ 极性相同，则可以使系统的跟随误差减小；若 $[1 - G_r(s)G_1(s) \times G_2(s)] = 0$，即 $G_r(s) = 1/[G_1(s)G_2(s)]$，则可使 $\Delta C_r'(s) = 0$。这意味着：**因输入量而引起的跟随误差已全部被输入顺馈补偿环节所补偿了，这也称为全补偿。**

对应跟随误差全补偿的条件是

$$G_r(s) = \frac{1}{G_1(s)G_2(s)} \tag{6-14}$$

同理，要实现全补偿是比较困难的，但可以实现近似的全补偿，从而可大幅度地减小跟

$\ominus$ 系统输出的希望值为 $R(s)/H(s)$，由于 $H(s) = 1$，所以此处希望值为 $R(s)$。后面 [ ] 内为实际输出值。

随误差，显著地提高跟随精度。对于随动系统，这是改善系统跟随性能的一个有效的方法。例如在仿形加工机床中，便可取出仿形输入信号进行输入顺馈补偿，以提高仿形加工精度。顺馈补偿在化工、食品加工等过程控制系统和高精度的武器随动系统中，有着广泛的应用。

综上所述，采用（输入和扰动）顺馈补偿和反馈环节相结合的复合控制是减小系统误差（包括稳态误差和动态误差）的有效途径。但要注意顺馈补偿量要适度，以免过量引起振荡。

6.4.3 顺馈补偿应用举例

【例 6-6】 分析图 6-21 所示的水温控制系统的控制特点。

【解】 在图 6-21 所示的系统中，水塔中的水经阀门 V_1 流入热交换器，经通有热蒸汽的盘管加热后，再送往用户。如今要求流出水的水温保持恒定，因此这是一个处于流动中的水流的恒温控制系统。

由图可见，此系统的控制对象为热交换器，控制蒸汽流量的阀门 V_2 为执行元件，控制单元为温度控制器，主要反馈环节为温度（流水温度）负反馈，系统的组成框图如图 6-22 所示。

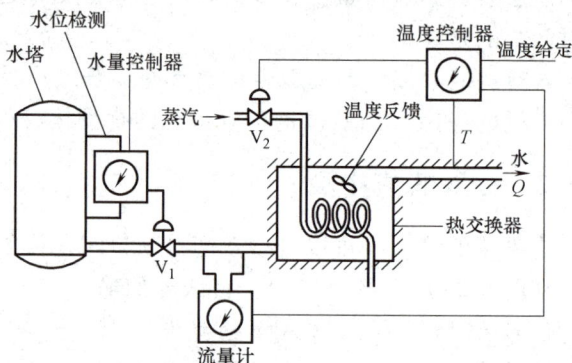

图 6-21 水温控制系统

由图 6-21 可见，影响水温变化的主要原因是蒸汽塔水位逐渐降低，造成水流量变化（减少），而使水温波动（升高）；其次是外界温度变化，造成热交换器的散热情况不同，从而影响热交换器中的水温。因此系统的主扰动量为水流量的变化。

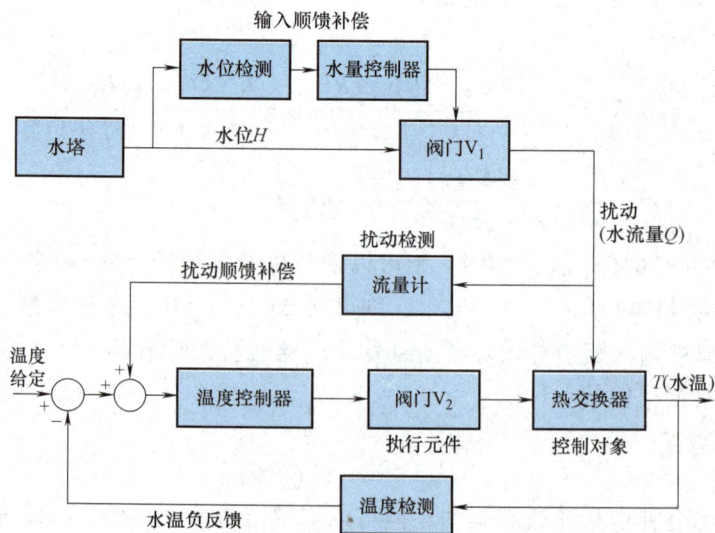

图 6-22 水温控制系统的组成框图

此控制系统为保持水温恒定，采取了三个措施：

1）采用温度负反馈环节，由温度控制器对水温进行自动调节，若水温过高，控制器使阀门 V_2 关小，蒸汽量减少，将水温调至给定值。

2）由于水流量为主要扰动量，因此通过流量计测得扰动信号，并将此信号送往温度控制器的输入端，进行扰动顺馈补偿。当水流量减少时，补偿量减小，通过温度控制器使阀门 V_2 关小，蒸汽量减少，以保持水温恒定。

3）由于水流量的变化是因水塔水位的变化（降低）而造成的，于是通过水位检测和水量控制器来调节阀门 V_1（使 V_1 开大），使水流量尽量保持不变。这里的水位检测和水量控制，实质上是一种取自输入量（水位 H）的对输出量（水流量 Q）的输入顺馈补偿，使水流量保持不变。

综上所述，此水温控制系统实际上由两个恒值控制系统构成。一个是含有输入顺馈补偿的水流量恒值控制系统（子系统），另一个是含有扰动顺馈补偿和水温负反馈环节的复合（恒值）控制系统（主系统）。

*6.5 频率特性校正与仿真

本章 6.2 节和 6.3 节分别讨论了自动控制系统的串联校正和反馈校正方法，本节主要从实践的角度，讨论频率特性校正与仿真，特别是校正环节参数对自动控制系统的影响。

1. 串联校正与仿真

以图 6-23 所示的位置随动系统为例。

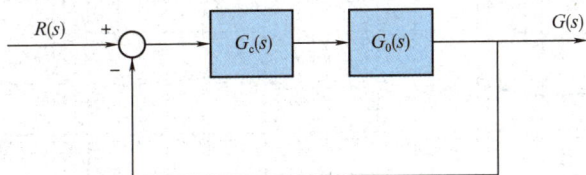

图 6-23 位置随动控制系统框图

系统固有部分的传递函数为

$$G_0(s) = \frac{1000}{s(0.9s+1)(0.007s+1)}$$

在 MATLAB 仿真软件环境下，可以得到系统固有部分 $G_0(s)$ 的伯德图，如图 6-24 所示。

由图 6-24 可以看出，$L(\omega)$ 穿越 0dB 线时，$\varphi(\omega)$ 在 $-180°$ 线的下方，系统是不稳定的，必须进行校正。

通过系统的预期开环对数幅频特性模型（参考文献［2］第 5.3 节），可得校正装置传递函数为

$$G_c(s) = \frac{K(\tau_1 s+1)(\tau_2 s+1)}{(\tau_3 s+1)(\tau_4 s+1)} \tag{6-15}$$

式中，$K=1$；$\tau_1 = 0.9$；$\tau_2 = 0.13$；$\tau_3 = 4$；$\tau_4 = 0.01$。

可以看出，该校正装置是 PID 调节器。校正环节 $G_c(s)$ 的伯德图如图 6-25 所示。由图

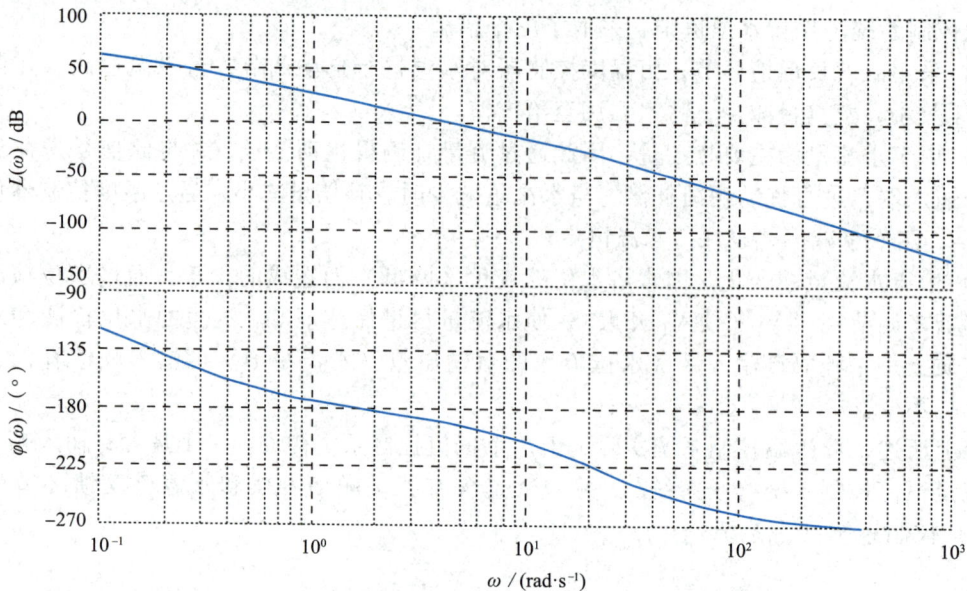

图 6-24　$G_0(s)$ 的伯德图

6-25 可以看出，在穿越频率附近，校正环节的相位超前达 45°以上。

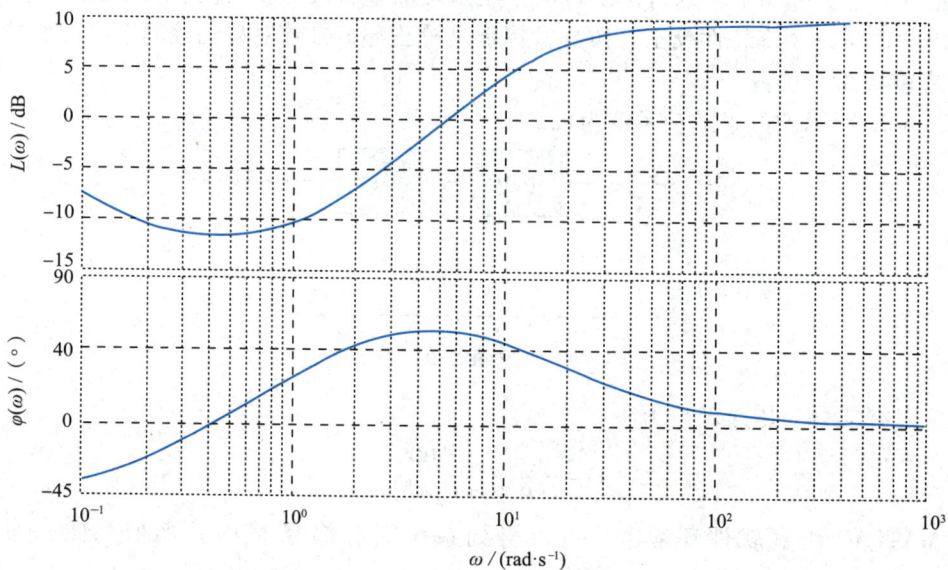

图 6-25　$G_c(s)$ 的伯德图

引入串联校正环节后，在 MATLAB 中建立仿真模型如图 6-26 所示。改变校正环节的 K 参数，该位置随动控制系统开环对数频率特性如图 6-27 所示。

由图 6-27 可以看出，引入校正环节后，满足了系统稳定条件，相位裕量超过了 45°，系统性能得到极大改善。K 值减小，幅频特性曲线下移，不影响相位特性曲线。

改变 K 值后的系统阶跃响应曲线如图 6-28 所示。在 0.5s 时施加单位阶跃激励后，$K = 1$ 时，1s 时达到稳定状态，调节时间约为 0.5s，超调量为 27% 左右；$K = 0.5$ 时，1.2s 时达到稳定状态，调节时间约为 0.7s，超调量为 28% 左右；$K = 0.25$ 时，2s 时达到稳定状态，调节

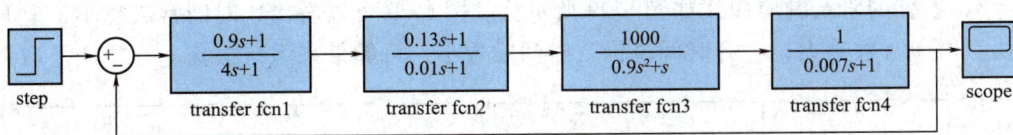

图 6-26　位置随动控制系统仿真模型（串联校正）

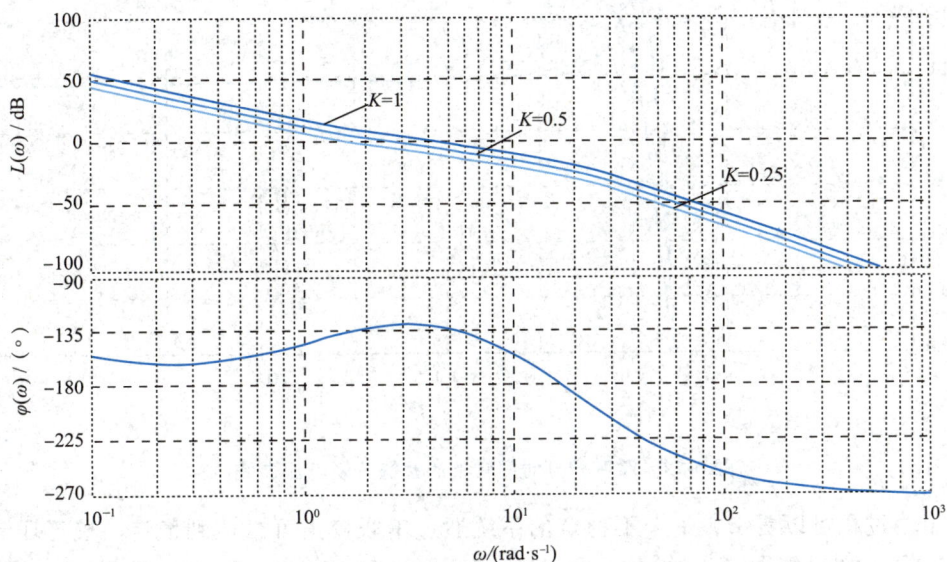

图 6-27　校正后的位置随动系统伯德图

时间约为 1.5s，超调量为 35% 左右。可以看出：随 K 值的变化，系统性能发生明显变化。

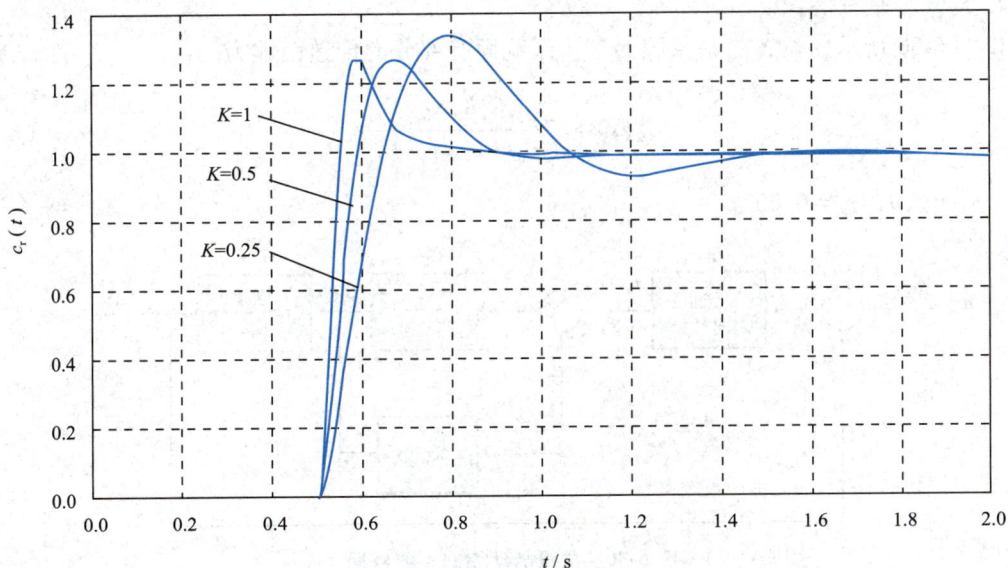

图 6-28　改变 K 值后的系统阶跃响应曲线

式（6-15）中，$\tau_3 = 4 \gg \tau_4 = 0.01$，因此 τ_3 对系统的影响最大。改变时间常数 τ_3，相当于改变积分时间系数。下面讨论改变积分时间系数对控制系统的影响。分别取 $\tau_3 = 2$、$\tau_3 = 4$

和 $\tau_3 = 8$，系统的阶跃响应曲线如图 6-29 所示。从图 6-29 可以看出，时间常数越小，上升速度越快。时间常数越大，上升时间越慢。时间常数小，可能带来系统振荡，且超调量增大。

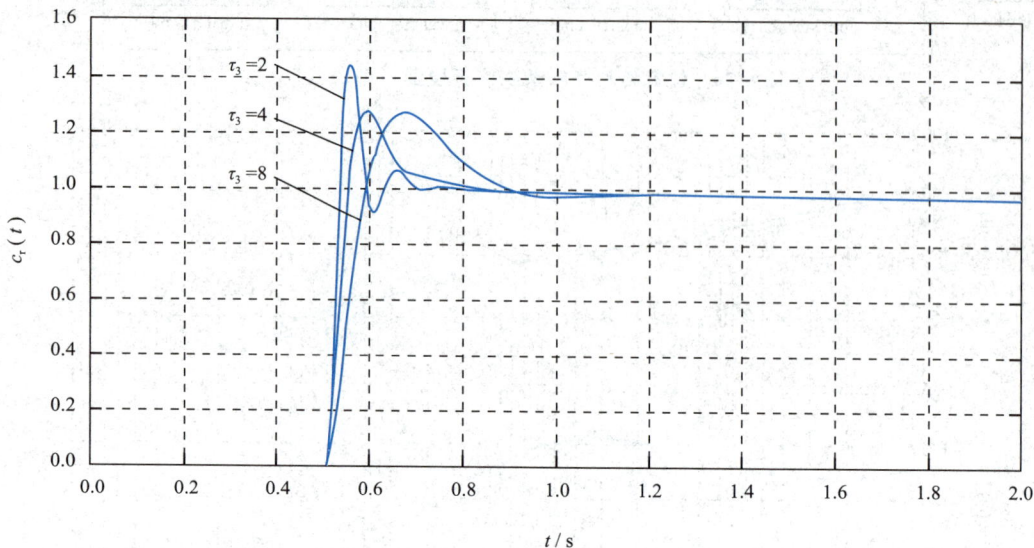

图 6-29 改变积分时间常数的系统阶跃响应曲线

从上述过程可以看出，一个不稳定的系统通过串联校正可以达到稳定。校正环节的参数不同，系统的性能是不一样的。限于篇幅，图 6-28 只是改变校正环节的比例系数，图 6-29 改变的是校正环节的积分系数，至于改变校正环节的微分系数的仿真，留给读者自行完成。

2. 反馈校正与仿真

以图 6-30 所示的位置随动系统为例。系统固有部分的传递函数为

$$G_0(s) = \frac{K_1 K_2 K_3}{s(\tau_m s + 1)(\tau_L s + 1)} \tag{6-16}$$

式中，$\tau_m = 0.9$；$\tau_L = 0.007$。

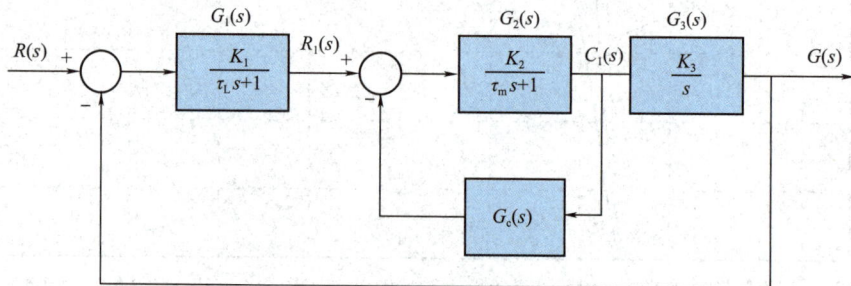

图 6-30 位置随动控制系统框图

通过系统的预期开环对数幅频特性模型（参考文献 [2] 第 5.3 节），可得：$K_1 = 22.5$、$K_2 = 400$、$K_3 = 0.5$。图 6-30 所示的位置随动控制系统引入局部反馈校正环节 $G_c(s)$，反馈校正装置传递函数为

$$G_c(s) = \frac{\alpha s}{\tau s + 1} \tag{6-17}$$

式中，$\tau = 0.135$。

通过仿真调试可知，检测元件参数 α 值确定为 0.04 时，可以得到满意的系统性能。在 MATLAB 中建立仿真模型，如图 6-31 所示。

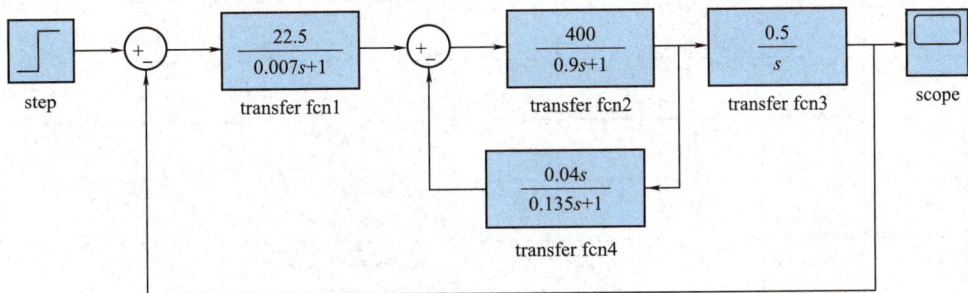

图 6-31　位置随动控制系统仿真模型（反馈校正）

在 0.5s 时施加单位阶跃激励，其阶跃响应曲线如图 6-32 所示。从图 6-32 可以看出，$\alpha = 0.04$ 时，调节时间为 0.5s 左右，超调量为 23% 左右，达到了反馈校正的预期目的。改变 α 的大小，当 $\alpha = 0.1$ 时，系统的调节时间约为 0.7s，快速性变差，超调量变化不大。当 $\alpha = 0.02$ 时，系统的调节时间约为 0.4s，但出现了振荡，超调量达到了 55% 左右。从三者对比来看，$\alpha = 0.04$ 是效果最好的。

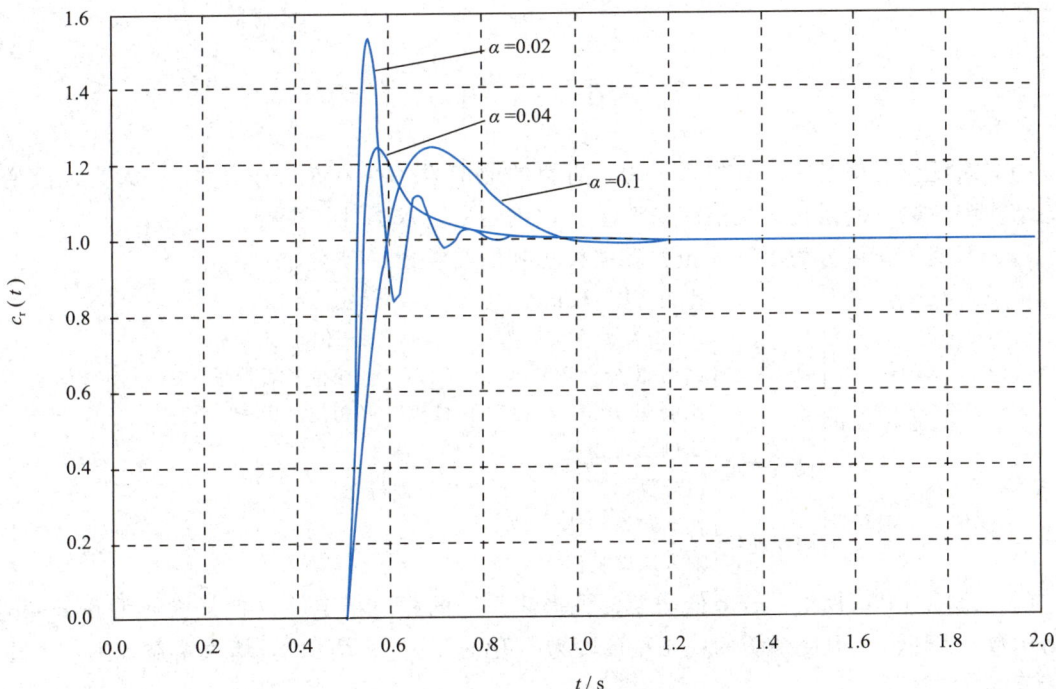

图 6-32　反馈校正后的系统阶跃响应曲线

改变式（6-17）中校正环节的时间常数 τ，系统的性能也会发生相应的变化。分别取 $\tau = 0.1$、$\tau = 0.135$、$\tau = 0.2$，其系统阶跃响应曲线如图 6-33 所示。从图 6-33 可以看出，τ 越

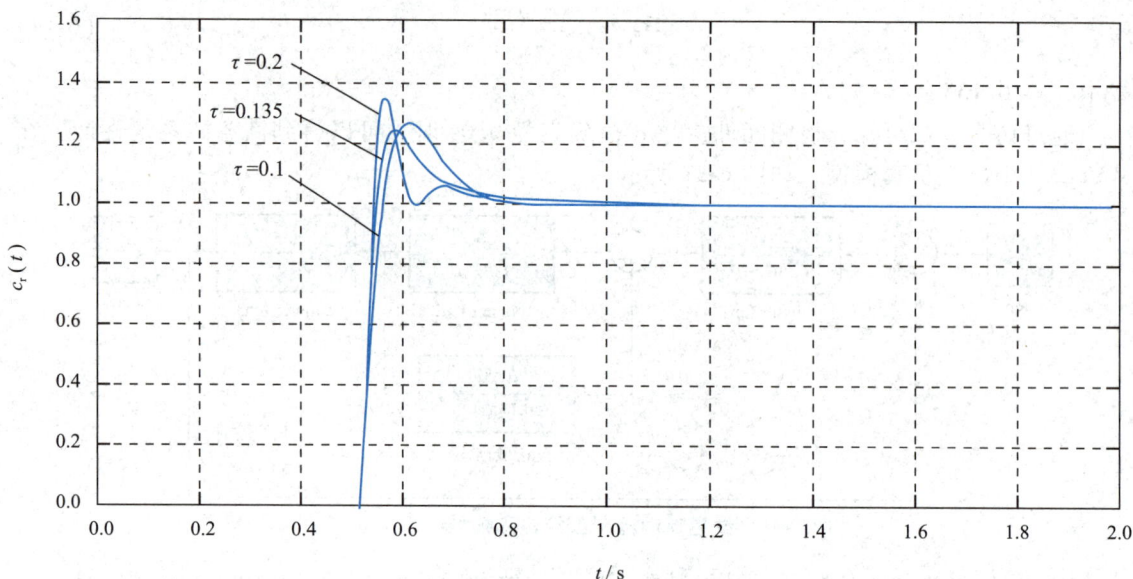

图 6-33　改变时间常数的系统阶跃响应曲线

大，系统响应越快，这一点与串联校正相反。

　　从上述过程可以看出，在反馈校正方式中，校正装置 $G_c(s)$ 反馈包围了系统的部分环节（或部件），它同样可以改变系统的结构、参数和性能，使系统的性能达到所要求的性能指标。

<h1 align="center">小　　结</h1>

　　（1）系统校正就是在原有的系统中，有目的地增添一些装置（或部件），人为地改变系统的结构和参数，使系统的性能获得改善，以满足所要求的性能指标。

　　（2）系统校正可分为串联校正、反馈校正和顺馈补偿，分类如下：

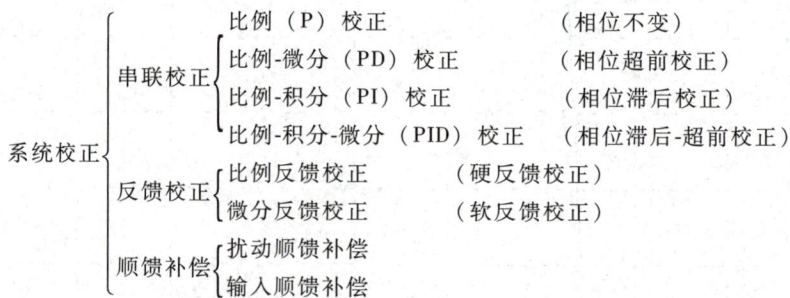

$$
\text{系统校正}
\begin{cases}
\text{串联校正}
\begin{cases}
\text{比例（P）校正} & \text{（相位不变）}\\
\text{比例-微分（PD）校正} & \text{（相位超前校正）}\\
\text{比例-积分（PI）校正} & \text{（相位滞后校正）}\\
\text{比例-积分-微分（PID）校正} & \text{（相位滞后-超前校正）}
\end{cases}\\
\text{反馈校正}
\begin{cases}
\text{比例反馈校正} & \text{（硬反馈校正）}\\
\text{微分反馈校正} & \text{（软反馈校正）}
\end{cases}\\
\text{顺馈补偿}
\begin{cases}
\text{扰动顺馈补偿}\\
\text{输入顺馈补偿}
\end{cases}
\end{cases}
$$

　　（3）比例（P）校正：若降低增益，可提高系统的相对稳定性（使最大超调量 σ 减小，振荡次数 N 降低），但使系统的稳态精度变差（稳态误差 e_{ss} 增加）。增大增益，则与上述结果相反。

　　（4）比例-微分（PD）校正：中、高频段 $\varphi(\omega)$ 相位的滞后减少，减小了系统惯性带来的消极作用，提高了系统的相对稳定性和快速性，但削弱了系统的抗高频干扰的能力。PD校正对系统稳态性能影响不大。

（5）比例-积分（PI）校正：可提高系统的无静差度，从而改善了系统的稳态性能；但系统的相对稳定性变差。

（6）比例-积分-微分（PID）校正：既可改善系统稳态性能，又能改善系统的相对稳定性和快速性，兼顾了稳态精度和稳定性的改善，因此在要求较高的系统中获得广泛的应用。

（7）串联校正对系统结构、性能的改善效果明显，校正方法直观、实用，但无法克服系统中元件（或部件）参数变化对系统性能的影响。

（8）反馈校正能改变被包围的环节的参数、性能，甚至可以改变原环节的性质。这一特点使反馈校正能用来抑制元件（或部件）参数变化和内、外部扰动对系统性能的消极影响，有时甚至可取代局部环节。由于反馈校正可能会改变被包围环节的性质，因此也可能会带来副作用，例如含有积分环节的单元被硬反馈包围后，便不再有积分的效应，因此会减低系统的无静差度，使系统稳态性能变差。

（9）具有顺馈补偿和负反馈环节的复合控制是减小系统误差（包括稳态误差和动态误差）的有效途径，但补偿量要适度，过量补偿会引起振荡。顺馈补偿量要低于但可接近于全补偿条件。

扰动顺馈全补偿的条件是：$G_d(s) = -\dfrac{1}{G_1(s)}$

输入顺馈全补偿的条件是：$G_r(s) = \dfrac{1}{G_1(s)G_2(s)}$

（10）预期开环频率特性就是满足系统技术指标的典型系统的开环频率特性。工程上，为便于设计，通常采用预期开环频率特性校正法。预期开环频率特性校正法，详见参考文献［2］中的第5章。

（11）MATLAB/SIMULINK 是自动控制系统校正的有效工具。

思　考　题

6-1　什么叫系统校正？系统校正有哪些类型？

6-2　比例校正调整系统的什么参数？它对系统的性能产生什么影响？

6-3　比例-微分校正调整系统的什么参数？它对系统的性能产生什么影响？

6-4　比例-积分串联校正调整系统的什么参数？它使系统在结构方面发生怎样的变化？它对系统的性能产生什么影响？

6-5　比例-积分-微分校正调整系统什么参数？它使系统在结构方面发生怎样的变化？它对系统的性能产生什么影响？

6-6　为什么PID校正称为相位滞后-超前校正，而不称为相位超前-滞后校正？相位既滞后又超前，能否相互抵消？能不能将这种校正更改为相位超前-滞后校正？若做这样的变更，对系统又会产生怎样的影响？

6-7　在位置随动系统中，采用位置的比例加微分负反馈，试问在信号综合处（比较点处），反馈信号代表的是什么物理量？

6-8　在图6-11a所示的随动系统中，若串联校正装置的传递函数 $G_c(s) = (1 + 0.02s)/(1 + 0.01s)$，问这属于哪一类校正？试定性分析它对系统性能的影响。

习　　题

6-9　图6-34为某随动系统框图，框图中标出各种可能增添的环节（①~⑪），试说明它们的名称。

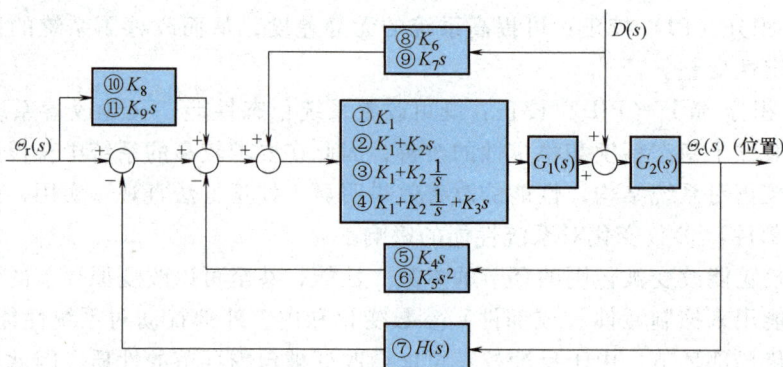

图 6-34 某随动系统框图

6-10 应用 MATLAB/SIMULINK，求取例 6-2 所示系统校正前、后的斜坡输入响应曲线，并通过比较，分析 PID 校正对系统性能的影响。

6-11 图 6-35 为某单位负反馈系统校正前、后的开环对数幅频特性（渐近线）（此为最小相位系统）。

1）写出系统校正前、后的开环传递函数 $G_1(s)$ 和 $G_2(s)$。

2）求出串联校正装置的传递函数 $G_c(s)$，并设计此调节器的电路及其参数。

3）求出校正前、后系统的相位裕量 γ_1 和 γ_2。

4）分析校正对系统动、稳态性能(σ、t_s、e_{ss})的影响。

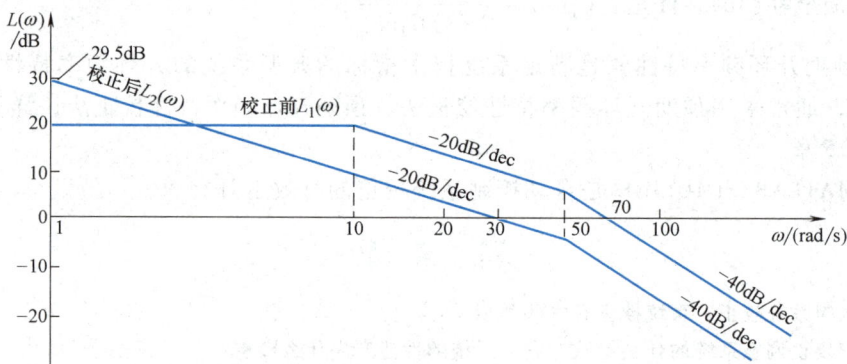

图 6-35 某单位负反馈系统校正前、后的开环对数幅频特性

6-12 若对图 6-36 所示的系统中的一个大惯性环节采用微分负反馈校正(软反馈)，试分析它对系统性能的影响。

设图中 $K_1 = 0.2$，$K_2 = 100$，$K_3 = 0.4$，$T = 0.8\text{s}$，$\beta = 0.01$。求：

1）未设反馈校正时系统的动、静态性能。

2）增设反馈校正后，系统的动、静态性能。

6-13 在上题中，若将反馈校正改为硬反馈，并设传递函数为 $\alpha = 0.01$，应用 MATLAB/SIMU-LINK，对系统进行仿真分析，求此系统校正前、后的阶跃响应曲线，并分析反馈校正对系统性能的影响。

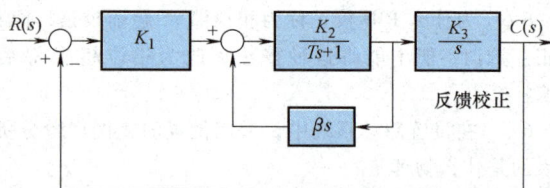

图 6-36 设置反馈校正环节的某控制系统框图

第 2 篇

自动控制系统

第7章

直流调速系统

本章概要

本章主要通过转速负反馈（单闭环）直流调速系统和转速、电流双闭环直流调速系统以及实例，来介绍分析自动控制系统的一般方法（其中包括系统的组成、系统框图的建立、结构特点的分析、系统的自动调节过程和系统可能达到的技术性能）。此外还扼要介绍了 PWM 控制的特点、双闭环逻辑无环流可逆系统和数字直流调速系统的组成和特点。

晶闸管直流调速系统具有调速范围大、精度高、动态性能好、效率高、易控制等优点，且已比较成熟，所以在机械、冶金、纺织、印刷、造纸等许多领域仍有不少的应用。下面主要通过典型的直流调速系统来介绍分析的方法。

7.1　转速负反馈直流调速系统

图 7-1 为具有转速负反馈和电流截止负反馈的直流调速系统原理图。

7.1.1　转速负反馈直流调速系统的组成

由图可见，该系统的控制对象是直流电动机 M，被调量是电动机的转速 n，晶闸管触发电路和整流电路为功率放大和执行环节，由运算放大器构成的比例调节器为电压比较、电压放大环节，电位器 RP_1 为给定元件，测速发电机 TG 与电位器 RP_2 为转速检测元件，此外还有由取样电阻 R_c、二极管 VD 和电位器 RP_3 构成的电流截止负反馈环节。调速系统的组成框图可参见图 7-2。下面将分别介绍这些部件的特点与作用。

1. 直流电动机（Direct-Current Motor）

直流电动机的物理关系式、微分方程、系统框图以及自动调节过程在第 3 章例 3-1、3.5.1 及 3.5.2 中，均做了详细的分析（参见表 3-1 及图 3-15）。

2. 晶闸管整流电路（Thyristor Rectifier）

采用晶闸管整流电路需要注意的几个问题：

1）晶闸管器件的过载能力很小，因此选定器件的电流、电压规格时，应至少加大一倍以上的容量，而且要加散热片，以防温升过高，损坏元件。

2）晶闸管整流电路工作时，交流侧电流中含有较多的谐波成分（Harmonic Content），对电网（Line）（AC Supply）产生不利影响。因此在大、中功率整流电路的交流侧，大多采

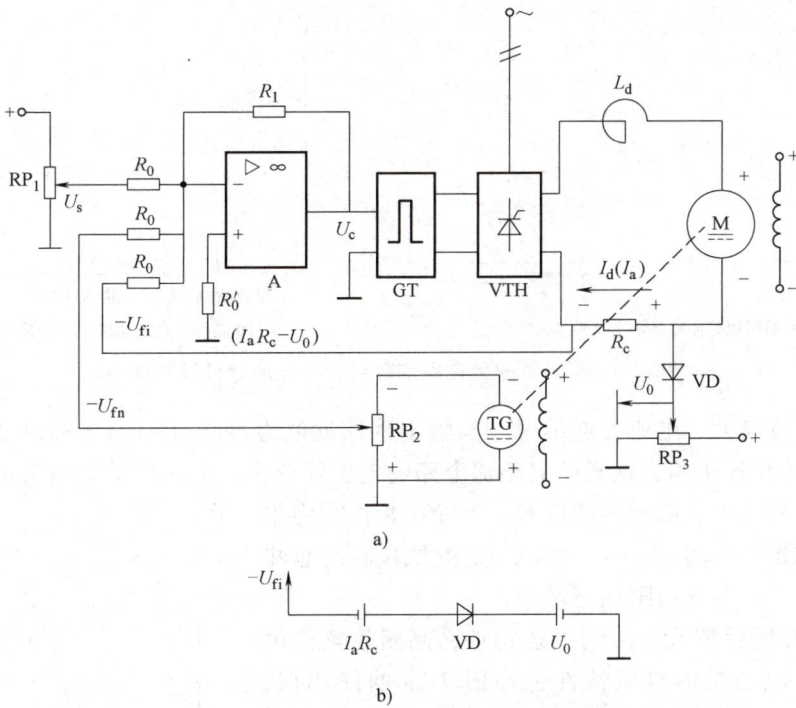

图 7-1 具有转速负反馈和电流截止负反馈的直流调速系统原理图

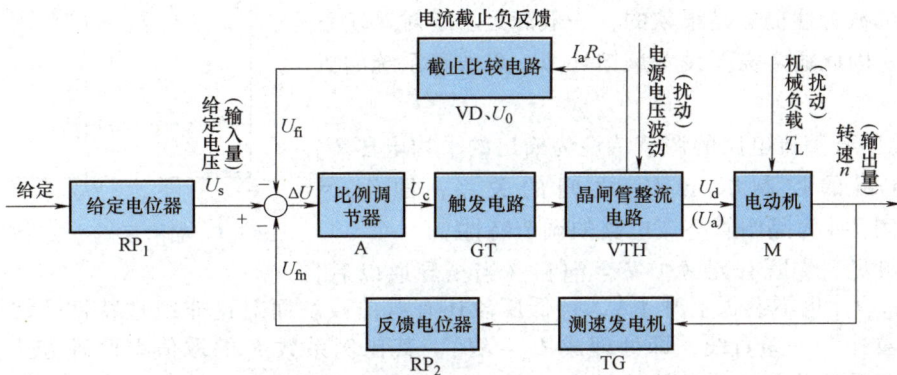

图 7-2 具有转速负反馈和电流截止负反馈的直流调速系统框图

用交流电抗器（串接电抗器，Series Reactor）或通过整流变压器（Rectifier Transformer）供电，以抑制谐波分量（Harmonic Component）。

3）晶闸管器件的过载能力很小，因此不仅要限制过电流（Overcurrent）和反向过电压（Reverse Overvoltage），还要限制电压上升率（Rate of Rise of Voltage）（$\mathrm{d}u/\mathrm{d}t$）和电流上升率（$\mathrm{d}i/\mathrm{d}t$）。所以晶闸管整流电路设有许多保护环节（Protective Device），如快速熔断器（Fast-Acting Fuse）、过电流继电器（Overcurrent Relay）、阻容缓冲电路（RC Snubber）、硒堆（Seletron）或压敏电阻（Piezo-Resistor）等过电流与过电压保护装置。

4）晶闸管整流电路的输出特性如图 7-3a 所示。图中 I_d 为整流平均电流，U_d 为整流输出平均电压。

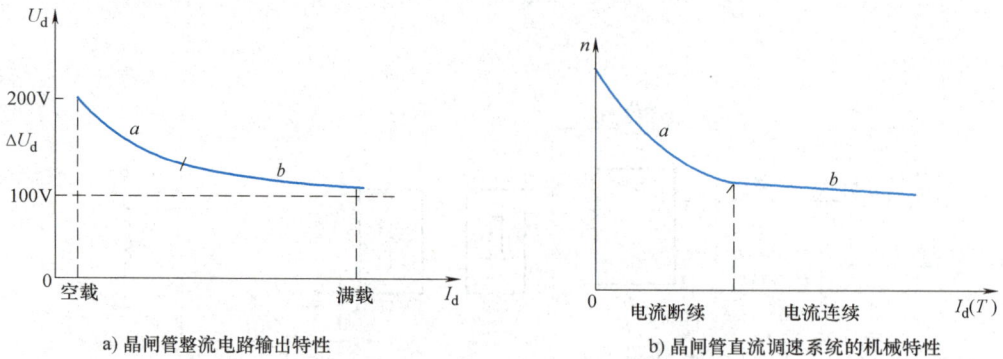

a) 晶闸管整流电路输出特性

b) 晶闸管直流调速系统的机械特性

图 7-3 晶闸管整流电路的输出特性与调速机械特性

当输出电流较大、电流为连续时，其输出特性近似为直线（如图 7-3a 中曲线的 b 段所示），而且线段比较平坦。这意味着整流电路的电压降较小，电路的等效内阻也较小。

当输出电流较小、电流为断续时，其输出特性变为很陡的曲线（如图 7-3a 中曲线 a 段所示）。此线段较陡意味着电压降落较大，等效内阻显著增加。

5）由于晶闸管整流电路的上述特性，晶闸管整流电路供电的直流电动机的机械特性也与图 7-3a 曲线相似，如图 7-3b 所示。其中 b 段为电流连续时的特性，其特性较硬；a 段为电流断续时的特性，其特性很软。这样从总体看来，机械特性仍然是很软的，一般满足不了对调速系统的要求，因此通常需要设置反馈环节，以改善系统的机械特性。

6）晶闸管整流电路的调节特性为输出的平均电压 U_d 与触发电路的控制电压 U_c 之间的关系，即 $U_\text{d} = f(U_\text{c})$。图 7-4 为晶闸管整流电路的调节特性。

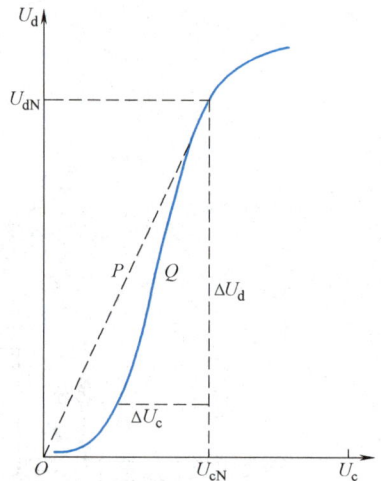

图 7-4 晶闸管整流电路调节特性

由图可见，它既有死区，又会饱和（当全导通以后，U_c 再增加，U_d 也不会再上升了），且低压段还有弯曲段。面对这非线性特性，常用的办法是将它"看作"一条直线，即处理成 $U_\text{d} = KU_\text{c}$。其比例系数 K 的取值有两种方法：①对动态特性，可取其动态工作区的线性段（Q 段）的比例系数，即 $K = \Delta U_\text{d}/\Delta U_\text{c}$。②对稳态特性，则取额定范围内的平均值，即 $K = U_\text{dN}/U_\text{cN}$（$U_\text{dN}$ 为 U_d 额定值，U_cN 为 U_c 额定值），如图 7-4 中的直虚线 P 所示[注]。

若再考虑到控制电压 U_c 改变后，晶闸管要等到下一个周期开始后，导通角才会改变，因而会出现 τ_0 的延迟（三相桥式 $\tau_0 = 1.67\text{ms}$，单相全波 $\tau_0 = 5\text{ms}$）。这样晶闸管整流电路的传递函数为 [参见式（3-30）及式（3-31）]

$$\frac{U_\text{d}(s)}{U_\text{c}(s)} = Ke^{-\tau_0 s} \approx \frac{K}{\tau_0 s + 1} \approx K \tag{7-1}$$

[注] 这种处理方法称为"非线性元件的线性化"，它具有普遍的意义。因为对非线性元件进行线性化处理后，除了使数学模型简化外，另一个好处是可以应用"叠加原理"。这是因为叠加原理仅适用于线性系统（将非线性元件线性化也是将实际系统处理成线性系统必须进行的一个不可缺少的步骤）。

若控制电压 $U_c = 10V$ 时，对应输出的平均电压 $U_d = 440V$（采用 440V 直流电动机），则 $K = 440V/10V = 44$。

3. 放大电路 （Amplifier）

此处采用的是由运算放大器（Operational Amplifier）组成的比例调节器。其放大倍数为 R_1/R_0，在其输入端有三个输入信号：给定电压（U_s）、测速负反馈信号（$-U_{fn}$）及电流截止反馈信号（$-U_{fi}$）。所以，此系统中的比例调节器既是电压放大环节，又兼作信号比较环节。

4. 转速检测环节 （Speed Measurement Element）

转速的检测方式很多，有测速发电机（Tachogenerator）、电磁传感器（Electromagnetic Sensor）及光电传感器（Photoelectric Sensor）等。读出量又分模拟（Analog）量和数字（Digital）量。此系统中，转速反馈量需要的是模拟量，一般采用测速发电机。

测速发电机分直流和交流两种。

直流测速发电机又分为永磁式（如 CY 型）和他励式（如 ZCF 型）。永磁式不需励磁电源，使用方便，但要注意避免在剧烈振动和高温的场合使用。使用久了，永久磁铁会退磁，影响精度。他励式体积较小，为了保证其精度，应使其磁场尽可能工作在饱和状态（Saturation State）或采用稳流电源（Current Regulator）励磁。

若调速系统采用直流测速发电机，其测速机分压电位器的阻值不宜选得过大，过大则测速机电枢电流过小，碳刷（Brush）接触电阻影响增大，影响测速精度。但阻值也不宜选得过小，过小则电流过大，电枢反应（Armature Reaction）和压降均增加，也影响精度。所以一般按测速发电机在最高电压时，输出电流为测速机额定电流的 $10\% \sim 20\%$ 来确定阻值。有的测速机上标有额定负载电阻的阻值。

交流测速发电机结构与两相异步电动机相近，其励磁绕组通以 50Hz（有的为 400Hz）交流电，它的另一绕组输出电压也是交流电，所以还必须经过解调或整流滤波，以转换成直流信号。

一般说来，测速发电机的精度不及电磁传感器或光电传感器的精度高，但电磁传感器和光电传感器输出的功率很小，需要增加放大环节。另一方面，它们的输出多为脉冲量，对计算机控制较合适；若对模拟控制，则还需要增加数模转换（DAC）（Digital-Analog Converter）和滤波环节（Filter），这又会增加时间上的滞后，影响系统的快速性。

测速反馈信号 U_{fn} 与转速成正比，$U_{fn} = \alpha n$，α 称为转速反馈系数。

5. 电流截止负反馈环节 （Current Cut-Off Negative Feedback）

由于直流电动机在起动、堵转或过载时会产生很大的电流，这样大的电流会烧坏晶闸管器件和电动机，因而要设法加以限制。若采用电流负反馈，以后的分析表明，会使系统的机械特性变软，而这又是我们希望避免的。为此，可以通过一个电压比较环节，使电流负反馈环节只有在电流超过某个允许值（称为阈值）时才起作用，这就是电流截止负反馈。

在图 7-1 中，主电路中串联了一个阻值很小的取样电阻 R_c（零点几欧）。电阻 R_c 上的电压 $I_a R_c$ 与 I_a 成正比。比较阈值电压 U_0 是由一个辅助电源经电位器 RP₃ 提供的。电流反馈信号（$I_a R_c$）经二极管 VD 与比较阈值电压 U_0 反极性串联后，再加到放大器的输入端，即 $U_{fi} = (I_a R_c - U_0)$。由于是负反馈，所以其极性与给定电压 U_s 相反。

当 $I_a R_c \leqslant U_0$ 时 $\left(\text{亦即 } I_a \leqslant \dfrac{U_0}{R_c}\right)$，二极管 VD 截止，电流截止负反馈不起作用。

当 $I_a R_c > U_0$ 时 $\left(\text{亦即 } I_a > \dfrac{U_0}{R_c}\right)$，二极管 VD 导通［此处略去二极管的阈值电压（Threshold Voltage）］，电流截止负反馈环节起作用，它将使整流输出电压 U_d 下降，使整流电流下降到最大允许电流。

U_0/R_c 的数值称为截止电流，以 I_B 表示。调节电位器 RP_3 即可整定 U_0，亦即整定 I_B 的数值。一般取 $I_B = 1.2I_N$［I_N 为额定电流］。

由于电流截止负反馈环节在正常工作状况下不起作用，所以系统框图上可以省去。

7.1.2　转速负反馈直流调速系统的系统框图

根据以上分析，便可画出图 7-5 所示的系统框图。

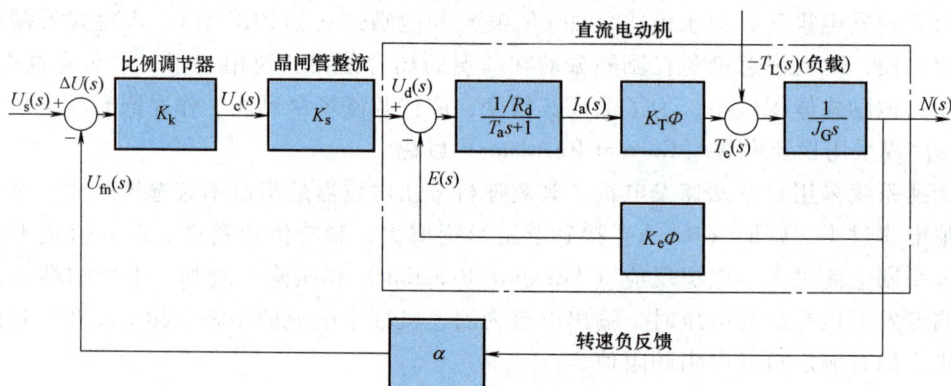

图 7-5　转速负反馈直流调速系统的系统框图

由图 7-5 可以清楚地看出，调速系统存在着两个闭环，一个是电动机内部构成的闭环，另一个是转速负反馈构成的闭环。此外它还清楚表明了电枢电压、电流、电磁转矩、负载转矩及转速之间的关系。

7.1.3　转速负反馈直流调速系统的自动调节过程

1. 转速负反馈的自动调节过程

当电动机的转速 n 由于某种原因（例如机械负载转矩 T_L 增加）而下降时，系统将同时存在着两个调节过程：一个是电动机内部产生的以适应外界负载转矩变化的自动调节过程，（参见图 3-16）；另一个则是由于转速负反馈环节作用而使控制电路产生相应变化的自动调节过程。这两个调节过程如图 7-6 所示。

由上述调节过程可以看出，电动机内部的调节，主要是通过电动机反电动势 $E\downarrow$，使电流 $I_a\uparrow\left[(U_a - E\downarrow)/R_a\right]$；而转速负反馈环节，则主要通过转速负反馈电压 $U_{fn}\downarrow$，使偏差电压 $\Delta U\uparrow$（$\Delta U = U_s - U_{fn}$），整流装置电压 $U_d\uparrow$，电枢电压 $U_a\uparrow$，而使电流 $I_a\uparrow\left[(U_a\uparrow - E)/R_a\right]$。而在磁场的作用下，电枢电流的增加将使电动机的电磁转矩 $T_e\uparrow$，以适应机械负载转矩 T_L 的增加。这两个调节过程一直进行到 $T_e = T_L$ 时才结束。

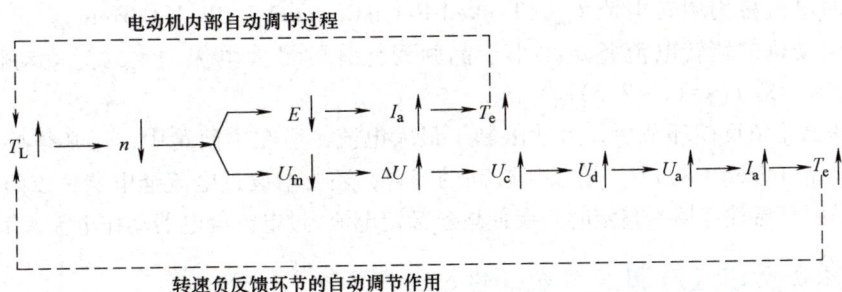

图 7-6 转速负反馈直流调速系统的自动调节过程

此外，由图 7-6 还可以看出，转速降的减小是依靠偏差电压 ΔU 的变化来进行调节的。在这里，反馈环节只能减少转速偏差（Δn），而不能消除偏差。因为倘若转速偏差被完全补偿了，即 n 回到原先的数值，那么 U_{fn} 将回到原先数值，于是 ΔU、U_c、U_d、U_a 也将回到原先的数值，这意味着，控制系统没有能起调节作用，转速自然也不会回升。所以这种系统是以存在偏差为前提的，反馈环节只是检测偏差，减小偏差，而不能消除偏差，因此它是有静差调速系统。

2. 电流截止负反馈环节的作用

当电枢电流小于截止电流值时，电流负反馈不起作用。

当电枢电流大于截止电流值时，电流负反馈信号电压 $U_{fi} = (I_a R_c - U_0)$ 将加到放大器的输入端，此时偏差电压 $\Delta U = U_s - U_{fn} - U_{fi}$。当电流继续增加时，$U_{fi}$ 使 ΔU 降低，U_c 降低，U_d 降低，从而限制电流过度增加。这时，由于 U_a 的下降，再加上 $I_a R_a$ 的增大，由式 $n = \dfrac{U_a - I_a R_a}{K_e \Phi}$ 可知，转速将急骤下降，从而使机械特性出现很陡的下垂特性，如图 7-7 的 b 段所示。在图 7-7 的 a 段主要是转速负反馈起作用，特性较硬；在 b 段主要是电流截止负反馈起作用，使特性下垂（很软）。图中，I_B 是设定的电流截止值。这样的特性有时称为"挖土机"机械特性。

电流负反馈环节起主导作用时的自动调节过程如图 7-8 所示。

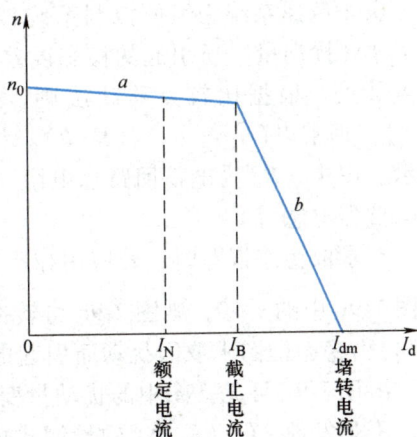

图 7-7 调速系统的"挖土机"机械特性

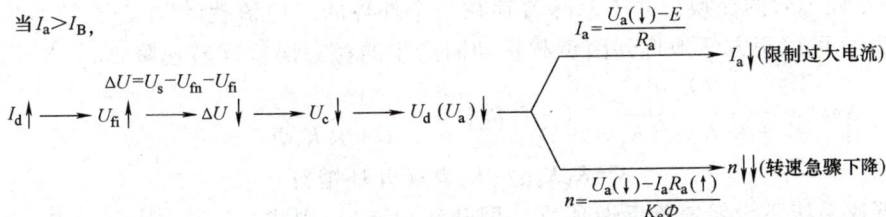

图 7-8 当电枢电流大于截止电流时，电流截止负反馈环节的作用

机械特性很陡下垂还意味着，堵转时（或起动时）电流不是很大。这是因为在堵转时，虽然转速 $n=0$，反电动势 $E=0$，但由于电流截止负反馈的作用，U_d 大大下降，从而使 I_d 不

致过大。此时电流称为堵转电流 I_{dm}（Locked-Rotor Current）（Block Current）。

通常，电动机的堵转电流整定得小于晶闸管允许的最大电流，大约为电动机额定电流 I_N 的 $2\sim2.5$ 倍，即 $I_{dm}=(2\sim2.5)I_N$。

应用电流截止负反馈环节后，虽然限制了最大电流，但在主回路中，还必须接入快速熔断器，以防止短路（Short Circuit）。在要求较高的场合，还要增设过电流继电器，以防在截止环节出故障时把晶闸管器件烧坏。整定时，要使熔丝额定电流>过电流继电器动作电流>堵转电流。

7.1.4 转速负反馈直流调速系统的性能分析

1. 系统稳定性分析

对直流电动机的框图简化后的传递函数，在第3章的图3-15和图3-21中已经给出：

$$\frac{N(s)}{U_a(s)}=\frac{1/(K_e\Phi)}{T_mT_as^2+T_ms+1}$$

代入图7-5中，由图可见，它是一个二阶系统，在5.1.5的分析中，已知二阶系统总是稳定的。但若考虑到晶闸管有延迟，晶闸管整流装置的传递函数便为 $K_s/(\tau_0s+1)$ ［见式（7-1）］，计及晶闸管延迟的系统框图如图7-9a所示。由图7-9可见，它实际上是一个三阶系统。在第5章5.1.5的分析中已知，若增益过大，它可能成为不稳定系统（参见例5-1中的分析）（有关三阶系统的稳定性，读者在题5-23~题5-26中已进行了分析）。

2. 系统稳态性能分析

由于调速系统为恒值控制系统，如前所述，恒值控制系统主要考虑的是负载阻力转矩 $(-T_L)$（扰动量）所引起的稳态误差。为便于分析起见，今将比较点③处的 $(-T_L)$ 移至比较点②处，根据比较点移动法则，$(-T_L)$ 移至②处，应乘以 $1/(K_T\Phi)$ 和 $1/[1/(L_ds+R_d)]$，即乘以 $(L_ds+R_d)/(K_T\Phi)$。将 $(-T_L)$ 移出后，直流电动机的框图就可简化为图7-9b所示。图中，R_d 为电枢回路总电阻（含平波电抗器电阻等），L_d 为电枢回路总电感（含平波电抗器电感等）。

在求取稳态误差时，曾应用拉氏变换终值定理 $[\lim\limits_{t\to\infty}f(t)=\lim\limits_{s\to0}sF(s)]$ 来求取 e_{ss}，如今若令图7-9b中的 $s\to0$，则图7-9b可转换为图7-9c所示的框图。这类框图通常称之为"稳态框图"，由稳态框图求取因扰动而引起的稳态误差比较直观方便。

由图7-9c可见，图中的扰动量变为 $-[T_L/(K_T\Phi)]R_d$，对比 $T_L/(K_T\Phi)$ 与 $T_e/(K_T\Phi)=I_a$，不难发现，$T_L/(K_T\Phi)$ 的量纲式也是电流 I，可标为 I_L，于是扰动量可标为 $(-I_LR_d)$，参见图7-9c。若不计摩擦力，则 $T_e\approx T_L$，因此可认为 $I_L\approx I_d$，于是扰动又可写为 $(-I_aR_d)$（这里仅是一种等效的交换，并不意味着存在一个外界的"电流扰动"）。

由图7-9c可以很方便地得到因负载扰动而产生的稳态误差（转速降 Δn）：

$$\Delta n=\frac{1/(K_e\Phi)}{1+K_kK_s\alpha/(K_e\Phi)}(-I_LR_d)\approx-\frac{1}{1+K}\frac{I_aR_d}{K_e\Phi} \tag{7-2}$$

式中

$$K=K_kK_s\alpha/(K_e\Phi)（开环增益）$$

若此调速系统不设转速负反馈环节（即开环系统），则式（7-2）中的 $\alpha=0$，于是 $K=0$，此时的转速降为

$$\Delta n=-\frac{I_aR_d}{K_e\Phi} \tag{7-3}$$

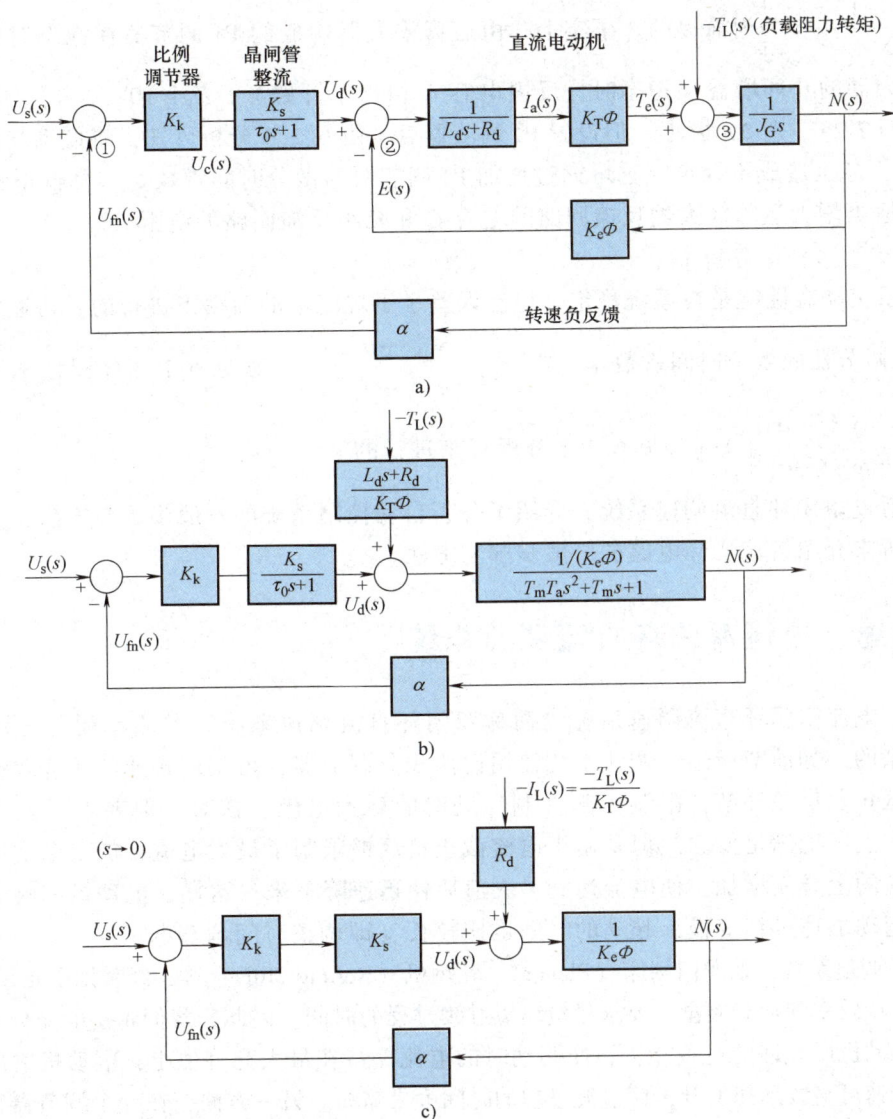

图 7-9 直流调速系统框图的变换（变换成稳态框图）

对照式（7-2）与式（7-3）可见：

调速系统增设了转速负反馈环节后，转速降减为开环时的 $1/(1+K)$，从而大大提高了系统的稳态精度。这是反馈控制系统一个突出的优点。

由以上分析可见，采用比例调节器的转速负反馈直流调速系统，不论 K_k 取值多少，总是有静差的。若对系统稳态性能要求较高的场合，则通常采用比例积分（PI）调节器。由于 PI 调节器的传递函数 $G_c(s) = \dfrac{K(Ts+1)}{Ts}$，其中含有积分环节，加之 PI 调节器又位于扰动量 T_L 作用点之前，因此该系统变为 I 型系统，对阶跃信号为无静差，即转速降 $\Delta n = 0$，静差率 $s = 0$。

这里的 $\Delta n = 0$，是一种理论上的数值，它是假设 PI 调节器的稳态增益为无穷大

$$\left[\lim_{s \to 0} \frac{K \ (Ts+1)}{Ts} \to \infty \right]$$ 为前提的。事实上，由运算放大器构成的 PI 调节器在稳态时的增益即为运算放大器的开环增益（稳态时，反馈电容 C 相当于开路）（$K_k = 10^6$ 左右）。若以此数值代入式（7-2），则 Δn 极小。但设置 PI 调节器后，由 6.2.3 分析可知，将使系统稳定性变差（$\gamma \downarrow$），甚至造成不稳定，这可通过增加 PI 调节器的微分时间常数 T 和降低增益 K 来解决（亦即适当增大运算放大器反馈回路的电容 C 和减小反馈回路的电阻 R）。

3. 系统动态性能分析

改善系统动态性能是在系统稳定、稳态误差小于规定值的前提下进行的，这通常也是通过增加 PI 调节器的微分时间常数 T（$T \uparrow \left< \begin{array}{l} \gamma \uparrow \to \sigma \downarrow \\ \omega_c \uparrow \to t_s \downarrow \end{array} \right.$）（参见 6.2.2 分析）和调整增益

K（$K \downarrow \left< \begin{array}{l} \gamma \uparrow \to \sigma \downarrow \\ \omega_c \downarrow \to t_s \uparrow \end{array} \right.$）（参见 6.2.1 分析）来进行的。

上面通过单闭环直流调速系统，介绍了分析自动控制系统的一般步骤与方法，下面将通过实例分析来介绍解读实际电路的一般步骤与方法。

7.2　转速、电流双闭环直流调速系统

转速、电流双闭环直流调速系统（简称双闭环直流调速系统）是由单闭环直流调速系统发展而来的。如前节所述，调速系统使用比例积分调节器，可实现转速的无静差调速。又采用电流截止负反馈环节，限制了起（制）动时的最大电流。这对一般要求不太高的调速系统，基本上已能满足要求。但是由于电流截止负反馈限制了最大电流，加上电动机反电动势随着转速的上升而增加，使电流达到最大值后便迅速降下来。这样，电动机的转矩也减小下来，使起动加速过程变慢，起动的时间也比较长（即调整时间 t_s 较长）。

而有些调速系统，如龙门刨床（Planer）、轧钢机（Rolling Mills）等，经常处于正反转状态，为了提高生产效率和加工质量，要求尽量缩短过渡过程的时间。因此，我们希望能充分利用晶闸管器件和电动机所允许的过载能力，使起动时的电流保持在最大允许值上，电动机输出最大转矩，从而转速可直线迅速上升，使过渡过程的时间大大缩短。另一方面，在一个调节器输入端综合几个信号，各个参数互相影响，调整也比较困难。为了获得近似理想的起动过程，并克服几个信号在一处综合的缺点，经过研究与实践，出现了转速、电流双闭环直流调速系统。⊖

7.2.1　转速、电流双闭环直流调速系统的组成

转速、电流双闭环直流调速系统原理图如图 7-10 所示。系统的组成框图如图 7-11 所示。

由图可见，该系统有两个反馈回路，构成两个闭环回路（故称双闭环）。其中一个是由电流调节器 ACR⊜和电流检测-反馈环节构成的电流环，另一个是由速度调节器 ASR⊝和转速

⊖ 双闭环控制针对控制系统中存在的多种干扰和变化进行优化，可以提高系统的稳定性、控制精度和响应速度。人生价值目标的实现也需要一个有效的双闭环系统。内环是自身理想值的目标调节，外环是克服各种外部困难和干扰去实现价值目标。

⊜ A 为放大器（Amplifier）缩写，CR 为电流调节器（Current Regulator）缩写。

⊝ A 为放大器（Amplifier）缩写，SR 为速度调节器（Speed Regulator）缩写。

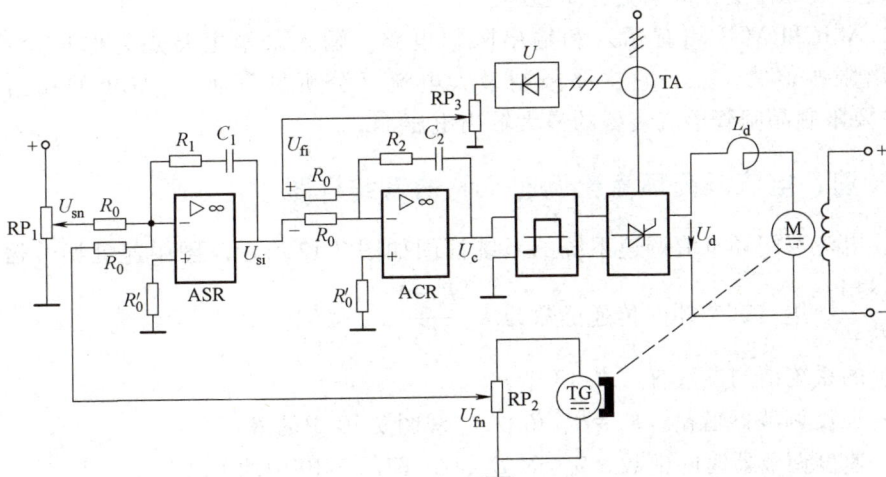

图 7-10 转速、电流双闭环直流调速系统原理图

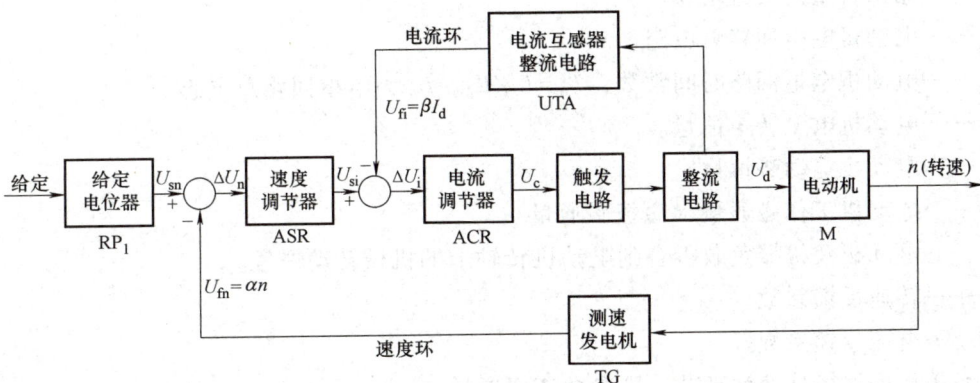

图 7-11 转速、电流双闭环直流调速系统组成框图

检测-反馈环节构成的速度环。由于速度环包围电流环，因此称电流环为内环（又称副环），称速度环为外环（又称主环）。在电路中，ASR 和 ACR 实行串级连接，即由 ASR 去 "驱动" ACR，再由 ACR 去 "控制" 触发电路。图中速度调节器 ASR 和电流调节器 ACR 均为比例积分（PI）调节器，其输入和输出均设有限幅电路（图中未标出）。

ASR 的输入电压为偏差电压 ΔU_n，$\Delta U_n = U_{sn} - U_{fn} = U_{sn} - \alpha n$（$\alpha$ 为转速反馈系数），其输出电压即为 ACR 的输入电压之一 U_{si}，其限幅值为 U_{sim}。

ACR 的输入电压为偏差电压 ΔU_i，$\Delta U_i = U_{si} - U_{fi} = U_{si} - \beta I_d$（$\beta$ 为电流反馈系数），其输出电压即为触发电路的控制电压 U_c，其限幅值为 U_{cm}。

ASR 和 ACR 的输入、输出量的极性，主要视触发电路对控制电压 U_c 的要求而定。这里设触发器要求 U_c 为正极性，由于运算放大器为反相输入端输入，所以 U_{si} 应为负极性。由于电流为负反馈，于是 U_{fi} 便为正极性。同理，由 U_{si} 要求为负极性，则 U_{sn} 应为正极性，又由于转速为负反馈，所以 U_{fn} 便为负极性。各量的极性如图 7-10 所示。在框图中，为简化起见，将调节器看成正相端输入，而将极性识别放到具体线路中去。这样调节器传递函数中的负号便可不写，使分析也更容易理解。

此外，ASR 和 ACR 均有输入和输出限幅电路。输入限幅主要是为保护运算放大器。ASR 的输出限幅值为 U_{sim}，它主要限制最大电流（分析见下面）。ACR 的输出限幅值为 U_{cm}，它主要限制晶闸管整流装置的最大输出电压 U_{dm}。

7.2.2 转速、电流双闭环直流调速系统的系统框图

转速、电流双闭环直流调速系统的系统框图如图 7-12 所示。图中速度调节器的传递函数为 $K_n \dfrac{T_n s+1}{T_n s}$，电流调节器的传递函数为 $K_i \dfrac{T_i s+1}{T_i s}$。

框图中的系统结构参数有（共 13 个）：

K_n——速度调节器增益，$K_n = R_n/R_0$，R_n 即图 7-10 中的 R_1。

T_n——速度调节器时间常数，$T_n = R_n C_n$，C_n 即图 7-10 中的 C_1。

K_i——电流调节器增益，$K_i = R_i/R_0$，R_i 即图 7-10 中的 R_2。

T_i——电流调节器时间常数，$T_i = R_i C_i$，C_i 即图 7-10 中的 C_2。

K_s——晶闸管整流装置增益。

R_d——电动机电枢回路总电阻。

T_d——电动机电枢回路时间常数，$T_d = L_d/R_d$，L_d 为电枢回路总电感。

K_T——电动机电磁转矩恒量。

K_e——电动机电动势恒量。

Φ——电动机工作磁通量（磁极磁通量）。

J_G——电动机及机械负载折合到电动机转轴上的机械转动惯量。

α——转速反馈系数。

β——电流反馈系数。

若系统再增添各种滤波环节，则参数还要增加。

图中的变量有（共 12 个）：

U_{sn}——给定量（输入量）。

n——转速（输出量）。

T_L——负载阻力转矩（扰动量）。

U_{fn}——转速反馈电压（反馈量）。

U_{fi}——电流反馈电压（反馈量）。

此外各种参变量有：ΔU_n 和 ΔU_i 为偏差电压，U_c 为控制电压，$U_d(U_a)$ 为整流输出电压（电动机电枢电压），I_a 为电枢电流（与整流装置输出电流 I_d 相同），E 为电动机反电动势，T_e 为电磁转矩。

框图中共有 9 个环节，其中一个反映了电磁惯性，一个反映了机械惯量。除了电动机内部的闭环外，还有两个闭环。系统框图把图中 9 个环节的功能框和它们之间的相互联系，把各种变量之间的因果关系、配合关系和各种结构参数在其中的地位和作用，都一目了然地、清晰地描绘了出来。这样的数学模型，就为我们以后分析各种系统参数对系统性能的影响，并进而研究改善系统性能的途径提供了一个科学而可靠的基础。

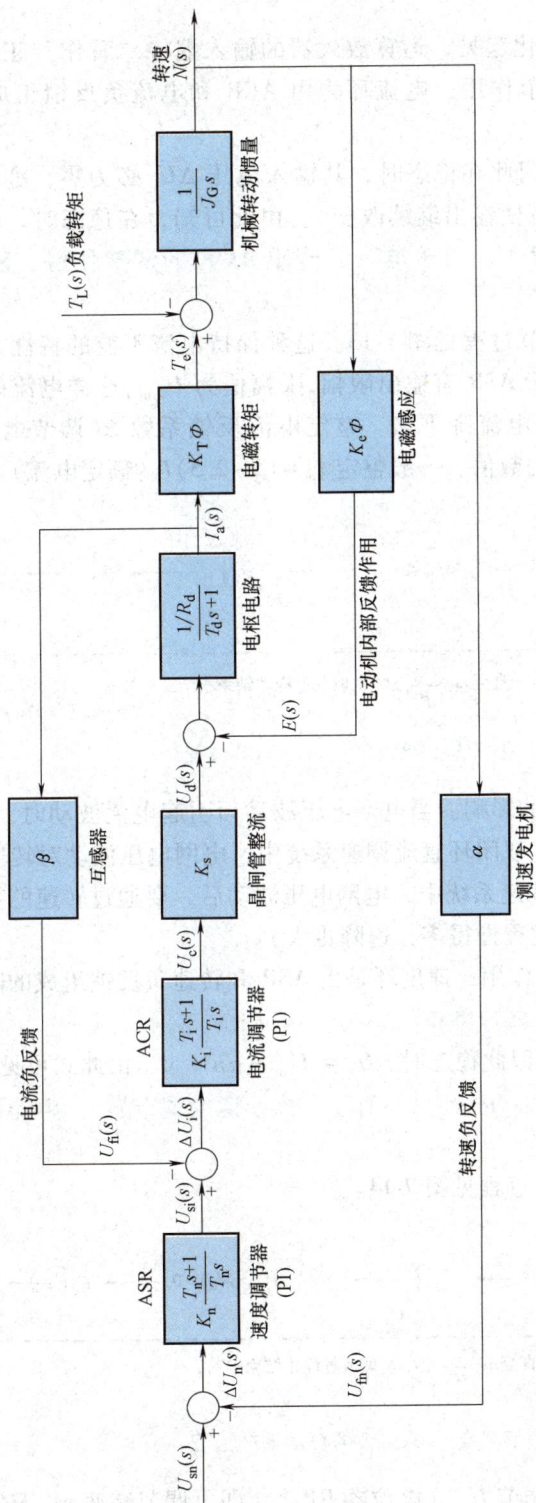

图 7-12 转速、电流双闭环直流调速系统的系统框图

7.2.3 转速、电流双闭环直流调速系统的工作原理和自动调节过程

在讨论工作原理时，为简化起见，运算放大器的输入端将"看作"正相输入端输入。

1）电流调节器 ACR 的调节作用：电流环为由 ACR 和电流负反馈组成的闭环，它的主要作用是稳定电流。

由于 ACR 为 PI 调节器，因此在稳态时，其输入电压 ΔU_i 必为零，亦即 $\Delta U_i = U_{si} - \beta I_d = 0$。（若 $\Delta U_i \neq 0$，则积分环节将使输出继续改变）。由此可知，在稳态时，$I_d = U_{si}/\beta$。此式的物理含义是：U_{si} 为一定的情况下，由于电流调节器 ACR 的调节作用，整流装置的电流将保持在 U_{si}/β 的数值上。

假设 $I_d > U_{si}/\beta$，其自动调节过程见图 7-13。这种保持电流不变的特性，将使系统能：

① 自动限制最大电流。由于 ASR 有输出限幅，限幅值为 U_{sim}，这样电流的最大值便为 $I_m = U_{sim}/\beta$，当 $I_d > I_m$ 时，电流环将使电流降下来。整定电流反馈系数 β（调节电位器 RP_3）或整定 ASR 限幅值 U_{sim}，即可整定 I_m 的数值。一般整定 $I_m = (2 \sim 2.5)I_N$（额定电流）。

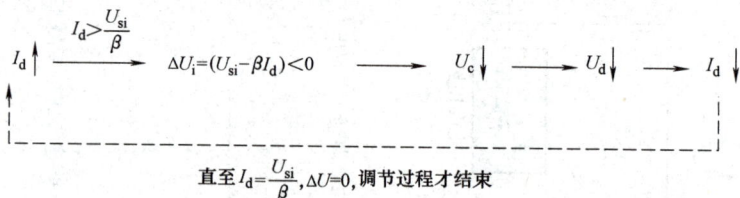

$$I_d \uparrow \xrightarrow{I_d > \frac{U_{si}}{\beta}} \Delta U_i = (U_{si} - \beta I_d) < 0 \longrightarrow U_c \downarrow \longrightarrow U_d \downarrow \longrightarrow I_d \downarrow$$

直至 $I_d = \dfrac{U_{si}}{\beta}$，$\Delta U = 0$，调节过程才结束

图 7-13　电流环的自动调节过程

② 有效抑制电网电压波动的影响。当电网电压波动而引起电流波动时，通过 ACR 的调节作用，使电流很快恢复原值。在双闭环直流调速系统中，电网电压波动对转速的影响几乎看不出来（在仅有转速环的单闭环调速系统中，电网电压波动后，要通过转速的变化，并进而由转速环来进行调节，这样，调节过程慢得多，速降也大）。

2）速度调节器 ASR 的调节作用：速度环是由 ASR 和转速负反馈组成的闭环，它的主要作用是保持转速稳定，并最后消除转速静差。

由于 ASR 也是 PI 调节器，因此稳态时 $\Delta U_n = U_{sn} - \alpha n = 0$。由此式可见，在稳态时，$n = U_{sn}/\alpha$。此式的物理含义是：$U_{sn}$ 为一定的情况下，由于速度调节器 ASR 的调节作用，转速 n 将稳定在 U_{sn}/α 的数值上。

假设 $n < U_{sn}/\alpha$，其自动调节过程见图 7-14。

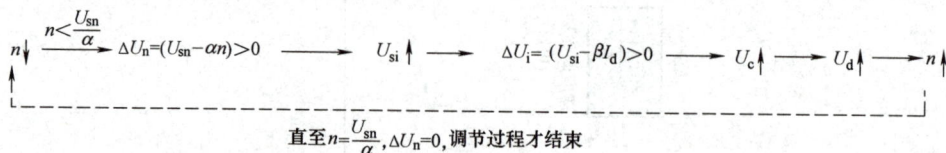

$$n \downarrow \xrightarrow{n < \frac{U_{sn}}{\alpha}} \Delta U_n = (U_{sn} - \alpha n) > 0 \longrightarrow U_{si} \uparrow \longrightarrow \Delta U_i = (U_{si} - \beta I_d) > 0 \longrightarrow U_c \uparrow \longrightarrow U_d \uparrow \longrightarrow n \uparrow$$

直至 $n = \dfrac{U_{sn}}{\alpha}$，$\Delta U_n = 0$，调节过程才结束

图 7-14　速度环的自动调节过程

此外，由 $n = U_{sn}/\alpha$ 可见，调节 U_{sn}（电位器 RP_1），即可调节转速 n。整定电位器 RP_2，即可整定转速反馈系数 α，以整定系统的额定转速。

由上面分析还可见，当转速环要求电流迅速响应转速 n 的变化时，而电流环则要求维持电流不变。这种性能会不利于电流对转速变化的响应，有使静特性变软的趋势。但由于转速环是外环，电流环的作用只相当转速环内部的一种扰动而已，不起主导作用。只要转速环的开环放大倍数足够大，最后仍然能靠 ASR 的积分作用，消除转速偏差。

7.2.4 转速、电流双闭环直流调速系统的性能分析

1. 系统稳态性能分析

1）由第 5 章 5.2.5 中的分析可知，自动调速系统要实现无静差，就必须在扰动量（如负载转矩变化或电网电压波动）作用点前，设置积分环节。由图 7-12 可见，在双闭环直流调速系统中，虽然在负载扰动量 T_L 作用点前的电流调节器为 PI 调节器，其中含有积分环节，但它被电流负反馈回环所包围后，由第 6 章 6.3 中的分析可知，电流环的等效的闭环传递函数中，便不再含有积分环节了（参见表 6-2），所以速度调节器还必须采用 PI 调节器，以使系统对阶跃给定信号实现无静差。

2）双闭环调速系统的机械特性。由于 ASR 为 PI 调节器，系统为无静差，稳态误差很小，一般来讲，能满足大多生产上的要求。其机械特性近似为一水平直线，如图 7-16 中的 a 段所示。

当电动机发生严重过载，且 $I_d > I_m$ 时，电流调节器将使整流装置输出电压 U_d 明显降低，这一方面限制了电流 I_d 继续增长，另一方面将使转速迅速下降，[由 $n = (U_d - I_d R_d)/K_e \Phi$ 可见，当 $I_d R_d \uparrow$ 及 $U_d \downarrow$ 时，转速 n 将迅速下降至零]，于是出现了很陡的下垂特性，见图 7-16 中的 b 段。此时的调节过程如图 7-15 所示。

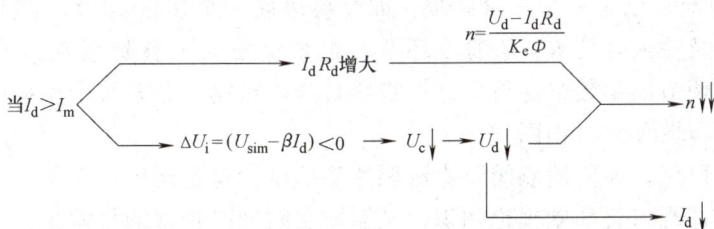

图 7-15 电流 I_d 大于允许最大电流 I_m 时的转速变化

在图 7-16 中，虚线为理想"挖土机特性"，实线为双闭环直流调速系统的机械特性，由图可见，它已很接近理想的"挖土机特性"。

2. 系统稳定性分析

（1）电流环分析 由图 3-21 可见，直流电动机的等效传递函数为一个二阶系统（见 7.1.4 分析），如今串接一个电流（PI）调节器，这样电流环便是一个三阶系统，若计及晶闸管延迟或调节器输入处的 R、C 滤波环节（它相当于一个小惯性环节），那便成了四阶系统。这时，倘若电动机的机电时间常数（T_m）

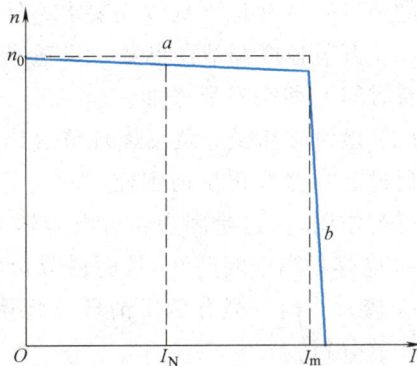

图 7-16 双闭环直流调速系统的机械特性

较大，再加上电流调节器参数整定不当，则有可能形成振荡（这在系统调试时，是常遇到的），这时可采取的措施有：

1）增加电流调节器的微分时间常数 T_i（$R_i C_i$），主要是适当增大电容 C_i，这是因为微分环节能改善系统的稳定性（见第 6 章 6.2.2 中的分析）[比例微分环节对相位稳定裕量的影响是使 $\varphi(\omega_c)$ 加 $\arctan T_i \omega_c$，因此增大 T_i，相位稳定裕量也增加，系统稳定性改善]。

2）降低电流调节器的增益 K_i（R_i/R_0），主要是减小 R_i[通常，减小增益有利于系统的稳定性（见第 5 章 5.1.5 及第 6 章 6.2.1 中的分析）]。当然 $K_i\downarrow \to \omega_c \downarrow \to t_s \uparrow$，会使快速性差些。

3）在电流调节器反馈回路（R_i、C_i）两端再并联一个 $1\sim2\mathrm{M}\Omega$ 的电阻（R_2）（如第 3 章图 3-26d 所示）。此时电流调节器的传递函数为

$$G(s) = \frac{U_o(s)}{U_i(s)} = \frac{R_2'}{R_0} \frac{(R_i C_i s + 1)^{\ominus}}{[(R_i + R_2')C_i s + 1]}$$

将上式与 PI 调节器传递函数对照，不难发现，除了增益由 $R_i/(R_0 T_i)$ 变为 R_2'/R_0 外，最主要的是积分环节被惯性环节取代，这显然有利于改善系统稳定性，但使系统的稳态性能变差（系统由 I 型变为 0 型，变为有静差）。当然，由于 R_2' 为 $1\sim2\mathrm{M}\Omega$ 高值电阻，比例系数仍然相对较大，可使系统的稳态误差仍保持在允许范围内。

（2）速度环分析　在系统调试时，通常是先将电流调节器的参数整定好，使电流环保持稳定，稳态误差也较小；然后在此基础上，再整定速度调节器参数（T_n 及 K_n）。由图 7-12 可见，电流环已是一个三阶系统，如今再串联一个速度（PI）调节器，则系统将为四阶系统，若计及输入处的 R、C 滤波环节，则系统便成了五阶系统，若电流环整定得不好，再加上速度调节器参数整定得不好，很容易产生振荡。若系统产生振荡，可以采取的措施与调节电流调节器参数时相同。

由以上分析可见，如何使双闭环直流调速系统既能稳定运行，又能达到所要求的技术性能指标，将是一件既需要基础理论知识，又需要实践经验积累的技术工作。

3. 系统动态性能分析

由于转速、电流双闭环直流调速系统是一个四阶系统，因此，它的动态性能（主要是最大超调量）往往达不到预期要求，针对这种情况，可以采取的措施有：

（1）调节速度调节器参数　可适当降低 K_n（即降低 R_n），以使最大超调量（σ）减小，但调整时间 t_s 将会有所增加。

（2）增设转速微分负反馈环节（Derivative Negative Feedback）　微分负反馈环节就是反馈量通过电容器 C 再反馈到控制端（见图 6-15）；这种反馈的特点是只在动态时起作用（稳态时不起作用）。这是因为通过电容器 C 的电流 $i_C \propto (\mathrm{d}U_{fn}/\mathrm{d}t) \propto (\mathrm{d}n/\mathrm{d}t)$；稳态时，$\mathrm{d}n/\mathrm{d}t = 0$（电容相当于断路），这时微分负反馈不起作用。而当转速超调量过大、转速上升过快（$\mathrm{d}n/\mathrm{d}t$ 较大）时，微分负反馈环节将使 $\mathrm{d}n/\mathrm{d}t$ 减小，使转速的最大超调量减小（可参见表 6-2h 中的分析）。

$\ominus$　此结果已在第 3 章习题 3-9 中，由读者求得（参见图 3-26d）。

7.2.5 转速、电流双闭环直流调速系统的优点

综上所述，可知转速、电流双闭环直流调速系统具有明显的优点：

1）具有良好的静特性（接近理想的"挖土机特性"）。

2）具有较好的动态特性，起动时间短（动态响应快），超调量也较小。

3）系统抗扰动能力强，电流环能较好地克服电网电压波动的影响，而速度环能抑制被它包围的各个环节扰动的影响，并最后消除转速偏差。

4）由两个调节器分别调节电流和转速。这样，可以分别进行设计，分别调整（先调好电流环，再调速度环），调整方便。

由于双闭环直流调速系统的动、静态特性均很好，所以它在冶金、机械、造纸、印刷及印染等许多领域获得很多的应用。

7.2.6 给定积分器的应用

在前面讨论的系统中，系统的给定信号采用的是阶跃信号（相当于合上开关时产生的信号）。如前所述，在双闭环直流调速系统中，起动时，速度调节器 ASR 通常处于限幅状态（输出最大允许值），依靠电流调节器 ACR 的调节作用，使电流保持在最大允许值 I_m，在负载一定的条件下，电动机将以最大的等加速度起动，实现了较理想的快速起动过程。但对于某些生产机械，并不要求快速起动，相反地，要求机械平稳起动，并且对起动的加速度提出了确定的限制性要求，例如高炉卷扬机，矿井提升机，冷、热连轧机等。对于这些机械，若加速度过大，不仅会影响产品质量，还可能会发生设备事故。因此，对于这些机械，系统的给定信号不能直接采用阶跃信号，而是通过一个"给定积分器"，将正、负阶跃信号转换成上升（或下降）斜率（对应加速度或减速度）可调的斜坡输入信号（见图7-17）。

给定积分器实质上是一个具有限幅的斜坡函数发生器，将阶跃信号转换成带限幅的斜坡信号。专用的集成电路（如L292）可提供较理想的控制特性。应用给定积分器后的起动曲线如图7-17所示。

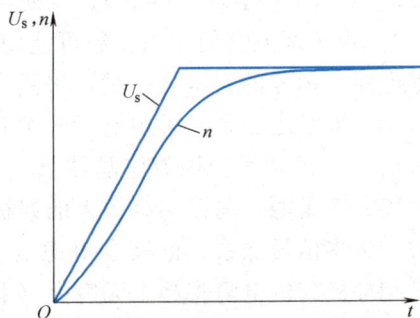

图7-17 斜坡信号输入时的转速曲线

*7.2.7 调节器的实用电路（阅读材料）

图7-18为由 FC54 运算放大器构成的 PI 调节器的实用电路[⊖]，现对实用电路中的各个元器件的作用介绍如下：

1. 调节器零点调节、零点漂移（Zero Drift）抑制和锁零电路

1）对运放器（和由它构成的调节器）的基本要求之一是"零输入时，零输出"，若由于某种原因（如温度变化使运放器内某单元参数发生变化）而造成零输入时输出不为零，则可调节电位器 RP_1，使输出为零（RP_1 称为调零电位器）。有的运放器有自动调零功能。

2）采用 PI 调节器后，由于反馈回路中串有电容器，因此，在稳态时，反馈回路相当于

⊖ 电动机控制有多种专用集成电路，见参考文献 [9]。

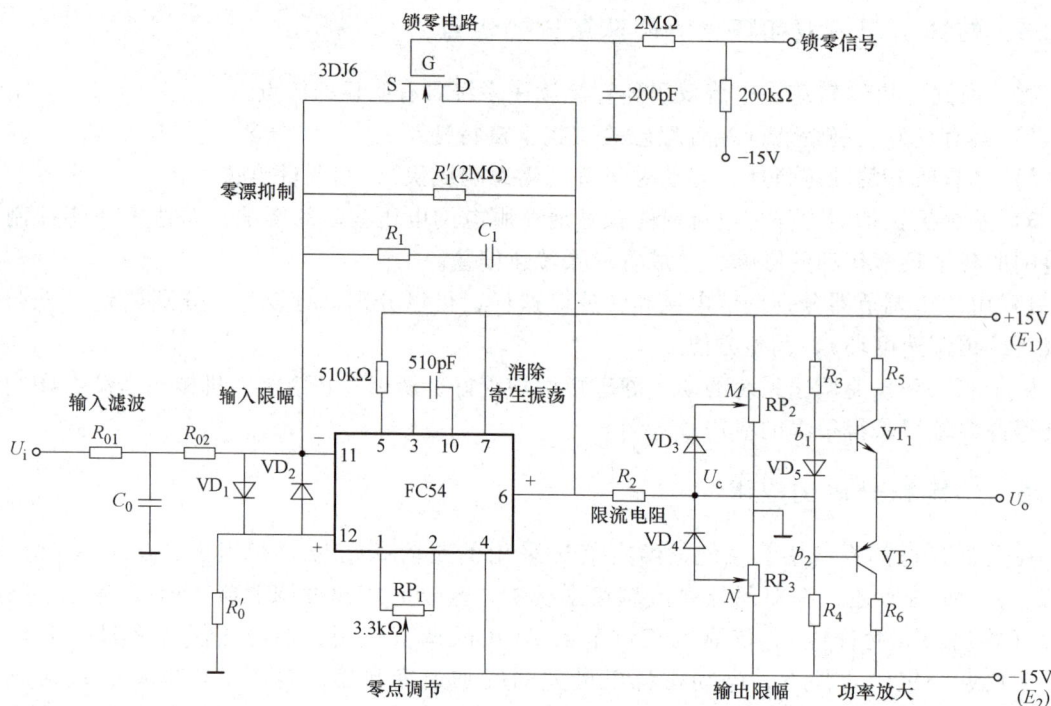

图7-18　调节器实用电路

断路，运放器零点漂移的影响便很大，所以在反馈回路两端再并联一个反馈电阻 R_1'，如图7-18所示。R_1' 一般取 $2\sim4\mathrm{M\Omega}$，以使零漂引起的输出电压的波动受到负反馈的抑制。

3）由于运放器的零漂，还可能使系统在"停车"时发生窜动（或蠕动），为此常采用锁零电路。锁零的方案之一是：采用主令接触器的常闭触点在"停车"时将输出端与输入端短接；方案之二是：采用电子开关将输出端与输入端短接，如图7-18所示。图中电子开关采用 N 沟道耗尽型场效应晶体管（如3DJ6）。当"停车"时，发出锁零信号，使栅极电压为零，于是源、漏极间有较大的漏极电流通过，相当于触点闭合，起锁零作用。当系统运行时，锁零信号除去，栅极在电源（-15V）作用下呈负压，当栅极负压等于夹断电压后，源极与漏极间的电阻将趋于无穷大（相当于断路）。栅极电路中的阻容滤波环节主要提高抗干扰能力，以防误动作。

2. 寄生振荡（Parasitic Oscillation）的消除

当放大器接成闭环后，运放器放大倍数很高以及晶体管有结间电容，引线有电感和分布电容，使输出与输入间存在寄生耦合，从而产生高频寄生振荡。为消除可能产生的寄生振荡，可在 FC54 元件的 3、10 两引脚间外接一补偿电容 C_c（此处为510pF）。

3. 调节器的输入限幅（Input Limiter）和输入滤波电路（Input Filter）

在运放器的正相输入端（12引脚）和反相输入端（11引脚）间，外接了 VD_1 和 VD_2 两个反并联的二极管，它们构成正、反向输入限幅器。它们主要防止过大的信号输入使运放器发生"堵塞现象"。

电阻 R_{01}、R_{02} 和电容 C_0 组成了 T 形输入滤波电路，它主要是为了滤去输入信号中的谐波分量，并起延缓作用。对稳态，电容 C_0 相当断路，其输入回路电阻 $R_0=R_{01}+R_{02}$（一般取

$R_{01} = R_{02}$，其阻值取 $10 \sim 20\text{k}\Omega$）。对动态，输入滤波器相当于一个"惯性环节"。

4. 调节器的输出限幅电路（Output Limiter）

在控制系统中，有时为了防止元件过载，有时出于控制系统对电路的要求，常常需要限制调节器输出电压的幅值。输出限幅电路有多种，图 7-18 中为常用的由二极管钳位（Clamping）的输出限幅电路（又称外限幅）。

图中 E_1、E_2 为正、负电源，电位器 RP_2、RP_3 调节正、反向电压的限幅值。当输出电压 $U_c > (U_M + \Delta U_D)$ 时（式中 U_M 为 M 点对地的电压，ΔU_D 为二极管压降），二极管 VD_3 导通，则输出电压被钳位在 $(U_M + \Delta U_D)$ 的数值上。即其正向电压的限幅值 $U_{cm}^+ = U_M + \Delta U_D$。同理，当 $U_c < (U_N - \Delta U_D)$ 时，二极管 VD_4 导通，所以反向限幅值 $U_{cm}^- = U_N - \Delta U_D$（此处 U_N 本身为负值）。图中 R_2 为限流电阻。

5. 调节器的输出功率放大电路

集成运算放大器的最大输出功率是有限的，例如 5G305 最大输出电流为 5mA，FC54 为 10mA，因此，一般不能直接驱动负载，而必须外加功率放大电路（见图 7-18）。

功率放大电路的主体是由 VT_1、VT_2 构成的推挽功率放大器（Push-Pull Power Amplifier）。R_5、R_6 为保护电阻，是为了防止输出端短路时 VT_1、VT_2 电流过大。二极管 VD_5 是用来补偿 VT_1 和 TV_2 死区的，这是因为晶体管 VT_1、VT_2 的基极特性中总有 $0.1 \sim 0.3\text{V}$ 的死区。它使功放级的输出特性也形成一个死区，如图 7-19 中虚线所示。

如今在由 R_3 和 R_4 构成的功率放大器的基极支路中，增设一个二极管 VD_5（见图 7-18），并且使 $R_3 = R_4$。由于 $|E_1| = |E_2|$，若不增设二极管 VD_5，则当运放器无输出信号时，图中 b_1 点的电位和 b_2 点的电位（亦即两个晶体管 VT_1 和 VT_2 的基极电位 V_{b1} 和 V_{b2}）均为零，即 $V_{b1} = V_{b2} = 0$。如今增设了二极管 VD_5，这样，基极支路经 R_3、R_4 和 VD_5 分压后，晶体管 VT_1 的基极电位附加了 $+\Delta U_D/2$ 的电压，VT_2 的基极电位附加了 $-\Delta U_D/2$ 的电压（ΔU_D 为二极管 VD_5 的管压降）。这样运放器克服 VT_1 和 VT_2 的死区所需的电压各减少了 $\Delta U_D/2$。显然，功放级输出特性的死区的正、负两边各缩小了 $\Delta U_D/2$，如图 7-19 的实线所示。

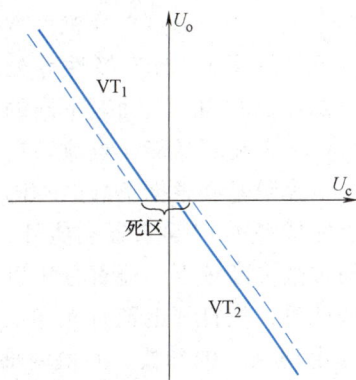

图 7-19　功率放大电路的输出特性

*7.2.8　转速、电流双闭环数字式直流调速系统

前面我们所讨论的转速、电流双闭环直流调速系统（见图 7-10），其速度调节器 ASR、电流调节器 ACR 及触发电路等控制部分都是采用运算放大器、晶体管和阻容等器件构成的，系统中传输的控制信号均为模拟量，故该系统又称为模拟式调速系统。随着单片机应用技术的迅猛发展，传统的模拟式调速系统正逐渐被具有单片机控制的数字式调速系统所取代。下面简单介绍数字式直流调速系统的组成、工作原理及应用。

1. 数字式直流调速系统的组成

图 7-20 为数字式转速、电流双闭环直流调速系统的功能框图。数字式调速系统与模拟式调速系统的主要差别在于：前者采用单片机及数字调节技术（程序）取代后者的模拟式

速度调节器、电流调节器及触发电路。框图主要由以下部分组成：输入部分、转速环、电流环、触发逻辑及晶闸管主电路。除晶闸管主电路及脉冲变压器外，其他部分均由软件实现。

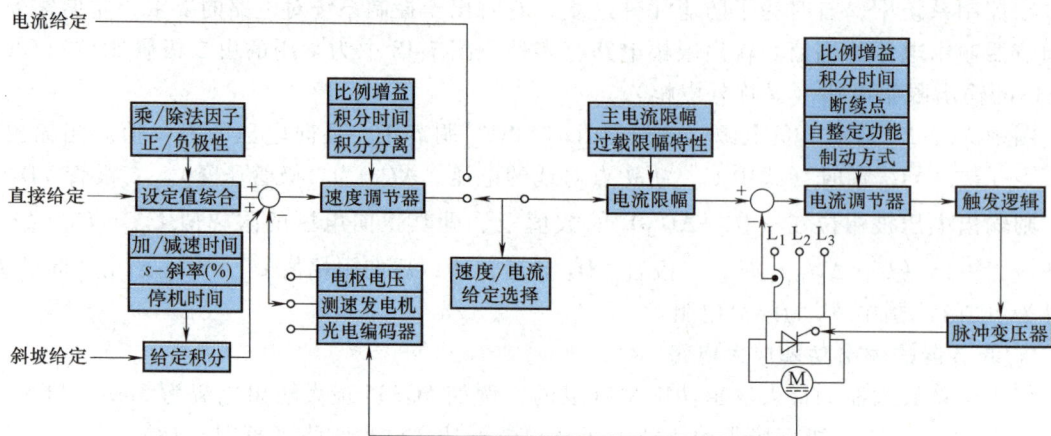

图 7-20　数字式转速、电流双闭环直流调速系统功能框图

2. 数字式直流调速系统的软件功能

（1）输入部分　外部给定信号可由直接给定输入端或斜坡给定输入端进入系统。在设定值综合模块中，通过单片机可方便地对输入信号（A-D 转换后）进行扩大（乘法因子）、缩小（除法因子）、改变极性等处理；在给定积分模块中，可调整给定积分的加/减速时间、斜率及停机时间，从而对不同的负载实现最佳的起、制动特性。

（2）电流环功能　电流环包括电流限幅及电流调节器。电流限幅模块可根据实际要求设置主电流限幅和根据负载的不同设置过载限幅特性，实现对系统的过电流保护；电流调节器除了完成基本 PI 调节器功能外，系统可在电流环参数设置菜单中预先设置比例增益、积分时间常数、断续点电流百分比以及制动方式。电流环的自整定功能更提供了先进调试手段。在调试时，先打开电流环菜单，将自整定功能置为"ON"，数字式调速系统便自动测试对象（电动机）的参数，并由内部程序自动生成 PI 调节器参数。

（3）转速环功能　与电流环相同，可以在参数设定子菜单下找到速度环，在速度环菜单中，可以方便地设置转速环 PI 调节器的比例增益和积分时间常数，为改善电动机的起动性能，可启用积分分离功能，使系统在起动时转速调节器表现为 P 调节器。根据实际的反馈元件，可在菜单中选择电枢电压负反馈、测速发电机负反馈或光电编码器负反馈模式。转速环中的自适应功能，使数字式调速系统的控制性能更加完美。

（4）触发逻辑　触发逻辑的功能是按照主电路晶闸管的导通时序分配脉冲。

数字式直流调速系统的工作原理与模拟式的完全相同，由于采用了软件编程的数字式调节器取代模拟调节器，即用软件完成 PI 调节功能，系统的功能大大加强，而且控制灵活、方便。

3. 数字式直流调速系统的硬件组成

图 7-21 为典型数字式直流调速系统的硬件框图。各部分功能简述如下：

（1）模拟量输入　对输入的速度给定、电流给定等信号进行 A-D 转换及定标[⊖]。

⊖　定标信号是指在性质与数值上，与将进行比较的信号相匹配的信号。

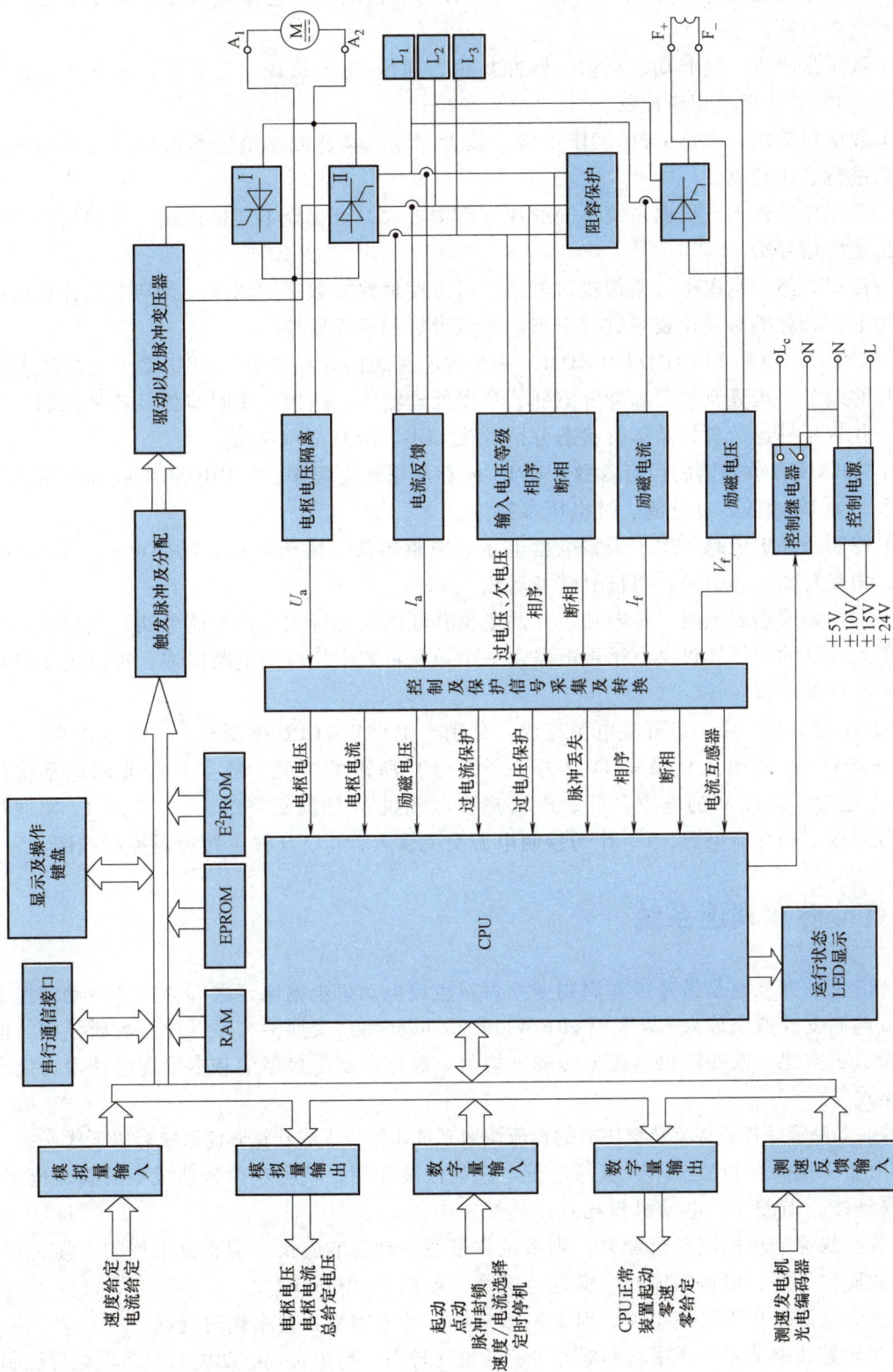

图 7-21 典型数字式直流调速系统的硬件框图

（2）模拟量输出　经 D-A 转换，输出定标后的电枢电压、电枢电流及总给定电压，供给显示与监控电路。

（3）数字量输入　将起动、点动、脉冲封锁、速度/电流选择、定时停机等开关量信号输入 CPU，供 CPU 做出相应控制。

（4）数字量输出　发出 CPU 工作正常、装置起动、零速或零给定等信号，以便与外部控制电路进行联锁控制。

（5）测速反馈输入　根据系统不同的速度反馈方式，可选择不同输出端，反馈信号经转换后输出定标信号给 CPU。

（6）接口电路　利用串行通信接口电路，可方便地建立数字式调速装置与上位计算机的通信，用上位计算机对调速装置进行组态、参数设置和远程监控。

（7）CPU 及 RAM/EPROM/E^2PROM　这是调速系统的核心部分，CPU 除了完成速度环与电流环的调节、运算及触发脉冲分配外，还要处理输入、输出、实时监控及各种控制、保护信号，并将各种运行参数及运行状态分别送往 LCD、LED 显示出来。

其中，RAM 存放当前的运行参数。EPROM 存放系统主程序。E^2PROM 存放各种用户选择的参数，如 PI 参数，过电流、过电压参数等。

（8）控制及保护电路　用于采集电枢电压、电枢电流、励磁电压、励磁电流、欠电压、过电压、相序及断相等信号，将信号转换后输入 CPU。

（9）主电路及励磁电路　主电路包含两个反并联的三相桥式全控整流电路，其触发信号由驱动单元经脉冲变压器提供。励磁电路由一个单相桥式半控整流电路组成，提供电动机可控的励磁电压及电流。

（10）控制电源　由一组开关电源组成，分别产生±5V（CPU 电源）、±15V（A-D，D-A 转换）、±10V（给定电压）及 +24V（开关量信号）所需的电源。数字式直流调速系统的 A_1、A_2 端连接电动机 M 的电枢，F_+、F_- 端连接电动机 M 的励磁绕组，L_1、L_2、L_3 端通过主接触器连接三相交流电源，L、N 为控制电源交流输入，L_c、N 接主接触器控制线圈。

7.3　直流脉宽调速系统

直流脉宽调速系统是通过脉宽调制变换器对直流电动机电枢电压进行调节的自动调速系统。脉宽调制变换器也称为 PWM（Pulse Width Modulation）变换器，是一种直流斩波器，能够通过调节占空比，改变输出直流电压的平均值。脉宽调制变换器的基本原理已在电力电子技术中阐述。

与普通晶闸管相控式整流装置供电的直流调速系统相比，直流脉宽调速系统有以下优点：

1）由于采用高频斩波技术，仅靠电枢电感的滤波作用，就可获得脉动很小的直流电流，电流容易连续，谐波少，电动机损耗及发热都较小。

2）若与快速响应的电动机配合，则系统频带宽，动态响应快，动态抗干扰能力强。

3）低速性能好，稳速精度高，调速范围宽，可达 1∶10000 左右。

4）直流电源采用不可控整流，对电网影响小，功率因数和效率相对提高。

5）主电路线路简单，所用功率器件少，性价比较高，易于实现电动机的四象限运行控制。

由于有上述优点，直流脉宽调速系统的应用日益广泛，特别是在中、小容量的高动态性能系统中，已经取代了晶闸管相控式整流装置供电的直流调速系统。

直流脉宽调速系统和晶闸管相控式整流装置供电的直流调速系统的主要区别在主电路和 PWM 控制电路，其闭环控制系统以及静、动态分析和设计方法基本相同。本节主要介绍直流脉宽调制电路及其主要控制方式、双闭环直流脉宽调速系统的组成及系统的数学模型，最后给出一个采用计算机控制的直流脉宽调速系统实例。

7.3.1 直流脉宽调制电路

直流脉宽调制电路有不可逆运行直流脉宽调制电路和可逆运行直流脉宽调制电路两类，本节分别介绍它们的工作原理。

1. 不可逆运行直流脉宽调制电路及工作原理

不可逆运行直流脉宽调制电路分为两类：无制动作用的直流脉宽调制电路和有制动作用的直流脉宽调制电路，这里只分析常用的有制动作用的直流脉宽调制电路。

常用的有制动作用的直流脉宽调制电路如图 7-22a 所示。这种电路组成的 PWM 调速系统可使电动机在一、二两个象限中运行。

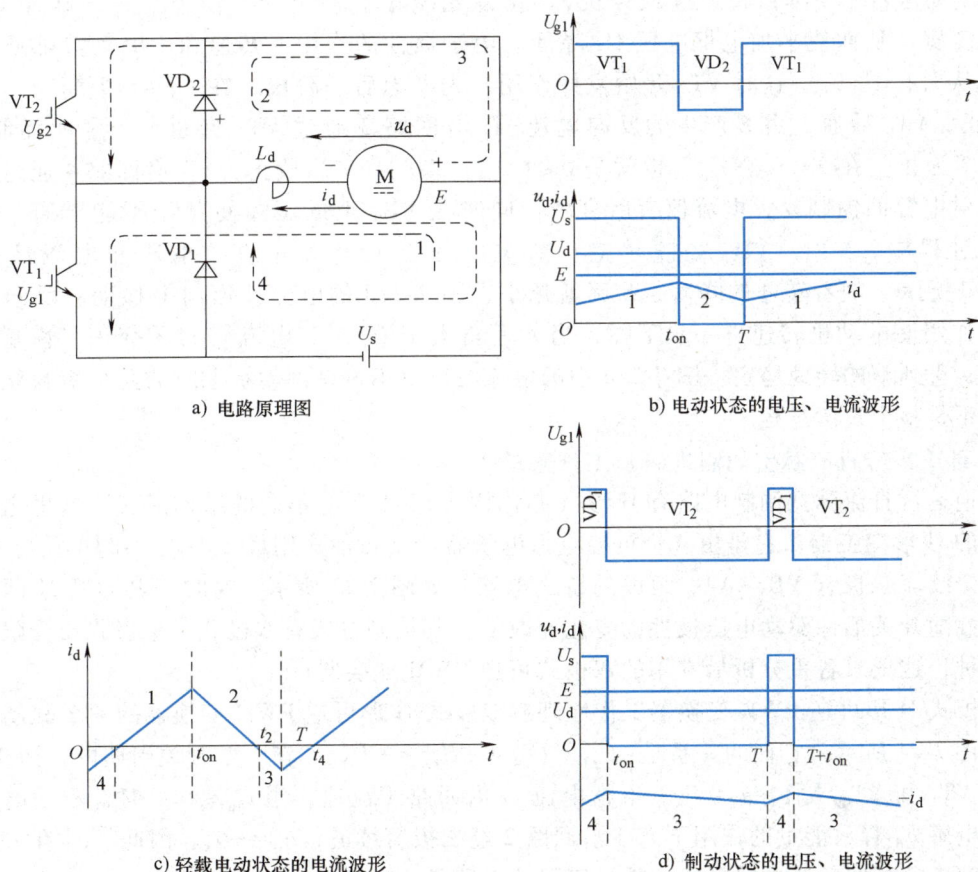

a) 电路原理图

b) 电动状态的电压、电流波形

c) 轻载电动状态的电流波形

d) 制动状态的电压、电流波形

图 7-22　有制动作用的直流脉宽调制电路

电压和电流波形有三种不同的情况，如图 7-22b ~ d 所示。无论何种状态，功率开关器

件 VT_1 和 VT_2 的驱动电压都是大小相等、极性相反的，即 $U_{g1} = -U_{g2}$。当电动机在电动状态下运行时，平均电流应为正值，一个周期内分两段变化。在 $0 \leqslant t < t_{on}$ 期间，U_{g1} 为正，VT_1 饱和导通；U_{g2} 为负，VT_2 截止。此时，电源电压 U_s 加到电枢两端，电流 i_d 沿着图中的回路1流通。在 $t_{on} \leqslant t < T$ 期间，U_{g1} 和 U_{g2} 都变换极性，VT_1 截止，但 VT_2 却不能导通。这是因为电感 L_d 释放能量，使 i_d 沿回路2经二极管 VD_2 流通，见图7-22a，给 VT_2 施加反压，使它失去导通的可能。因此，实际上是 VT_1、VD_2 交替导通，而 VT_2 始终不通，其电压和电流波形如图7-22b所示。

在轻载电动状态时，由于负载电流较小，以至于当 VT_1 关断后 i_d 的续流很快就衰减到零，如图7-22c中 $t_{on} \leqslant t < T$ 期间的 t_2 时刻。参看图7-22a，这时二极管 VD_2 两端的压降也降为零并开始承受反向压降，使 VT_2 得以导通，反向电动势 E 产生的反向电流 $-i_d$ 沿回路3流通，作为局部时间内的能耗制动。等到 $t = T$，相当于 $t = 0$ 时刻，VT_2 关断，$-i_d$ 又只能沿着回路4经 VD_1 续流，尽管 VT_1 的控制信号 U_{g1} 为正，但这时 VT_1 却不能导通。直到 $t = t_4$ 时，$-i_d$ 衰减到零，VT_1 才开始导通，**一个开关周期内4个管子 VT_1、VD_2、VT_2、VD_1 轮流导通**。其电流波形如图7-22c所示。

在电动运行中要降低转速（或停机），应首先减小控制电压，使 U_{g1} 的正脉冲变窄，负脉冲变宽，从而使平均电枢电压 U_d 降低。由于惯性的作用，转速和反电动势都还没有变化，从而有 $E > U_d$。这时 VT_2 开始发挥作用。先考虑后一阶段，在 $t_{on} \leqslant t < T$ 期间，由于 U_{g2} 变正，VT_2 导通，由 E 产生的反向电流 $-i_d$ 沿回路3通过 VT_2 流通，产生能耗制动，直到 $t = T$ 为止。在 $T \leqslant t < T + t_{on}$（也就是 $0 \leqslant t < t_{on}$）期间，VT_2 截止，$-i_d$ 沿回路4通过 VD_1 续流，对电源回馈制动，电流值有所衰减，同时在 VD_1 上的压降使 VT_1 不能导通。在整个制动过程中，**VT_2、VD_1 轮流导通，而 VT_1 始终截止**，相应的电压和电流波形如图7-22d所示。随着转速的降落，E 逐渐减小，图7-22d的电流波形向上移动，反向电流的制动作用使电动机转速进一步下降，当 E 不再大于 U_d 后，电流 i_d 过零变正，恢复到电动状态，直到新的转速稳定。图7-22d中的电流波形只不过是制动状态时的几个短暂状态而已，并不是整个过渡过程。

2. 可逆运行直流脉宽调制电路及工作原理

可逆运行直流脉宽调制电路有 H 形（亦称桥式）、T 形等不同的结构形式。这里主要分析常用的 H 形变换器。它是由4个可控电力电子器件（目前应用最多的是 IGBT）$VT_1 \sim VT_4$ 以及4个续流二极管 $VD_1 \sim VD_4$ 组成的桥式电路，如图7-23所示。这时，电动机 M 两端电压的极性随开关器件驱动电压极性的变化而改变，其控制方式有双极式、单极式及受限单极式等多种，这里只着重分析最常用的双极式可逆 PWM 变换器。

双极式 H 形可逆 PWM 变换器工作原理：双极式 H 形可逆 PWM 变换器的4个驱动电压波形如图7-24所示，它们的关系是：$U_{g1} = U_{g4} = -U_{g2} = -U_{g3}$。在一个开关周期内，当 $0 \leqslant t < t_{on}$ 时，VT_1 和 VT_4 导通，$u_d = U_s$，电枢电流 i_d 沿回路1流通；当 $t_{on} \leqslant t < T$ 时，驱动电压反相，在电感 L_d 释放能量的作用下，i_d 沿回路2经二极管续流，$u_d = -U_s$。因此，u_d 在一个周期内具有正负相间的脉冲波形，这就是双极式名称的由来。

图7-24中 i_{d1} 相当于一般负载的情况，脉动电流的方向始终为正；i_{d2} 相当于轻载情况，电流可在正负方向之间脉动，但平均值仍为正，等于负载电流。在不同情况下，器件的导通、电流的方向与回路都和有制动作用的直流脉宽调制电路（见图7-22）相似。电动机的正反转则体现在驱

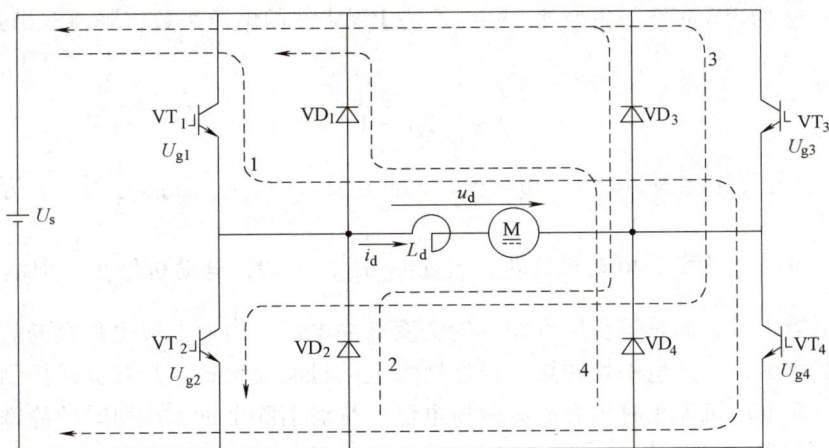

图 7-23　H 形变换器

动电压正、负脉冲的宽窄上。当正脉冲较宽时，$t_{on} > \dfrac{T}{2}$，则 u_d 的平均值为正，电动机正转，反之则反转；如果正、负脉冲相等，$t_{on} = \dfrac{T}{2}$，u_d 的平均值为零，则电动机停止。

双极式 H 形可逆 PWM 变换器的输出平均电压为

$$U_d = \frac{t_{on}}{T}U_s - \frac{T - t_{on}}{T}U_s = \left(\frac{2t_{on}}{T} - 1\right)U_s \qquad (7-4)$$

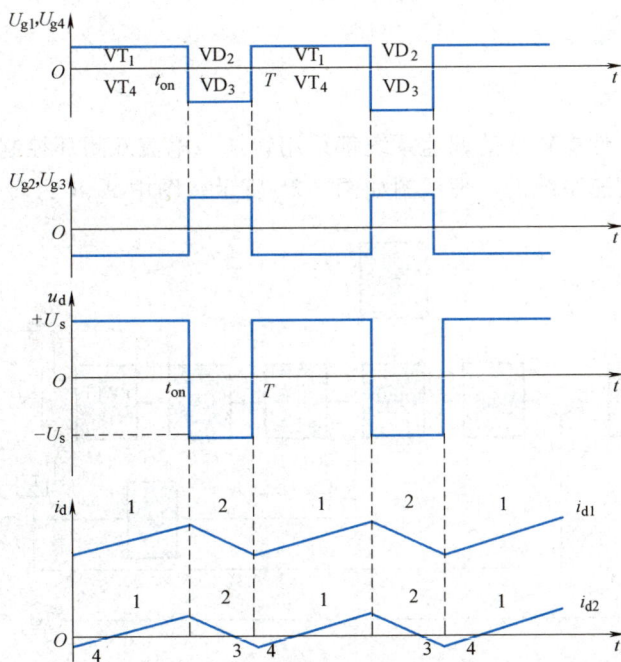

图 7-24　驱动电压、输出电压和电流波形

若令 $\rho = \dfrac{t_{on}}{T}$ 为 PWM 波的占空比，$\gamma = \dfrac{U_d}{U_s}$ 为 PWM 波的电压系数，则在双极式可逆 PWM 变换器中，有

$$\gamma = 2\rho - 1 \qquad\qquad (7\text{-}5)$$

调速时，ρ 的可调范围为 0~1，相应地，γ 的范围为 -1~1。当 $\rho > \dfrac{1}{2}$ 时，γ 为正，电动机正转；当 $\rho < \dfrac{1}{2}$ 时，γ 为负，电动机反转；当 $\rho = \dfrac{1}{2}$ 时，$\gamma = 0$，电动机停止。但电动机停止时电枢电压并不等于零，而是正负脉宽相等的交变脉冲电压，因而电流也是交变的。这个交变电流的平均值为零，不产生平均转矩，徒然增大电动机的损耗，这是双极式控制的缺点。但它也有好处，在电动机停止时仍有高频微振电流，从而消除了正、反向时的静摩擦死区，起着所谓"动力润滑"的作用。

双极式 H 形可逆 PWM 变换器有下列优点：

1）电流一定连续。

2）可使电动机在四象限运行。

3）电动机停止时有微振电流，能消除静摩擦死区。

4）低速平稳性好，系统的调速范围可达 1：20000 左右。

5）低速时，每个开关器件的驱动脉冲仍较宽，有利于保证器件的可靠导通。

双极式控制方式的不足之处是：在工作过程中，4 个开关器件都处于开关状态，除开关损耗外，容易发生上、下两管同时导通（即直通）的事故，降低了装置的可靠性。为了防止直通，在上、下桥臂的驱动脉冲之间，应设置逻辑延时。

7.3.2 直流脉宽调速系统

1. 系统的组成

一般要求动、静态性能较好的调速系统都采用转速、电流双闭环控制方案，脉宽调速也不例外。双闭环脉宽调速系统的原理框图如图 7-25 所示。图中 ASR 为转速调节器，ACR 为

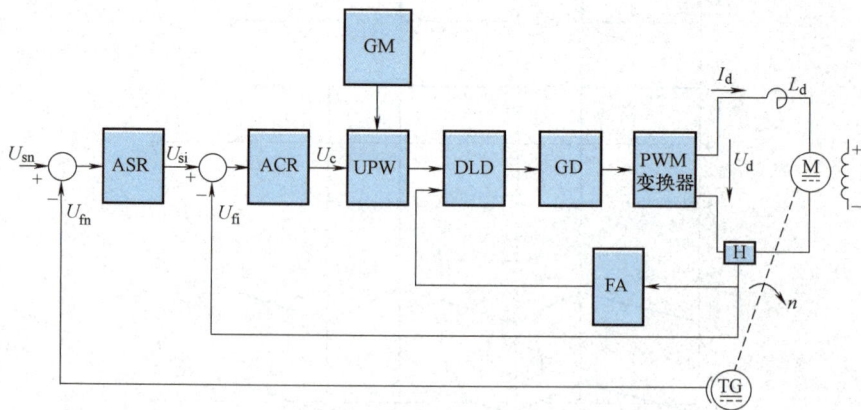

图 7-25 双闭环脉宽调速系统原理框图

电流调节器，H 为霍尔电流传感器，TG 为测速发电机。其中，属于脉宽调速系统特有的部分是脉宽调制器 UPW、调制波发生器 GM、逻辑延时环节 DLD 和电力电子器件的驱动器 GD。其中最为关键的部件是脉宽调制器。FA 为限流保护环节。

脉宽调制器 UPW 是一个电压-脉冲变换装置，由电流调节器 ACR 输出的控制电压 U_c 进行控制，为 PWM 装置提供所需的脉冲信号，其脉冲宽度与 U_c 成正比。目前大多数调速系统都采用计算机控制，可以由微控制器直接生成 PWM 控制信号并实现相应的电流和转速调节及保护功能。

为了便于更好地理解脉宽调速的思想，下面仅以以前常用的一种用锯齿波作调制信号的脉宽调制器（图 7-26）为例，来分析说明采用模拟控制的脉宽调制器的控制原理。

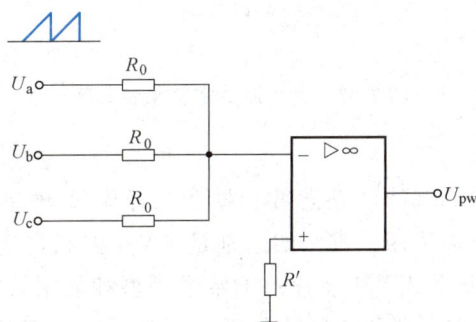

图 7-26 锯齿波脉宽调制器

脉宽调制器本身是一个由运算放大器和几个输入信号组成的开关式电压比较器。运算放大器工作在开环状态，只要有很小的输入电压就可以使其输出电压饱和。当输入电压极性改变时，输出电压在正、负饱和值之间翻转，从而实现了把连续信号变成脉冲信号的转换作用。加在运算放大器反相输入端的信号共有三个：锯齿波调制信号 U_a、控制信号 U_c 和负偏移电压 U_b。U_a 由锯齿波发生器 GM 提供，其频率是 PWM 电压所需的开关频率。改变控制电压 U_c 的大小和极性，在输出端就能得到周期不变、宽度可调的 PWM 脉冲系列电压 U_{pw}。

如前所述，不同形式的 PWM 变换器所给出的 PWM 电压波形是不一样的。以双极式可逆 PWM 变换器为例，希望在控制电压 $U_c = 0$ 时，系统输出的平均电压 U_d 也为零，这时锯齿波脉宽调制器的输出电压 U_{pw} 应为正、负脉冲宽度相等的脉冲系列电压。为此，引入负偏移电压 U_b，使 $U_b = -\frac{1}{2}U_{amax}$，得到图 7-27a 所示的 U_{pw} 波形。

当 $U_c > 0$ 时，U_c 的作用和 U_b 相减（即与 U_a 的作用相加），则运算放大器的三个输入信号加在一起，正电压的宽度增大，经运算放大器倒相后，输出 PWM 脉冲系列电压 U_{pw} 的正半波变窄，平均电压 U_d 为负值，如图 7-27b 所示。

当 $U_c < 0$ 时，U_c 的作用和 U_b 相加，则情况相反，输出 U_{pw} 的正半波增宽，U_d 为正值，如图 7-27c 所示。

这样，改变控制电压 U_c 的极性，也就改变了双极式可逆 PWM 变换器输出平均电压的极性，从而改变了电动机的转向。改变 U_c 的大小，则可调节输出脉冲电压的宽度，从而调节电动机的转速。只要锯齿波的线性度足够好，输出脉冲的宽度就与控制电压 U_c 的大小成正比。

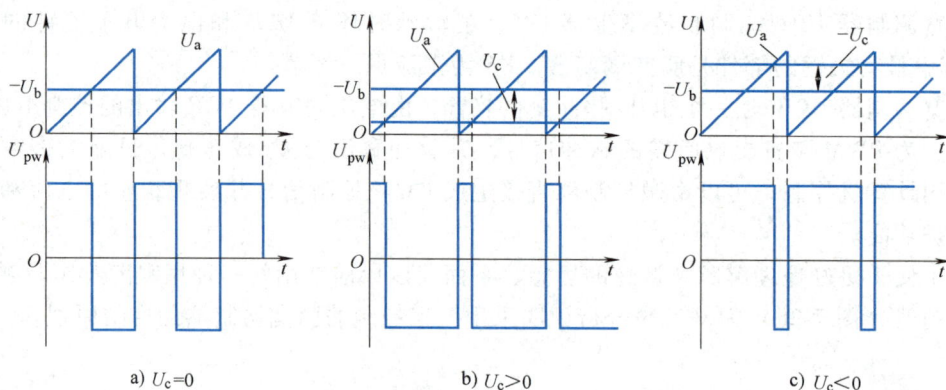

a) $U_c=0$ b) $U_c>0$ c) $U_c<0$

图 7-27 锯齿波脉宽调制波形图

2. 系统的数学模型

直流脉宽调速系统的控制规律和动态数学模型与晶闸管-电动机调速系统基本一致，前几章的分析和设计方法都可以采用，唯一的区别是 PWM 控制与变换器。

PWM 控制与变换器（简称 PWM 装置）的数学模型和晶闸管触发的整流装置基本一致。按照上述对 PWM 变换器工作原理和波形的分析，不难看出，当控制电压 U_c 改变时，PWM 变换器输出平均电压 U_d 按线性规律变化，但其响应会有延迟，最大的时延是一个开关周期 T。因此，PWM 装置也可以看成一个滞后环节，其传递函数可以写成

$$G_{PWM}(s)=\frac{U_d(s)}{U_c(s)}=K_{PWM}e^{-\tau_{PWM}s} \tag{7-6}$$

式中，K_{PWM} 为 PWM 装置的放大系数；τ_{PWM} 为 PWM 装置的延迟时间，$\tau_{PWM}\leqslant T$。

当开关频率为 10kHz 时，$T=0.1ms$，在一般的电力拖动自动控制系统中，时间常数这么小的滞后环节可以近似看成是一个一阶惯性环节，因此

$$G_{PWM}(s)\approx\frac{K_{PWM}}{\tau_{PWM}s+1} \tag{7-7}$$

简化传递函数形式与晶闸管装置传递函数完全一致。但须注意，式（7-7）是近似的传递函数，实际上 PWM 变换器不是一个线性环节，而是具有继电特性的非线性环节。继电控制系统在一定条件下会产生自激振荡，这是采用线性控制理论的传递函数不能分析出来的。如果在实际系统中遇到这类问题，简单的解决方法是改变调节器或控制器的结构和参数，如果这样做不能奏效，可以在系统某一处施加高频的周期信号，人为地造成高频强制振荡，抑制系统中的自激振荡，使继电环节的特性线性化。

7.3.3 直流脉宽调速系统实例

图 7-28 是采用单片机控制的桥式可逆直流脉宽调速系统原理图，该系统属于采用微控制器组成的转速、电流双闭环数字控制调速系统，可实现电动机四象限运行控制。图 7-28 的上半部分是系统主电路的原理图。PWM 变换器的直流电源通常由交流电网经不可控的二

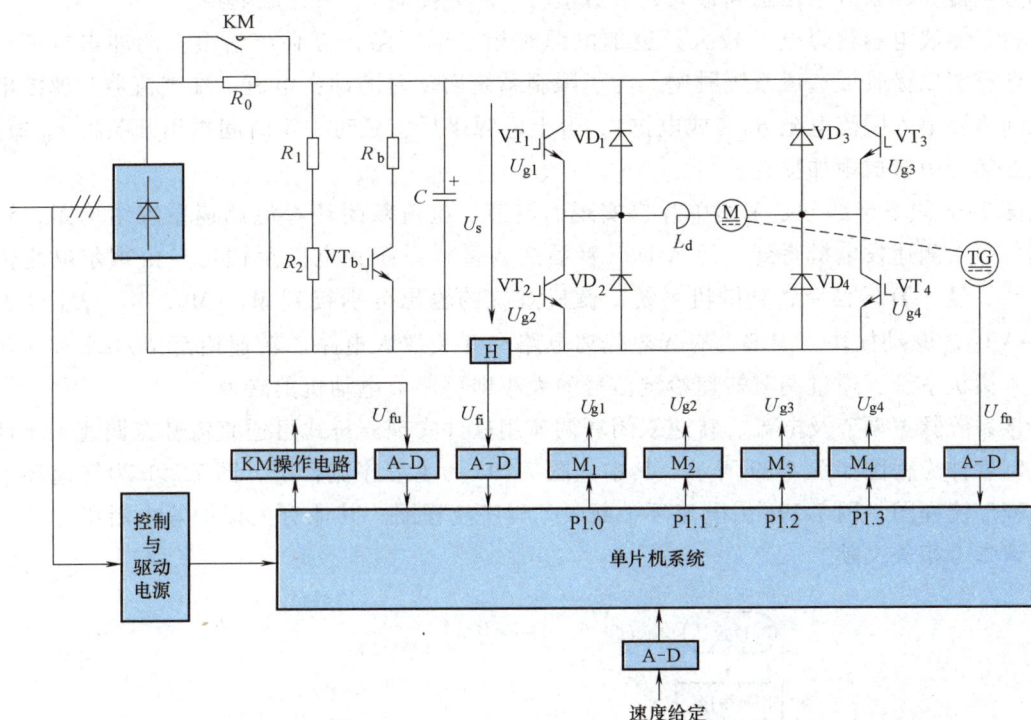

图 7-28　桥式可逆直流脉宽调速系统原理图

极管整流器（中小容量的系统一般采用二极管整流模块）产生，并采用大电容 C 滤波，以获得恒定的直流电压 U_s。

滤波电容器往往在 PWM 装置的体积和重量中占有不小的比例，因此滤波电容器容量的选择是 PWM 装置设计中的重要问题。滤波电容器容量的计算方法可以在一般电工手册中查到，但对于 PWM 变换器中的滤波电容器，其作用除滤波外，还有起到电动机制动时吸收运行系统回馈电能的作用。由于直流电源靠二极管整流器供电，不可能将电能回馈给电网，电动机制动时只好用滤波电容器吸收回馈电能，这将使电容两端电压升高，称作"泵升电压"。假设电压由 U_s 提高到 U_{sm}，则电容储能由 $\frac{1}{2}CU_s^2$ 增加到 $\frac{1}{2}CU_{sm}^2$，储能的增量基本上等于运动系统在制动时释放的全部动能 A_d，于是

$$\frac{1}{2}CU_{sm}^2 - \frac{1}{2}CU_s^2 = A_d \qquad (7-8)$$

按制动储能要求选择的滤波电容器容量应为

$$C = \frac{2A_d}{U_{sm}^2 - U_s^2} \qquad (7-9)$$

电力电子器件的耐压限制着最高泵升电压 U_{sm}，因此滤波电容器容量就不可能很小，一般几千瓦的调速系统所需的滤波电容器容量达到数千微法。在大容量或负载有较大惯量的系统中，不可能只靠滤波电容器来限制泵升电压，这时，可以采用图 7-28 中的电阻 R_b 来消耗

掉部分动能。在泵升电压达到最大允许数值时，VT_b接通R_b的分流电路。

由于滤波电容器容量C较大，突加电源时相当于短路，势必产生很大的冲击电流，容易损坏整流二极管或造成系统跳闸。为了限制系统启动时的冲击电流，在整流器和滤波电容器之间需要串入限流电阻R_0（或电抗），合上电源以后，延时一定时间再用开关将R_0短路，以免在运行中造成附加损耗。

图7-28的下半部分是采用单片机实现的转速、电流双闭环直流调速系统结构图，转速反馈信号由测速发电机得到，经A-D转换后送入微机系统；电流反馈信号由霍尔电流传感器得到，经A-D转换后送到微机系统。微机系统的输出分别接到$M_1 \sim M_4$，$M_1 \sim M_4$分别为$VT_1 \sim VT_4$的驱动模块，内部含有光电隔离电路和开关放大电路。转速给定信号经A-D转换后送入微机系统，通过调节转速给定信号的大小即可调节电动机的转速。

该系统脉宽调节及电流、转速双闭环调节用软件实现。桥式可逆直流脉宽调速系统计算机控制软件流程图如图7-29所示。其中，图7-29a为主程序流程图，图7-29b为转速环中断服务程序流程图，图7-29c为电流环中断服务程序流程图。其他有关保护等中断服务程序流程图请参考相关文献。

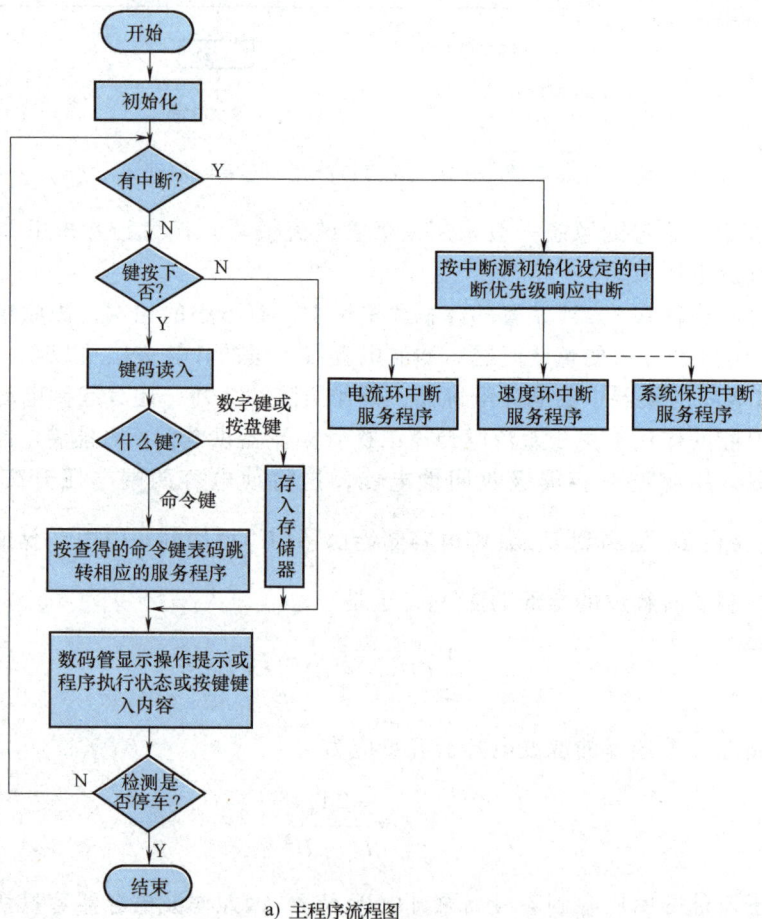

a) 主程序流程图

图7-29　桥式可逆直流脉宽调速系统计算机控制软件流程图

初始化
是否进入中断? N
Y
转速检测
转速是否达到设定值? Y
N
转速PI运算
中断返回

b) 转速环中断服务程序流程图

初始化
是否进入中断? N
Y
电流检测
电流是否达到设定值? Y
N
电流PI运算
PWM调节
中断返回

c) 电流环中断服务程序流程图

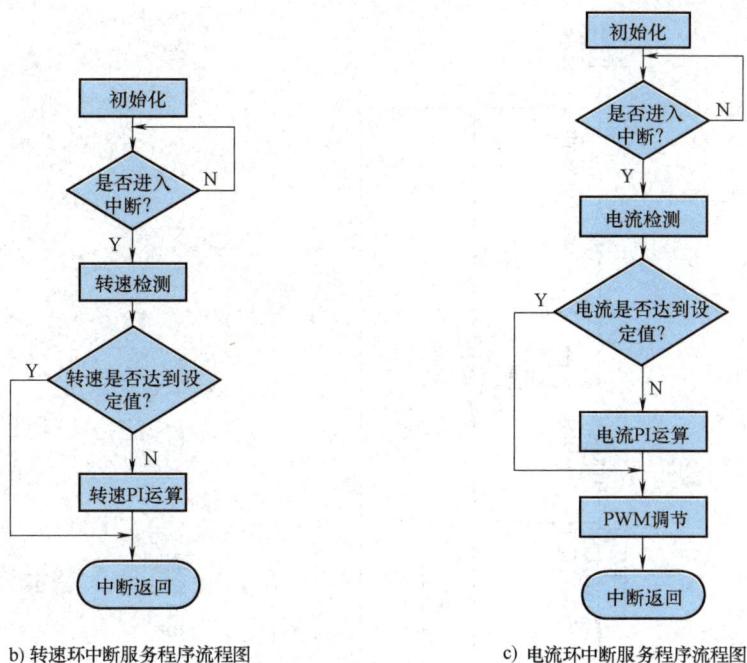

图 7-29 桥式可逆直流脉宽调速系统计算机控制软件流程图（续）

7.4 直流调速系统仿真

本节以图 7-12 所示的转速、电流双闭环直流调速系统为例，通过仿真分析系统的稳态和动态性能。

1）直流电动机参数：额定电压 220V，额定电流 55A，额定转速 1000r/min，$K_e\Phi = 0.192\text{V}\cdot\text{min/r}$，$K_T\Phi = 1.8336\text{N}\cdot\text{m/A}$，$J_G = 0.1\text{N}\cdot\text{m}^2$，$T_d = 0.00167\text{s}$。

2）系统稳态参数：$U_{sn} = 10\text{V}$，$\alpha = 0.01\text{V}\cdot\text{min/r}$，$\beta = 0.1\text{V/A}$，$K_s = 44$，$R_d = 1.0\Omega$。

3）按照双闭环调速系统工程设计方法（详见参考文献［2］附录 C），可以初步确定调节器参数。通过 MATLAB/SIMULINK 仿真调试后确定的调节器参数：$K_n = 10$，$T_n = 0.02$；$K_i = 11$，$T_i = 0.017$。

在 MATLAB/SIMULINK 中建立的转速、电流双闭环直流调速系统仿真模型如图 7-30 所示。仿真时间设为 3s，电动机空载起动，在 1.5s 时突加负载 150N·m。直流电动机转速和转矩的仿真波形如图 7-31 所示。电流环的仿真波形如图 7-32 所示。

从图 7-31 可以看出，电动机在起动过程中，非常接近理想过渡过程，即在起动过程中，始终保持电枢电流为允许的最大值，转速以最大的加速度上升。当达到稳态转速时，电枢电流迅速下降，使电磁转矩与负载转矩相平衡，从而进入稳态运行。在 1.5s 之前电动机空载运行，电磁转矩接近于 0。在 1.5s 时突加负载 150N·m，电动机转速有所降低，经过系统的自动调整，在 1.7s 时回到额定转速，由于采用的是 PI 调节器，实现了无静差调速。从图 7-32 可以看出，电流环采用了 PI 调节器，电流反馈 U_{fi} 快速跟随电流给定 U_{si} 变化，电枢电流实现了很好的跟随性能。

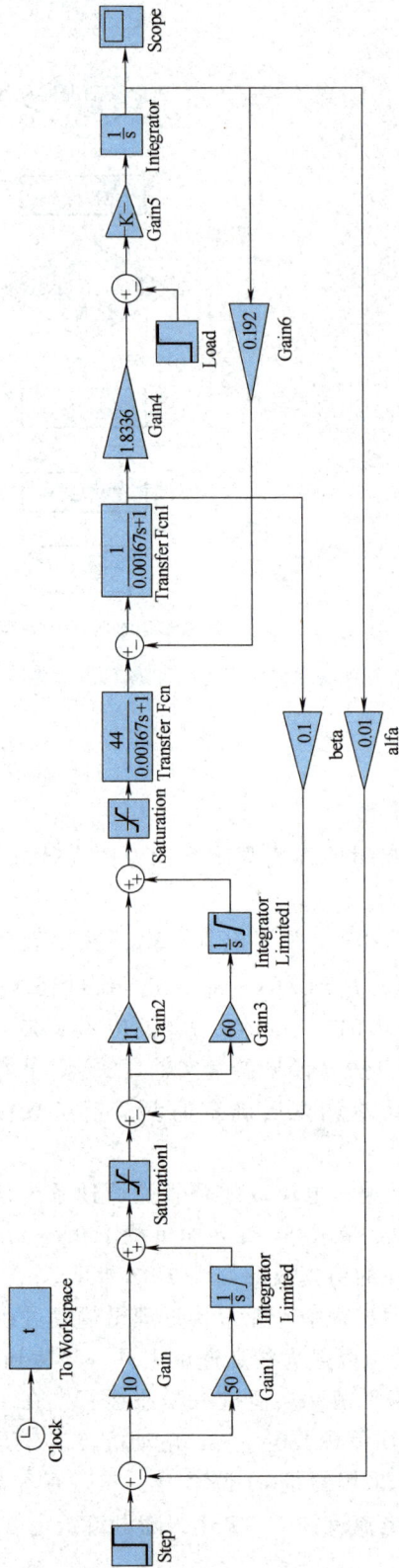

图 7-30 转速、电流双闭环直流调速系统仿真模型

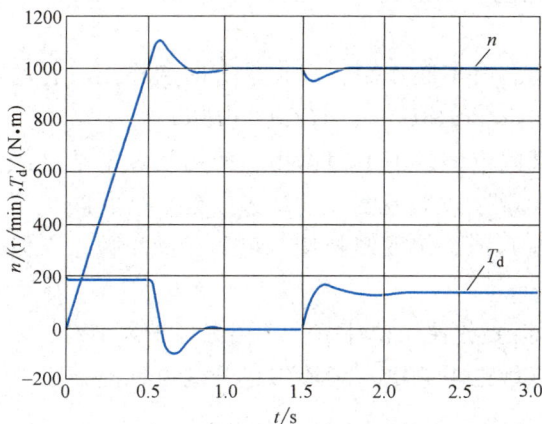

图 7-31　转速和转矩仿真波形

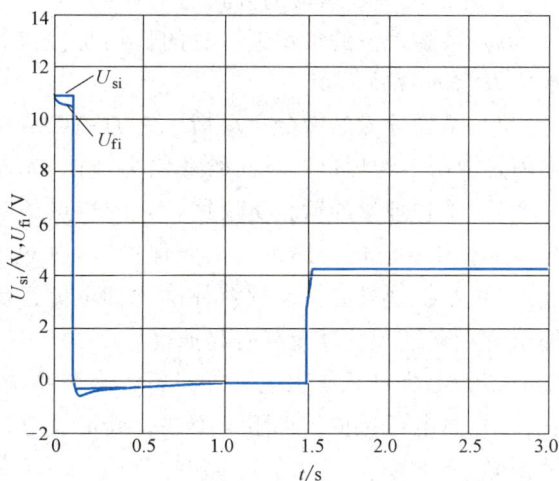

图 7-32　电流环仿真波形

转速、电流双闭环直流调速系统中速度调节器和电流调节器的 PI 参数设计十分重要。现以改变速度调节器 K_n 参数为例，其余参数不变，观看系统仿真结果。图 7-33 为 $K_n = 1$ 时的电动机转速仿真波形，从图可以看出，电动机转速最终可以稳定到额定转速（1000r/min）运行，但在动态过程中，转速出现了振荡，最大超调量明显加大，达到了近 60%，这显然是不能满足调速系统要求的。因此，应选择合适的 PI 参数。

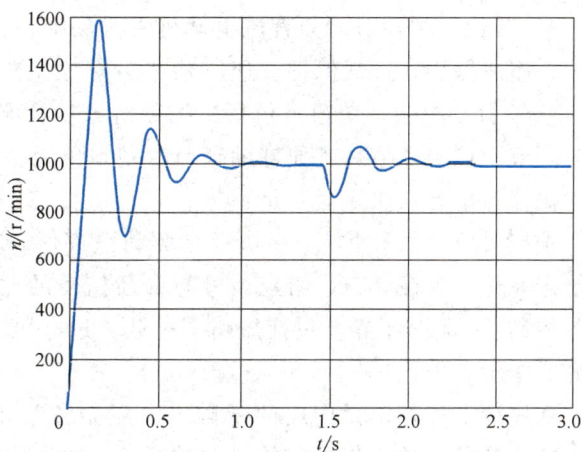

图 7-33　$K_n = 1$ 时的电动机转速仿真波形

小　　结

（1）自动控制系统通常指闭环控制系统（或反馈控制系统），它最主要的特征是具有反馈环节。反馈环节的作用是检测并减小输出量（被调量）的偏差。

反馈控制系统是以给定量 U_s 作为基准量，然后把反映被调量的反馈量 U_f 与给定量进行比较，以其偏差信号 ΔU 经过放大去进行控制的。偏差信号的变化直接反映了被调量的变化。

在有静差系统中，就是靠偏差信号的变化进行自动调节补偿的，所以在稳态时，其偏差电压 ΔU 不能为零。而在无静差系统中，由于含有积分环节，则主要靠偏差电压 ΔU 对时间的积累去进行自动调节补偿，并依靠积分环节，最后消除静差，所以在稳态时，其偏差电压 ΔU 为零。

常用的反馈和顺馈的方式通常有:

1) 某物理量的负反馈。它的作用是使该物理量(如转速 n、电流 i、电压 U、温度 T、水位 H 等)保持恒定。

2) 某物理量的微分负反馈。它的特点是在稳态时不起作用,只在动态时起作用。它的作用是限制该物理量对时间的变化率(如 dn/dt,di/dt,dU/dt,dT/dt,dH/dt 等)。

3) 某物理量的截止负反馈。它的特点是在某限定值以下不起作用,而当超过某限定值时才起作用。它的作用是"上限保护"(如过大电流、过高温度、过高水位等的保护)。

4) 某物理量的扰动顺馈补偿(如电流正反馈)或给定顺馈补偿,可明显减小偏差。但补偿量不宜过大,过大易引起振荡。

(2) 为保证系统安全可靠运行,实际系统都需要各种保护环节,常用的保护环节有:

1) 过电压保护。如阻容吸收,硅堆放电,压敏电阻放电,续流二极管放电回路,接地保护等。

2) 过电流保护。如熔丝和快熔(短路保护),过电流继电器,限流电抗器,电流(截止)负反馈等;对全控器件,过电流信号使驱动电路截止。

3) 其他保护环节。如直流电动机失磁保护,正、反组可逆供电电路的互锁保护,限位保护,超速保护,过载保护,通风顺序保护,过热保护等。

(3) 自动控制系统通常包括:控制对象、检测环节、执行元件、供电线路、放大环节、反馈环节、控制环节和其他辅助环节等基本单元。

搞清各单元的次序通常是:

被控对象(及被控量)→执行(驱动)部件→功率放大环节→检测环节→控制环节[包括给定元件、反馈环节、给定信号与反馈信号的比较综合、放大、(P、T、PI、PID 等的)调节控制]→保护环节(包括短路、过载、过电压、过电流保护等)→辅助环节(包括供电电源、指示、警报等)。

在搞清上述各单元作用的基础上,建立各单元的功能框图;然后,根据各单元间的联系,抓住各单元的头与尾(输入与输出),建立系统框图,并标出各部件名称、给定量、被控量、反馈量和各单元的输入和输出量(亦即中间参变量)。然后,分析给定量变化时及扰动量变化时系统的自动调节过程,并写出自动调节过程流程图。在此基础上,再分析系统的结构与参数(主要是调节器的结构与参数)对系统性能的影响(参见 7.1.4 及 7.2.4 分析)。

(4) 调速系统的主要矛盾是负载扰动对转速的影响,因此最直接的办法是采用转速负反馈环节。有时为了改善系统的动态性能,需要限制转速的变化率(亦即限制加速度),还增设转速微分负反馈。而在要求不太高的场合,为了省去安装测速发电机的麻烦,可采用能反映负载变化的电流正反馈和电压负反馈环节来代替转速负反馈。

(5) 速度和电流双闭环调速系统是由速度调节器 ASR 和电流调节器 ACR 串接后分成两级去进行控制的,即由 ASR 去"驱动"ACR,再由 ACR 去"驱动"触发器。电流环为内环,速度环为外环。ASR 和 ACR 在调节过程中起着不同的作用:

1) 电流调节器 ACR 的作用:稳定电流,使电流保持在 $I_d = U_{si}/\beta$ 的数值上。从而:

① 依靠 ACR 的调节作用,可限制最大电流,使 $I_d \leqslant U_{sim}/\beta$。

② 当电网波动时，ACR 维持电流不变的特性，使电网电压的波动几乎不对转速产生影响。

2）速度调节器 ASR 的作用：稳定转速，使转速保持在 $n = U_{sn}/\alpha$ 的数值上。因此在负载变化（或参数变化或各环节产生扰动）而使转速出现偏差时，依靠 ASR 的调节作用来消除速度偏差，保持转速恒定。

（6）直流脉宽调速系统是利用大功率晶体管的开关作用，将直流电压转换成较高频率的方波电压，通过对方波脉冲宽度的控制，改变直流电压的平均值，从而达到改变直流电动机转速的目的。

（7）直流脉宽调速系统和直流相控调速系统的主要区别在于主电路和 PWM 控制电路。它们的控制规律、数学模型以及静、动态特性分析和校正方法基本相同。

（8）直流脉宽调制电路分为不可逆运行直流脉宽调制电路和可逆运行直流脉宽调制电路两类。可逆运行直流脉宽调制电路的控制方式有双极式、单极式、受限单极式等多种。其中占空比和电压系数是两个重要概念。

（9）双极式 H 形可逆 PWM 变换器的特点有：

1）能消除静摩擦死区，低速平稳性好、调速范围宽。双极式控制方式的不足之处在于：除开关损耗外，存在上、下两个开关器件同时导通的危险。

2）IGBT 的驱动信号由电压-脉冲变换器产生，但其输出的信号功率较小，还需经过驱动电路放大，并采取一定的保护措施，才能用来驱动大功率晶体管。

3）当直流电源采用半导体整流装置时，在回馈制动阶段电能不可能通过它送回电网，只能向滤波电容器 C 充电，从而造成瞬间的电压升高，称作"泵升电压"。如果回馈能量大，泵升电压太高，将危及电力晶体管和整流二极管，需采取措施加以限制。

思 考 题

7-1 电动机的机械特性与调节特性有什么区别？各有什么用处？它们是静态特性还是动态特性？理想的机械特性和调节特性是怎么样的？直流电动机的机械特性和调节特性是怎样的？

7-2 调速系统的"挖土机特性"是什么特性？理想的"挖土机特性"是怎样的？采用哪些环节可以实现较好的"挖土机特性"？

7-3 由晶闸管供电的直流调速系统通常具有哪些保护环节？

7-4 如果反馈信号线断线，会产生怎样的后果？为什么？

7-5 如果负反馈信号线极性接反了，会产生怎样的后果？为什么？

7-6 电流负反馈、电流微分负反馈和电流截止负反馈这三种反馈环节各起什么作用？它们间的主要区别在哪里？它们能否同时在同一个控制系统中应用？

7-7 在双闭环直流调速系统中，若电流负反馈的极性接反了，会产生怎样的后果？

7-8 为了抑制零漂，通常在 PI 调节器的反馈回路中并联一高阻值的电阻。试分析这对双闭环调速系统性能的影响。

7-9 当 PI 调节器输入电压信号为零时，它的输出电压是否为零？为什么？

7-10 在直流调速系统中，若希望快速起动，采用怎样的电路？若希望平稳起动，则又采用怎样的电路？

7-11 在调试图 7-1 所示的直流调速系统时，若发现下列情况，应怎样进行整定？

① 系统振荡。

② 起动时，起动电流过大。

③ 稳态精度不够（静差率 s 太大）。

7-12 在调试转速、电流双闭环直流调速系统的电流环时，若发现电流环振荡，应怎样进行整定？

7-13 在上题中，若电流环已整定好（不再振荡），但接上速度调节器后，系统（电动机）又发生振荡，这时又应怎样进行调试？

7-14 双极性 PWM 波的优点与不足分别是什么？

7-15 在图 7-23 所示的 H 形变换器电路中，若在一个桥臂上的两个 IGBT 管（如 VT_1 和 VT_2）同时导通，会产生怎样的后果？怎样才能避免这种情况发生？

习　　题

7-16 在调速系统中，若电网电压波动（设电压降低），会产生怎样的后果？为什么？若设有转速负反馈环节，能否起自动补偿作用？写出其自动调节过程。

7-17 图 7-34 为实例电路图（图中限流环节未画出）。图中 SM 为微型伺服电动机。通过读图，请回答下列问题：

1）这是什么控制系统？

2）伺服电动机的最大供电电压为多少？

3）伺服电动机的最大供电电流为多少？

4）伺服电动机能否实现正、反可逆转动？为什么？

5）此时偏差放大器与外接阻抗构成哪种调节器？它的作用是什么？

6）此为单极性控制还是双极性控制？伺服电动机正转（设电压为正）时的电压波形是怎样的？

7）这是开环控制还是闭环控制？是有静差系统还是无静差系统？

8）若如今要求将调制频率整定到 400Hz，那最方便的是整定哪个参数？怎样调节？

7-18 画出图 7-34 所示系统的系统框图。

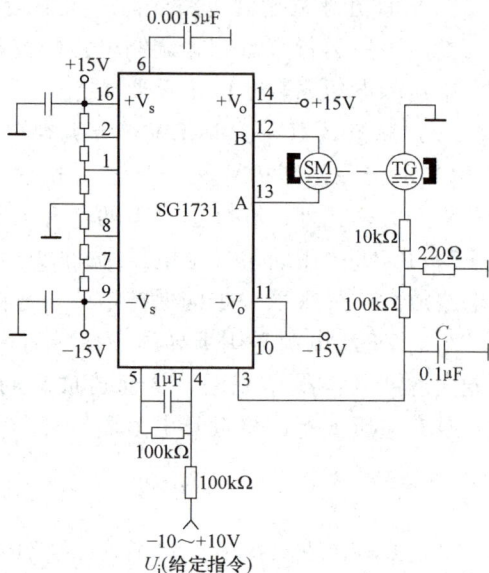

图 7-34　实例电路图

读 图 练 习

7-19 图 7-35 为 KCJ-1 型小功率直流调速系统电路图。试分析：

1）该系统有哪些反馈环节？由哪些元件构成？

2）电位器 $RP_1 \sim RP_6$ 各起什么作用？

3）此系统对转速为有静差还是无静差系统？

4）画出系统框图。

提示：图中 KC05 为锯齿波移相集成触发元件，其中 a、b 两端接同步电压，输入端 6 接触发控制电压，8 端接地，R_6 和 C_4 为外接微分电路，由它决定触发脉冲宽度。图中 VD_{15} 二极管提供一个 0.5V 左右的阈值电压，VD_1、VD_2 为运放器输入限幅，VT 为运放器输出限幅。RP_3 调节运放器零点（使之"零输入"时，"零输出"）。RP_4 调节锯齿波斜率。

7-20 图 7-36 为某注塑机直流调速系统实例电路图。

① 试搞清该电路图中所有的元器件的作用；分析该系统有哪些反馈环节，它们的作用是什么。

② 系统中 VD_1 是什么元器件？RS 是什么元器件？各起什么作用？

③ 系统中的电容 C_1 和 C_2 各起什么作用？

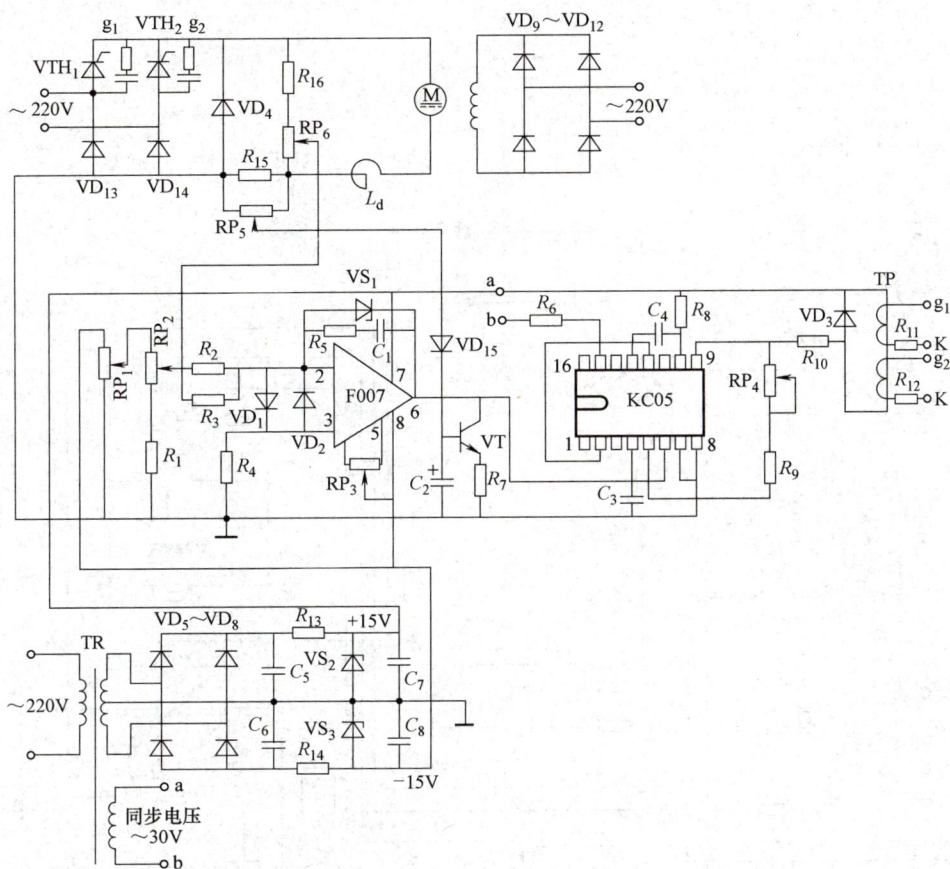

图7-35 KCJ-1型小功率直流调速系统电路图

VTH₁、VTH₂：3CT5A/800V VD₁~VD₃、VD₁₅：2CZ52C VD₄~VD₈：2CZ84C VD₉~VD₁₂：2CZ55T

VD₁₃、VD₁₄：2CZ57F R_1：2kΩ R_2~R_4：20kΩ R_5：100Ω R_6：10kΩ R_7、R_{13}、R_{14}：220Ω

R_8、R_9：30kΩ R_{10}：22kΩ R_{11}、R_{12}：10Ω R_{15}：0.36Ω R_{16}：5kΩ RP₁：20kΩ RP₂：5.6kΩ

RP₃：10kΩ RP₄：22kΩ RP₅：56Ω RP₆：4.7kΩ C_1：1μF C_2：10μF C_3：0.47μF

C_4：0.047μF C_5、C_6：220μF C_7、C_8：100μF VT：3DG6D VS₁~VS₃：2CW140

④ 系统中的二极管 VD₂~VD₈ 各起什么作用？

⑤ 系统中的各个电位器（RP₁~RP₉）各调节什么量？若设各电位器触头下移（或右移），则系统的性能或运行状况会产生怎样的变化？

提示：图中 RP₄（300Ω）电位器是用来调节励磁电流，以进行调磁调速的。

当弱磁升速使转速超过额定转速时，这时测速反馈电压 U_{fn} 也随之升高，它将使偏差电压 $\Delta U = (U_s - U_{fn})$ 降低，从而导致 U_d 降低，影响转速 n 的上升。为了补偿这种消极影响，使 RP₄ 电位器同轴带动一个 RP₃ 电位器，它的作用是使给定电压 U_s 在 U_{fn} 升得过高时也作相应的增加。

7-21 图7-37为某小功率脉宽调制控制的直流调速系统的实际电路。

试分析：

1）这是开环控制还是闭环控制？

2）这是可逆调速系统还是不可逆调速系统？

3）电动机两端电压的波形是怎样的（单极性的还是双极性的）？电动机端电压的调节范围为多少？

191

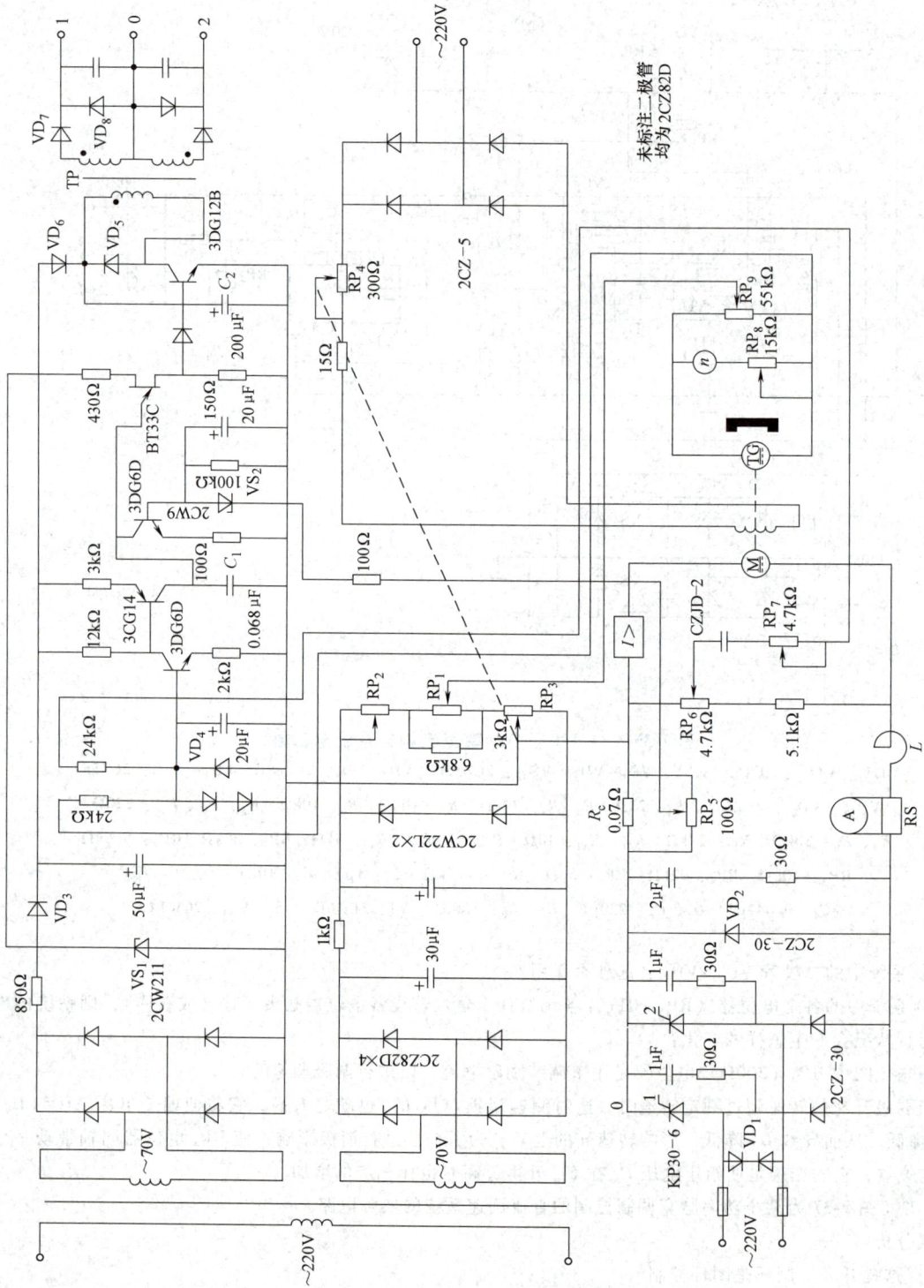

图 7-36　某注塑机直流调速系统实例电路图

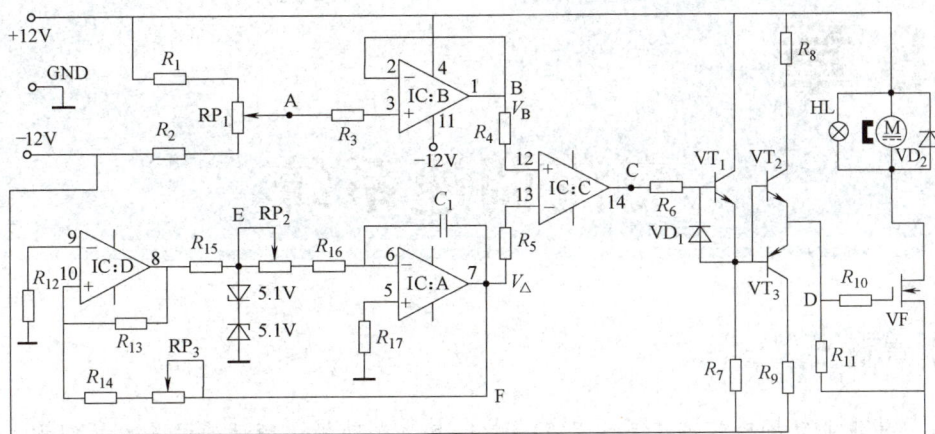

图 7-37　小功率直流电动机调速电路

R_1、R_2、R_7、R_{11}：4.7kΩ　　$R_3 \sim R_5$、R_{12}、R_{16}、R_{17}：10kΩ　　R_6、R_8、R_9、R_{14}、R_{15}：1kΩ

R_{10}：47Ω　　R_{13}：5.1kΩ　　RP_1：4.7kΩ　　RP_2：50kΩ　　RP_3：10kΩ

VD_1、VD_2：1N4148　　VT_1、VT_2：9013　　VT_3：9012　　VF：2SK1270　　IC：LF347

提示： 在图 7-37 所示的电路中，方波/三角波发生电路由 IC：D、两只稳压二极管及 IC：A 等组成。IC：D 运放构成迟滞比较器，当同相端输入电压大于反相端输入电压时，输出为正电源电压，反之则输出为负电源电压。故 IC：D 输出为±12V 的方波。IC：A 构成反相积分放大器。当 IC：D 引脚 8 输出为+12V 时，对 R_{16}、C_1 充电，在 IC：A 输出端的引脚 7 形成三角波的下降沿，经 R_{13}、R_{14}、RP_3 分压后反馈到 IC：D 的同相端，与其反相端电压比较，当同相端电压低于反相端电压时，比较器翻转，引脚 8 输出低电平。后级积分放大器中的 C_1 经 R_{16} 和运放反向充电，使引脚 7 电平由低渐升，形成三角波的上升沿，这样不断反复，在 E 点形成被两只反串联的稳压二极管限幅的方波（±5.8V），而在引脚 7 形成了三角波。调节 RP_3 可使三角波的输出幅度改变，本电路要求调到峰-峰电压 $V_{PP} = \pm 3V$。调节 RP_2 可使三角波的频率 f 改变，本电路要求调到 $f = 1000Hz$。

给定电路由 R_1、R_2、R_3、RP_1、IC：B 构成。其中 IC：B 为电压跟随器，RP_1 的中心点 A 点电压通过调节 RP_1 可在 $-4 \sim 4V$ 之间变化。

PWM 发生器由 IC：C 及 R_4、R_5 组成的电压比较器构成。在反相输入端为 $f = 1000Hz$、$V_{PP} = \pm 3V$ 的等腰三角波 $V_\triangle$，在同相输入端为±4V 范围内的 V_B，当 $V_B > V_\triangle$ 时，IC：C 输出高电平+12V，反之则输出为 $-12V$。给定电压 V_A 越高，IC：C 输出高电平的时间越长，即占空比越大，被调制的直流电压平均值就越高，相反，给定电压低时，被调制的直流电压平均值就低，从而实现了调压目的。

驱动电路及功率开关电路由 VT_1、VT_2、VT_3 等组成，把脉宽调制的小信号进行功率放大和整形后推动负载。大功率开关电路由 VF、R_{10} 组成（VF 为耗尽型 NMOS 场效应晶体管），直接控制负载。图中的负载是一直流小电动机及 12V/1W 的小指示灯，负载大小的选择应考虑场效应晶体管的功率及电源的输出功率大小。

第8章

交流调速系统

本章概要

本章以异步电动机变频调速系统为主，叙述异步电动机变频调速的基本控制方式和机械特性，SPWM（Sinusoidal Pulse Width Modulation，正弦脉宽调制）变压变频器的基本原理，不同控制方式下异步电动机变频调速系统的组成、结构特点、调速方案、控制思想和工作原理；扼要介绍通用变频器的应用。

8.1 交流调速系统概述

直流调速系统具有较优良的静、动态性能指标且易于控制，因此，在 20 世纪 80 年代以前直流调速在运动控制领域一直占主导地位。但直流电动机有换向器、电刷等部件，其体积、重量和成本都远远超过同等容量的交流电动机，而且容量和转速受限，维护工作量大，不能在易燃易爆的环境中工作。而交流电动机则没有上述缺点和限制，其结构简单、容量大、制造容易。随着电力电子技术、自动控制技术、计算机应用技术的发展，特别是正弦脉宽调制（SPWM）技术和交流电动机矢量控制技术的应用，交流调速逐步具备了宽调速范围、高稳态精度、良好的动态响应和四象限可逆运行易于实现等诸多优点，在调速性能方面可以与直流电力拖动媲美。目前，在运动控制领域，交流调速已占据了绝对的主导地位。[⊖]

传统的交流异步电动机调速方法可根据其转速公式（8-1）进行分类。基本的调速方法可分为三大类，即调频率 f_1、调转差率 s 及调极对数 p。

$$n = \frac{60f_1}{p}(1-s) = n_0(1-s) \tag{8-1}$$

式中，n 为异步电动机的转子转速；n_0 为异步电动机的同步转速；p 为极对数；f_1 为定子的电源频率；s 为转差率。

常见的交流调速方法及特点如下：

1）变极对数调速：是一种有级调速方法，一般只有 2~3 档转速，但是它的效率很高、没有滑差损耗、结构简单。

2）调压调速：是一种简单、可靠、价格低廉的调速方法，适用于 10kW 以下的带风机、水泵类负载的性能要求不高的交流调速系统。

3）串级调速：是针对绕线转子异步电动机的一种高效节能调速方法，它将电动机的转差功率通过一定方式回馈给电网，应用于数百至数千千瓦的大功率交流调速系统。

[⊖] 电力电子技术和控制技术的飞速发展使得交流调速性能可以与直流调速相媲美，并逐步替代直流调速。在现代社会中，持续学习和不断提升创新能力是在激烈竞争中胜出的关键。

4）变频调速[⊖]：调节同步转速，可以在宽转速范围内保持很小的转差率，效率高、调速范围大，是最好的一种交流调速方法。

根据交流异步电动机的基本原理，从定子传入转子的电磁功率 P_2 可分为两部分：一部分是拖动负载的有效功率 P_m，另一部分是转差功率 P_s。从能量转换的角度来看，转差功率是否增大，是消耗掉还是得到回收，是评价交流调速系统效率高低的基本标准。从这一观点出发，异步电动机的调速系统可分为三类：转差功率消耗型调速系统，它的全部转差功率都转换成热能的形式消耗，调压调速和绕线转子异步电动机转子串电阻调速都属于这一类；转差功率回馈型调速系统，它的部分转差功率转换成热能的形式消耗，大部分则通过变流装置回馈至电网或转变成机械能予以利用，绕线转子异步电动机串级调速属于这一类；转差功率不变型调速系统，它的转差功率的消耗基本不变，变频调速和变极对数调速属于这一类。

异步电动机最好的调速方式是变频调速。异步电动机的变频调速系统分为两大类：基于稳态模型的和基于动态模型的。前者的典型代表是转速开环变压变频调速系统和转速闭环转差频率控制的变压变频调速系统，适用于对动态性能要求不高的场合，如风机、水泵类负载。高性能的异步电动机变频调速系统都是基于动态模型的，典型代表是按转子磁场定向的矢量控制系统和按定子磁链控制的直接转矩控制系统。本章主要介绍异步电动机变频调速系统。

8.2　变频调速的基本控制方式和机械特性

由电机原理可知，异步电动机稳态等效电路如图 8-1 所示。图中，L_1 为定子每相漏电感；L_2' 为折合到定子侧的转子每相漏电感；L_m 为定子每相绕组产生气隙主磁通的等效电感，即励磁电感；E_r 为折合到定子侧的转子全磁通的感应电动势；E_g 为气隙在定子每相绕组中的感应电动势；E_S 为定子全磁通的感应电动势；R_1 为定子每相电阻；R_2' 为折合到定子侧的转子每相电阻；U_1 为定子相电压；s 为转差率。

在三相异步电动机中存在下列关系：

$$E_g = 4.44 f_1 N_1 k_{N1} \Phi_m \quad (8-2)$$

如忽略定子阻抗压降，则

$$U_1 \approx E_g = 4.44 f_1 N_1 k_{N1} \Phi_m \quad (8-3)$$

式中，E_g 为气隙在定子每相绕组中感应电动势的有效值；N_1 为定子每相绕组串联匝数；k_{N1} 为基波绕组系数；Φ_m 为每极气隙磁通量。

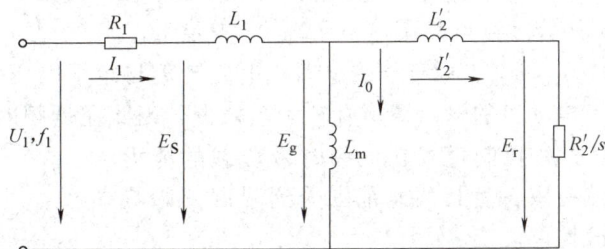

图 8-1　异步电动机稳态等效电路

式（8-3）表明，若端电压 U_1 保持不变，随着电源频率 f_1 的升高，气隙磁通 Φ_m 将减小。Φ_m 的减小势必导致电动机允许输出转矩 T_d、最大转矩 T_{dmax} 下降，严重时会使电动机发生堵转；而减小 f_1，Φ_m 将增加，这会使磁路饱和，励磁电流上升，导致铁损急剧增加。因此，要求在改变频率的同时改变定子电压 U_1，以维持磁通 Φ_m 基本不变，即异步电动机的变频调速必须对电压和频率进行协调控制。因此对电动机供电的变频器一般都要求兼有调压和调频两种功能（即 VVVF 型变频器，Variable Voltage Variable Frequency Inverter）。

⊖ 国产变频器的发展极大促进了相关产业的发展，如中车变流技术的发展成就了中国高铁，成为一张走出去的"国家名片"。

变压变频调速的基本控制策略需根据其频率控制的范围而定，而实现基本的控制策略又可选用不同的控制模式。与他励直流电动机的调速分为基速以下采用保持磁通恒定条件下的调压调速和基速以上采用弱磁升速两种控制策略类似，异步电动机变压变频调速也分为基频以下的恒磁通调速和基频以上的恒压变频调速，两个范围采用不同的基本控制策略。

8.2.1 基频以下的恒磁通调速

在基频以下调速时，根据式（8-2），要保持 Φ_m 不变，当 f_1 从额定值 f_{1N} 向下调节时，必须同时降低 E_g，使两者同比例下降，即应采用电动势与频率的比为恒值的控制方式。为达到这一目的，有三种控制模式。

1. 恒压频比控制模式（恒 U_1/f_1 控制模式）

分析图 8-1 所示的等效电路可以发现，当电动机电动势值较高时，可以忽略定子绕组的漏磁阻抗压降，从而认为定子相电压 $U_1 \approx E_g$，因此可以采用恒 U_1/f_1 控制模式。

恒 U_1/f_1 控制模式需要同时改变异步电动机供电电源的电压和频率，应按照图 8-2 所示的控制曲线实施控制。图中，曲线①为标准的恒 U_1/f_1 控制模式；曲线②为有定子压降补偿的恒 U_1/f_1 控制模式，通过外加一个补偿电压 U_{co} 来提高初始定子电压，以克服低频时定子阻抗上压降所占比重增加不能忽略的影响。在实际应用中，由于负载的变化，所需补偿的定子压降也不一样，应备有不同斜率的补偿曲线以供选择。

恒 U_1/f_1 控制模式的机械特性曲线如图 8-3 所示，各角频率（$\omega = 2\pi f$）满足 $\omega_{1N} > \omega_{11} > \omega_{12} > \omega_{13}$。由于异步电动机电磁转矩与定子电压的二次方成正比，随着电压和频率的降低，电动机的输出转矩有较大幅减少，因此在低频时需要加定子电压补偿。但是即便如此，恒 U_1/f_1 控制模式在低频时带负载的能力仍然有限，使其调速范围受到限制并影响系统性能。

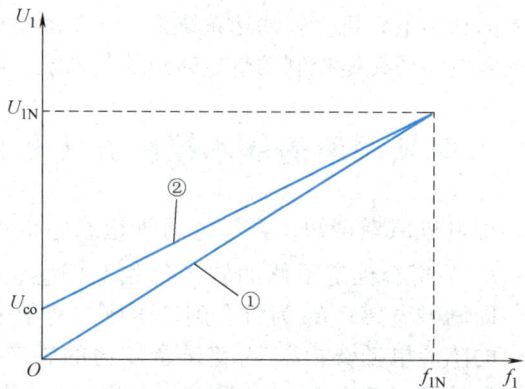

图 8-2 恒 U_1/f_1 控制模式的控制曲线

2. 恒定子电动势频比控制模式（恒 E_g/f_1 控制模式）

分析图 8-1 所示的异步电动机的等效电路可以发现，假如能够提高定子电压以完全补偿定子阻抗的压降，就能实现恒 E_g/f_1 控制模式。这时，从图 8-1 的电路关系中可得转子电流的表达式

$$I_2' = \frac{E_g}{\sqrt{\left(\dfrac{R_2'}{s}\right)^2 + \omega_1^2 L_2'^2}} \qquad (8\text{-}4)$$

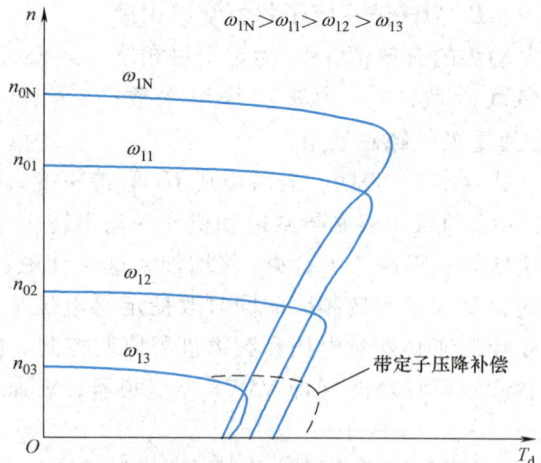

图 8-3 恒 U_1/f_1 控制模式的机械特性曲线

代入电磁转矩关系式，可得

$$T_{\mathrm{d}} = \frac{3p}{\omega_1} I_2'^2 \frac{R_2'}{s} = 3p \left(\frac{E_{\mathrm{g}}}{\omega_1}\right)^2 \frac{s\omega_1 R_2'}{R_2'^2 + s^2 \omega_1^2 L_2'^2} \tag{8-5}$$

式中，ω_1 为定子电源角频率，$\omega_1 = 2\pi f_1$。

在式（8-5）中对 s 求导，并令 $\mathrm{d}T_{\mathrm{d}}/\mathrm{d}s = 0$，可得最大转矩及对应的转差率（称为临界转差率）分别为

$$T_{\mathrm{dmax}} = \frac{3}{2} p \left(\frac{E_{\mathrm{g}}}{\omega_1}\right)^2 \frac{1}{L_2'} \tag{8-6}$$

$$s_{\mathrm{L}} = \frac{R_2'}{\omega_1 L_2'} \tag{8-7}$$

由式（8-7）可见，s_{L} 与定子频率 f_1 成反比，即随着 f_1 降低，s_{L} 将增大，而式（8-6）则表明最大转矩因 E_{g}/ω_1 保持恒值而不变，这说明机械特性曲线应从额定曲线下移。根据式（8-5）~式（8-7）画出的机械特性曲线如图 8-4 所示，可见采用恒 E_{g}/f_1 控制模式的系统稳态性能优于恒 U_1/f_1 控制模式，这也正是在恒 U_1/f_1 控制模式中采用定子压降补偿所带来的好处。

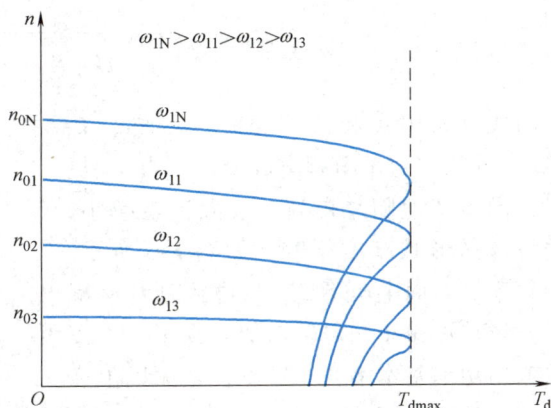

图 8-4 恒 E_{g}/f_1 控制模式的机械特性曲线

3. 恒转子电动势频比控制模式（恒 E_{r}/f_1 控制模式）

进一步研究图 8-1 的等效电路，可以设想，如果能够通过某种方式直接控制转子电动势，就能实现恒 E_{r}/f_1 控制模式。

这时的转子电流可以表达为

$$I_2' = \frac{E_{\mathrm{r}}}{R_2'/s} \tag{8-8}$$

电磁转矩则变为

$$T_{\mathrm{d}} = \frac{3p}{\omega_1} I_2'^2 \frac{R_2'}{s} = 3p \left(\frac{E_{\mathrm{r}}}{\omega_1}\right)^2 \frac{s\omega_1}{R_2'} \tag{8-9}$$

由式（8-9）可知，当采用恒 E_{r}/f_1 控制模式时，异步电动机的机械特性 $T_{\mathrm{d}} = f(s)$ 变为线性关系，其机械特性曲线如图 8-5 所示，是一条下斜的直线，获得与直流电动机相同的稳态性能。这也正是高性能交流调速系统想要达到的目标。

比较三种控制模式，显然恒 U_1/f_1 控制模式最容易实现，但系统性能一般，调速范围有限，适用于对调速性能要求不太高的场

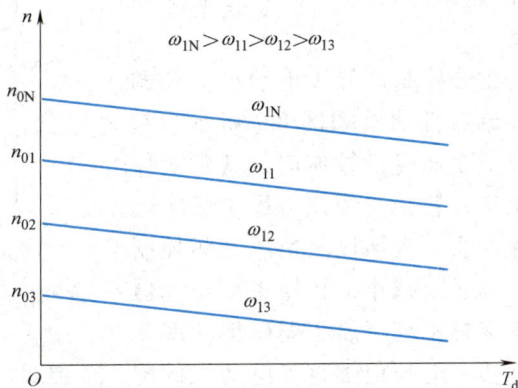

图 8-5 恒 E_{r}/f_1 控制模式的机械特性曲线

合；恒 E_g/f_1 控制模式因其定子压降得到完全补偿，在调速过程中最大转矩保持不变，系统性能优于前者，但其机械特性还是非线性的，输出转矩的能力仍受一定限制；恒 E_r/f_1 控制模式能获得与直流电动机一样的线性机械特性，其动静态性能优越。

8.2.2 基频以上的恒压变频调速

在基频 f_{1N} 以上变频调速时，由于定子电压不宜超过其额定值长期运行，因此一般需采取 $U_1 = U_{1N}$ 不变的控制策略。这时，机械特性方程式及最大转矩方程式应写成

$$T_d = 3p\,U_1^2 \frac{sR_1}{\omega_1\left[\,(sR_1+R_2)^2+s^2\omega_1^2(L_1+L_2')^2\,\right]} \tag{8-10}$$

$$T_{dmax} = \frac{3}{2}p\,U_{1N}^2 \frac{1}{\omega_1\left[\,R_1+\sqrt{R_1^2+\omega_1^2(L_1+L_2')^2}\,\right]} \tag{8-11}$$

由式（8-10）和式（8-11）可知，T_d 及 T_{dmax} 近似与定子角频率成反比。当 ω_1 提高时，同步转速随之提高，最大转矩减小，机械特性的形状基本不变，如图 8-6 所示。由于频率提高而电压不变，气隙磁通势必减弱，导致转矩减小，但转速却升高了，可以证明输出功率基本不变。所以，基频以上变频调速属于弱磁恒功率调速。

8.2.3 基频以下和基频以上的配合控制

如果要求异步电动机实现大范围的调速，就需要基频以下和基频以上的配合控制，其控制策略是：

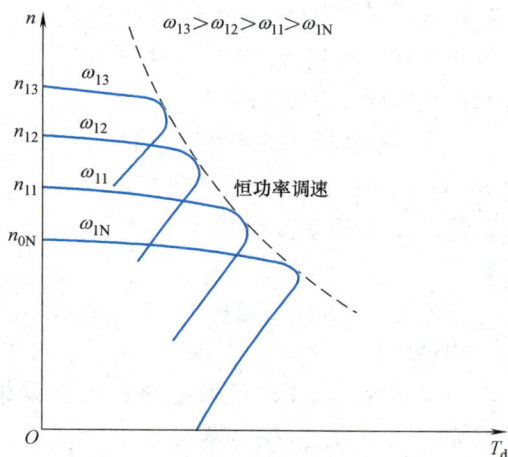

图 8-6 基频以上恒压变频控制模式的机械特性曲线

1）在基频以下，以保持磁通恒定为目标，采用变压变频协调控制。

2）在基频以上，以保持定子电压恒定为目标，采用恒压变频控制。

配合控制的异步电动机变频调速控制特性曲线如图 8-7 所示。基频以下变压变频控制时，其磁通保持恒定，转矩也恒定，属于恒转矩调速性质；基频以上恒压变频控制时，其磁通减小，转矩也减小，但功率保持不变，属于弱磁恒功率调速性质。这与他励直流电动机的配合控制相似。

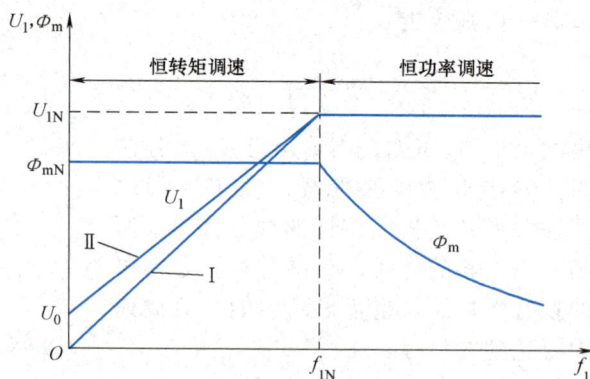

图 8-7 配合控制的异步电动机变频调速控制特性曲线
Ⅰ—无补偿　Ⅱ—带定子压降补偿

8.3　变压变频装置及其基本控制方式

8.3.1　交-直-交变压变频器

常用的静止式变压变频器一般分为两大类。一类称为交-直-交变压变频器，也称为间接变压变频器；另一类称为交-交变压变频器，也称为直接变压变频器。交-直-交变压变频器先将工频交流电通过整流器变为直流电，再将滤波后的平稳直流电经逆变器变换为可控频率的交流电，作为交流异步电动机的驱动电源。这类变频器是目前最常用的，按照不同的控制方式又可分为图 8-8a～图 8-8c 所示的三种装置。⊖

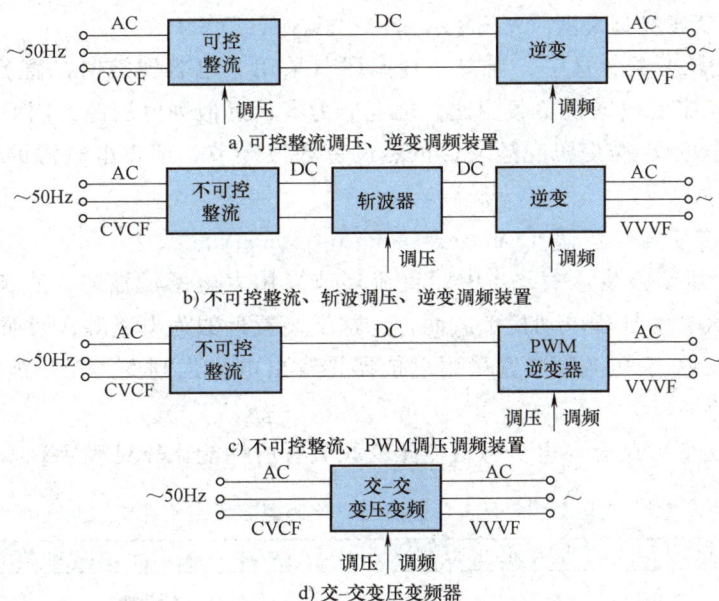

图 8-8　常见变压变频装置的结构形式

1. 可控整流调压、逆变调频装置

这类装置调压和调频分别在整流器和逆变器上进行，两者协调工作。调压环节常采用晶闸管相控整流器；逆变环节常采用全控型电力电子器件［中小容量以下通常采用 IGBT，大容量通常采用门极关断（GTO）晶闸管和集成门极换流晶闸管（IGCT）］。输出谐波分量大和低压时功率因数低是这类装置的主要缺点。

2. 不可控整流、斩波调压、逆变调频装置

这类装置的整流器采用二极管不可控整流，并采用斩波器进行脉宽调压，逆变器调频。它克服了变压变频装置低压时性能较差的缺点。

3. 不可控整流、PWM 调压调频装置

这类装置通常采用 IGBT 构成的脉宽调制逆变器同时进行调压调频，开关频率可达 20kHz 以上。它克服了其他类型变压变频装置功率因数低和谐波分量大等缺点。目前的通用变频器基本上都采用这种装置。

⊖　控制方式不同，但目标是一致的。选对适合自己的那条路，走好自己的每段路，就一定能够快速有效地达成目标。

8.3.2 交-交变压变频器

交-交变压变频器只有一个变换环节，它直接将电网（工频 50Hz）恒压恒频的交流电变换成电压和频率都可调的交流电输出，根据其控制方法又称之为周波变换器（Cycle-Converter），如图 8-8d 所示。交-交变压变频器的最高输出频率不超过电网频率的 $1/3 \sim 1/2$。虽然交-交变压变频器省去了中间环节，但三相变压变频装置须用三套反并联电路，所用器件的数量更多。由于上述特点，它一般用于低转速、大功率的交流电动机调速场合。

8.3.3 电压源型和电流源型变压变频装置

变压变频装置按照逆变电源的性质，可分为电压源型和电流源型两种。

1. 电压源型变压变频装置（Voltage Source Inverter，VSI）

在交-直-交变压变频装置中，当中间直流环节采用大电容滤波时，直流电压波形平稳，其内部阻抗与其所带的电动机负载相比，可近似为零，近似为电压源，因而称为电压源型变压变频装置。一般的交-交变压变频装置虽然没有滤波环节，但供电电源的低阻抗性质决定了它的电压源属性。

2. 电流源型变压变频装置（Current Source Inverter，CSI）

在交-直-交变压变频装置中，当中间直流环节采用大电感滤波时，直流电流波形平稳，其内阻阻抗相当大，对异步电动机负载而言，这类装置近似为电流源，因而称为电流源型变压变频装置。当交-交变压变频装置采用电抗器将输出电流强制变为矩形波或阶梯波时，它也具有电流源属性。

电压源型变压变频装置与电流源型变压变频装置的性能比较见表 8-1。

表 8-1　电压源型变压变频装置与电流源型变压变频装置性能比较

项　　目	电 压 源 型	电 流 源 型
无功功率缓冲环节（直流回路滤波环节）	电容器	电抗器
输出电压	矩形波或阶梯波,滤波电容钳制电压,不易反向	取决于负载（对电动机负载近似为正弦波）,电压易于反向
输出电流波形	波形取决于负载的功率因数,有较大的谐波分量,对负载变化反应迅速	矩形波或阶梯波,滤波电感钳制电流,对负载变化反应迟缓
输出阻抗	小	大
回馈制动	电源侧附加反并联逆变器回馈制动	方便
动态响应速度	较慢	快
适用范围	不频繁起制动、不可逆调速,多电动机传动	可逆调速,单电动机传动

8.4　SPWM 变压变频器

变频调速系统中使用的脉宽调制技术是使逆变器输出一组脉冲幅度恒定、宽度可调的高频矩形脉冲波代替正弦波。由于 PWM 波各脉冲的宽度是按正弦规律变化的，与正弦波等效，因而这种 PWM 波又称为 SPWM 波。目前通用变频器中大多采用 SPWM 控制方式，很多文献中简称为 PWM 控制方式。

8.4.1 SPWM 变压变频器基本原理

SPWM 变压变频器主电路原理图如图 8-9 所示。$VT_1 \sim VT_6$ 是逆变器的 6 个全控型功率开关器件，它们各并接 1 个续流二极管，为逆变器换相过程中电动机的无功能量释放及电动机制动过程中能量的回馈提供回路。逆变器由三相不可控整流器供电，所提供的电压恒为 U_d。为便于分析，我们假设电动机定子绕组采用星形联结，其中性点 N 与整流器输出端滤波电容的中点 N′相连，因而逆变器任一相导通时，电动机绕组上所获得的相电压幅值为 $U_d/2$。

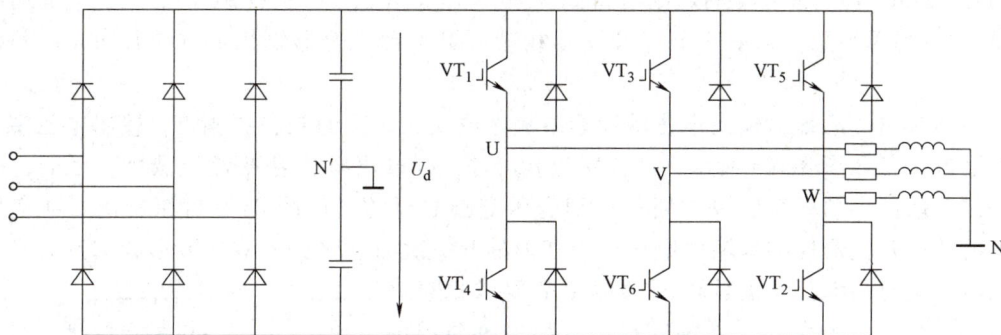

图 8-9　SPWM 变压变频器主电路原理图

SPWM 变压变频器的 SPWM 波形如图 8-10 所示。图 8-10a 为单极式 SPWM 调制波，其调制方法是利用正弦波作为基准调制波，以等腰三角波作为载波。当 U 相调制波电压 u_{MU} 大于载波电压 u_C 时，VT_1 导通，输出电压为 $U_d/2$；当 $u_{MU} < u_C$ 时，VT_1 关断，输出电压为零。这样，对 VT_1 的反复通断进行控制，就获得了正向 SPWM 波形。在 u_{MU} 负半周中，用类似方法反复控制 VT_4 的通断可获得负向 SPWM 波形。这样就得到了 U 相的 SPWM 波 u_{UN}。在半周期内，主电路每相只有一个开关器件在反复通断，脉冲波形只在"正"（或"负"）

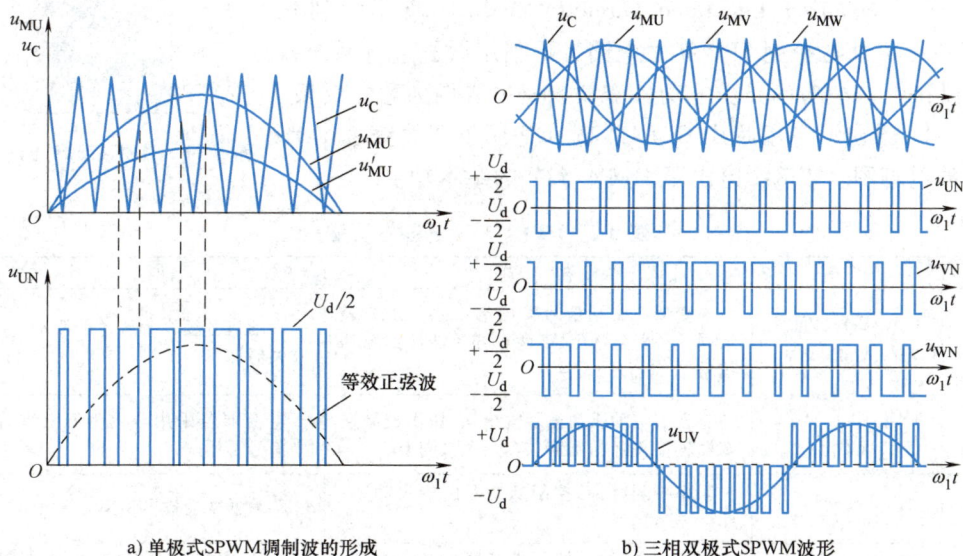

a) 单极式SPWM调制波的形成　　　　b) 三相双极式SPWM波形

图 8-10　SPWM 波形

和零之间变化，因而称为单极式 SPWM 波。从图中可以看出，各脉冲的宽度是按正弦规律变化的。

如果让同一桥臂上、下两只开关器件交替地导通与关断，则输出脉冲在"正"、"负"之间变化，就可得到双极式 SPWM 波，如图 8-10b 所示。当 U 相调制波电压 u_{MU} 大于载波电压 u_C 时，VT_1 导通，VT_4 关断，负载上得到的相电压为 $U_d/2$；当 u_{MU} 小于 u_C 时，VT_1 关断，VT_4 导通，输出电压为 $-U_d/2$。因而，U 相的相电压 u_{UN} 在 $\pm U_d/2$ 之间交替变化，形成双极式 SPWM 波。

同理，控制 VT_3 和 VT_6 的通断可得到 V 相的 SPWM 波 u_{VN}；控制 VT_5 和 VT_2 的通断可得到 W 相的 SPWM 波 u_{WN}。由 u_{UN} 和 u_{VN} 相减，可得到逆变器输出的线电压 u_{UV}，其幅值为 $\pm U_d$。

改变调制波的频率，输出电压基波频率随之改变；改变调制波的幅值，输出电压基波幅值也随之改变。 如图 8-10a 所示，u_{MU} 变为 u'_{MU} 时，则输出电压基波幅值减小。因而，改变正弦调制波幅值和频率可以很方便地达到变压变频的目的。由图 8-10 可以看出：逆变器主电路上的功率开关器件在其输出电压半周期内的开关次数越多，SPWM 波形的基波分量越接近正弦波，但对功率开关器件的开关频率的要求也越高。除此之外需要注意，**由于功率开关器件都存在关断恢复时间，为了防止同一桥臂上、下两个开关器件同时导通而造成短路，必须在这两个开关器件的通断信号之间设置一段延时时间。延时时间的长短应根据不同器件的特性来确定。**

8.4.2 SPWM 变压变频的实现

采用微机可方便地计算（或查表法直接生成）SPWM 波，从而由微机输出 SPWM 波。另外，有些微机芯片本身就带有 SPWM 信号输出端口。SPWM 波也可使用高级专用集成芯片（Advanced Specialized Integrated Circuits，ASIC）产生。利用 ASIC 可以很方便地控制 SPWM 主电路，再利用微机进行系统控制，可以在中、小功率异步电动机变频调速中取得满意的效果。

图 8-11 给出了专用芯片 HEF4752V（适用于开关频率 1kHz 以下）的引脚图，表 8-2 给出了 HEF4752V 的基本功能。

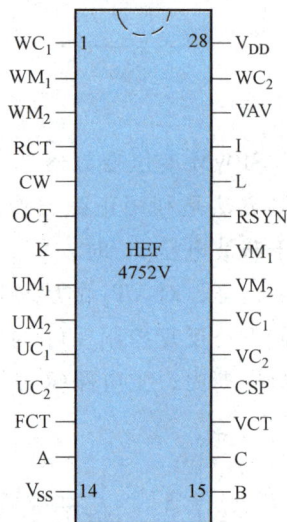

图 8-11　HEF4752V 的引脚图

表 8-2　HEF4752V 的基本功能

引脚		功　能	说　明
逆变器驱动信号输出端	UM_1、UM_2、VM_1、VM_2、WM_1、WM_2	逆变器主驱动信号输出端。数字 1、2 表示同一桥臂上的上、下两个开关器件的驱动信号	驱动信号经放大后才能驱动逆变器的开关器件
	UC_1、UC_2、VC_1、VC_2、WC_1、WC_2	逆变器辅助驱动信号输出端，用于控制逆变器辅助关断晶闸管。其余含义同上	逆变器若采用全控型开关器件，这 6 个信号不用
时钟输入端	FCT	频率控制时钟，控制逆变器的输出频率：$f_{FCT} = 3360 f_1$	f_1 为逆变器输出频率
	VCT	电压控制时钟，控制逆变器的输出电压：$f_{VCT(nom)} = 6720 f_{1(nom)}$	$f_{1(nom)}$ 为载波为 100% 调制时逆变器的输出频率。$f_{VCT(nom)}$ 为 f_{VCT} 的标称值

（续）

	引脚	功 能	说 明
时钟输入端	RCT	频率参考时钟,控制逆变器的最高载波频率:$f_{RCT}=280f_{c(max)}$,$f_{c(min)}=0.6f_{c(max)}$	$f_{c(max)}$($f_{c(min)}$)为逆变器最高(低)载波频率[即最高(低)开关频率]。$f_{c(min)}$由电路内部自动设定
	OCT	输出延时时钟 $t_d=8/f_{OCT}$ (K=0) $t_d=16/f_{OCT}$ (K=1)	与K端配合使用,控制每一相互补输出之间的延时时间及最小脉冲宽度;f_{OCT}为延迟时钟频率;t_d为上下器件互锁的延迟时间
控制输入端	I	逆变器输出模式控制端	I=0,晶体管模式 I=1,晶闸管模式
	CW	输出相序控制端	CW=0,UWV相序 CW=1,UVW相序
	L	逆变器驱动信号封锁端	L=0,封锁SPWM控制信号 L=1,输出SPWM控制信号
	K	与OCT配合使用	
	A、B、C	厂家测试端	正常使用时接地
控制信号输出端	VAV	逆变器输出线电压平均值模拟输出端	
	RSYN	U相同步信号	供示波器外同步用
	CSP	逆变器开关频率输出信号	用以指示理论的开关频率

实际使用中应注意以下几点:

1) RCT、OCT一般接固定频率的时钟源,f_{RCT}的适用条件是保持f_{FCT}在$0.043f_{RCT}\sim0.8f_{RCT}$范围内,并满足$f_{FCT}/f_{VCT}<0.5$。

2) 为保证每相互补输出之间有较大的延时时间,提高系统的可靠性,K端一般接+5V。

3) I端根据逆变器功率开关器件确定。

4) CW、L端根据控制系统的要求确定。通过控制CW端电平,可改变异步电动机的转向。

5) 一般用压频转换器（或定时器）将频率指令信号和电压指令信号转换成与频率成正比的方波信号,分别作为频率时钟信号U_{FCT}和电压时钟信号U_{VCT},并分别加在FCT和VCT端。

当$f_{FCT}/f_{VCT}\leqslant0.5$时,

$$U_1=K\frac{f_{FCT}}{f_{VCT}}=\frac{3360f_1K}{f_{VCT}}=K'f_1$$

式中,U_1为定子相电压（V）;f_1为定子电源频率（Hz）;K为比例系数,$K'=\dfrac{3360K}{f_{VCT}}$。

因此,若在整个调频范围内维持f_{VCT}恒定,且满足$f_{FCT}/f_{VCT}\leqslant0.5$,则可自动保持$U_1/f_1=$恒值,实现恒压频比控制。

8.5 转速开环变压变频调速系统

上一节介绍了基于SPWM控制的变压变频器。相同的SPWM变压变频器采用不同的控制方式,得到的交流调速系统性能大不相同。8.5~8.8节介绍4种典型控制方式的异步电动机变频调速系统。其变频器的主电路一般采用上节介绍的主电路,不再阐述,重点阐述不同控制方式的变频调速系统的组成和控制原理。

采用电压-频率协调控制时，异步电动机在不同频率下都能获得较硬的机械特性。如果对调速系统的动、静态特性要求不高，则可采用带低频补偿的恒压频比的转速开环控制方案。

转速开环变压变频调速系统的基本原理在 8.2 节已做了详细的论述，其控制系统结构如图 8-12 所示。图中 $\omega_{1\text{ref}}$ 为 ω_1 的参考输入量[⊖]。

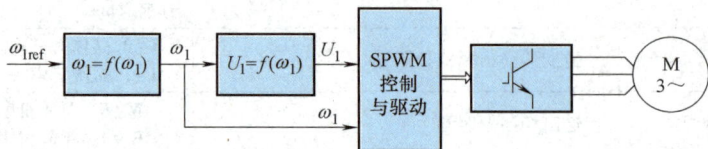

图 8-12　转速开环变压变频调速控制系统结构

由于系统本身没有自动限制起动和制动电流的作用，因此，频率设定必须通过给定积分算法产生平缓的升速或降速信号。图 8-12 中

$$\omega_1(t) = \begin{cases} \omega_{1\text{ref}} & (\omega_1 = \omega_{1\text{ref}}) \\ \omega_1(t_0) + \int_{t_0}^{t} \dfrac{\omega_{1\text{N}}}{\tau_{\text{up}}}\mathrm{d}t & (\omega_1 < \omega_{1\text{ref}}) \\ \omega_1(t_0) - \int_{t_0}^{t} \dfrac{\omega_{1\text{N}}}{\tau_{\text{down}}}\mathrm{d}t & (\omega_1 > \omega_{1\text{ref}}) \end{cases} \tag{8-12}$$

式中，τ_{up} 为从 0 上升到额定角频率 $\omega_{1\text{N}}$ 的时间；τ_{down} 为从额定角频率 $\omega_{1\text{N}}$ 下降到 0 的时间，可根据负载需要分别进行选择。

电压-频率特性为

$$U_1 = f(\omega_1) = \begin{cases} U_{1\text{N}} & \omega_1 \geqslant \omega_{1\text{N}} \\ f'(\omega_1) & \omega_1 < \omega_{1\text{N}} \end{cases} \tag{8-13}$$

当实际频率 f_1 大于或等于额定频率 $f_{1\text{N}}$（即 $\omega_1 \geqslant \omega_{1\text{N}}$）时，只能保持额定电压 $U_{1\text{N}}$ 不变。而当实际频率 f_1 小于额定频率 $f_{1\text{N}}$ 时，$U_1 = f'(\omega_1)$，一般是带低频补偿的恒压频比控制。

调速系统的机械特性如图 8-3 所示。在负载扰动下，转速开环变压变频调速系统存在转速降落，属于有静差调速系统，故调速范围有限。转速开环变压变频调速系统结构最简单，成本最低。转速开环变压变频调速系统虽然能够满足一般的平滑调速要求，但动、静态性能均有限，只能用于调速性能要求不高的场合，特别适合风机、水泵类负载的节能调速。

8.6　转速闭环转差频率控制的变压变频调速系统

为了进一步提高变频调速系统的性能，一方面可以采用转速负反馈组成闭环调速系统以提高调速系统的静态性能；另一方面，在矢量控制出现之前，通常采用转差频率控制的方法提高系统动态性能。

　⊖　这里的 $\omega(\text{rad/s})$ 为转速 $n(\text{r/min})$ 对应的角速度符号。提醒：角频率也用 ω 表示，注意它们的区别。

8.6.1 转差频率控制的基本思想

要使异步电动机调速系统获得良好的动态性能，主要是针对转速变化率 dn/dt 进行控制。通过对转矩动态控制就能达到对 dn/dt 的控制，也就是说调速系统控制转矩的能力决定了动态性能的好坏。异步电动机变频调速系统外部施加的控制信号是电压（电流）和频率，因而必须通过对电压（电流）和频率的控制来达到对转矩的控制。

异步电动机的电磁转矩与气隙磁通、转子电流及转子电路功率因数等有关。由电机原理可知，T_d 可以表示为

$$T_d = K_T \Phi_m I_2' \cos\varphi_2 = K_m \Phi_m^2 \frac{\omega_s R_2'}{R_2'^2 + (\omega_s L_2')^2} \tag{8-14}$$

式中，K_m 是电动机的结构常数，$K_m = \frac{3}{2} p N_1^2 K_{N1}^2$；$\omega_s$ 是电动机转差角频率，$\omega_s = s\omega_1 = 2\pi s f_1 = 2\pi f_s$，其中 f_s 为转差频率。

当电动机稳态运行时，转差率 s 较小，因而 ω_s 也较小，可以认为 $\omega_s L_2' \ll R_2'$，则转矩可近似表示为

$$T_d \approx K_m \Phi_m^2 \frac{\omega_s}{R_2'} \tag{8-15}$$

由此可知，若能够保持气隙磁通 Φ_m 不变，且在 s 值较小的稳态运行范围内，异步电动机的转矩近似与 ω_s 成正比。也就是说，在保持气隙磁通 Φ_m 不变的前提下，可以通过控制转差角频率 ω_s 来控制转矩，这就是转差频率控制的基本思想。

因此，变频调速系统转差频率控制实现的前提条件有两个：一个是维持电动机气隙磁通 Φ_m 不变；另一个是在 $s(\omega_s)$ 很小的范围内，转矩近似与 ω_s 成正比。

由8.2节内容可知，严格恒磁通控制即恒 E_g/f_1 控制，在实际应用中需在恒 U_1/f_1 控制的基础上根据负载电流和转速大小适当提高定子电压，以便补偿定子电阻压降，避免磁通 Φ_m 减弱。如果忽略电流相量相位变化的影响，不同定子电流时，恒 E_g/f_1 控制所需的电压-频率特性如图8-13所示。只要 U_1、ω_1 及 I_1 的关系符合图8-13所示特性，就能保持 Φ_m 恒定。

上面分析得到的转差频率与转矩的关系式（8-15）是在转差率 s 很小，即转差角频率 ω_s 很小的前提下得到的，这只是定性的分析结论。那么，在实际中 ω_s 的最大值为多少才能保持与电磁转矩 T_d 的线性关系呢？

由式（8-14）画出的 $T_d = f(\omega_s)$ 特性曲线如图8-14所示，它实际上就是前面讨论的恒气隙磁通控制（恒 E_g/f_1）时的机械特性曲线。

根据式（8-14）可方便地求出：

$$T_{dmax} = \frac{K_m \Phi_m^2}{2 L_2'}$$

$$\omega_{smax} = \frac{R_2'}{L_2'} = \frac{R_2}{L_2}$$

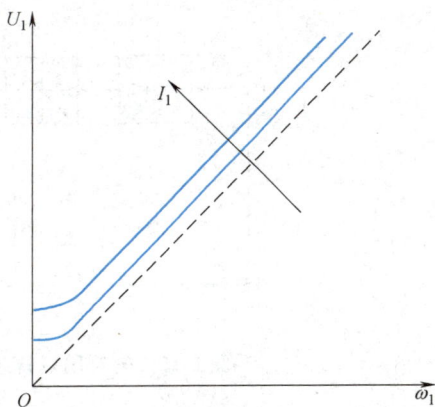

图8-13 不同定子电流时，恒 E_g/f_1 控制所需的电压-频率特性

因此，在维持气隙磁通 Φ_m 不变的条件下，将 ω_s 限幅在 ω_{sm}，使系统运行在 $\omega_s \leqslant \omega_{sm} < \omega_{smax}$ 范围内，就可以基本保持异步电动机的转矩 T_d 与转差角频率 ω_s 成正比，即控制转差频率就可达到控制转矩的目的。

转差频率控制的规律可总结为：

1）在 $\omega_s \leqslant \omega_{sm}$ 的范围内，转矩 T_d 基本上与 ω_s 成正比，条件是气隙磁通不变。

2）按图 8-13 的 $U_1 = f(\omega_1, I_1)$ 函数关系控制定子电压和频率，就能保持气隙磁通 Φ_m 恒定。

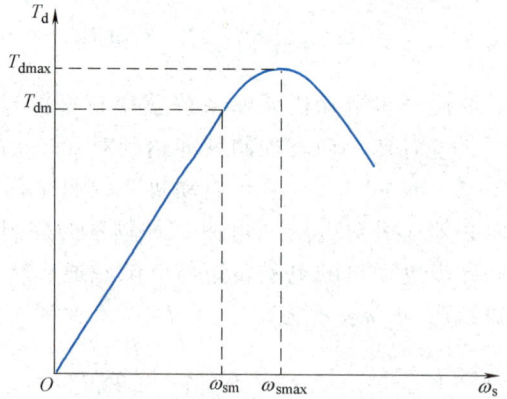

图 8-14　恒 Φ_m 条件下的 $T_d = f(\omega_s)$ 特性曲线

8.6.2　转速闭环转差频率控制的变压变频调速系统的组成及控制原理

图 8-15 为转速闭环转差频率控制的变压变频调速系统的结构图。其控制原理是：由光电编码测速器 PG 检测电动机的转速 ω_f，一路与转速给定信号 ω_{ref} 相比较，转速误差经转速调节器 ASR（一般选择 PI 调节器）并限幅以后产生转差角频率信号 ω_{sref}，再与另一路转速检测信号 ω_f 相加后形成定子给定角频率 ω_{1ref}。限幅的主要目的在于限制最大转差角频率，并且使电动机可以用逆变器容许电流下的最大转矩进行加减速运转。通过函数发生器 FG，按恒 E_g/f_1 控制曲线产生相应的定子电压幅值给定信号 U_{1s}。最终，由同时输出的定子电压幅值给定信号 U_{1s} 和频率给定信号 ω_{1ref} 去控制 SPWM 变频器改变其输出的电源电压和频率，达到调速的目的。

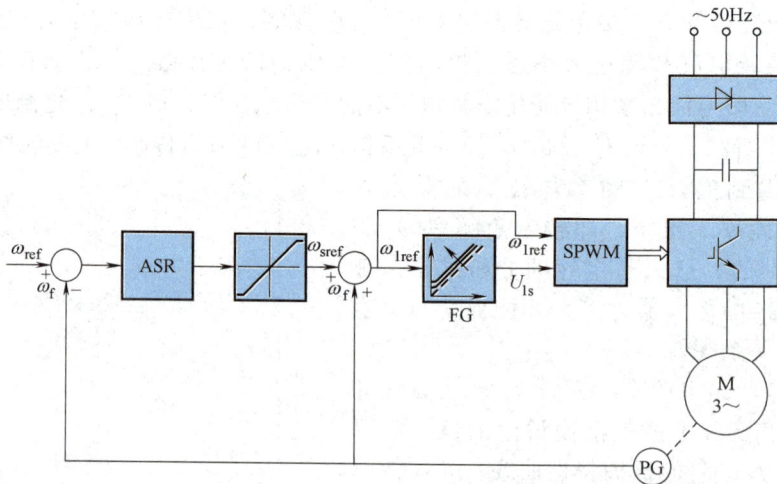

图 8-15　转速闭环转差频率控制的变压变频调速系统结构图

转差频率控制的突出优点就在于频率环节的输入是转差信号，而给定角频率信号是由转差信号与电动机的实际转速信号相加后得到的，因此，逆变器输出的实际角频率 ω_1 随着电动机转子角频率同步上升或下降。与转速开环系统相比，加、减速更为平滑，且容易使系统稳定。同时，由于在动态调节过程中，转速调节器饱和，系统将以最大转矩进行调节，保证了系统的快速性。

8.7　异步电动机矢量控制调速系统

恒压频比控制的异步电动机开环调速系统和转差频率控制的异步电动机闭环调速系统解决了平滑调速的问题。特别是转差频率控制系统已经具有了直流电动机双闭环控制系统的优点和较好的动、静态性能，是一个比较优良的控制策略，结构也不太复杂，因而具有广泛的应用价值，可以满足许多工业应用的要求。

对于要求具有很高动、静态特性的系统，上述系统就不能满足要求了。这是由于恒压频比控制、转差频率控制规律都是在异步电动机稳态等效电路和稳态转矩的基础上，采用了较大的近似措施之后得到的，均属标量控制。交流异步电动机的一些量却是矢量，因而标量控制不可能得到像直流电动机那样好的动、静态特性。

异步电动机变压变频调速时需要进行电流（电压）和频率的协调控制，而电流（电压）、频率、磁通和转速之间是相互影响的。实际上，异步电动机是一个非线性、强耦合、多变量（多输入：电流或电压、频率；多输出：磁通、转速）的高阶非定常系统。要进一步提高异步电动机的调速性能，必须从异步电动机动态模型出发，研究其控制规律，提出更好的控制方案。

1969 年 K. Hasse 博士在他的博士论文中提出了矢量控制的基本思想，1971 年 F. Blaschke 工程师将这种一般化的概念形成系统理论，并以磁场定向控制（Field Orientation Control）的名称发表。矢量控制理论的基本思想是把交流电动机模拟成直流电动机进行控制，它把磁链矢量的方向作为坐标轴的基准方向，采用矢量变换的方法实现交流电动机的转速和磁链控制的完全解耦，以得到类似直流电动机的优良的动态调速性能。20 世纪 90 年代以后采用矢量控制方式的通用变频器组成的交流调速系统逐步取代传统的双闭环直流调速系统，已成为运动控制的主流。

8.7.1　异步电动机矢量控制的概念和基本思想

矢量控制的基本思想是要把交流电动机模拟成直流电动机，使其能够像直流电动机一样容易控制。显然，它正是交流电动机调速系统所追求的目标。因此，矢量变换控制（简称矢量控制）一提出来就受到普遍的关注和重视。

为了阐明矢量控制的基本概念和思想，先分析一下交、直流电动机电磁转矩的异同点。

他励直流电动机转矩 T_d 与电枢电流 I_d 的关系是

$$T_d = K_T \Phi I_d \tag{8-16}$$

当磁场保持恒定时，转矩 T_d 与电枢电流 I_d 成正比，控制 I_d，就可以控制 T_d。这样，很容易获得良好的动态性能。

三相异步电动机转矩 T_d 与转子电流 I_2' 的关系是

$$T_d = K_T \Phi_m I_2' \cos\varphi_2 \tag{8-17}$$

T_d 是气隙磁场 Φ_m 和转子电流有功分量 $I_2'\cos\varphi_2$ 相互作用而产生的。即 Φ_m 保持恒定时，T_d 不但与转子电流的大小有关，还取决于转子电流的功率因数角 φ_2。它随转子电流的频率变化而变化，即随电动机的转差率变化而变化。更何况异步电动机的气隙磁场是由定子电流 I_1 和转子电流 I_2' 共同产生的，随着负载的变化，Φ_m 也要变化。因而在动态过程中要准确地控制异步电动机的电磁转矩就显得比较困难。

为了解决这个问题，方法之一是在普通三相交流电动机上设法模拟直流电动机控制转矩的规律，即采取矢量控制。矢量控制的基本思路是将三相交流电动机绕组产生的旋转磁场变换为和直流电动机类似的两绕组产生的旋转磁场，然后控制这两个绕组中的电流，从而得到像直流电动机一样的转矩控制特性。也就是说，它是按照产生同样的旋转磁场这一等效原则建立起来的。

下面是建立这种等效变换的讨论分析。

由电机学理论可知，三相位置固定的对称绕组 U、V、W，通以三相平衡正弦交流电流 i_U、i_V、i_W 时，即产生转速为 n_0 的旋转磁场 Φ，如图8-16a所示。

产生旋转磁场不一定非要三相不可，除单相以外，两相、三相、四相等任意多相对称绕组，通以多相对称电流，都能产生旋转磁场。如图8-16b所示，两相对称绕组 α、β（位置上相差90°）通以两相对称电流 i_α、i_β（相位互差90°）时产生旋转磁场 Φ。当旋转磁场的大小和转速都相同时，图8-16a所示的三相绕组 U、V、W 和图8-16b所示的两相对称绕组 α、β 是等效的。图8-16b所示的坐标系即为静止两相正交坐标系。

图8-16c中有两个匝数相等、空间上相互垂直的绕组 M 和 T，分别通以直流电流 i_M 和 i_T，产生位置固定的磁通 Φ。如果使两个绕组同时以同步转速 n_0 旋转，磁通 Φ 自然跟着旋转，也可以和图8-16a、b中的绕组等效。当观察者站到电动机转子铁心上和绕组一起旋转时（即转子磁链定向），观察者看到的是，M 和 T 是两个通以直流电流的互相垂直的固定绕组。既然图8-16a、b、c中的绕组等效，当观察者站到一个以同步转速 n_0 旋转的坐标系上时，看到的是，图8-16a的三相绕组及图8-16b的两相绕组就等效为图8-16c的通以直流电流的相互垂直的固定绕组。图8-16c所示的坐标系即为旋转正交坐标系。

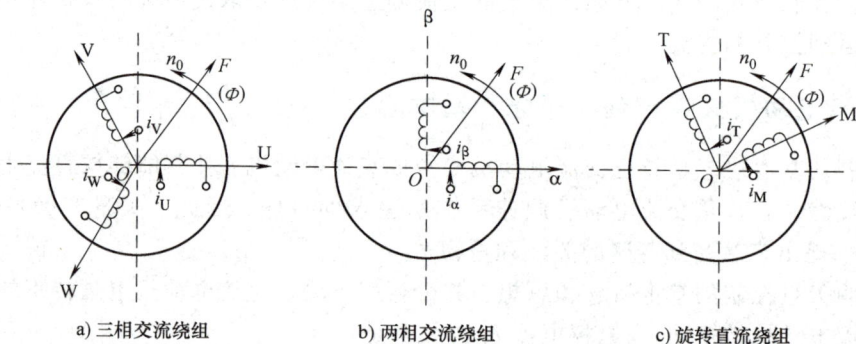

a) 三相交流绕组　　　　　b) 两相交流绕组　　　　　c) 旋转直流绕组

图8-16　等效的交流电动机绕组与直流电动机绕组物理模型

这样，以产生同样的旋转磁场为准则，可以将异步电动机三相绕组经过三相到两相的变换，再经过旋转坐标系变换而得到模拟的直流两相绕组。控制模拟的直流两相绕组中的电流 i_M 和 i_T，也就可以得到和直流电动机类似的控制特性了。要保持 i_M 和 i_T 为某一定值，i_U、i_V、i_W 必须按一定的规律变化。

下面阐述矢量控制系统的构想。

既然异步电动机经过坐标系变换以后可以等效成直流电动机，那么模仿直流电动机的控制方法，求得直流电动机的控制量，经过相应的坐标系反变换，就能够控制异步电动机了。由于进行的坐标变换是电流（代表磁通势）的空间矢量，因此这样通过坐标系变换实现的控制系统就称作矢量控制系统（Vector Control System，VCS）。所设想的控制系统结构如图8-17 所示。

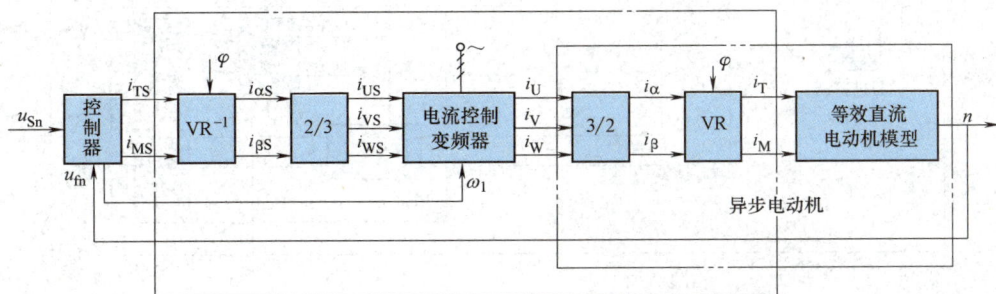

图8-17　矢量控制系统结构的设想

图中转速给定信号和从异步电动机来的反馈信号经过类似于直流调速系统所用的控制器，产生励磁电流的给定信号 i_{MS} 和电枢电流的给定信号 i_{TS}，经过反旋转变换 VR^{-1} 得到等效两相交流绕组电流 $i_{\alpha S}$ 和 $i_{\beta S}$，再经过两相/三相变换得到三相交流电流给定信号 i_{US}、i_{VS}、i_{WS}。把这三个电流控制信号和由控制器输出的频率控制信号 ω_1 加到带电流控制的变频器中，就可以输出异步电动机调速所需的三相变频电流。在异步电动机的双点画线框内，根据前面模拟直流电动机的思路描绘出了异步电动机的坐标系变换结构图。

在设计矢量控制系统时，可以认为，在控制器后面引入的反旋转变换器 VR^{-1} 与异步电动机内部的旋转变换器 VR 相抵消，2/3 变换器与电动机内部 3/2 变换器相抵消，如果再忽略变频器中可能产生的滞后，则图8-17 中点画线框内的部分就可以完全删除，剩下的部分和直流电动机调速系统相似。于是，需要研究的问题就是这个用以模拟异步电动机的等效直流电动机电路的数学模型了。

矢量控制的基础理论是异步电动机的数学模型的建立、矢量变换和解耦控制，该部分内容详见相应的参考文献。

8.7.2　异步电动机矢量控制系统的组成

矢量控制变频调速系统的原理框图如图8-18 所示。图中右边为采用电压型逆变器的变频调速系统的主电路，已在8.4节中阐述。主电路左边为矢量控制系统，整个功能全部由采用高档微控制器组成的控制系统完成。图中，ASR 为转速调节器；AΨR 为转子磁链调节器；ACMR 为定子电流励磁分量调节器；ACTR 为定子电流转矩分量调节器；PG 为光电编码测速器。

采用矢量控制方式的通用变频器不仅可以在调速范围上与直流电动机相匹配，而且可以控制异步电动机产生的转矩，使系统的静态性能和动态性能都可以和直流调速系统媲美。由于矢量控制方式所依据的是被控异步电动机的准确的参数，有的通用变频器在使用时需要准确地输入异步电动机的参数，有的通用变频器需要使用速度传感器和编码器，并需使用厂商指定的和变频器配套的异步电动机进行控制，否则难以达到理想的控制效果。目前新型的矢

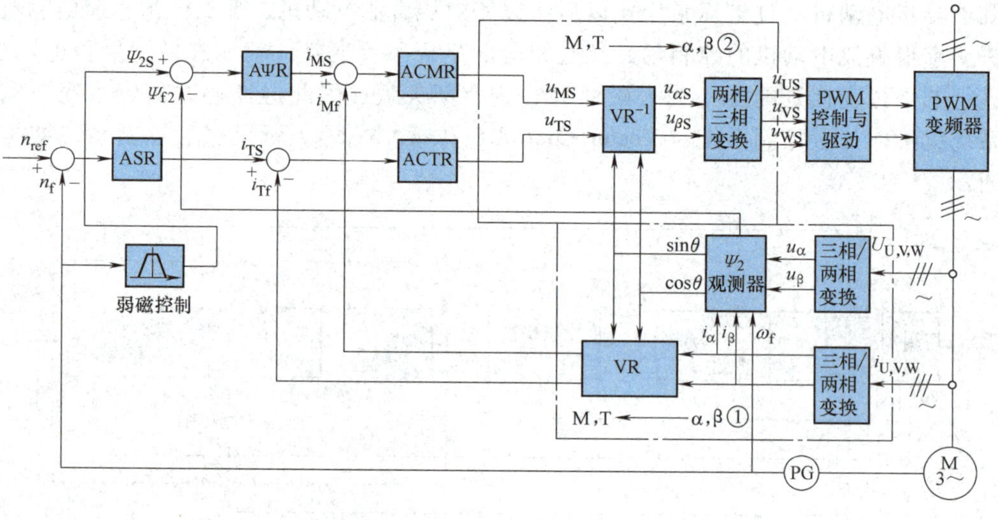

图8-18　矢量控制变频调速系统的原理框图

量控制通用变频器中已经具备异步电动机参数的自动检测、自动辨识、自适应功能，带有这种功能的通用变频器在驱动异步电动机进行正常运转之前，可以自动地对异步电动机的参数进行辨识，并根据辨识结果调整控制算法中的有关参数，从而对异步电动机进行有效的矢量控制。

8.7.3　矢量控制变频调速系统的实现

这里以转差频率矢量控制变频调速系统为例，介绍矢量控制变频调速系统的具体实现方案。其硬件电路组成如图8-19所示。

为实现实时全数字化矢量控制变频调速，系统采用了 TI 公司的 TMS320LF2407A 型 DSP 为控制核心。系统的内环为电流调节环，调节周期为 $100\mu s$；外环为速度调节环，调节周期为 1ms。在通用定时器 1（TMS320LF2407A 内部定时器）中断处理程序中调用电流环调节子程序或速度环调节子程序，并且电流环中断优先级比速度环中断优先级高。

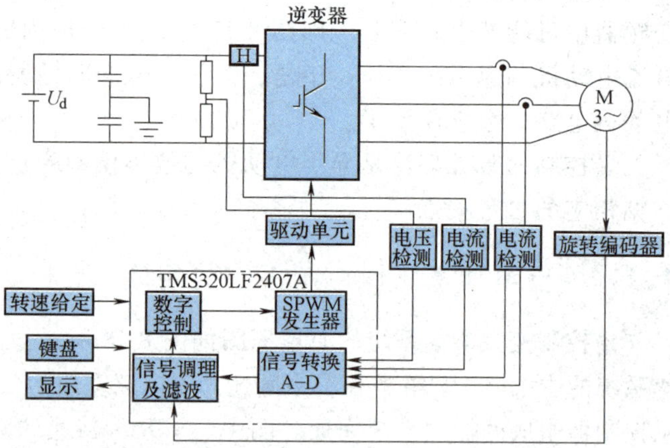

使用 TMS320LF2407A 内部的两路 10 位 A-D 转换通道 ADCIN6

图8-19　矢量控制变频调速系统硬件电路组成

和 ADCIN5 对电动机的两相定子电流进行采样，采样周期为 $50\mu s$。系统采用增量式 E6C-2EZ5C 旋转编码器检测电动机转速，经整形后输入给 DSP 事件管理器的正交编码脉冲（QEP）接口，利用通用定时器 2（TMS320LF2407A 内部定时器）进行转速计算，此时通用定时器 2 工作在 QEP 模式。系统的通用定时器 1 工作在连续增减计数模式，产生频率为

20kHz 的 SPWM 信号。同时通用定时器 1 也作为实时中断发生器，每 50μs 触发一次中断，调用电流环或速度环调节子程序，通过一个软件计数器，每两个 SPWM 周期（100μs）执行一次电流环调节子程序；另一个软件计数器用来每 20 个 SPWM 周期（1ms）执行一次速度环调节子程序。这两个时间周期是独立的，可以分别进行更改。

DSP 在系统上电后首先进行系统自检，然后是硬件和软件的初始化，包括初始化通用定时器 1、A-D 转换器、编码器等，接着初始化中断服务，包括通用定时器 2 的周期中断、通用定时器 2 的比较中断、A-D 中断等。系统的初始化完成后启动 SPWM 输出和正交脉冲编码器计数，然后进入无限循环等待中断信号。中断发生后，在中断处理子程序中调用电流环调节子程序或速度环调节子程序。对全数字化实现的电流环而言，其周期越短越好，故应尽量减少定子电流的采样与转换时间。在每次电流环循环周期中，首先启动两路 A-D 转换，读取转换结果并计算三相定子电流值，然后经过两次坐标变换得到转矩电流和励磁电流分量，接着读取存放于数据存储区中的电流矢量运算资源信息：转矩电流 i_T 指令值、励磁电流 i_M 指令值、定子角频率 ω_1 和电动机运转信号并经标度变换得到三相定子电流的瞬时值，经电流调节器运算输出 SPWM 信号控制逆变器。

8.8 异步电动机直接转矩控制调速系统

为了解决大惯量运动控制系统（如电力机车、电动汽车和船舶电力推进等）在起动和制动时要求转矩响应快速的问题（特别是在弱磁调速范围内），1984 年 I. Takahashi 提出了直接转矩控制（Direct Torque Control，DTC）系统，1985 年 M. Depenbrock 教授研制出了类似的直接自控制（Direct Self-Control）方案。直接转矩控制系统简称 DTC 系统，是继矢量控制系统之后发展起来的另一种高动态性能的交流电动机变压变频调速系统，在它的转速环里面，利用转矩反馈直接控制电动机的电磁转矩，因而得名。目前，直接转矩控制技术已成功地应用在电力机车牵引等大功率交流传动上。

8.8.1 直接转矩控制系统的基本思想

与矢量控制系统主要控制转子磁链和转矩不同，直接转矩控制是**基于在定子坐标系下建立的交流电动机数学模型，并用定子磁链定向代替转子磁链定向，在静止两相坐标系上直接控制电动机的磁链和转矩**，这样省略了旋转坐标变换。但是，由于 DTC 系统采用了定子磁链控制，那就无法像矢量控制系统那样进行模型简化并实现解耦，因而也就不能简单地模仿直流调速系统进行线性控制，所以就采用非线性的 Bang-Bang 控制方式来实现系统解耦控制，以加速系统的转矩动态响应。由于它不需要模仿直流电动机的控制，因此所需要的信号处理工作比较简单。

直接转矩控制强调的是转矩的直接控制效果，因此它并不强调获得理想的正弦波波形，而是采用电压空间矢量和近似圆形磁链轨迹的概念。具体控制方式是：直接将电动机瞬时转矩和瞬时磁链作为状态变量加以反馈，分别通过转矩和磁链两位式调节器（Bang-Bang 控制），把转矩检测值和磁链检测值分别与各自的给定值作比较，转矩调节器和磁链调节器的输出直接对逆变器开关状态做最佳调节，把转矩和磁链波动限制在规定的误差范围内，因此它的控制直接而简单。

8.8.2 直接转矩控制系统的组成

图 8-20 是按定子磁链控制的经典 DTC 调速系统结构图。系统由磁链闭环和转速闭环两个部分组成。速度给定值 n_{ref} 和反馈值 n_f 相比较，经过速度 PI 调节器得到转矩给定值 T_{ds}，此给定值与转矩反馈值 T_{df} 相比较，其误差量经转矩控制器得到转矩控制量 dT_d。定子磁链给定值 $|\Psi_{1s}|$ 和磁链反馈值 $|\Psi_{1f}|$ 相比较，其误差量经磁链控制器得到磁链控制量 $d\Psi$。根据 dT_d、$d\Psi$ 和磁链扇区数（由磁链位置角 ρ_s 得到）查逆变器优化开关表，得到最优电压矢量。通过对电压型逆变器 VSI 施加电压矢量，控制电动机转矩和定子磁链在其磁滞带内独立调节。其中，转矩反馈值 T_{df} 和定子磁链反馈值 $|\Psi_{1f}|$ 由电磁转矩、定子磁链观测器得到。

DTC 系统在转速环内设置了转矩控制环，它可以抑制磁链变化对转速子系统的影响，从而使转速和磁链子系统实现近似解耦；由于采用转矩和磁链的 Bang-Bang 控制，简化控制结构，避免了调节器设计；而且 Bang-Bang 控制本身属于 P 调节器控制，可以获得比 PI 调节器更快的

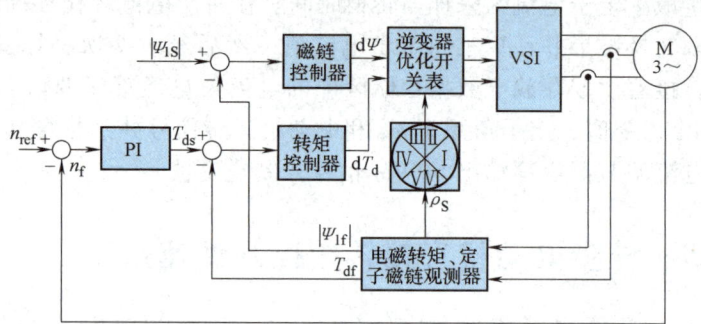

图 8-20 按定子磁链控制的经典 DTC 调速系统结构图

系统动态响应；又因 DTC 系统仅控制定子磁链而非转子磁链，所以不会受到转子参数变化的影响。但是，由于 Bang-Bang 控制会产生转矩脉动，特别是低速时的转矩脉动会使系统的调速精度变差，因此其调速范围受到限制。

8.8.3 直接转矩控制变频调速系统的实现

ABB 公司 ACS600 系列变频器直接转矩控制系统框图如图 8-21 所示，它由速度控制环和转矩控制环组成。其中速度控制器采用 PI 调节器，转矩控制环则是该系统的控制核心。转矩控制环由电动机电流和电压检测环节、定子磁链观测器、转矩调节器、磁链调节器和脉冲优化选择器等环节组成。下面介绍该系统的几个重要组成部分。

1）速度控制器。系统的速度控制器为 PI 调节器，实际转速来自于光电编码器测速环节 PG 输出的速度反馈信号，速度控制器的输出传给转矩给定控制器。

2）磁链和转矩给定控

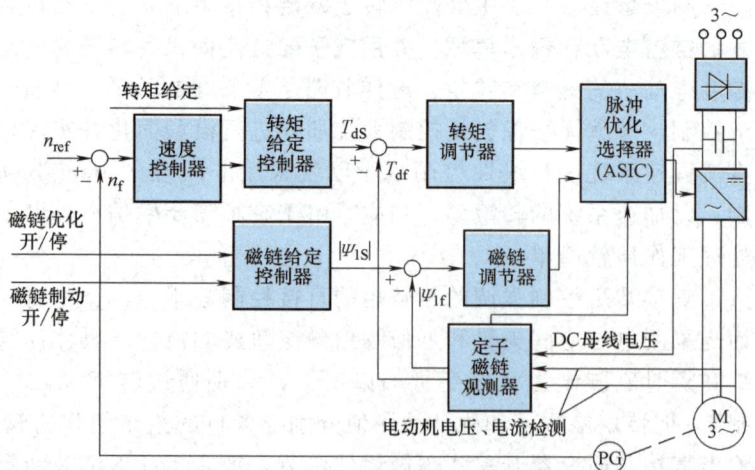

图 8-21 ACS600 系列变频器直接转矩控制系统框图

制器。磁链给定控制器的主要任务是优化磁链给定曲线，提供磁链制动给定功能。转矩给定控制器是一个带输出限幅的斜坡函数发生器，可以实现内、外给定功能。

3）定子磁链观测器。定子磁链观测器单元通过检测得到的变频器电压和电流估算电动机的实际转矩、定子磁链。该观测器是直接转矩控制的关键单元。

4）转矩调节器和磁链调节器。这两个调节器的作用是将由自适应电动机模型计算得到的转矩和磁链反馈值与转矩和磁链控制器送来的参考值进行比较，通过两点式滞环调节器（即 Bang-Bang 控制）进行快速调节，从而把转矩和定子磁链限制在预定的误差范围内。

5）脉冲优化选择器。脉冲优化选择器是一个具有 ASIC（Application Specific Integrated Circuit）技术的 40MHz 数字信号处理器（DSP），该单元具有很高的处理速度。实际上，对定子磁链和转矩的控制最终都是通过控制逆变器功率器件的开关状态来实现的，脉冲优化选择器的任务就是选择合适的开关组合状态，使定子磁链和转矩运行在期望的误差范围内，同时又使开关器件的动作频率最低。

ACS600 DTC 系统利用电动机在运行中所测得的参数建立电动机模型，对实时测得的电动机的两相电流值、电压值和中间环节的直流电压值进行分析、计算，把计算得到的实际转矩、定子磁链与给定控制器给出的磁链、转矩给定值进行比较，用 Bang-Bang 调节器进行调节，把它们的误差值限定在给定的误差范围之内。借助 Bang-Bang 控制产生 SPWM 控制信号直接对逆变器的开关状态进行控制。逆变器的每次开关模式都是实时、单独确定的，其间隔是 $25\mu s$。把转矩响应限制在一拍（$1\sim5ms$）之内、无超调。ACS600 系统的静态精度为 $0.1\%\sim0.5\%$，开环转矩阶跃上升时间为 5ms，起动转矩平稳可控，最大起动转矩为额定转矩的 200%，零速转矩可达 100%。ACS600 装置配有数据通信接口，可以通过数据总线对 ACS600 系统进行编程、监控和人机对话。

8.8.4　直接转矩控制与矢量控制的比较

交流调速系统的任务是控制转速，转速通过转矩来改变，调速系统的性能取决于转矩控制的质量。直接转矩控制和矢量控制的任务都是实现高性能的转矩控制，它们的速度调节部分相同，且都是实现转速、磁链的（近似）解耦控制，都能获得较高的静、动态性能。但两种系统的具体控制方法有所不同，在控制性能上各有特色。

1）矢量控制采用以转子磁链定向的同步旋转坐标系，至少需要两次坐标变换。直接转矩控制则选用定子坐标系和定子磁链控制，直接利用交流量计算转矩和磁链，然后通过转矩调节器和磁链调节器产生 SPWM 信号，省去了坐标变换。

2）磁链不能直接测量，需要通过电动机的电压、电流及电动机参数进行计算。在矢量控制系统中，当电动机转速很低时（5%~10%的额定转速），定子电压也很低，电压模型误差大，需要用电流模型计算磁链。为了在高速和低速都能取得好的性能，需应用电压和电流两个模型，涉及的电动机参数较多，特别是受转子参数变化的影响较大。直接转矩控制采用定子磁场定向，因此定子磁链的估算只与相对比较容易测量、变化较小的定子电阻有关，所以对磁链的估算更容易，受电动机参数变化的影响也较小。但在低速运行时，直接转矩控制的转矩脉动大，限制了系统的调速范围。这时若引入电流模型，也要用到转子磁链，涉及的电动机参数和矢量控制一样多。

3）直接转矩控制不进行坐标变换，计算简单，但为了实现 Bang-Bang 控制，要求计算速度很快，必须在一个开关周期内计算多次（ACS600 系列变频器的计算周期是 $25\mu s$）。矢量控制是测量电压、电流一个开关周期内的平均值，然后一周期计算一次，对计算速度的要求低，以西门子的 6SE70 系列变频器为例，其计算周期是 400μs，是 ACS600 系列变频器的 16 倍，但根据产品样本，6SE70 与 ACS600 系列变频器的转矩响应时间都是 5ms，两者的转矩响应时间是一样的。

综上所述，矢量控制系统调速范围宽，计算较为复杂，但以现在处理器的运算能力不难实现。直接转矩控制系统保持定子磁链恒定，转矩和定子磁链闭环都采用两点式 Bang-Bang 控制，直接选择电压空间矢量脉宽调制（Space Vector Pulse Width Modulation，SVPWM）的开关状态，省去了线性调节器和旋转坐标变换，系统结构简洁明了，对电动机参数变化不敏感；缺点是输出转矩有脉动，限制了系统的调速范围。由于这两种控制系统各有特色，因此，它们除了普遍适用于高性能调速系统以外，还各有侧重：矢量控制系统更适用于宽范围调速系统和伺服系统，而直接转矩控制系统则更适用于需要快速转矩响应的大惯量运动控制系统（如电力机车）。

鉴于这两种控制策略各有其优势，也都有不足之处，目前两种系统的研究和开发工作都在朝着克服其缺点的方向发展，对矢量控制系统的进一步研究工作主要是提高其控制的鲁棒性，对直接转矩控制系统的进一步研究则主要集中在提高其低速性能上。

8.9　通用变频器

随着电力电子器件和变流电路的复合化、模块化、高频化以及控制手段的全数字化，变频装置的性能、灵活性和适应性不断提高，目前中小容量（600kVA 以下）的一般用途的变频器已实现了标准化、通用化。在这里，"通用"一词有两方面的含义：一是这种变频器一般用于驱动通用型交流电动机；二是这种变频器具有多种可供选择的功能，适用于许多不同性质的负载。通过控制模式选择和参数设定可以满足众多用户的不同需求。此外，通用变频器也是相对于专用变频器而言的，专用变频器是专为某些有特殊要求的负载而设计的，如用于感应加热的和用于电梯的专用变频器。

8.9.1　通用变频器的基本结构

通用变频器的基本结构如图 8-22 所示，主要由主电路、控制电路、信号处理与故障保护电路、接口电路和各种外设组成。

1. 主电路

主电路主要包括整流电路、中间直流环节和逆变器 3 部分。整流电路一般采用不可控的二极管整流桥，1~2kW 以下的小功率多为单相 220V 输入，功率稍大的多为三相 380V（或 440V）输入。中间直流环节采用电容滤波，电容数值大，所充电压高。为了限制初始电容充电电流，一般在整流桥与电容器之间设置限流电阻。初始充电完成后（几十毫秒），触头 S_0 将其短接，避免能量损耗，电阻的功率也可以因此选小些。S_0 可以是继电器触头，也可以是电子开关，如晶闸管等。

目前，逆变桥开关器件大都采用 IGBT，由控制电路产生的 SPWM 信号经光电隔离放大后去驱动 IGBT。由于采用 SPWM 技术，调压和调频都在逆变桥完成，它们的协调由计算机软件实现。

主电路采用模块化结构，功率不大时，一般整流桥封装在一个模块中，逆变桥封装在另一个模块中；功率在 1 ~ 2kW 以下时，甚至整流桥、逆变桥、驱动电路和部分保护电路都封装在一个模块中。

通用变频器的中间直流环节还设置有泵升电压吸收电路（R_b 和 VT_b），其作用是，在变频器快速降频的过程中，异步电动机处于发电制动状态，电能通过逆变桥开关器件反并联的二极管回送到中间电容，引起电容电压异常升高，此时触发 VT_b 导通，电容器中的过量储能通过电阻 R_b 释放掉，维持直流母线电压基本不变，保证逆变器和电容器的安全。除小功率变频器外，R_b 一般装在变频器的外部，作为附件供用户选购；VT_b 装在变频器的内部，有端子与外部相连。

图 8-22 通用变频器的基本结构

2. 控制电路

通用变频器的控制电路大都采用高性能微处理器和专用大规模集成电路作为数字电路的核心，如采用专为变频调速开发的 DSP2000 系列数字信号处理器芯片。16 位的 DSP24×× 和 32 位的 DSP28×× 具有变频调速所需要的各种专门功能，包括 PWM 信号生成功能、A-D 转换功能、D-A 转换功能；具有各种接口，包括与光电编码器连接的数字测速接口、过电流保护需要的紧急封锁接口、变频器组网用的现场总线接口及外部开关量进出的 I/O 接口；具有各种存储器，包括程序存储器 FLASH、数据存储器 RAM 等。

控制功能大致分如下 3 部分：

1）监控，包括设定与显示。主要的设定包括运行模式的选择（U/f 模式、矢量控制模式、转速闭环模式等）、U/f 曲线的设定、运行频率的设定、升频时间与降频时间的设定、最高频率限制的设定及最低频率限制的设定等。主要的显示包括设定值的显示、运行状态的显示（电压、电流、频率、转速及转矩等）及故障状态的显示（故障类型、报警类型及历史记录等）。显示多采用数码管或液晶屏。

2）SPWM 信号的生成。按照要求的频率、电压、载波比、死区时间自动生成 6 路 PWM 信号输出。

3）各种控制规律和控制功能的实现，如 U/f 控制、矢量控制、闭环控制、转矩提升、转差补偿、死区补偿、自动电压补偿、工频切换、瞬时停电重起动及 DC 制动等。

3. 信号处理与故障保护电路

采样电路获取的电流、电压、温度、转速等信号经信号调理电路进行分压、放大、滤波、光电隔离等适当处理后进入 A-D 转换器，其结果作为 CPU 控制算法的依据或供显示用，或者作为一个电平信号送至故障保护电路。故障保护有过电流、过载、过电压、欠电压、过

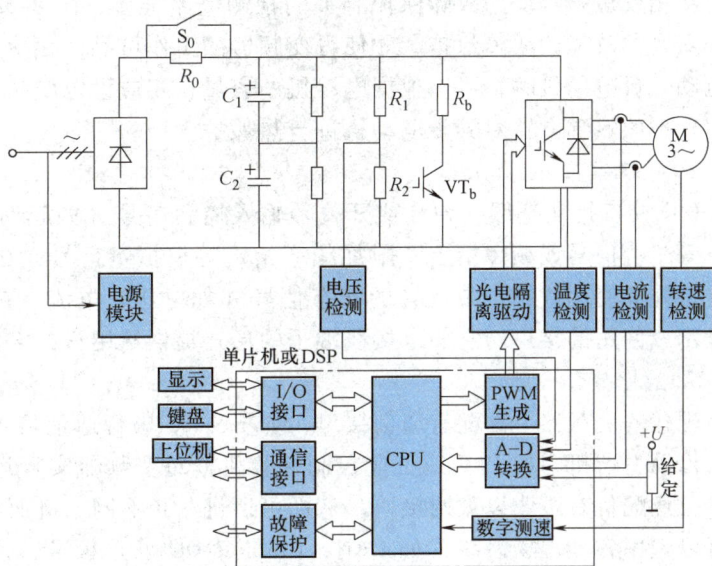

热、断相及短路等。与故障保护有关的检测电路很多，图8-22中并未全部画出。正是因为这些众多的及时的故障保护，才使得变频器的工作可靠，很少损坏。一般说来，当一台变频器拖动一台电动机时，可以根据电动机的容量，相应设定变频器的过载保护门限值，不必再使用外部的热继电器对异步电动机进行热保护。

4. I/O接口

I/O接口指从外部（PLC或开关）输入控制信号（如起动、停止、正转、反转、电动、复位等二位信号或频率给定、附加频率给定等模拟量信号）的接口；或将故障等二位信号输出供外部使用或将正常运转的状态信号（如电压、电流、频率、速度、转矩）输出供外部显示或使用的接口。它们以接线端子的形式提供给用户，方便现场配线。

5. 通信接口

现代的变频器上都配有通信接口，如RS-485串行通信接口，使变频器可以组成控制网络。借助上位机，如PLC或工业控制计算机，对变频器实行远程设定和控制。最新的变频器上已经配备有工业以太网接口，从而可以进入企业网，进而与因特网相连。作为配件，用户可以选用各种现场总线（如CAN、Profibus-DC等）板卡，使变频器具备组成工业现场底层网络的能力。

通过通信接口对变频器进行远程设定和控制，比起接线端子控制和操作面板控制来说，更方便且节省布线，因而也更受欢迎。

8.9.2　通用变频器的控制方式

目前通用变频器有很多控制方式，其中用得较多的是U/f控制与矢量控制。U/f控制就是恒压频比控制，是最基本、最普通的变频调速方式，适用于对动态性能要求不高的调速场合。它调速平滑，调速范围较宽，应用面最广。矢量控制是基于异步电动机动态模型的一种先进的控制技术，能达到和直流电动机调速相似的动态性能。

（1）开环与闭环控制　U/f控制可以转速开环，也可以转速闭环。矢量控制则经常是转速闭环的，大多数需要有转速传感器反馈转速信号。变频器为转速反馈信号留有接口，内部设有闭环用的软件PID调节器。具有速度传感器的矢量控制系统能达到较高的动态性能。矢量控制变频调速系统也有不需要转速传感器反馈转速信号的，通过检测系统的电流、电压信号构造转速观测器，通过算法辨识出反馈转速，其可应用于一些实际应用中不便安装转速传感器、但对调速性能要求较高的调速系统。

（2）转速模式与转矩模式　如果选用高性能的矢量控制方式，那么用户有两种模式可以进一步选择：转速模式和转矩模式。转速模式的给定是转速或者频率，转矩自动随负载变；转矩模式的给定是转矩，转速可以随系统浮动。转矩模式在卷绕系统中特别有用，使用这种模式，可以很容易构成恒张力卷绕系统。

8.9.3　通用变频器的附加功能和通用变频器的保护

通用变频器之所以能称为"通用"，还因为它有很多附加功能，例如转矩提升功能、转差补偿功能、瞬时断电后自动重起动功能、故障失速后的重起动功能、防失速功能和DC制动功能等。除了这些附加功能外，为了提高变频器的可靠性，通用变频器还设置了很多保护措施。一般，通用变频器提供的保护有过电流、过载、对地短路、过电压、欠电压、运行出错、CPU 错误、外部跳闸、瞬时电源故障、功率模块过热及散热器过热等。为了给变频器的维护维修提供方便，高档的通用变频器一般还设置有故障自诊断功能，当系统出现故障时，通常在面板上会有显示，指示故障的类型。限于篇幅，这部分内容可参考相应的文献。

8.9.4　通用变频器的使用

1. 变频器类型的选择

根据控制功能，通用变频器可分为三种类型：普通功能型 U/f 控制变频器、具有转矩控制功能的高功能型 U/f 控制变频器和矢量控制变频器。

通常可以根据负载的要求来选择变频器的类型，如：

1）风机、泵类负载，它们的阻力转矩与转速的二次方成正比，起动及低速时阻力转矩较小，通常可以选择普通功能型 U/f 控制变频器。

2）恒转矩类负载，如挤压机、搅拌机、传送带等，则有两种情况。一是可采用普通功能型变频器，但为了实现恒转矩调速，常用增加电动机和变频器容量的办法，以提高起动与低速时转矩。二是采用具有转矩控制功能的高功能型 U/f 控制变频器，其实现恒转矩负载的调速运行比较理想。这种变频器起动与低速转矩大，静态机械特性硬度大，能承受冲击性负载，而且具有较好的过载截止特性。

3）对一些动态性能要求较高的生产机械，如轧钢、塑料薄膜加工线等，可采用矢量控制变频器。

2. 变频器容量的计算

对于连续恒载运转机械所需的变频器，其容量可用下式近似计算：

$$S_{CN} > \frac{kP_N}{\eta \cos\varphi}$$

$$I_{CN} \geqslant kI_N$$

式中，S_{CN} 为变频器的额定容量；k 为电流波形的修正系数（PWM 方式时取 1.05～1.0）；P_N 为负载所要求的电动机的输出额定功率（机械功率）；η 为电动机额定负载时的效率（通常为 0.85）；$\cos\varphi$ 为电动机额定负载时的功率因数（通常为 0.75）；I_{CN} 为变频器的额定电流；I_N 为电动机额定电流。

3. 变频器外部接线

各种系列的变频器都有其标准接线端子，主要分为两部分：一部分是主电路接线；另一部分是控制电路接线。

下面以富士电机公司 FRN-G9S/P9S 系列变频器为例说明。

图 8-23 为变频器的基本原理接线图。将图中的主电路接线端子分列，即为图 8-24。图 8-24 中 R、S、T 为电源端，电动机接 U、V、W，P1 和 P（+）用于连接改善功率因数的 DC 电抗器，如不接电抗器，必须将 P1 和 P（+）牢固连接。容量较小的变频器，内部装有制动电阻，如果需要较大容量的外部制动电阻，可接在 P（+）和 DB 之间。对于 7.5kW 以上的变频器，为了增加制动能力，可将制动控制单元接于 P（+）和 N（-）端，外部制动电阻则接于控制单元后面。E（G）为接地端。

FRN 变频器的控制端子分为 5 部分：频率输入、控制信号输入、控制信号输出、输出信号显示和无源触头端子（见图 8-23）。

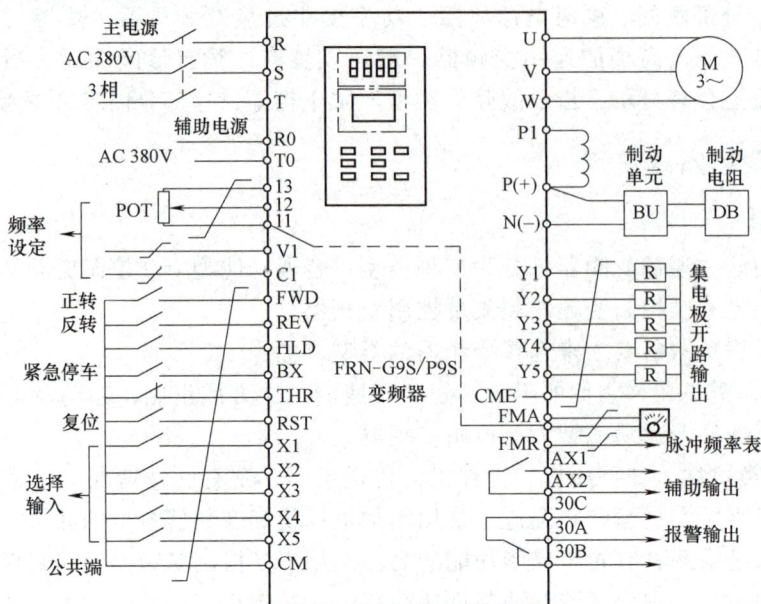

图 8-23 FRN-G9S/P9S 变频器的基本原理接线图

4. 变频器的调试和运行

变频器的调试和运行通常可按下列步骤进行：

1）通电前检查。参照变频器的使用说明书和系统设计图，检查变频器的主电路和控制电路接线是否正确。

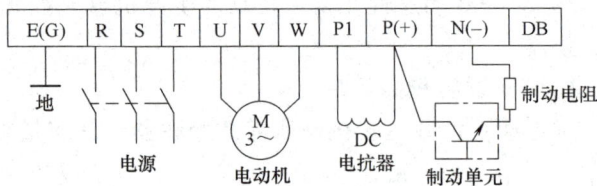

图 8-24 主电路接线端子

2）系统功能设定。为了使变频器和电动机能运行在最佳状态，必须对变频器的运行频率和功能进行设定。

① 频率的设定。变频器的频率设定有三种方式：第一种是通过面板上的（↑）/（↓）键来直接输入运行频率；第二种方式是在 RUN 或 STOP 状态下，通过外部信号输入端子（图 8-23 中，电位器端子：11、12、13；电压端子：11、V1；电流端子：11、C1）输入运行频率。第三种方式是通过 X1～X5 输入（1 或 0）的排列组合的选择，使变频器输出某一事先设定好的固定频率。只能选择这三种方式之一来进行设定，这是通过对功能码 00 的设置来完成的。

② 功能设定。变频器在出厂时，所有的功能码都已设定。在实际运行时，应根据功能要求对某些功能码进行重新设定。几种主要的功能码有频率设定命令（功能码 00）、操作方法（功能码 01）、最高频率（功能码 02）、最低频率（功能码 03）和额定电压（功能码 04）等。

③ 试运行。变频器在正式投入运行前，应驱动电动机空载运行几分钟。试运行可以在 5Hz、10Hz、15Hz、20Hz、25Hz、30Hz、35Hz、50Hz 等几个频率点进行，同时查看电动机的旋转方向、振动、噪声及温升等是否正常，升降速是否平滑。在试运行正常后，才可投入负载运行。

5. 变频器的自身保护功能及故障分析

通用变频器不仅具有良好的性能，而且有先进的自诊断、报警及保护功能。FRN-G9S/P9S 系列变频器的保护功能及故障诊断与处理见第 10 章分析。

8.10 异步电动机变频调速系统仿真

以图 8-15 所示的转速闭环转差频率控制的变压变频调速系统为例,通过仿真分析系统的稳态和动态性能。

PWM 模块采用矢量变换方法得到逆变器的驱动信号。参考图 8-17,转速给定信号和从异步电动机来的反馈信号经过转速调节器 ASR 得到转矩电流给定信号 i_{TS},经过反旋转变换 VR^{-1} 得到等效两相交流绕组电流 $i_{\alpha S}$ 和 $i_{\beta S}$,再经过两相/三相变换得到三相交流电流给定信号 i_{US}、i_{VS}、i_{WS}。具体实现方法见图 8-25 中的 Um^*、Ut^*、dq0_to_abc 模块。

异步电动机参数:额定功率 2.2kW,额定电压 220V,额定频率 50Hz,额定转速 1450r/min。

系统稳态参数:转速给定电压 $U_{Sn} = 10V$,转速反馈系数 $\alpha = 0.0075 V \cdot min/r$。

参考双闭环调速系统工程设计方法(详见参考文献 [2]),可以初步确定调节器参数。通过 MATLAB/SIMULINK 仿真调试后确定的调节器参数:

$$K_n = 35, \quad T_n = 0.15$$

在 MATLAB/SIMULINK 中依据上述参数建立的转差频率控制变频调速系统仿真模型如图 8-25 所示。异步电动机、整流装置、逆变器、SPWM 发生器、两相旋转到三相静止坐标

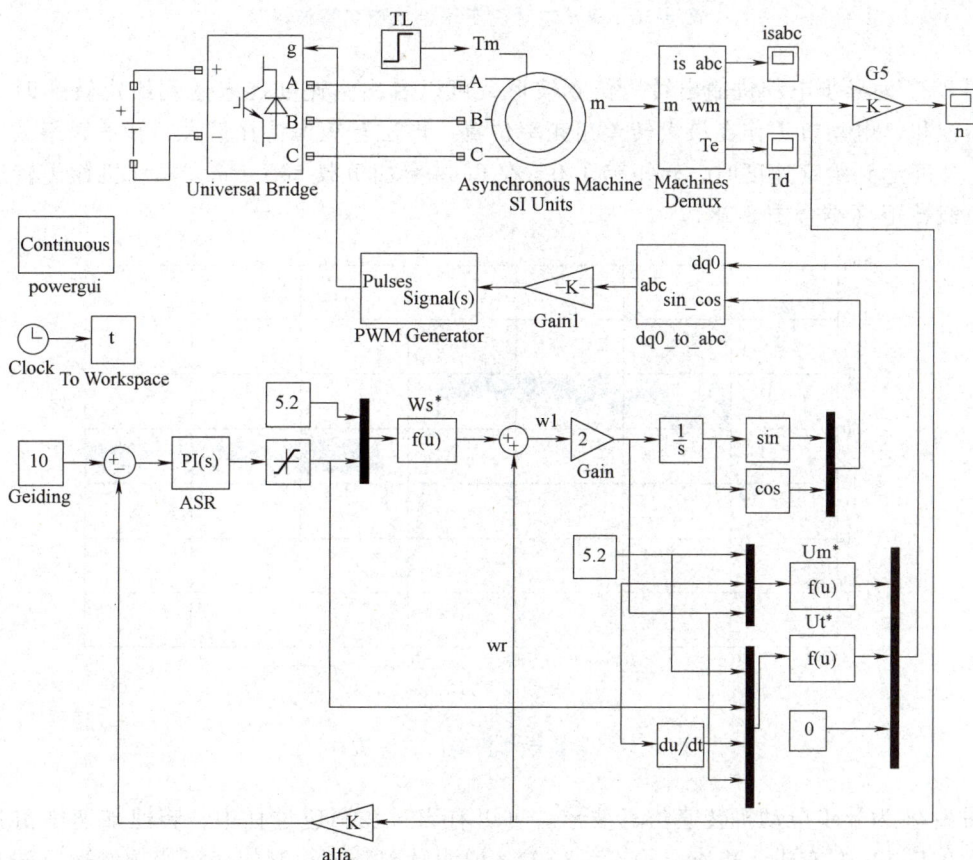

图 8-25 转差频率控制变频调速系统仿真模型

变换等直接选用 SIMULINK 模块库中的 SimPowersystems 相应控件。仿真时间为 0.7s，电动机空载起动，在 0.4s 突加负载 50N·m。

图 8-26 为异步电动机定子相电流仿真波形，可以看出，定子相电流的频率随着转速的升高而增高。按某种规律控制定子电流，才能维持气隙磁通不变，这正是转差频率控制的基本原理。

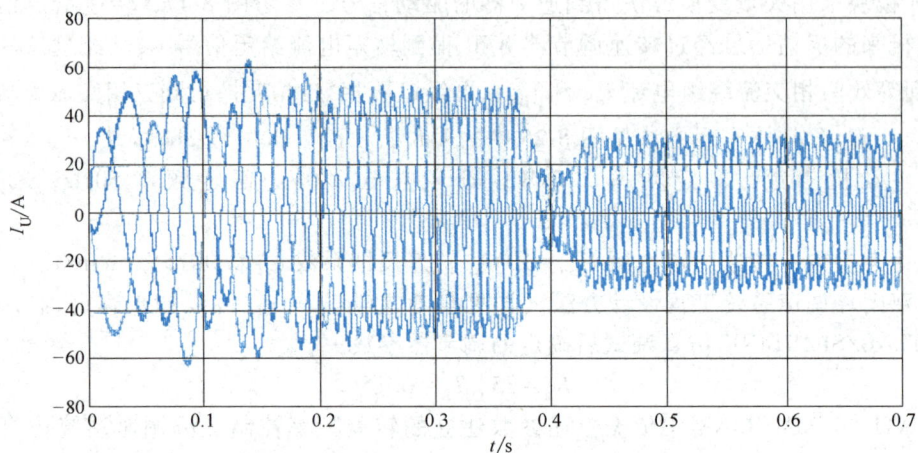

图 8-26　异步电动机定子相电流仿真波形

图 8-27 为异步电动机输出转矩仿真波形，可以看出，速度还未达到给定转速时，速度调节器饱和，电动机工作在最大转差角频率位置，电磁转矩保持在最大，转速以最大加速度上升。速度达到给定速度时，转矩趋于 0。在 0.4s 突加负载 50N·m，电动机输出转速快速跟踪负载转矩（结合图 8-28）。

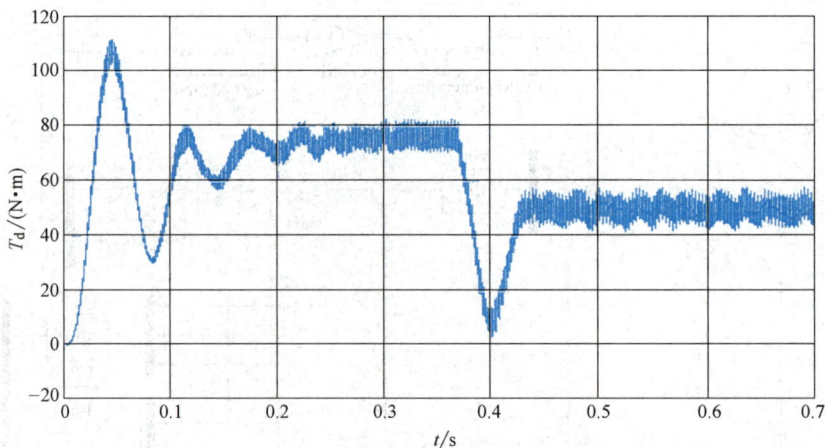

图 8-27　异步电动机输出转矩仿真波形

图 8-28 为异步电动机转速仿真波形。可以看出，在调速过程中，转速加速平滑且近似线性。在 0.42s 左右进入稳态，稳态无静差。说明转差频率控制的交流变频调速方法是一个性能比较优越的控制策略，结构也不算复杂。

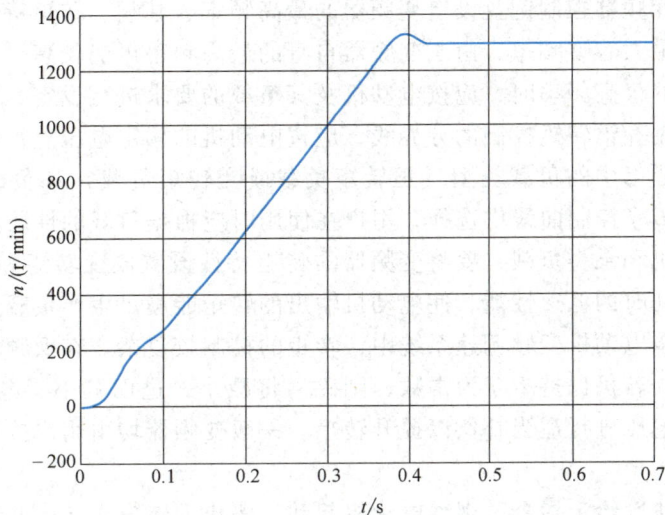

图 8-28 异步电动机转速仿真波形

8.11 基于通用变频器的异步电动机调速系统调试

基于通用变频器组成的异步电动机调速系统可以分为开环控制调速系统和闭环控制调速系统两大类型。

开环控制调速系统一般采用普通功能的 U/f 控制通用变频器，这种系统结构简单，可靠性高，成本较低，但调速精度和动态响应性能不高，尤其在低频区域更为明显，但对于一般控制要求的场合及风机、水泵类负载的控制，足以满足工艺要求。

对于调速系统性能要求较高的开环系统，可以采用无速度传感器矢量控制变频器组成的开环控制系统。它可以对异步电动机的磁通和转矩进行识别和控制，具有较高的静态控制精度和动态性能，转速精度可达 0.5% 以上，并且转速响应较快。尤其在安装测速装置不便的场合，采用这种方案较多。

闭环控制调速系统适用于速度、张力、压力和位置等过程参数控制场合，这些场合对调速系统的性能要求高。目前多采用带速度传感器的矢量控制变频器，需要在异步电动机的轴上安装速度传感器或编码器，构成闭环控制系统。

下面结合采用普通功能的 U/f 控制通用变频器组成的异步电动机开环调速系统（参见图 8-22），简述系统的调试步骤。

在系统调试之前，首先检查调试系统线路连接是否正确、变频器供电是否满足要求、系统负载是否正常、有无机械卡死等问题。在保证以上没有问题的情况下，可以按照下述步骤进行调试。

1. 变频器调试

首先要完成变频器的调试。变频器的调试可以参照 8.9.4 节中"变频器的调试和运行"介绍的方法对变频器进行调试。

2. 变频器带电动机空载运行

第一步：通过变频器控制键盘设定变频器的最高频率、基频、转矩特性。最高频率是变频调速系统运行的最大容许频率，由于变频器自身的最高频率可能较高，当电动机容许的最高频率低于变频器的最高频率时，应按电动机及其负载的要求进行设定。基频是变频器对电动机进行恒功率控制和恒转矩控制的分界线，应按电动机的额定电压进行设定。转矩特性应根据变频器使用说明书中的负载类型（恒转矩负载或变转矩负载）和负载特点选择。通用变频器均备有多条 U/f 控制曲线供选择，用户在使用时应根据负载的性质选择合适的 U/f 控制曲线。如果是风机和泵类负载，要将变频器的转矩特性设置成变转矩和降转矩运行特性。为了改善电动机起动时的低速性能，使电动机输出的转矩能满足生产负载起动的要求，要调整起动转矩。在异步电动机变频调速系统中，转矩的控制较复杂。在低频段由于电阻、漏电抗的影响不容忽略，若仍保持 U/f 为常数，则磁通将减小，进而减小了电动机的输出转矩。为此在低频段要对电压进行适当补偿以提升转矩。一般变频器均由用户按照要求进行人工设定补偿。

第二步：改变速度给定指令，观察电动机起动、停止、转速方向，并按照指令要求观察升速和降速是否正常。若系统要求正反转运行，还要测试系统能否满足要求。

目前通用变频器的速度指令发出有以下几种方式：通过控制面板进行调速；通过面板上的电位器旋转来进行调速；通过控制端子指令信号进行调速；通过与上位机通信，根据接收到的指令信息进行调速。

1) 通过控制端子指令信号进行调速。控制端子指令信号分为电压信号和电流信号。电压信号一般是 0～10V，电流信号一般是 4～20mA。电压和电流信号可通过变频器参数进行选择，也可通过变频器的跳线进行选择，在调试时参照说明书进行设置。

2) 通过与上位机通信调速。目前市场上大多数变频器都具有 485 通信功能，通信端子可以连接到 PLC 或者工控机等控制设备。在连接好通信电缆后，根据变频器说明书提供的变频器通信协议和波特率来进行配置。设置完成后，在上位机可以读取变频器相关数据，也可以上位机写入相关指令控制变频器，最终实现变频调速的目的。

因为通用变频器调试时首先要设置参数，所以绝大多数通用变频器都带有控制键盘。变频器上电后，首先将变频器设置为自带的键盘操作模式（有的变频器上电后默认方式为键盘操作模式），通过键盘操作，观察电动机的起动、停止、转速方向和调速功能是否满足要求。所有功能都正常后，若需要切换到旋转电位器来进行调速，或通过控制端子指令信号进行调速，或通过与上位机通信进行调速，再参照说明书通过键盘将速度给定指令设置为期望的方式，并通过上述的方法观察电动机能否按照指令要求工作。

第三步：熟悉变频器运行发生故障时的保护代码，查看热保护继电器的出厂值、过载保护的设定值，需要时可以修改。可以按变频器的使用说明书对变频器的电子热继电器功能进行设定。电子热继电器的门限值定义为电动机和变频器额定电流的比值，通常用百分数表示。当变频器的输出电流超过其容许电流时，变频器的过电流保护将切断变频器的输出。因此变频器电子热继电器的门限最大值不超过变频器的最大容许输出电流。

3. 电动机带负载运行

第一步：通过控制键盘手动操作观察电动机的起动、停止、转速方向和调速功能是否正常，并通过变频器的显示窗查看是否有异常代码出现。

第二步：如果起动/停止电动机过程中变频器出现过电流保护动作，应重新设定加速/减速时间。电动机在加、减速时的加速度取决于加速转矩，而变频器在电动机起动、制动过程中的频率变化率是用户设定的。电动机转动惯量或电动机负载变化按预先设定的频率变化率升速或减速时，有可能因加速转矩不够而造成电动机失速，即电动机转速与变频器输出频率不协调，从而造成过电流或过电压。因此需要根据电动机转动惯量和负载合理设定加、减速时间，使变频器的频率变化率能与电动机转速变化率相协调。检查此项设定是否合理的方法是先按经验选定加、减速时间，若在起动过程中出现过电流，则可适当延长加速时间；若在制动过程中出现过电流，则适当延长减速时间。另一方面，加、减速时间不宜设定太长，太长将影响生产效率，特别是要求频繁起、制动调速的系统。

第三步：如果变频器在限定的时间内仍然在保护状态，应改变起动/停止的运行曲线，从直线改为 S 形、U 形线或反 S 形、反 U 形线。电动机负载惯性较大时，应该采用更长的起动/停止时间，并且根据其负载特性设置运行曲线类型。

第四步：如果变频器仍然存在运行故障，应尝试增加最大电流的保护值，但是不能取消保护，应至少留有 10% 的保护裕量。

第五步：如果还是发生变频器运行故障，应更换更大一级功率的变频器。

第六步：如果变频器带动电动机在起动过程中达不到预设速度，可能是因为共振或电动机转矩输出能力不够。

（1）系统发生机电共振，可以从电动机运转的声音进行判断　采用设置频率跳跃值的方法可以避开共振点，一般变频器能设定三级跳跃点。U/f 控制的变频器驱动异步电动机时，在某些频率段电动机的电流、转速会发生振荡，严重时系统无法运行，甚至在加速过程中出现过电流保护使得电动机不能正常起动。在电动机轻载或转动惯量较小时更为严重。普通变频器均备有频率跨跳功能，用户可以根据系统出现振荡的频率点，在 U/f 曲线上设置跨跳点及跨跳宽度。当电动机加速时可以自动跳过这些频率段保证系统能够正常运行。

（2）电动机的转矩输出能力不够　不同品牌的变频器出厂参数设置不同，可能因变频器控制方法不同造成电动机的带载能力不同，或因输出功率不同造成带载能力有所差异，对于这种情况，可以增加转矩提升量的值。如果达不到，可用手动提升转矩，但不要设定过大，电动机这时的温升会增加。如果仍然不行，建议改用无速度传感器矢量控制变频器以提升电动机的转矩输出能力。

对于采用带速度传感器的矢量控制变频器组成的闭环控制调速系统，其系统的调试方法是首先将反馈断开，按照上述类似的方法对开环运行的系统进行调试，并测试速度传感器（目前大多数都采用光电编码器）的输出是否与电动机转速相吻合。在开环运行调试都正常的情况下，再参照说明书将转速传感器与变频器连接好，构成闭环调速系统。然后，通过控制键盘设置系统的控制参数。目前大多数闭环调速系统都采用 PI 控制，因此控制参数的设置主要是设置 PI 控制器参数。可以通过 8.10 节介绍的异步电动机变频调速系统仿真方法，得到 PI 控制器参数。PI 控制器参数设置好后，通过键盘控制系统运行，测试系统的静态和动态性能，若不满足要求，根据 PI 控制器规律调整控制器参数，直到系统的静态和动态性能满足要求为止。

小 结

（1）常见的交流电动机调速方法有变极对数调速、调压调速、串级调速和变频调速。变极对数调速是一种有级调速方法，一般只有2~3档转速，但是它的效率很高，结构简单。调压调速是一种简单、可靠、价格低廉的调速方案，适用于10kW以下的带风机、水泵类负载的性能要求不高的交流调速系统。串级调速是针对绕线转子异步电动机的一种高效节能调速方法，主要应用于数百至数千千瓦的大功率交流调速系统。变频调速可以在宽转速范围内保持很小的转差率，效率高、调速范围大，是目前应用最多的交流调速方式。

（2）变压变频调速的基本控制策略需根据其频率控制的范围而定，而实现基本的控制策略，又可选用不同的控制模式。异步电动机变压变频调速分为基频以下调速和基频以上调速两个范围。在基频以下，以保持磁通恒定为目标，采用变压变频协调控制。在基频以上，以保持定子电压恒定为目标，采用恒压变频控制。

（3）变压变频装置常采用全控型电力电子器件组成的SPWM变压变频器。利用ASIC芯片可以很方便地控制SPWM主电路，再利用微机进行系统控制，可以在中、小功率异步电动机的变频调速中取得满意的效果。

（4）异步电动机的变频调速控制系统分为两大类：基于稳态模型的和基于动态模型的。前者的典型代表是转速开环变压变频调速系统和转速闭环转差频率控制的变频调速系统。高性能的异步电动机变压变频控制系统都是基于动态模型的，典型代表是按转子磁场定向的矢量控制系统和按定子磁链控制的直接转矩控制系统。

（5）采用电压-频率协调控制的开环控制系统，在不同频率下都能获得较硬的机械特性线性段，解决了平滑调速的问题。这种控制方案系统结构最简单，成本最低，特别适合风机、泵类负载的节能调速。

（6）在保持气隙磁通 Φ_m 不变的前提下，可以通过控制转差角频率 ω_s 来控制转矩，这就是转差频率控制的基本思想。转差频率控制系统已经具有了直流电动机双闭环控制系统的优点和较好的动、静态性能，是一种比较优良的控制策略，结构也不太复杂，因而具有广泛的应用价值，可以满足许多工业应用的要求。

（7）矢量控制的基本思路是将三相交流电动机绕组产生的旋转磁场变换为和直流电动机类似的两绕组产生的旋转磁场，然后控制这两个绕组中的电流，从而得到像直流电动机一样的转矩控制特性。

（8）直接转矩控制是基于在定子坐标系下建立的交流电动机数学模型，并用定子磁链定向代替转子磁链定向，在静止两相坐标系上直接控制电动机的磁链和转矩。

（9）采用矢量控制方式可以使异步电动机调速系统的调速范围、系统的静态性能和动态性能都可以和直流调速系统媲美。目前新型的矢量控制调速系统已经具备异步电动机参数的自动检测、自动辨识、自适应功能，完善的故障诊断和保护功能以及远程控制功能，被广泛应用于对性能要求较高的运动控制系统。

（10）直接转矩控制系统保持定子磁链恒定，转矩和定子磁链闭环都采用两点式 Bang-Bang 控制，直接选择电压空间矢量 SVPWM 的开关状态，省去了线性调节器和旋转坐标变换，系统结构简洁明了，对电动机参数变化不敏感；缺点是输出转矩有脉动，限制了系统的调速范围。直接转矩控制适用于需要快速转矩响应的大惯量运动控制系统。

（11）通用变频器是目前变频器市场的主流。它可以和通用异步电动机配套使用，具有多种可供选择的功能，适用于各种不同性质的负载。

思 考 题

8-1 直流调速系统与交流调速系统各有哪些调速方案？

8-2 在变频调速中，在基频以下调速时，为什么要保证 U/f 等于常量？

8-3 交流 PWM 变换器和直流 PWM 变换器有什么异同？

8-4 矢量控制的基本思想是什么？

8-5 通用变频器有哪几种，各用于什么场合？

8-6 通用变频器的基本结构由哪些部分组成？

习 题

8-7 试画出变频调速的机械特性，并简要分析其特点。

8-8 简述 SPWM 变压变频器的工作原理。

8-9 试分析比较交-直-交电流源型变频器的恒压频比控制调速系统与交-直-交电压源型变频器的恒压频比控制调速系统的优缺点。

8-10 简述采用交-直-交电压源型变频器的转差频率控制变压变频调速系统的工作原理和优缺点。

8-11 简述矢量控制的变压变频调速系统的工作原理和优缺点。

8-12 简述直接转矩控制的变压变频调速系统的工作原理和优缺点。

读 图 练 习

8-13 图 8-29 为由 IR2233 驱动的三相 IGBT 逆变器电路。试判断：

1）这属于哪一种逆变器？主要的用途有哪些？

2）主电路属哪一种电路，采用的器件（$VT_1 \sim VT_6$）是什么器件？

3）图中的 IC 是什么芯片，它的功能有哪些？

提示：IR2233 是专为高电压、高速度的功率 MOSFET 和 IGBT 驱动而设计的。该系列驱动芯片内部集成了互相独立的三组半桥驱动电路，可为上下桥臂提供死区时间（避免上下桥臂器件同时导通而形成的短路），特别适合于三相电源变换等方面的应用。芯片的输入信号与 5V CMOS 或 LS TTL 电路输出信号兼容，因此可直接驱动 MOSFET 或 IGBT，而且其内部集成了独立的运算放大器，可通过外部桥臂电阻取样电流构成模拟反馈输入。该芯片还具有故障电流保护功能和欠电压保护功能，可关闭 6 个输出通道。同时，芯片能提供具有锁存的故障信号输出，此故障信号可由外部信号清除。各通道良好的延迟时间匹配简化了其在高频领域的应用。

芯片有输入控制逻辑和输出驱动单元，并含有电流检测及放大、欠电压保护、电流故障保护和故障逻辑等单元电路。

在使用时，如驱动电路与被驱动的功率器件较远，则连接线应使用双绞线。驱动电路输出串联电阻一般应为 $10 \sim 33\Omega$，而对于小功率器件，串联电阻应增加到 $30 \sim 50\Omega$。

该电路可将直流电压（+DC）逆变为三相交流输出电压（U、V、W）。直流电压来自三相桥式整流电路，交流最大输入电压为 460V。逆变电路功率器件选用耐压为 1200V 的 IGBT 器件 IRGPH50KD2。驱动电路使用 IR2233，单电源+15V 供电电压经二极管隔离后又分别作为其三路高端驱动输出供电电源，电容 C_1、C_2 和 C_3 分别为高端三路输出的供电电源的自举电容。SPWM 控制电路为逆变器提供 6 路控制信号和 SD 信号［外接封锁信号（高电平）］。f_S 为频率设定，U_S 为输出电压设定。

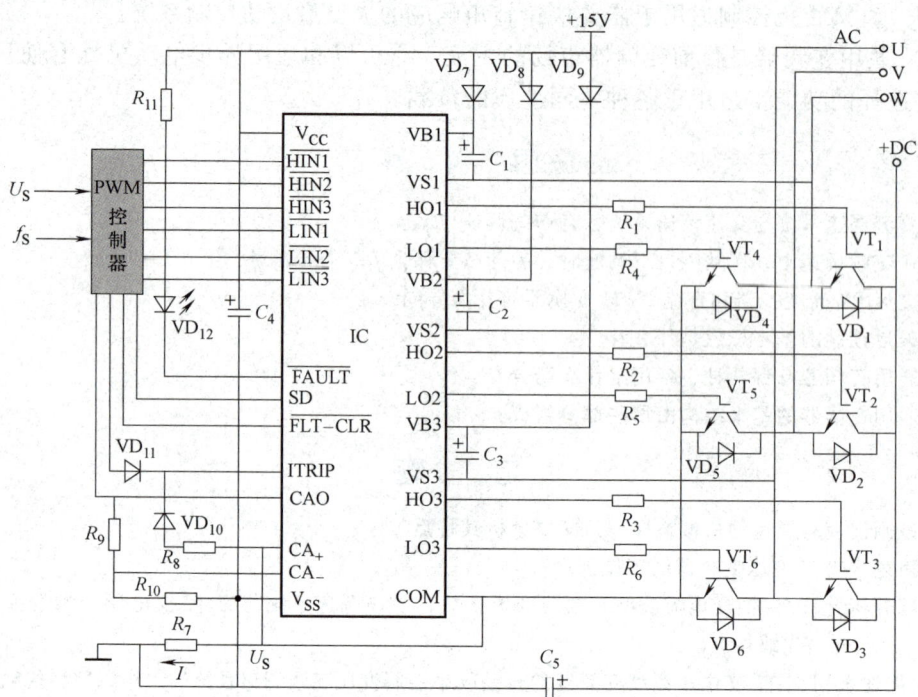

图 8-29   由 IR2233 驱动的三相 IGBT 逆变器电路

$R_1 \sim R_3$ 33Ω；$R_4 \sim R_6$ 27Ω；R_7 1Ω；$R_8 \sim R_{11}$ 5.1kΩ；$C_1 \sim C_3$ 1μF；

$C_4 \sim C_5$ 30μF；$VT_1 \sim VT_6$ IRGPH50KD2；IC   IR2233

图中 R_7 为逆变器直流侧的电流检测电阻，它可将电流 I 转换为电压信号 U_S，送入驱动芯片 IR2233 的过电流信号输入 ITRIP 端，如电流 I 过大，IR2233 将关闭其六路驱动输出。

为增强系统的抗干扰能力，可使用高速光耦合器 6N136、TLP2531 等元器件将控制部分与由 IR2233 构成的驱动电路隔离。

第9章

位置随动系统

本章概要

本章主要叙述位置随动系统的组成、结构特点、工作原理和自动调节过程，建立系统的框图，并在此基础上，分析影响系统性能的参数和改善系统性能的途径。

9.1 位置随动系统概述

位置随动系统又称为跟随系统或伺服系统。它主要解决有一定精度的位置自动跟随问题，如数控机床的刀具进给和工作台的定位控制，工业机器人的工作动作，工业自动导引车的运动，国防上的雷达跟踪、导弹制导、火炮瞄准等。在计算机集成制造系统（CIMS）、柔性制造系统（FMS）等领域，位置随动系统得到广泛的应用。

9.1.1 位置随动系统的组成

位置随动系统有开环控制系统，如由单片机控制的、步进电动机驱动的位置随动系统。目前已有精度达 10000step/r[一] 以上的步进随动系统。

对跟随精度要求较高而且驱动力矩较大的场合，多采用闭环控制系统，它们多采用交流（或直流）伺服电动机驱动。典型位置随动系统的组成框图如图 9-1 所示。

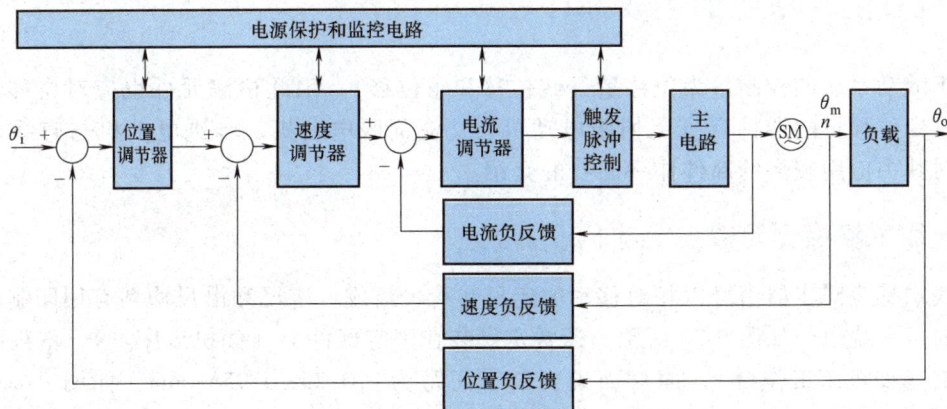

图 9-1 典型位置随动系统的组成框图

伺服系统是智能制造领域的重要组成，其发展趋势是集成化、数字化。我国科技唯有不断进行创新发展，才能更好地为国民经济建设服务。

○ step/r 是每转步数的符号，又称分辨率。它的倒数就是步距角 θ。对应 10000step/r 的步距角 $\theta = 0.036°$。step/r 越高（θ 越小），则系统精度越高。

由图可见，系统有位置环、速度环和电流环三个反馈回路。其中位置环为主环（外环），主要起消除位置偏差的作用；速度环和电流环均为副环（内环），速度环起稳定转速的作用，电流环起稳定电流与限制电流过大的作用。其中，位置环是必需的，位置随动系统主要依靠位置负反馈来减小并最后消除位置偏差。有时从负载输出处（如数控机床刀架位移处）获取位移信号有困难（或代价过高），则可以从装在伺服电动机轴上的角位移检测装置（如光电码盘）上获得角位移信号 θ_m，将 θ_m 作为位置反馈信号，这种闭环控制通常称为"半闭环"控制。这种控制方式的优点是结构简单、成本低；缺点是忽略了负载机械传动中的机械惯量、传动中的误差（如滚珠丝杆传动中的误差、齿轮间隙等）和传输在时间上的延迟等，从而影响了控制精度。由于半闭环控制容易实现，所以在要求不太高的场合，仍有很多的应用。

图 9-1 系统中速度负反馈的主要作用是保持转速稳定，减少位置超调量。电流负反馈的主要作用是限制最大电流，并能减少电网电压波动对电流的影响。

9.1.2　位置随动系统的特点

位置随动系统与调速系统比较，有以下特点：

1）输出量为位移，而不是转速。

2）输入量是在不断变化着的（而不是恒量），它主要是要求输出量能按一定精度跟随输入量的变化。而调速系统则主要是要求系统能抑制负载扰动对转速的影响。

3）供电电路应是可逆电路，使伺服电动机可以正、反两个方向转动，以消正或负的位置偏差。而调速系统可以有不可逆系统。

4）位置随动系统的主环为位置环，调速系统的主环为速度环。

5）位置随动系统的技术指标，主要是对单位斜坡输入信号的跟随精度（稳态的和动态的），其他还有最大跟踪速度、最大跟踪加速度等。

9.2　位置随动系统的主要部件

由于随动系统的控制量为位移量（线位移和角位移），因此检测元件也应对位移量进行检测。改变位移量的器件有直流伺服电动机、交流伺服电动机、步进电动机与直线电动机等。现对其中应用较多的部件作一简要的介绍。

9.2.1　线位移检测元件（感应同步器）

直线式感应同步器由可以相对移动的定尺和滑尺组成。定尺和滑尺均粘有用印制电路方法制成的矩形绕组，如图 9-2a 所示。通常定尺装在固定部件上（如机床床身），滑尺装在运动部件上（如机床工作台），面对面地安装，间距为（0.25±0.05）mm，如图 9-2c 所示。定尺的标准长度为 250mm，绕组节距（s）为 2mm。滑尺较短，有左右两个绕组，一个称为正弦绕组（S），另一个称为余弦绕组（C）。当其中一个绕组与定尺绕组对正时，另一个就相差 1/4 节距（$s/4$），即在空间相差 90°电角度，如图 9-2a 所示。

按工作状态，感应同步器可分为鉴相型（即滑尺两绕组励磁电压幅值相同，而相位不同）和鉴幅型（滑尺两绕组励磁电压相位相同，而幅值不同）两类。现以鉴相型为例来说

a) 感应同步器的结构　　　　　　　　　b) 鉴相测量方式

c) 感应同步器安装示意图

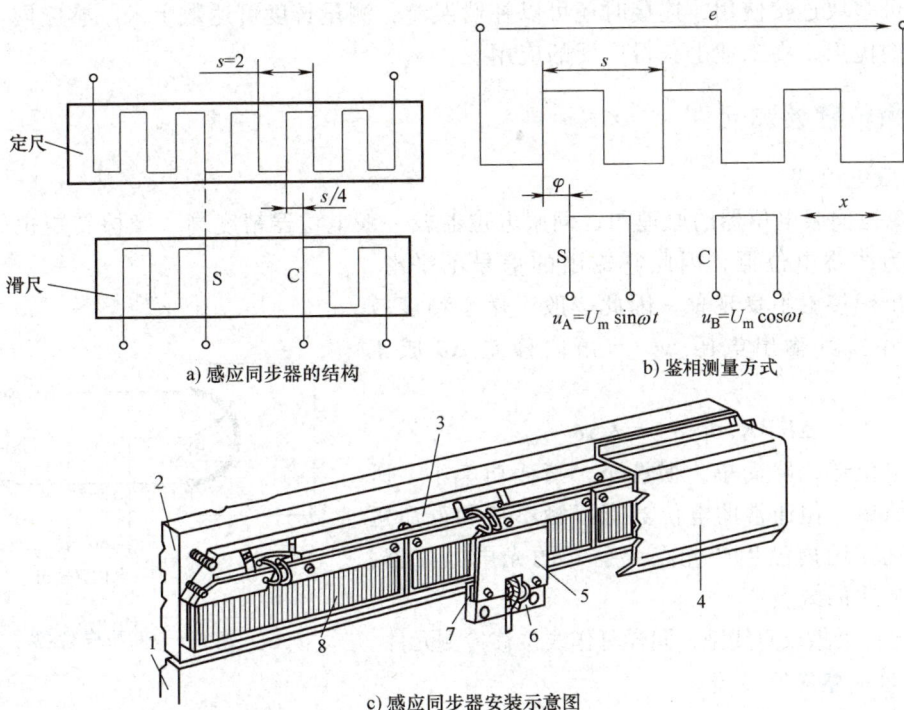

图 9-2 感应同步器

1—机床移动部件　2—机床不动部件　3—定尺座　4—护罩　5—滑尺　6—滑尺座　7—调整板　8—定尺

明其工作原理。

鉴相测量方式是在滑尺 S、C 两励磁绕组分别加上两个同频率、同幅值而相位差为 90° 的交流电压 u_A、u_B，见图 9-2b。其中 $u_A = U_m \sin\omega t$，$u_B = U_m \cos\omega t$。

当滑尺两绕组加上交流电压后，则在定尺绕组上将产生感应电动势。设滑尺位移为 x，在空间上对应的电角度为 φ，则因绕组 S 而产生的感应电动势为 $kU_m\sin\omega t\cos\varphi$，因绕组 C 而产生的感应电动势则为 $kU_m\cos\omega t\cos(\varphi+90°)$（由于 S、C 两绕组在空间上差 90° 电角度）。式中 k 为定尺与滑尺的电磁耦合系数，根据叠加原理，定尺上感应产生的电动势 e 为两者之和，即

$$
\begin{aligned}
e &= kU_m\sin\omega t\cos\varphi + kU_m\cos\omega t\cos(\varphi+90°) \\
&= kU_m\sin\omega t\cos\varphi - kU_m\cos\omega t\sin\varphi \\
&= kU_m\sin(\omega t-\varphi) \\
&= kU_m\sin\left(\omega t - \frac{2\pi}{s}x\right)
\end{aligned}
$$

在上式中，k、U_m、ω、s 通常均为恒值。若设一个节距 s 对应 2π 电角，则移位 x 对应的电角 $\varphi = \dfrac{2\pi}{s}x$。这样定尺的输出电压 e 即与位移 x 存在确定的函数关系，由 e 即可测出位移 x，并可配上数字显示仪表。

感应同步器精度高（可达 $1\mu m$），分辨率高（可达 $0.2\mu m$），测量速率可达 $50m/min$，属于非接触式测量；对工业环境适应能力强，抗干扰性能好，响应频率高，安装与读数均方

便；定尺可多块连接使用，连接时还可以补偿误差，测量长度可达数十米。感应同步器因其上述显著的优点，在工业上获得广泛的应用。

9.2.2 角位移检测元件

1. 伺服电位器

图 9-3 为伺服电位器的原理图，伺服电位器较一般电位器精度高、摩擦转矩也较小。但由于通常为线绕电位器，因此它输出的信号不平滑，而且容易出现接触不良现象，因此一般应用于精度较低的系统中。其输出电压 ΔU 与角位移差 $\Delta\theta$ 成正比，即

$$\Delta U = K(\theta_i - \theta_o) = K\Delta\theta$$

伺服电位器线路简单，惯性小，消耗功率小，所需电源也简单，但通常的电位器有接触不良和寿命短的缺点。现在国内已生产光点照射式的光电电位器，可以避免上述的缺点。

若将电位器做成直线型，同样可作线位移检测元件。

图 9-3 伺服电位器

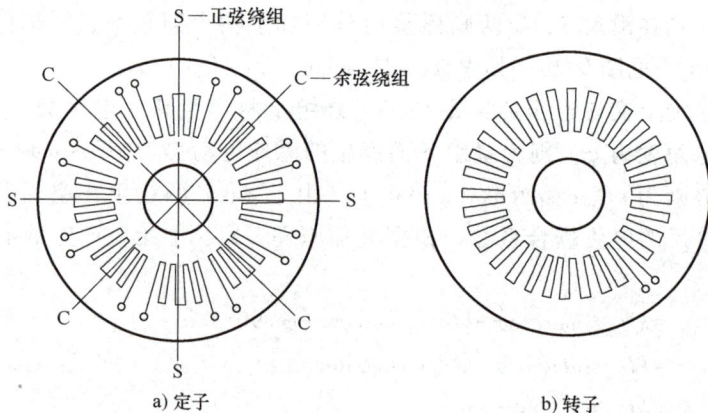

2. 圆盘式感应同步器

圆盘式感应同步器的结构如图 9-4 所示。其定子相当于直线式感应同步器的滑尺，转子相当于定尺。其节距也是 2mm，而且定子中两个绕组也是相差 1/4 节距。工作原理和特点与直线式感应同步器基本上是一样的。其测量角位移的精度可达 0.3″。

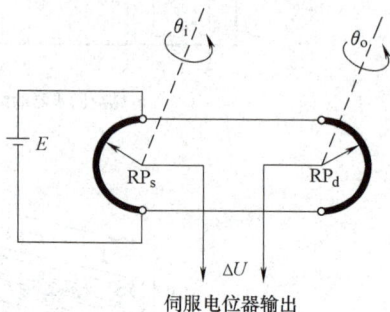

图 9-4 圆盘式感应同步器的结构

3. 光电编码盘

光电编码盘（简称光电码盘或光电编码器）也是目前常用的角位移检测元件。光电编码盘是按一定编码形式（如二进制编码），将圆盘分成若干等分（图 9-5 为 16 等分），并分成若干圈，各圈对应着编码的位数，称为码道。图 9-5 所示的光电编码盘为四个码道。图 9-5a 即为一个 4 位二进制编码盘，其中透明（白色）的部分为"0"，不透明（黑色）的部分为"1"。不同的黑、白区域的排列组合即构成与角位移位置相对应的数码，如"0000"对应

"0"号位，"0011"对应"3"号位等。

应用光电码盘进行角位移检测的示意图如图9-6所示。对应码盘的每一个码道，有一个光电检测元件（图9-6为4码道光电码盘）。当码盘处于不同的角度时，由透明与不透明区域组成的数码信号决定光电检测元件受光与否，转换成电信号送往数码寄存器，由数码寄存器即可获得角位移的位置数值。

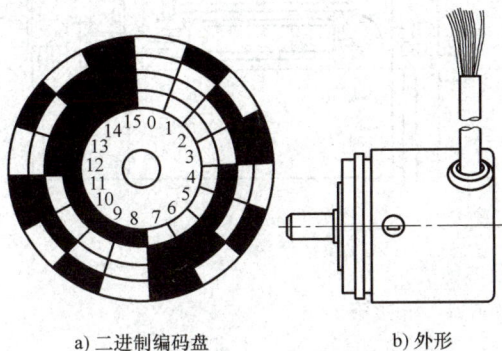

a) 二进制编码盘　　　b) 外形

图9-5　光电编码盘

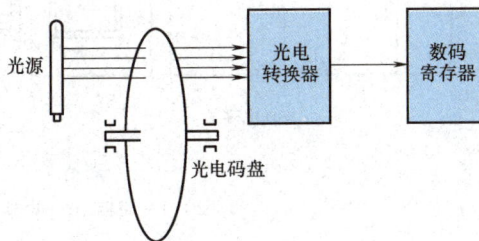

图9-6　光电码盘角位移检测示意图

上面这种码盘，输出的是代码（二进制码或二~十进制码等）。它的特点是每一个代码对应着唯一的一个位置，所以称为绝对编码盘。另外还有一种编码器，输出的是脉冲，它只能反映增加的位移数，所以称为增量编码器，用它来检测位置时，是由基准零点及输出脉冲数来计算出具体位置。此外，用增量编码器还可测转速与转向。

图9-5b为LD15系列仪表级增量编码器外形，其直径$d = 1.5\text{in}$（$1\text{in} = 0.0254\text{m}$），电参数有分辨率：$100 \sim 2500\text{P/r}$（每转脉冲数，有的可高达$10000\text{P/r}$）；输入电压：DC 5V；输出：单端/长线驱动；频率：$0 \sim 100\text{kHz}$。

光电码盘检测的优点是非接触检测、允许高转速和精度较高。单个码盘可做到18位，组合码盘可做到22位。其缺点是结构复杂、价格较贵、安装较困难。但由于光电码盘允许高转速、精度高，加上输出的是数字量，便于计算机控制，因此在高速、高精度的数控机床中获得广泛的应用。

9.2.3　直流伺服电动机

1. 伺服电动机与一般电动机的差别

1）电动机惯量小，电动机灵敏，空载始动电压[注]低。

2）有线性的机械特性和调节特性。

3）有宽广的调速范围。

4）有很强的过载能力。

5）有很强的刚性，不易产生振动。

2. 直流伺服电动机的结构特点

由于上述要求，直流伺服电动机与普通直流电动机相比，其电枢形状较细较长（惯量

[注]　始动电压是指电动机转子在任意位置，从静止到连续转动所需的最小控制电压。

小），磁极与电枢间的气隙较小，加工精度与机械配合要求高，铁心材料好。

直流伺服电动机按照其励磁方式的不同，又可分为电磁式（即他励式）（型号为 SZ）（见图 9-7a）和永磁式（其磁极为永久磁钢）（型号为 SY）（见图 9-7b）。

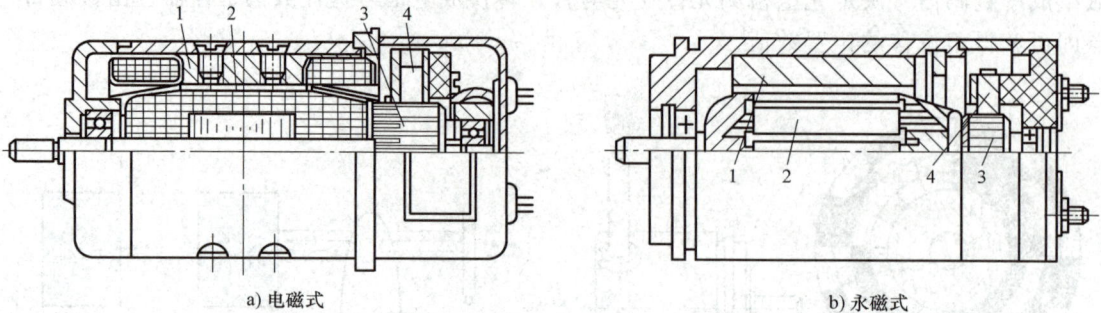

a) 电磁式   b) 永磁式

图 9-7　直流伺服电动机

1—磁极　2—电枢　3—换向器　4—电刷

3. 直流伺服电动机的工作原理与工作特性

（1）直流伺服电动机的工作原理　与他励直流电动机相同。

（2）直流伺服电动机的机械特性和调节特性

1）机械特性。直流伺服电动机的机械特性，本质上与他励直流电动机是相同的，如图 9-8a 所示［由于伺服电动机调速范围大，所以将横坐标压缩，画出了 $n=f(T)$ 全貌］。

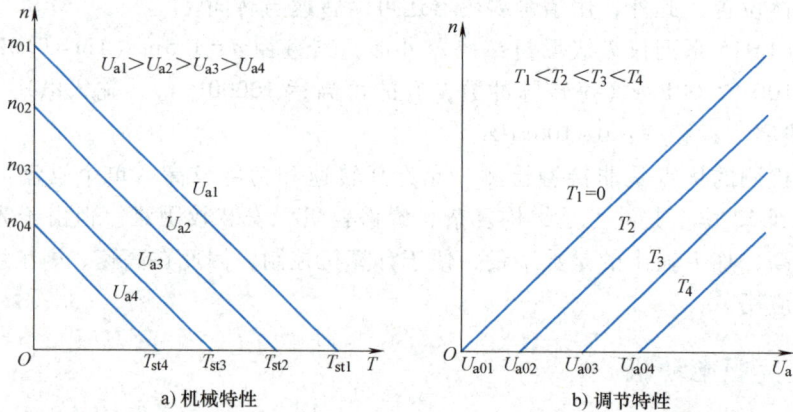

a) 机械特性   b) 调节特性

图 9-8　直流伺服电动机的机械特性和调节特性

2）调节特性。电动机的调节特性通常是指电动机的转速 n 与控制电压 U 间的关系。对他励式电动机，控制电压可以是电枢电压（用得较多），也可以是励磁电压；对永磁式电动机，则只有电枢电压。直流伺服电动机通常以电枢电压作为控制电压。下面就分析以电枢电压作为控制电压时的调节特性，即分析 n 与 U_a 间的关系。由式（3-1）～式（3-4）有 ⊖

$$n=\frac{U_a}{K_e\Phi}-\frac{R_a}{K_eK_T\Phi^2}T \tag{9-1}$$

⊖　在式（3-1）～式（3-4）中，对稳态，可令 $\mathrm{d}n/\mathrm{d}t=0$ 及 $\mathrm{d}i/\mathrm{d}t=0$，即可得式（9-1）。

由式（9-1）可得 n 与 U_a 间的关系：

当 $T=0$ 时，n 与 U_a 成正比，即 $n=U_a/(K_e\Phi)$。

当 $T\neq0$ 时，对应不同的 T，它们是一簇上升的斜直线。T 越大，则在横轴上的起点 U_{a0} 越远，亦即起动时所需的电枢电压越高，见图 9-8b。起动时所需的电枢电压 U_{a0}，就是调节特性曲线的死区。

由以上分析可见，直流电动机的机械特性和调节特性均为直线（当然，这里未计及摩擦阻力等非线性因素，因此实际曲线还是略有弯曲的），而且调节的范围也比较宽（可达 6000 以上），加之调速控制平滑、起动转矩大、运行效率高等优点，因此在高精度的自动控制系统中（如数控机床，机器人精密驱动，军用雷达天线驱动，天文望远镜驱动以及火炮、导弹发射架驱动等快速高精度伺服系统）获得广泛的应用。

直流伺服电动机的数学模型与他励直流电动机相同，如图 3-21 所示。由于直流伺服电动机通常能满足 $T_d\ll T_m$ 的条件，因此其传递函数可参见图 3-21c、d 及式（3-39）′与式（3-40）′得

$$\frac{N(s)}{U_a(s)}=\frac{1/(K_e\Phi)}{T_m s+1} \tag{9-2}$$

$$\frac{\Theta(s)}{U_a(s)}=\frac{K_m}{s(T_m s+1)} \tag{9-3}$$

9.2.4 交流伺服电动机

1. 交流伺服电动机的结构特点

交流伺服电动机也是自动控制系统中一种常用的执行元件。它实质上是一个两相感应电动机。它的定子装有两个在空间上相差 90° 的绕组：励磁绕组 A 和控制绕组 B。运行时，励磁绕组 A 始终加上一定的交流励磁电压（其频率通常有 50Hz 或 400Hz 等几种）；控制绕组 B 则接上交流控制电压。常用的一种控制方式是在励磁回路串接电容 C（见图 9-9），这样控制电压在相位上（亦即在时间上）与励磁电压相差 90° 电角度。

交流伺服电动机的转子通常有笼型和空心杯式两种。图 9-10a 为笼型（SL 型），它与普通笼型转子有两点不同：一是其形状细而长（为了减小转动惯量），二是其转子导体采用高电阻率材料（如黄铜、青铜等），这是为了获得近似线性的机械特性。图 9-10b 为空心杯转子（SK 型），它是用铝合金等非导磁材料制成的薄壁杯形转子，杯内置有固定的铁心。这种转子的优点是惯量小，动作迅速灵敏，缺点是气隙大，因而效率低。

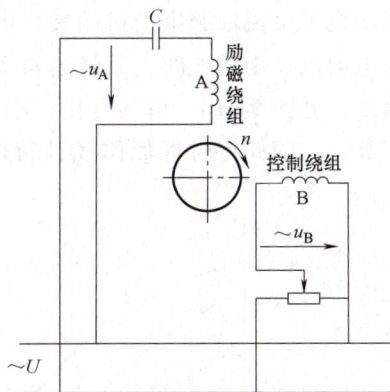

图 9-9 交流伺服电动机的电路图

2. 交流伺服电动机的工作原理

当定子的两个在空间上相差 90° 的绕组（励磁绕组和控制绕组），通以在时间上相差 90°

电角度的电流时，两个绕组产生的综合磁场是一个强度不均匀的旋转磁场。与三相异步电动机的工作原理一样，在此旋转磁场的作用下，转子导体相对地切割着磁力线，产生感应电动势，由于转子导体为闭合回路，因而形成感应电流。此电流在磁场作用下，产生电磁力，构成电磁转矩，使伺服电动机转动，其转动方向与旋转磁场的转向一致。分析表明，增大控制电压，将使伺服电动机的转速增加；改变控制电压极性，将使旋转磁场反向，从而导致伺服电动机反转。

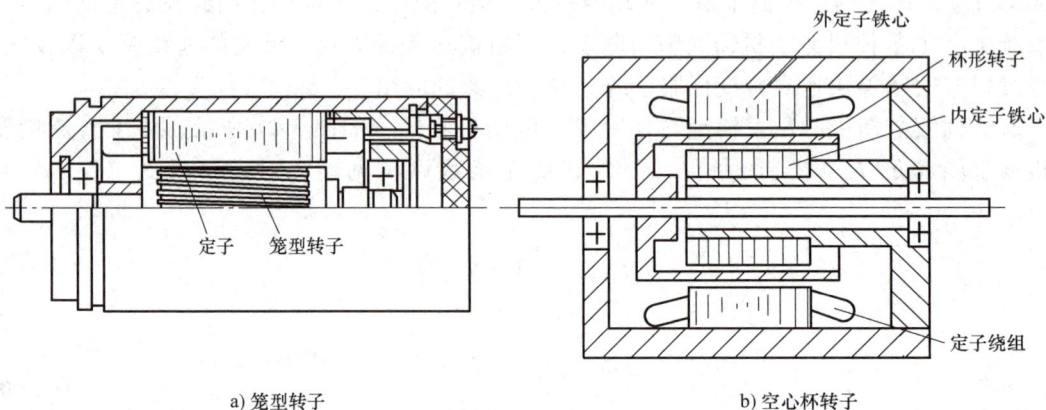

a) 笼型转子　　　　　　　　　　　　b) 空心杯转子

图 9-10　交流伺服电动机结构示意图

3. 交流伺服电动机的机械特性与调节特性

（1）机械特性　如前所述，电动机的机械特性是控制电压不变时，转速 n 与转矩 T 间的关系。由于交流伺服电动机的转子电阻较大，因此它的机械特性为一略带弯曲的下垂斜线，即当电动机转矩增大时，其转速将下降。对于不同的控制电压 U_B，它为一簇略带弯曲的下垂斜线，见图 9-11a。由图可见，在低速时，它们近似为一簇直线，而交流伺服电动机较少用于高速，因此有时近似作线性特性处理。这样，交流伺服电动机的传递函数也可近似以

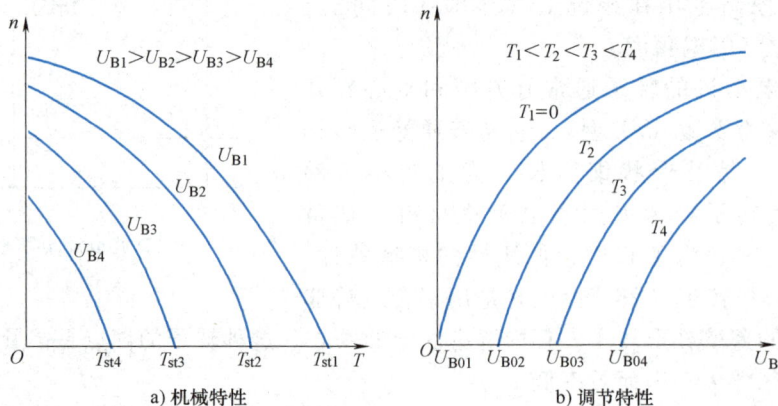

a) 机械特性　　　　　　　　　　　　b) 调节特性

图 9-11　交流伺服电动机的机械特性与调节特性

式（9-2）与式（9-3）表示。

（2）调节特性　如前所述，电动机的调节特性是电磁转矩（或负载转矩）不变时，电机的转速 n 与控制电压 U_B 间的关系。交流伺服电动机的调节特性如图 9-11b 所示。对不同的转矩，它们是一簇弯曲上升的斜线，转矩越大，则对应的曲线越低，这意味着，负载转矩越大，要求达到同样的转速，所需的电枢电压越大。此外，由图可见，交流伺服电动机的调节特性也是非线性的。

综上所述，交流伺服电动机的主要特点是结构简单，转动惯量小，动态响应快，运行可靠，维护方便。但它的机械特性与调节特性线性度差，效率低，体积大，所以常用于小功率伺服系统中。较大功率的交流伺服电动机，则为三相交流伺服电动机。

9.3　位置随动系统的组成和工作原理

交流位置随动系统是以交流伺服电动机为执行元件的控制系统，由于近年来新型功率电子器件、新型交流电机控制技术等的重要进展，交流位置随动系统取得了迅速的发展。下面以一个典型的由晶闸管交流调压供电的位置随动系统为例[○]，来说明位置随动系统的组成、工作原理和控制特点。

9.3.1　位置随动系统的组成

图 9-12 为该系统的原理图。

1. 交流伺服电动机

图中的被控对象是交流伺服电动机 SM。A 为励磁绕组，为使励磁电流与控制电流互差 90° 电角度，励磁回路中串接了电容 C_1，它通过变压器 T_1 由交流电源供电；B 为控制绕组，它通过变压器 T_2 经交流调压电路接于同一交流电源。供电的电源为 115V、400Hz 交流电源。

系统的被控量为角位移 θ_o。

2. 主电路

系统的主电路为单相双向晶闸管交流调压电路。由于随动系统的位置偏差可能为正，也可能为负，因此，要消除位置偏差，便要求电动机能作正、反两个方向的可逆运行。因此，调压电路便是由 VT_F[○] 和 VT_R 构成的正、反两组供电电路。两组电路的连接如图 9-12 所示，VT_F 与 VT_R 均设有阻容吸收电路。当 VT_F 组导通工作时，变压器 T_2 的一次绕组 a 便有电流 i_F 通过（设它从异名端[○]流入[四]），电源交流电压经变压器 T_2 变压后提供给控制绕组，使电动机转动（设此方向为正转）。当 VT_R 组导通工作时，变压器 T_2 的一次绕组 b 的电流 i_R 将

○　交流伺服系统如今多采用微机控制及专用集成驱动模块，采用的电动机还有三相交流伺服电动机、三相交流同步电动机等，控制方式也多为变频控制，这里为说明位置随动系统的组成与特点，仍采用模拟控制调压供电的随动系统。

○　角标 F 为正向（Forward）的英文缩写，R 为反向（Reverse）的英文缩写。

○　同极性的端子称为同名端，如图中带黑点的端子。另一边无黑点的端子，便称为异名端。

四　i_F 实为交流电，此处的流入实为一参考方向，以与 i_R 进行比较。

从同名端"流入"（i_R 与 i_F 相位相差 180°），电源交流电压经变压器 T_2 变压，在二次侧产生的电压 U_s 与 VT_F 导通时产生的 U_s 反相（相位差 180°）。此电压供给控制绕组，将使电动机反转。

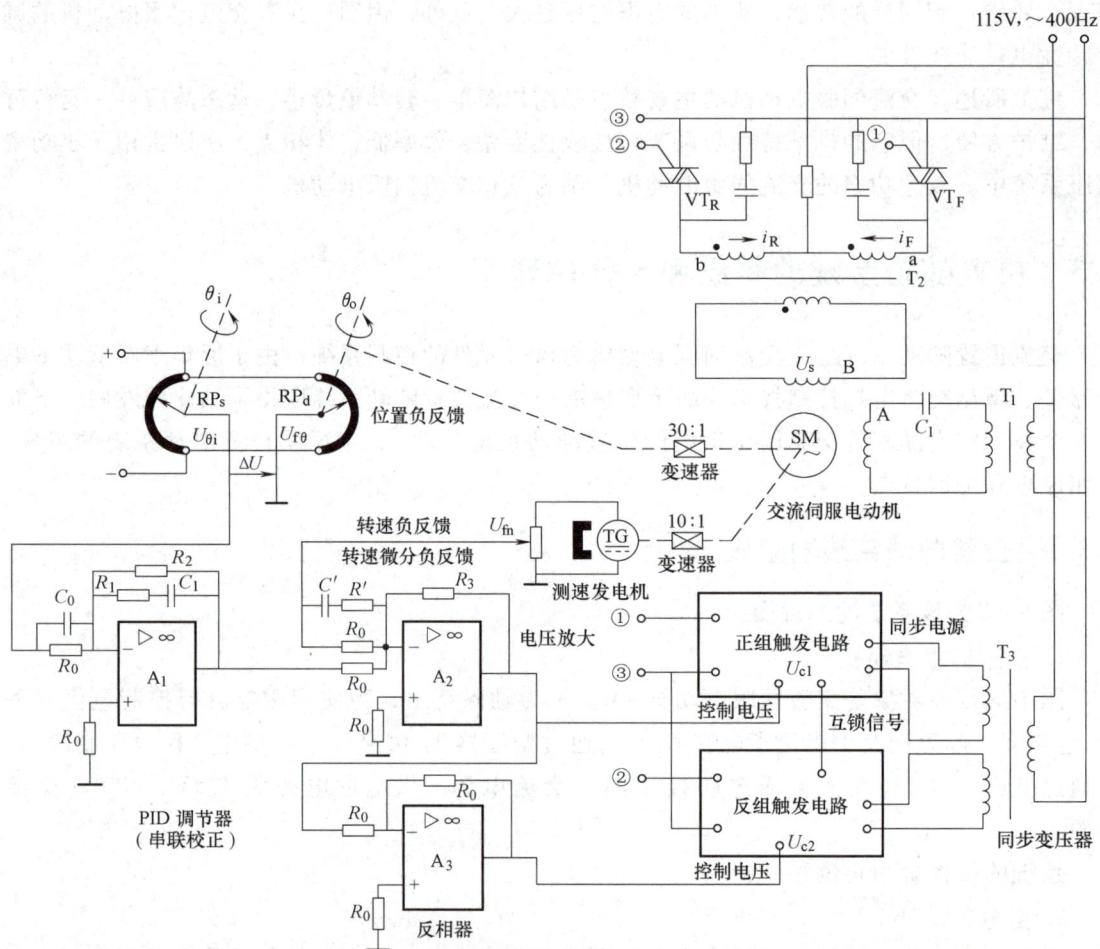

图 9-12 小功率交流位置随动系统原理图

调节双向晶闸管 VT_F（或 VT_R）的导通程度，今设导通角增大，则交流调压电路输出的电压 U_s 便增大。由交流伺服电动机的调节特性（见图 9-11）可知，电动机的转速 n 将升高，角位移量 θ 的增长加快。

由角位移 $\theta = \dfrac{2\pi}{60} \displaystyle\int_0^t n\,\mathrm{d}t$ 可知，伺服电动机的转速 n 越大，或运转的时间 t 越长，则角位移量 θ 将越大。

3. 触发电路

与主电路 VT_F 与 VT_R 相对应，触发电路也有正、反两组（具体触发电路略去未画出），它们由同步变压器 T_3 提供同步信号电压。图中①③为正组触发输出，送往 VT_F 门极；②③

为反组触发输出，送往 VT_R 门极；③为公共端。

由于在主电路中，VT_F 与 VT_R 不允许同时导通（若同时导通，由于 i_F 与 i_R 反相，它们在变压器一次绕组中产生的磁通势将相互抵消，绕组中的自感电动势将消失；而绕组的电阻是很小的，一次绕组接在交流电源上便相当于短路，会形成很大的电流，烧坏晶闸管器件、线路和变压器）。因此，在正、反两组触发电路中要增设互锁环节，以保证在正、反两组触发电路中，只能有一组发出触发脉冲（一组发出触发脉冲时，另一组将被封锁）。

4. 控制电路

（1）给定信号　设位置给定量为 θ_i，它通过伺服电位器 RP_s 转换成电压信号 $U_{\theta i}$，$U_{\theta i} = K\theta_i$。

（2）位置负反馈环节　此位置随动系统的输出量为角位移 θ_o，因此其主反馈应为角位移负反馈。检测输出量 θ_o，通过伺服电位器 RP_d 转换成反馈信号电压 $U_{f\theta}$（$U_{f\theta} = K\theta_o$）。由于 $U_{f\theta}$ 与 $U_{\theta i}$ 极性相反，因此为位置负反馈，其偏差电压 $\Delta U = U_{\theta i} - U_{f\theta} = K (\theta_i - \theta_o)$，$\Delta U$ 为控制电路的输入信号。

（3）调节器与电压放大器　图中，A_1 为比例-积分-微分（PID）调节器，它是为改善随动系统的动、静态性能而设置的串联校正环节。它的输入信号为 ΔU，输出信号送往电压放大电路。

图中，A_2 为电压放大电路，它的输入信号即 PID 调节器的输出，它的输出信号即为正组触发电路的控制电压 U_{c1}。而反组触发电路控制电压 U_{c2} 的极性应与 U_{c1} 相反，因此增设了一个反相器 A_3。

（4）转速负反馈和转速微分负反馈环节　有时为了改善系统的动态性能，减小位置超调量，还设置转速负反馈环节。图中 TG 为测速发电机，U_{fn} 为转速负反馈电压，它主要是限制速度过快，亦即限制位置对时间的变化率（$\omega = d\theta/dt$）过快。

图中除了转速负反馈环节外，U_{fn} 另一路还经电容 C' 和电阻 R' 后，反馈到输入端，这就是微分负反馈环节。由于通过电容的电流 $i' \propto \dfrac{dU_{fn}}{dt} \propto \dfrac{dn}{dt}$，因此反馈电流与转速的变化率成正比，由于此为负反馈，所以 i' 将限制 dn/dt 的变化，亦即限制加速度过大。微分负反馈的特点是只在动态时起作用，而稳态时不起作用（这是因为稳态时，$dn/dt = 0$，电容 C' 相当开路，$i' = 0$）。

（5）控制信号的综合　如今有一个输入量和三个反馈量，若在同一个输入端处进行综合，几个参数互相影响，调整也比较困难，因此可将它们分成两个闭环，使位置反馈构成外环，信号在 PID 调节器输入端进行综合，而把转速负反馈和转速微分负反馈构成内环，信号在电压放大器输入端进行综合，如图 9-12 所示。

9.3.2　位置随动系统的组成框图

综上所述，可得到图 9-13 所示的位置随动系统的组成框图。

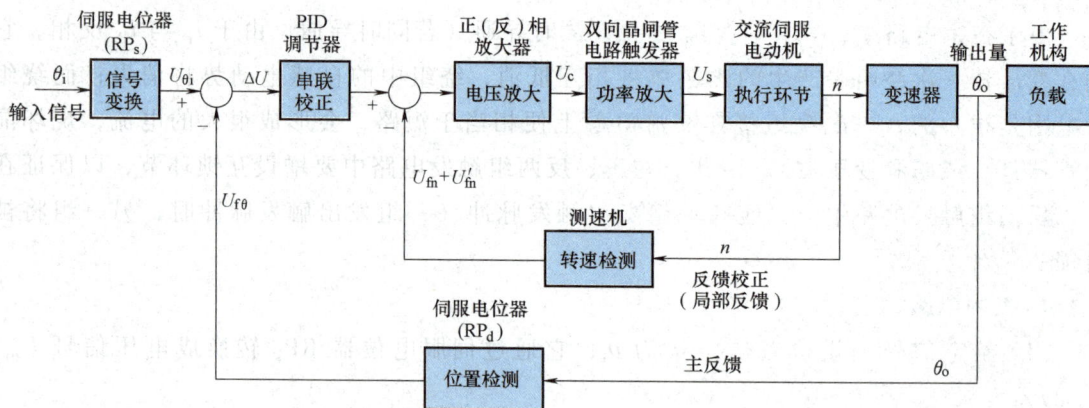

图 9-13　位置随动系统组成框图

9.3.3　位置随动系统的工作原理

在稳态时，$\theta_o = \theta_i$，$\Delta U = 0$，$U_{c1} = U_{c2} = 0$，VT_F 与 VT_R 均关断，$U_s = 0$，电动机停转。

当位置给定信号 θ_i 改变，设 $\theta_i \uparrow$，则 $U_{\theta i} = K\theta_i \uparrow$，偏差电压 $\Delta U = (U_{\theta i} - U_{f\theta}) > 0$，此信号电压经 PID 调节器 A_1 和放大器 A_2 后产生的 $U_{c1} > 0$，使正组触发电路发出触发脉冲，双向晶闸管 VT_F 导通，使电动机正转，$\theta_o \uparrow$。这个调节过程一直要继续到 $\theta_0 = \theta_i$，到达新的稳态，$U_{f\theta} = U_{\theta i}$，$\Delta U = 0$，$U_{c1} = 0$，$VT_F$ 关断，电动机停转为止，如图 9-14a 所示。

同理可知，当 $\theta_i \downarrow$ 时，则 $U_{c2} > 0$，VT_R 导通，电动机反转，使 $\theta_o \downarrow$，直到 $\theta_o = \theta_i$ 为止，如图 9-14b 所示。

综上所述，当输入量在不断变化时，位置跟随系统输出的角位移 θ_o 将跟随给定的角位移 θ_i 的变化而变化。

位置随动系统的自动调节过程如图 9-14 所示。

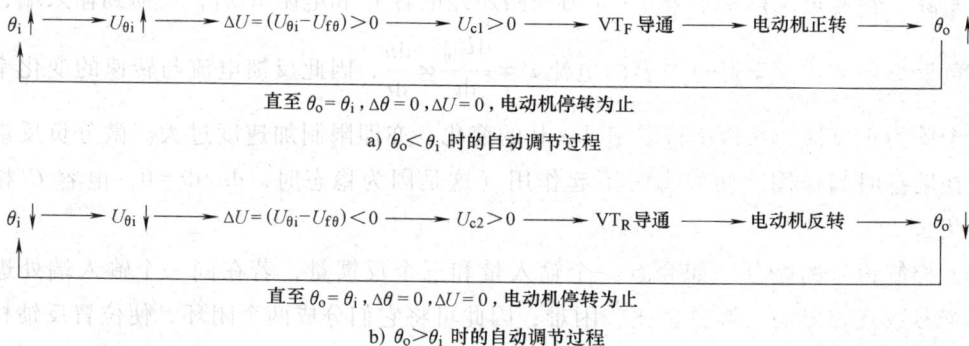

a) $\theta_o < \theta_i$ 时的自动调节过程

b) $\theta_o > \theta_i$ 时的自动调节过程

图 9-14　位置随动系统的自动调节过程

若输入量在不断地变化着，则上述调节过程将不断地进行着；这些调节过程一方面使偏差缩小，但也可能造成调节过度而出现超调甚至振荡。因此，如何确定系统的结构和系统的参数配合，以使这种调节成为较理想的过程，这将在 9.4 节中讨论。

9.3.4 位置随动系统框图

由图 9-13 所示的系统组成框图，根据第 4 章介绍的建立系统数学模型的方法，可得到图 9-15 所示的系统框图。

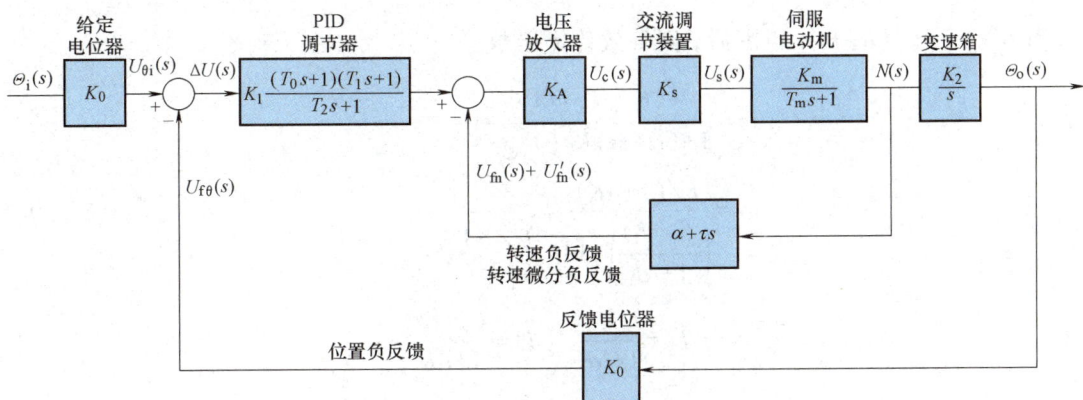

图 9-15　位置随动系统框图

框图中执行环节是交流伺服电动机，它的传递函数由式（9-2）有

$$\frac{N(s)}{U_s(s)} = \frac{K_m}{T_m s + 1} \tag{9-4}$$

将转速 $N(s)$ 转换成角位移 $\Theta_o(s)$，并计及变速箱的传动比 $i(1/10)$，则参见式（3-18）有

$$\frac{\Theta_o(s)}{N(s)} = \frac{2\pi i}{60s} = \frac{K_2}{s} \tag{9-5}$$

此外功率放大和电压放大均为比例放大器，它们的增益分别为 K_s 和 K_A。给定电位器和反馈电位器也均为比例环节，它们的增益均为 K_0。图 9-12 中的调节器为 PID 调节器，它的传递函数由式（3-32）可推导得

$$G_c(s) = K_1 \frac{(T_0 s + 1)(T_1 s + 1)}{(T_2 s + 1)} \tag{9-6}$$

式中　$K_1 = -R_2/R_0$；$T_0 = R_0 C_0$；$T_1 = R_1 C_1$；$T_2 = (R_1 + R_2)C_1 (T_2 > T_1)$。

图中的转速反馈环节的传递函数 $G_f(s) = \alpha + \tau s$，α 为转速反馈系数，τ 为微分反馈时间常数。$(\alpha + \tau s)$ 表示比例加微分负反馈。

将以上各单元的传递函数填入图 9-13 的方框中，即可得到图 9-15 所示的系统框图。

9.4　位置随动系统性能分析

9.4.1　系统稳态性能分析

首先分析该系统属于几阶几型系统。在图 9-15 所示的系统中，未被 $(\alpha + \tau s)$ 反馈包围时电

压放大器至伺服电动机环节的传递函数为

$$G_1(s) = \frac{K_A K_s K_m}{T_m s+1} = \frac{K}{T_m s+1}$$

式中

$$K = K_A K_s K_m$$

当 $G_1(s)$ 被（$\alpha+\tau s$）包围后，则等效传递函数

$$G_1'(s) = \frac{K/(T_m s+1)}{1+(\alpha+\tau s)K/(T_m s+1)}$$

$$= \frac{K/(1+\alpha K)}{\left(\dfrac{T_m+K\tau}{1+\alpha K}\right)s+1} = \frac{K'}{T's+1} \tag{9-7}$$

式中

$$K' = \frac{K}{1+\alpha K} \qquad T' = \frac{T_m+K\tau}{1+\alpha K}$$

由式（9-7）可见，$G_1'(s)$ 仍为一惯性环节，但其增益为原来的 $1/(1+\alpha K)$ 倍，明显降低。惯性时间常数视 K、α 和 τ 的数值而定，通常以硬反馈为主，τ 通常会减小些（见表6-2c 项）。由式（9-7）可以得到系统的开环传递函数 $G(s)$：

$$G(s) = K_1 \frac{(T_0 s+1)(T_1 s+1)}{T_2 s+1} \times \frac{K'}{T's+1} \times \frac{K_2}{s} \times K_0$$

$$= \frac{K_\Sigma (T_0 s+1)(T_1 s+1)}{s(T_2 s+1)(T's+1)} \tag{9-8}$$

式中

$$K_\Sigma = K_1 K' K_2 K_0$$

由式（9-8）可见，此系统为Ⅰ型三阶系统。所以此系统对位置阶跃信号（相当于给出一个恒定的位移指令），将是无静差的（$e_{ss}=0$）；对单位斜坡输入信号（相当于一个匀速的信号），它的稳态误差 $e_{ss}=1/K_\Sigma K_0$（此处 K_0 为位置反馈系数）；对加速信号，$e_{ss}\to\infty$。具体可参见第5章表5-2及式（5-29）。对数控机床，通常是一个确定的位移指令，所以可实现无静差精确定位。对火炮跟踪系统，显然Ⅰ型系统是不够的，至少要Ⅱ型系统。若要求动态和稳态误差更小，在随动系统中，常增设顺馈补偿环节。

9.4.2 系统稳定性分析

由式（5-7）可求得此系统的相位稳定裕量为

$$\gamma = 180°-90°+\arctan(T_1\omega_c)+\arctan(T_0\omega_c)-\arctan(T_2\omega_c)-\arctan(T'\omega_c)$$

$$= 180°-90°+\varphi_1(\omega_c)+\varphi_0(\omega_c)-\varphi_2(\omega_c)-\varphi'(\omega_c) \tag{9-9}$$

若要求 $\gamma>30°$，则可适当降低 K_1（即减小 R_2），增大 T_0（即增大 $R_0 C_0$），减小 T'（增大转速负反馈系数 α），则系统是可以成为一个相位裕量较大的稳定系统的。由于位置随动系统较调速系统多含一个积分环节 $[\Theta_o(s)/N(s)=2\pi i/60s]$，所以稳定性相对较差，因此采用了 PID 调节器。

9.4.3　系统动态性能分析

由以上分析可知，降低 K_1，可使 $\gamma\uparrow\to\sigma\downarrow$（及 $N\downarrow$），但 ω_c 减小，快速性会变差。增大 T_0 及 T_1，可使 $\gamma\uparrow\to\sigma\downarrow$。

对位置随动系统，已在 5.1.5 的例 5-1、例 5-2 及 6.2.4 中做了较详细的分析，请参阅对图 5-10 所示系统和对图 6-11 所示系统的性能分析。此外，从第 6 章例 6-5 的分析中可知，位置随动系统若增设转速负反馈环节，将显著地改善系统的动态性能（位置最大超调量 σ 减小，调整时间减小），增设转速微分负反馈环节，将限制加速度过大，有利于系统平稳运行。

*9.5　位置随动系统实例读图分析（阅读材料）

图 9-16 为某直流位置随动系统原理图。

直流位置随动系统是由直流伺服电动机驱动的随动系统。虽然近年来直流电动机的地位受到很大的影响，尤其是在调速控制方面，有被交流电动机及其他电动机取代的趋势，但是在闭环的位置随动控制中，执行元件采用直流伺服电动机仍具有明显的优势。这是因为直流伺服电动机具有良好的线性特性、优异的控制性能及很高的性价比。特别是在中小功率的随动系统中，采用永磁式的宽调速直流伺服电动机，只需要对单个电枢回路进行控制，线路简单。而交流伺服电动机驱动的随动系统都是多回路控制，线路复杂，成本增大，维修不便。另外，随着专用控制集成电路的日益完善，直流位置随动系统仍获得了很大发展（如航天仪器、人造卫星等高要求场合中，仍有着广泛的应用）。下面将通过一个典型的实用电路来介绍直流位置随动系统的组成和工作原理。

9.5.1　系统的组成

图 9-16 为 L290/L291/L292 三种专用集成电路与一台带光电编码器的永磁式宽调速直

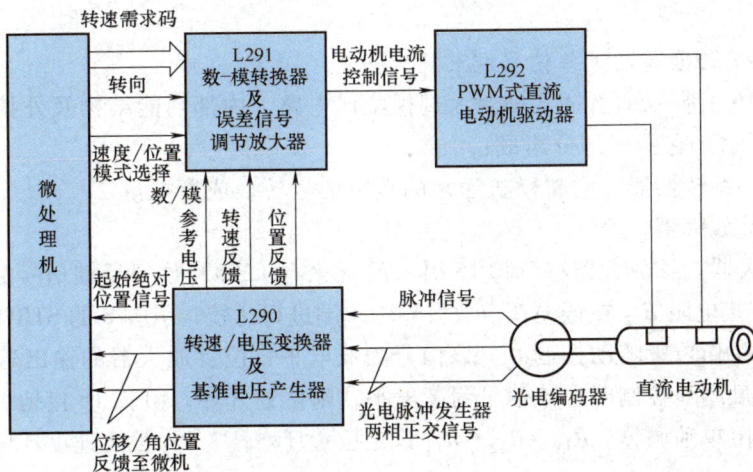

图 9-16　L290/L291/L292 组成的直流位置随动系统原理图

流伺服电动机组成的由微机控制的直流位置随动系统原理图。该随动系统使用的电动机参数为：额定电压 18V，最高工作电流 2A，电枢电阻 5.4Ω，电感 5.5mH，空载转速 3800r/min，反电动势系数 4.5mV/(r·min^{-1})，PWM 频率约为 22kHz。这个控制电路若用于机器人、机床进给等较大功率系统，通过 L292 最后一级 PWM 驱动器可外接大功率的晶体管，以扩大驱动功率。

系统中的 L290、L291、L292 三种专用集成电路是意大利 SGS 公司为直流电动机控制而专门设计的芯片，在国内的应用已形成有关产品的系列，控制的功率也越来越大。L290 为转速/电压变换器，L291 为 D-A（数-模）转换器及误差信号调节放大器，L292 为 PWM 式直流电动机驱动器。它们可以配合构成一个完整的控制器，也可以单独使用，非常灵活。例如用 L292 可与一台直流测速发电机组成速度负反馈调速系统。

为了使系统的跟随性能进一步提高，能以最快的速度、极小的超调甚至无超调地精确定位，可以采用微机控制，从而构成数字式直流位置随动系统。这里采用了 8031 单片机与专用集成控制芯片构成系统控制器，控制手段先进，系统结构简化，能满足高精度的伺服性能要求。

9.5.2 专用集成控制芯片的工作原理 [⊖]

1. L290 转速/电压变换器

L290 芯片为 16 引脚双列直插式塑料封装、单片大规模集成电路，内部功能结构及外接电路如图 9-17 左上方的芯片所示。它的功能有三个：

（1）产生测速电压 TACHO 从直流伺服电动机所加装的增量式光电编码器的三路输出信号（0、A、B）中，FTA 和 FTB 是两路正交的正弦信号，其频率表示旋转速度，相位关系表示旋转方向。此信号经芯片内部电路处理后，转化成反映转速大小与方向的电压信号，作为转速反馈信号，经引脚 4 送往 L291 芯片。

（2）产生位置反馈信号 经引脚 15 输出的 V_{AA} 信号作为系统的位置反馈信号送至 L291，再经 L291 芯片处理后，送往微机，作位置跟踪用。

（3）产生基准（参考）电压 L290 为 L291 提供了一个基准电压 V_{REF}，通过引脚 3 送至 L291。

2. L291 D-A 转换器及误差信号调节放大器

L291 也是 16 引脚双列直插式塑封大规模集成电路，内部功能结构及外接电路如图 9-17 左下方的芯片所示。它由三部分组成：

1）5 位的 D-A 转换器。它将微机送来的数字信号转换成模拟量。

2）误差调节放大器。

3）位置放大器。该放大器将引脚 15 引入的（来自 L290）位置反馈信号放大后，经引脚 16 输出，通过外接电阻 R_{12} 在误差调节放大器输入端进行比较，引脚 8 的 STROBE 信号决定系统的工作方式：①作位置随动控制时，该信号为低电平，位置放大器的输出送至引脚 16；②作调速系统的速度闭环控制时，该信号为高电平，则位置开环，引脚 16 接地。位置放大器的增益也由外接电阻单独调整。R_{11}、R_{12}、R_{14} 设定位置环增益。R_{13} 设定速度环增益。

⊖ 芯片内部结构与功能，见参考文献 [3]。

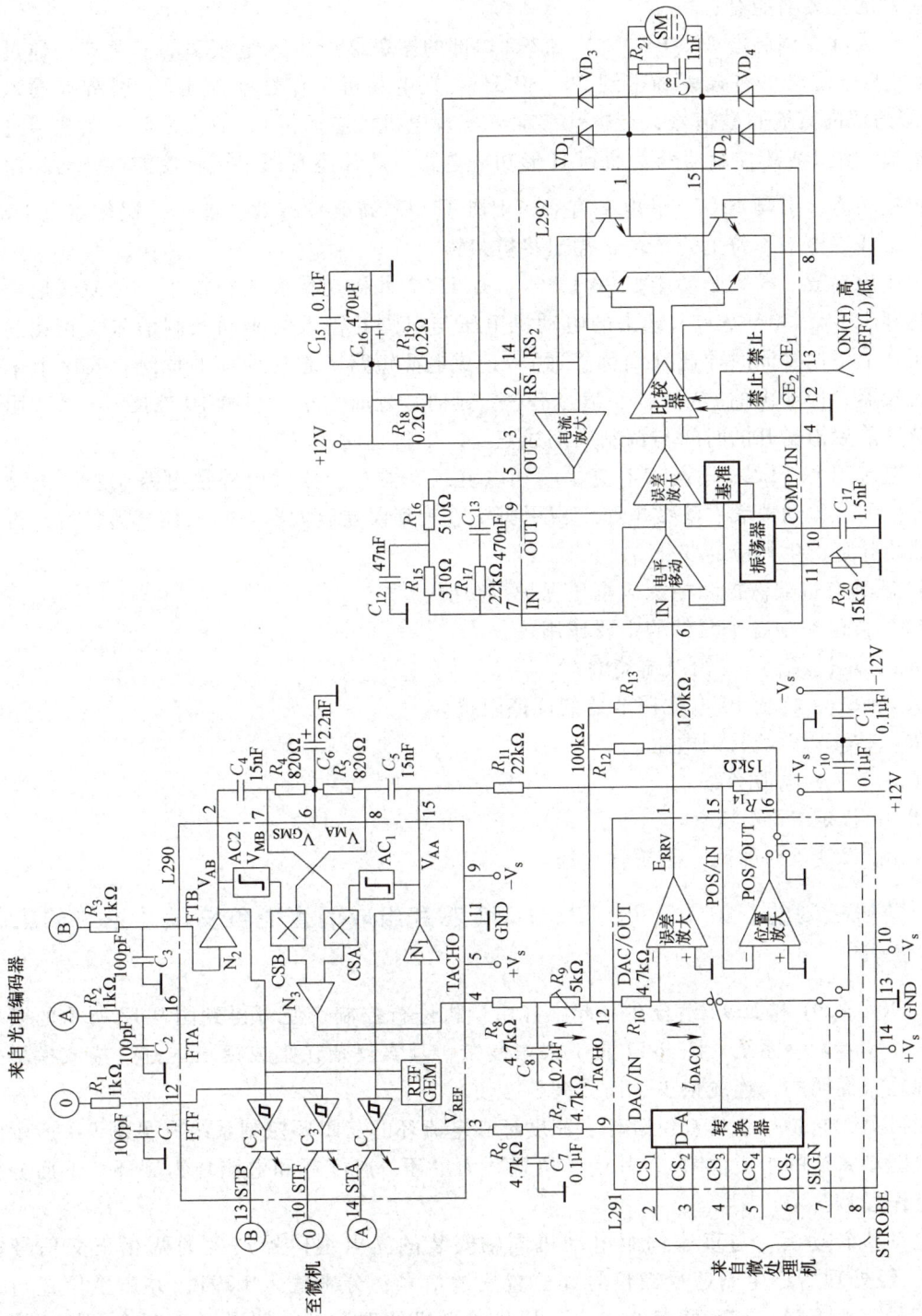

图 9-17 微机控制直流位置随动系统框图

3. L292 PWM 式直流电动机驱动器

L292 是 15 引脚塑封高功率智能集成电路，内部功能结构及外接电路如图 9-17 右边芯片所示。芯片的主要功能有：

（1）形成脉宽调制方波（PWM） L292 内部的振荡器产生一定频率的三角波，通过外接 R_{20}（可调电位器）将频率调整到 20~30kHz（视电动机工作性能而定）。引脚 6 输入由 L291 送来的双向直流驱动信号，经电平移动（实现电机可逆运行），放大后与三角波通过比较器，形成一组 PWM 控制信号，加到 H 形功放电路。芯片还有两个逻辑使能端，对这组信号具有封锁功能，引脚 12$\overline{CE}_2$ 低电平有效，引脚 13CE$_1$ 高电平有效。此时，比较器有 PWM 信号输出，任一电平不符合上述要求，输出将被封锁。

（2）H 形功放 最大驱动能力 2A、36V，如 L292 外接功率放大级输出，可使其最大驱动能力达到 150V、50A 左右。输出的电动机电压与引脚 6 输入的驱动控制信号成正比。为了避免桥臂上下两管同时导通（简称直通），造成电源短路、芯片损坏的危险，实际上末级有两个比较器，使输出的 PWM 控制信号有一定延时，延时大小由引脚 10 外接 C_{17} 及内阻决定，使脉冲前后沿错开的时间与调制周期成正比，以防直通。

（3）电流闭环 L292 还设有电流检测和电流放大器，参数可由外接电路调整。电动机的电流经检测、差动放大、滤波电路，由引脚 7 输入到误差放大器与输入信号比较后，再控制比较器使脉宽产生相应的变化。

L292 还具有过载保护和电源欠电压保护等功能。

L292 外接电路中各个元件的主要作用：

1）R_{15}、R_{16}、C_{12}：反馈电流滤波。

2）R_{17}、C_{13}：构成 PI 电流调节器的反馈阻抗。

3）R_{18}、R_{19}：电流检测电阻。

4）C_{15}、C_{16}：电源旁路。

5）R_{20}：设定 PWM 频率。

6）C_{17}：设定延时时间、防桥臂直通。

9.5.3 微机控制的、由 L290/L291/L292 芯片组成的直流位置随动系统的工作原理

将 L290、L291 和 L292 组合在一起，并由微机进行控制，便可得到图 9-17 所示的微机控制的直流位置随动系统。图 9-17 看上去很复杂，其实复杂在集成模块内部，集成模块外边的连线是很简明的，连线很少，而且调整方便。

由图可见，它是一个具有位置环、速度环和电流环的三闭环控制系统（见图 9-1 所示的典型位置随动系统的组成框图），其中，位置环为主环，速度环和电流环为副环。下面分析系统的工作过程。

当电动机转动后，与直流伺服电动机同轴安装的光电编码器产生的两相正交信号输入 L290，经处理后产生测速反馈信号和位置反馈信号，分别输入 L291，并产生位置与方向反馈信号，由 STA、STB 两条线送出，提供给微机处理。光电编码器产生的圈脉冲信号也经 L290 处理后，由 STF 线送至微机，实现系统的原点复位。为了跟踪电动机的实际位置，微机以 STA 计数，测量到实际的位移量，并以 STA 和 STB 之间的相位关系来判别运

动方向，从而决定计数是加还是减。微机根据上述的目标位置和运动方向，通过运算决定每个运动的最佳速度曲线，以简单、合适的指令，通过 7 条数据输出线，送至 L291，其中 $CS_1 \sim CS_5$ 5 位是速度指令码，SIGN 设置转向，STROBE 选择位置或速度工作方式。这样，微机就通过上述 10 条 I/O 线与 L290 和 L291 连接起来，进行实际运行信息的互相传送。

系统的设定运动位置由人工拨盘开关事先决定，或通过微机（也可以是单片机的上位机）以通信方式进行预置。对于每个运动，微机根据事先设定的位置值和当前实际的位置值通过比较，计算出位移，确定运动方向，即可启动系统。初始时，系统首先是工作在位置开环、速度闭环的状况，微机向 L291 发出最高跟踪速度指令码，L291 产生一个电压控制信号，驱动 L292 内 H 形 PWM 功放，给直流电动机提供斩波电压，带动工作平台位移。由于 L292 自身还构成电流闭环，因此，电动机将以最大的允许电流起动，使电动机加速至设定的稳定转速，使工作平台逐步接近目标位，然后逐步减小速度指令码，电动机进入制动状况。通过 L291 进入最后位置闭环控制，实现最终的精确定位。电动机在运动过程中跟踪速度变化 $n = f(t)$ 如图 9-18 所示，图中 n 曲线所包围的面积，就是电动机转动的位移。

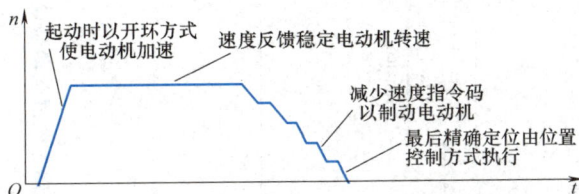

图 9-18 直流位置随动系统电机跟踪速度变化图

系统采用了微机控制，还可以实现定位误差和跟踪误差的显示。同时由于系统采用 L290/L291/L292 专用集成电路完成了各闭环的反馈信号采样、模拟控制功能，从而减轻了微机的工作量，简化了控制软件的编程和系统的硬件结构。

9.6　位置随动系统仿真

本节以图 9-15 所示的交流伺服电动机位置随动系统为例，通过仿真分析系统的稳态和动态性能。

交流伺服电动机参数：额定功率为 0.3kW，额定电压为 100V，额定电流为 0.6A，额定转速为 2000r/min，转动惯量为 0.185kg·m²，机械传动比为 2。

参照双闭环调速系统工程设计方法（详见参考文献［2］附录 C），可以初步确定调节器参数。通过 MATLAB/SIMULINK 仿真调试后确定的调节器参数：

$$k_p = 5.5, \quad T_p = 0.05, \quad k_n = 0.05$$

在 MATLAB/SIMULINK 中依据上述参数建立的双闭环调速系统仿真模型如图 9-19 所示。仿真时间为 2s，电动机空载起动。

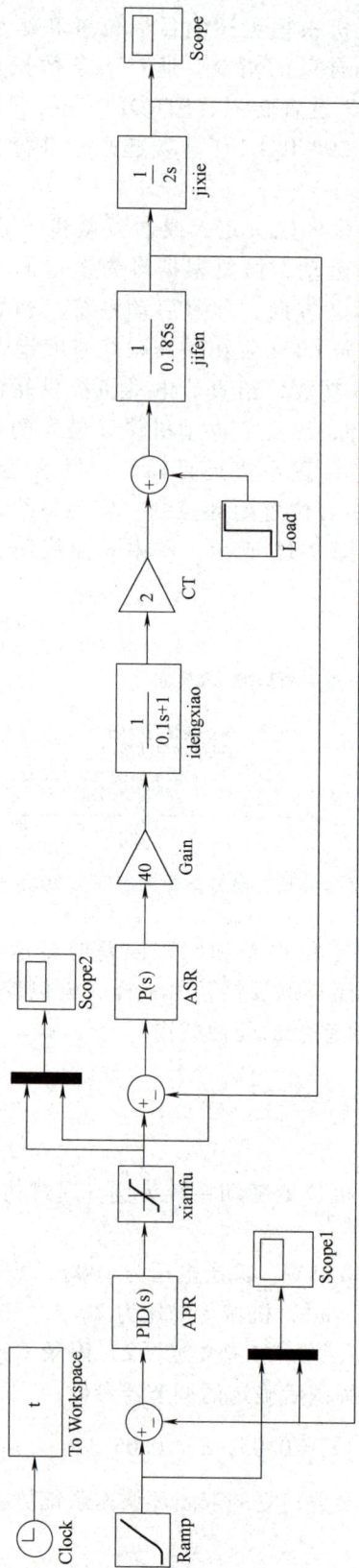

图 9-19　交流伺服电动机位置随动系统仿真模型

图 9-20 为交流伺服电动机给定转速 ω_{ref} 与实际转速 ω 的仿真波形，单位为 rad/s [⊖]。其中曲线 1 为给定转速曲线，曲线 2 为实际转速曲线。从图中可以看出，由于转速调节器选用的是 PI 调节器，实际转速能够较快地跟随给定转速，并实现稳态无静差。

图 9-21 为角位移跟随情况仿真波形，曲线 1 为单位斜坡输入 θ_s，曲线 2 为交流伺服电动机转子角位移 θ_m。由于是单位斜坡输入，要实现稳态无静差，位置控制器必须选用 PI 调节器。从图中可以看出，交流伺服电动机转子角位移除了在起动瞬间误差较大外，其他时段跟随性能良好，并可以实现稳态无静差。这跟前面提到的位置随动系统主要强调的是跟随性能是一致的。

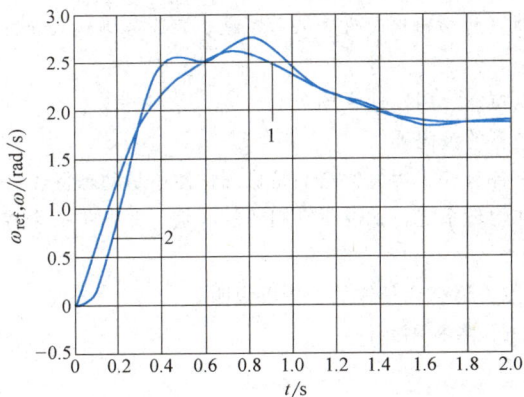

图 9-20　交流伺服电动机转速仿真波形

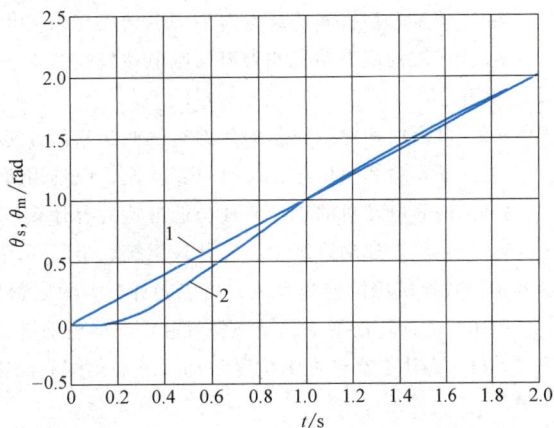

图 9-21　交流伺服电动机角位移跟随情况仿真波形

小　　结

（1）位置随动系统的特点

1）输出量为位移，而不是转速。

2）位置随动系统的主要矛盾是输入量在不断地变化着，而调速系统的主要矛盾是负载的扰动作用。位置随动系统的典型输入量为单位斜坡信号，而调速系统的典型输入量则为单位阶跃信号。

3）供电电路都应是可逆电路，以便伺服电动机可以正、反两个方向转动，来消除正或负的位移偏差，而恒值控制系统则不一定要求是可逆电路。

（2）位置随动系统的反馈回路

位置随动系统的主反馈（外环）为位置负反馈（位置环），它的主要作用是消除位置偏差。在要求较高的系统中还增设转速负反馈或转速微分负反馈（转速环）作为局部反馈（内环），以稳定转速和限制加速度，改善系统的稳定性。此外还有电流负反馈（电流环），以限制最大电流。

（3）位置随动系统的校正环节

⊖　这里的 ω（rad/s）为转速 n（r/min）对应的角速度符号。

由于位置随动系统较调速系统多一个积分环节 $[\Theta_o(s)/N(s)=2\pi/(60s)]$，所以系统的稳定性明显差于调速系统，很容易形成振荡，因此通常都采用 PID 调节器以及增设输入顺馈补偿和扰动顺馈补偿，来减小系统的动态和稳态误差。

思 考 题

9-1 位置随动系统在构造上和控制特点上与调速系统有哪些主要区别？

9-2 如果角位移差检测装置只能检测角位移差的大小，而不能分辨它的极性，位置则随动系统将会出现怎样的情况？

9-3 采用了转速负反馈和转速微分负反馈后，位置随动系统的快速性是否会受影响？为什么？

9-4 伺服电动机和普通电力拖动电动机在结构和性能要求上有哪些不同？

9-5 交流伺服电动机和直流伺服电动机在结构、性能（包括机械特性、调节特性、调速范围、快速性等）和用途等方面有什么区别？

9-6 常用的检测线位移的元件有哪些？它们各有什么特点，用于什么场合？

9-7 既要检测角位移，又要检测转速，应选用哪种类型的编码器？

9-8 伺服电动机的机械特性与调节特性有什么区别？各有什么用途？它们是稳态特性还是动态特性？

9-9 在位置随动系统中，有开环系统、半闭环系统和闭环系统，试说明它们间的区别，并各举一个控制实例。数控机床的控制系统，属于哪种类型的控制系统？

9-10 位置随动系统的动态特性和稳态特性有什么特点？请结合具体例子予以说明。

9-11 为什么高精度的位置随动系统必须配有高精度的位置检测元件？

习 题

9-12 画出图 1-10 所示系统的系统框图。设伺服电动机的 $T_a \ll T_m$，雷达天线为一惯性环节 $[1/(T_R s+1)]$。由系统框图判断：

1）它是几阶系统？它对给定信号为几型系统？

2）对单位阶跃给定信号，系统稳态误差 e_{ss} 为多少？对单位斜坡给定信号，e_{ss} 又为多少？

3）若希望该随动系统对斜坡信号能够跟随，则应对电压放大器做怎样的改进？

9-13 对第 5 章例 5-1 中图 5-10 所示的位置随动系统，若将电压放大器 $[G_c(s)=K_2=2]$ 改为 $G_c(s)=\dfrac{(0.25s+1)(0.2s+1)}{5}$ 的 PID 调节器，问对系统性能产生的影响有哪些？

读 图 练 习

9-14 图 9-22 为某位置随动系统的原理图，试画出此控制系统的系统框图，并根据图中给出的数据，求出调节器和放大器的具体数学模型（标出具体数值）。

*9-15 图 9-23 为由专用集成控制芯片 L292 构成的双闭环转速控制电路。试分析：

1）由 IC_1 构成的电路是什么环节？它的输入和输出信号是什么？此环节起什么作用？

2）由 IC_2 构成的电路是什么环节？它的输入和输出信号是什么？此环节起什么作用？

3）这是一个什么系统？它与图 9-17 所示系统的主要差别是什么？

提示：本电路是具有转速负反馈、电流负反馈、双闭环的速度控制系统。IC_1 为转速调节器，调节 RP_1 可改变转速给定信号，调节 RP_2 可改变电流反馈信号，测速发电机提供转速反馈信号。主电路通过 L292 内部的电流检测放大环节，由引脚 5、7 间外接滤波电路输入 IC_2。电动机参数：$U_a=20\text{V}$，$I_{amax}=2\text{A}$，$n_0=3800\text{r/min}$，$R_a=5\Omega$，$L_a=5\text{mH}$。此电路可用于小功率电动机速度控制场合，如自动化仪表、工业机器人等。

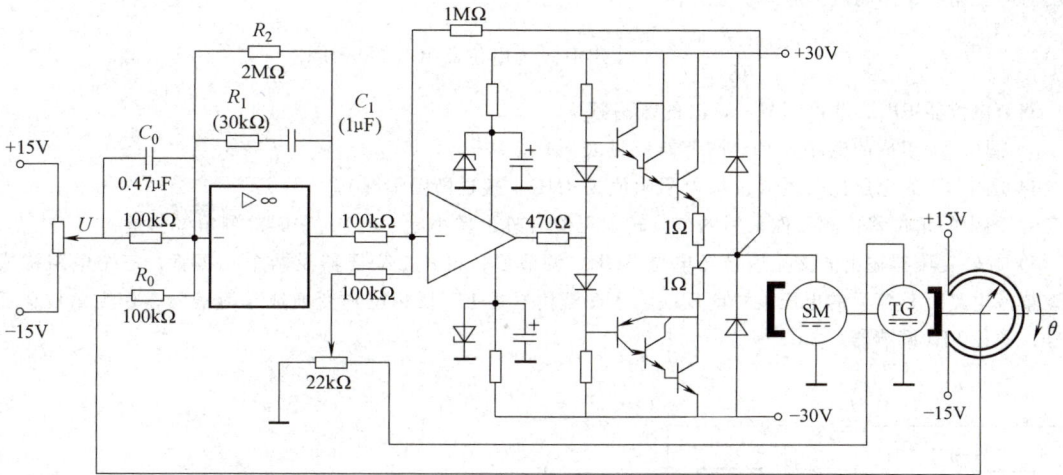

图 9-22 位置随动系统原理图

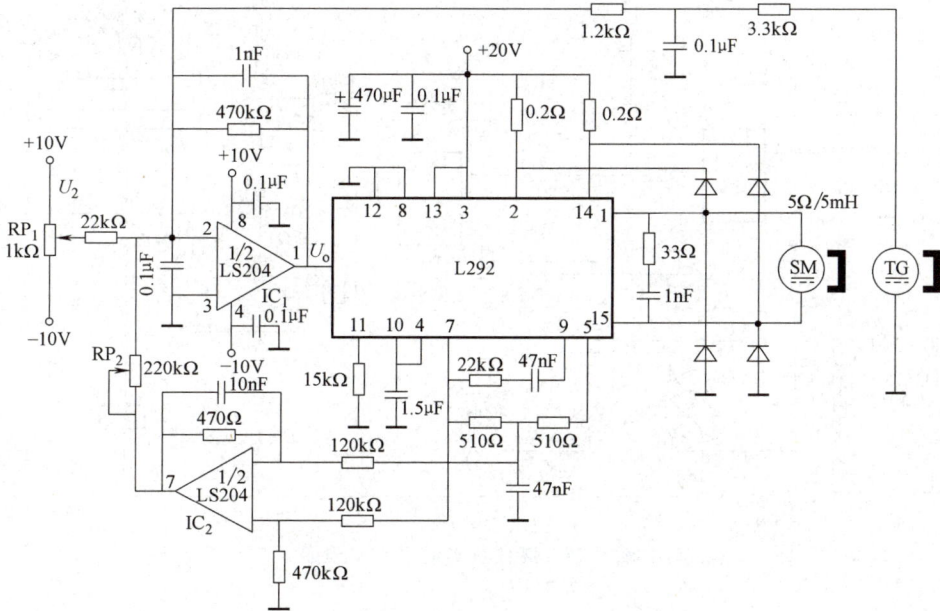

图 9-23 由 L292 构成的双闭环转速控制电路

*9-16 图 9-24 为某位置随动系统的原理图,试分析此系统的工作原理。分析各单元和各元器件的作用,(包括 N_1、N_2、N_3 和 N_4 四个运算放大器的作用);分析伺服电动机 SM 供电电路的工作情况,它是怎样实现可逆运转的?图中电压放大器 A_2 和 A_1 的电路有什么差别,为什么?画出直流信号电压与三角波比较后产生的方波波形图。

提示:

1)由运放器 N_1、N_2 及有关阻容元件构成的电路为三角波发生器。其中 N_1 为基型迟滞比较器,产生方波(请注意 N_1 与 N_2 的输入端);N_2 为反相积分器,它与 N_1 共同构成正反馈回路,形成自励振荡,N_2

输出对称三角波，三角波的频率 f_s 为

$$f_s = \frac{R_2 \alpha}{4 R_1 R_3 C} \qquad （式中 \alpha 为电位器 RP_1 的分压比）$$

调节电位器 RP_1，即可调节三角波的振荡频率。

2）图中 N_3 组成的电路为 PID 调节器（见表 6-1 图 f）。

3）图中 N_4 为电压比较器（反馈电阻阻值为 4MΩ，接近断路情况）。

4）图中的角位移检测元件采用的是旋转变压器（外形像小电动机），它能检测角位移量。

5）旋转变压器输出的交流信号经电位器 RP_2 调节后，再经由变压器及两个二极管、三个电阻构成的相敏整流电路（整流后的电压极性能反映输入交流信号的正、反相位）变换成直流信号，作为角位移反馈信号，送往 PID 调节器。

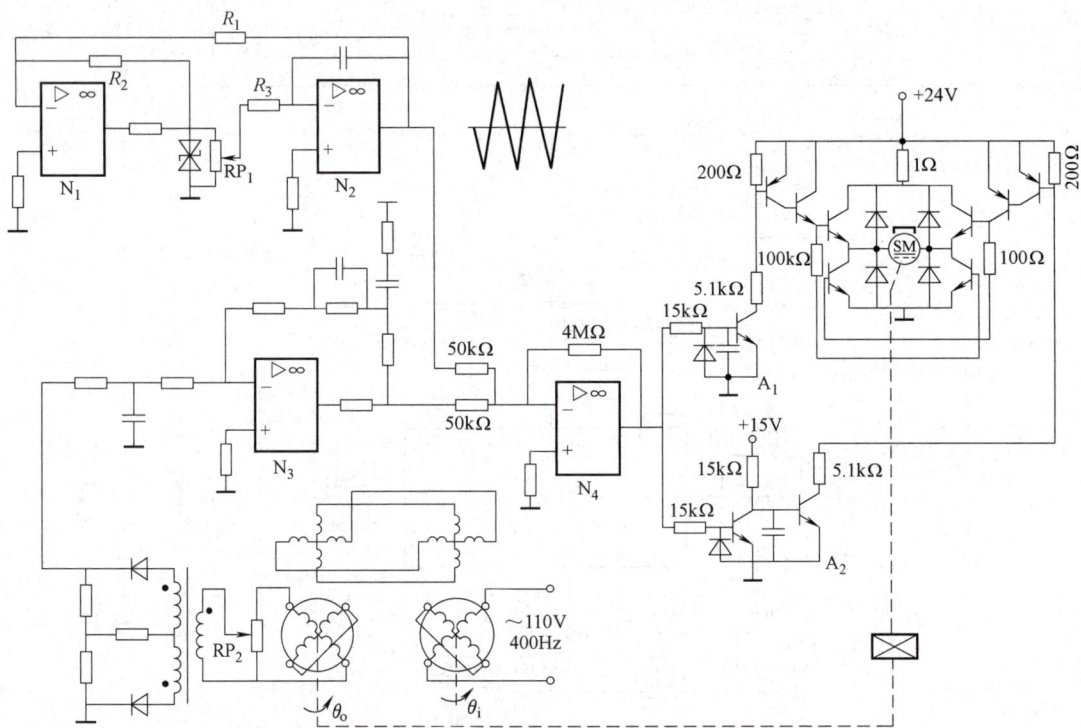

图 9-24 某位置随动系统原理图

第 10 章
自动控制系统的分析、调试及维护维修

本章概要

本章主要以双闭环直流调速系统和通用变频器为例，介绍对自动控制系统进行分析的一般步骤与方法、对自动控制系统进行调试的步骤与方法、自动控制系统的维护与维修方法及需要注意的问题。

在生产现场，遇得较多的往往是实际系统的验收、安装、调试、运行、维护和维修。这就需要工程技术人员能够根据产品使用说明书和有关的技术知识，遵循科学的方法，并结合以往的经验，对实际系统进行了解、分析与调试，并排除可能出现的故障，使系统处于最佳运行状态。下面将以双闭环直流调速系统和通用变频器为例，扼要介绍自动控制系统中常用的分析、调试、维护和维修的方法。这些方法的思路对于其他类型的控制系统也有借鉴作用。

10.1　自动控制系统的分析步骤

在工程技术上，经常会遇到陌生的控制系统。这时，首先要搞清自动控制系统的工作原理（定性分析），建立系统的数学模型，然后对系统进行定量的估算和分析。[⊖] 关于分析系统的方法，在前面各章中都已进行了说明，现再做一些补充的说明与分析。

自动控制系统分析一般包括如下几个方面的内容。

10.1.1　了解工作对象对系统的要求

这些要求通常是：

1. 系统或工作对象所处的工况条件

1）电源电压及波动范围［例如三相交流 $380×(1±10\%)\,V$］。

2）供电频率及波动范围［例如 $(50±1)\,Hz$］。

3）环境温度（例如 $-20\sim40℃$）。

4）相对湿度（例如 $\leqslant85\%$）。

5）海拔高度（例如 $\leqslant1000m$）等。

2. 系统或工作对象的输出及负载能力

1）额定功率（例如 $60kW$）及过载能力（例如 120%）。

2）额定转矩（例如 $100N\cdot m$）及最大转矩（例如 150% 额定转矩）。

⊖　运用数理知识和工程科学基本原理，识别和判断控制系统中的关键环节和参数，培养实证求真的科学精神和精益求精的工匠精神。

3）速度：对调速系统，为额定转速（例如 1000r/min）、最高转速（例如 120%额定转速）及最低转速（例如 1%额定转速）；对随动系统，则主要是最大跟踪速度（线速度 v_{max} 及角速度 ω_{max}，例如 1m/s 及 100rad/s）、最低平稳跟踪速度（线速度 v_{min} 及角速度 ω_{min}，例如 1cm/s 及 0.01rad/s）。

4）最大位移（线位移 l_{max} 及角位移 θ_{max}）等。

3. 系统或工作对象的技术性能指标

1）稳态指标：对调速系统，主要是静差率（例如 $s\leqslant0.1\%$）和调速范围（例如 100:1）；对随动系统，则主要是阶跃信号和等速信号输入时的稳态误差（例如 0.1mm 或 1密位等）。

2）动态指标：对调速系统，主要是因负载转矩扰动而产生的最大动态速降 Δn_{max}（例如 10r/min）和恢复时间 t_f（例如 0.3s）；对随动系统，则主要是最大超调量 σ（例如 5%）和调整时间 t_s（例如 1s）以及振荡次数 N（例如 3次）。

4. 系统或设备可能具备的控制功能

如点动、自动循环、半自动循环、各分部自动循环、爬行微调、联锁、集中控制与分散控制、平稳起动、快速制动停车、紧急停车和联动控制等。

5. 系统或设备可能具有的保护环节

如过电流保护、过电压保护、过载保护、短路保护、停电（或欠电压）保护、超速保护、限位保护、欠电流失磁保护、失步保护、超温保护和联锁保护等。

6. 系统或设备可能具有的显示和报警功能

如电源通断指示、开停机指示、过载断路指示、断相指示、风机运行指示、熔断器熔丝熔断指示和各种故障的报警指示及警铃等。

7. 工作对象的工作过程或工艺过程

对于一些比较复杂的系统，在了解上述指标和数据的同时，还应了解这些数据对系统工作质量产生的具体的影响。例如造纸机超调会造成纸张断裂，轧钢机过大的动态速降会造成明显的堆钢和拉钢现象，仿形加工机床驱动系统的灵敏度直接影响到加工精度的等级，再如传动试验台的调速范围关系到它能适应的工作范围等。

需要注意的是，在提出这些指标要求时，一般应该是工作对象对系统的最低要求或必需的要求，因为过高的要求会使系统变得复杂，成本显著增加。而系统的经济性，始终是一个必须充分考虑的因素。

10.1.2 搞清系统各单元的工作原理

对一个实际控制系统进行分析，应该先做定性分析，后做定量分析。即首先把系统的基本工作原理搞清楚。可以把电路分成若干个单元，每一个单元又可分成若干个环节，这样先化整为零，弄清每个环节中每个部件的作用；然后再集零为整，抓住每个环节的输入和输出两头，搞清各单元和各环节之间的联系，统观全局，搞清系统的工作原理。现以表 10-1 所示的晶闸管直流调速系统的基本单元为例做一些具体说明。

1. 主电路

主电路的主要作用是为直流电动机电枢绕组和励磁绕组提供可调的稳定的直流电压。首先根据晶闸管相控整流的基本知识分析系统中采用的是哪种相控整流电路，再根据电力电子技术的基本知识判断主电路需要具有哪些保护环节，并根据系统应该具有的保护措施及需要

表 10-1 晶闸管直流调速系统的基本单元

晶闸管直流调速系统	电动机（控制对象）	
	主电路	整流变压器（或交流电抗器）
		整流电路（单相或三相，半控桥或全控桥，可逆或不可逆等）（在可逆电路中又分有环流或无环流等）
		电流互感器
		保护环节：快速熔丝（短路保护）；过电流继电器（过载保护）；阻容吸收（交、直流两侧及元件两端）（吸收浪涌电压）；过电压保护（硒堆、压敏电阻、电抗器等）
	检测电路	检测装置（电流互感器、测速发电机、光电测速计、电磁感应测速计、光电码盘等）
		检测信号的分压或放大
		检测信号的变换（如相敏整流）和滤波、A-D 和 D-A 变换等
	触发电路	同步电源
		脉冲电源
		移相信号控制
		脉冲形成
		功率放大
	控制电路	控制器（调节器）（如 P、PD、T、PI、PID 等调节器），给定积分器
		各种信号的综合
		各种反馈环节（如电流、转速、电压等量的负反馈，微分负反馈及截止负反馈等）及顺馈补偿
		其他功能的控制（如点动调试、爬行调试、零速封锁、平稳起动、停车制动、最大电流限制等）
	辅助电路	各种电源（如给定电压信号源、同步电压源、脉冲信号电源、运算放大器工作电源、电动机励磁电源等）
		继电保护电路或电子保护电路（如过电流继电保护，直流电动机失磁保护，快熔熔断后的断相保护，逻辑控制保护，超速保护，限位保护及冷却风机的继电保护等）
		显示与报警电路（如电源指示、开机、停机指示，过载断路指示，断相指示，风机运行指示以及各种故障的报警等）

配备的报警、显示、自动跳闸等功能逐级展开分析。

因为主电路采用的是晶闸管整流，则还应考虑晶闸管整流时的谐波成分对电网的有害影响，因此，通常要在交流进线处串接交流电抗器或通过整流变压器供电。

2. 检测电路

这部分主要包括传感器、信号调理电路和信号变换电路。首先根据前面所述的工作对象对系统的要求分析系统需要检测哪些物理量（如转速、电流），然后分析检测这些物理量使用的传感器类型，再根据传感器与检测技术的基本理论分析其相应的信号调理电路和信号变换电路。

3. 触发电路

主要围绕主电路的晶闸管相控整流的类型和电力电子技术中整流电路对晶闸管触发电路的要求，分析触发电路的移相特性（即移相范围和线性度）、控制电压的极性与数值以及它与晶闸管输出电压间的关系。此外，还应考虑同步电压的选择，同步变压器与主变压器相序间的关系（钟点数），以及触发脉冲的幅值和功率如何满足晶闸管的要求。

4. 控制电路

它是自动控制系统的中枢部分，它的功能将直接影响控制系统的技术性能。对调速系统，主要采用电流和转速双闭环控制；对恒张力控制系统，除了电流、转速闭环外，还要设置张力闭环控制；对随动系统，除位置闭环外，还可设置转速闭环。若对系统要求较高，还可能设置微分负反馈或其他的自适应反馈环节。这些内容可以根据本节的基本理论进行分析。

5. 辅助电路

辅助电路主要是继电（或电子）保护电路、显示电路和报警电路。这部分电路原理比较简单。分析时主要是根据前面所述的系统或设备具有的显示和报警功能，找到相应的辅助电路，分析其如何实现需要的功能。

10.1.3　搞清整个系统的工作原理

在搞清各单元、各环节的作用和各个元器件的大致取值的基础上，再集零为整，抓住各单元的输入、输出两头，将各个环节相互联系起来，画出系统的框图。然后在此基础上，搞清整个系统在正常运行时的工作原理和出现各种故障时系统的工作情况。

10.2　自动控制系统的调试步骤和方法

10.2.1　系统调试前的准备工作

1）熟悉设计过程。在同一现场、同一环境中，不同的设计人员可能采用不同的设计方法来实现现场的控制要求，有的设计人员擅长采用工业 PC 的板卡控制方式，有的工程技术人员擅长采用可编程序控制器（PLC）的方式。另外，由于生产设备场合不同、工艺要求不同，衍生出的控制方案更是多种多样。因此，系统调试人员了解工作对象的工艺过程、工艺控制参数及控制系统设计人员的设计思路与设计方法，有助于解决调试过程中随时遇到的各种问题。

2）熟悉现场控制系统元部件的情况。因为在施工过程中，控制系统中的各个组成部分可能会因安装中的一些问题而出现偏差，因此在调试过程中，有时会因为传感器或检测元件的安装位置或安装方法不合理而产生误检或漏检的情况，这时要将检测元件调整到合适的位置或角度，以使其达到检测更灵敏、更可靠的目的。

3）系统调试是在按设计图样要求接线无误的前提下进行的。因此，在调试前，应对照设计原理图、接线图，检查电线、电缆接线是否正确、牢固、可靠；检查强电线路与弱电线路（包括网络线、通信线、检测元件的模拟信号线）之间施工布置是否合理，强、弱电线路间距是否符合要求；检查动力线路各回路间绝缘是否良好，各线路间绝缘电阻是否达到要求；检查电气部件的接地保护是否良好，尤其是当生产设备安装在钢结构的金属平台上或在潮湿工作环境中时，一定要保证接地保护设施良好可靠。对于自制设备或经过长途运输后的设备，更应仔细检查、核对。未经检查，贸然投入运行，常会造成严重事故。

4）写出调试大纲，明确调试顺序。系统调试是最容易产生遗漏、慌乱和出现事故的阶段，因此一定要明确调试步骤，写出调试大纲，并对参加调试的人员进行分工，对各种可能出现的事故（或故障）事先进行分析，并制订出产生事故后的应急措施。

5）准备好必要的调试设备和工具等，例如慢扫描示波器、数字示波器、高内阻万用表、代用负载电阻箱、兆欧表、其他监控仪表（如电压表、电流表、转速表等）以及调试需要用的信号发生器和各类电源装置等。选用调试仪器时，要注意选用仪器的功能（型号）、精度、量程是否符合要求，要尽量选用高输入阻抗的仪器（如数字万用表、数字示波器等），以减小测量时的负载效应。

6）做好记录的相关准备工作，如整理出系统各部分调试需要记录的内容，并画好记录表格。

7）清理和隔离调试现场，使调试人员处于进行活动最方便的位置，各就各位。对机械转动部分和电力线应加罩防护，以保证人身安全。调试现场还应配有可切断电力总电源的"紧停"开关和有关保护装置，还应配备消防灭火设备，以防万一。

10.2.2　制订调试大纲的原则

调试的顺序大致是：

1）先单元，后系统。

2）先控制电路，后主电路。

3）先检验保护环节，后投入运行。

4）通电调试时，先用电阻负载代替电动机，待电路正常后，再换接电动机负载。

5）对调速系统，调试的关键是电动机投入运转。投入运转时，一般先加低给定电压开环起动，然后逐渐加大反馈量（和给定量）。

6）对多环系统，一般先调内环，后调外环。

7）对加载试验，一般应先轻载后重载、先低速后高速。高、低速都不可超过限制值。

8）系统调试时，应首先使系统正常稳定运行，通常先将 PI 调节器的积分电容短接（改为比例调节器），待稳定后，再恢复 PI 调节器，继续进行调节（将积分电容短接可降低系统的阶次，有利于系统的稳定运行，但会增加稳态误差）。

9）先调整稳态精度，后调整动态指标。对系统的动态性能，可采用慢扫描示波器或采用数字示波器，记录有关参量的波形。

10）分析系统的动、稳态性能的数据和波形记录，对系统的性能进行分析，找出系统参数配置中的问题，再根据经验调节控制器参数，做进一步的改进调试，最终达到系统需要的稳态和动态性能，并实现系统的所有功能。

10.2.3　系统的调试步骤

1）电气系统运行调试。调试人员在完成上述的调试准备工作后，按照调试的步骤，一般首先调试电气系统。调试电气系统时重点检查系统的启动、停止控制及继电保护的功能是否工作正常；系统的散热部分（包括散热风扇）是否工作正常；供电后，系统中各级、各回路的电源电压值和电压极性与设计是否相同。系统上电后，需要仔细观察是否有异味和异常声音发生，若有要及时断电，分析原因，找到问题并解决问题后再上电。电气系统调试时最好断开与核心控制部件的连接，特别是电源连接，以免造成重大事故。

2）执行系统运行调试。重点检查系统中执行部件（电动机、执行器、电磁阀等）和机械部件的安装情况，是否会阻力过大或卡死。如果机械部件安装得不好，会严重影响系统的联调，甚至会产生意想不到的事故。

在各执行部件单独调试时，除要注意部件本身的运行状态外，还应注意与部件所连接的机械设备及其联动设备的运行情况，如机械设备或联动设备不正常，应立即断电检修调整，如短时修复有困难，且工期较紧时，可酌情将故障机械与电动部件脱开，以便继续进行其他工作。在此阶段，还要检查各检测元件、传感器的测量值是否在正常值范围内，是否与实际相符，以防止在系统联调中，因检测元件的初始参数不正常，造成系统启动时工作在不正常状态下。

经过执行系统的试运行，可以验证系统的动力部分供电电压与电流的容量能否满足设备要求，可以检查和发现执行元件本身通/断电时的动作情况是否正常，还可以观察到在电动机、执行器与阀门的驱动下，机械设备的运转或行程是否正常与平稳。修复与调整发现的问题后，即可进行单元系统运行调试。

3）单元系统运行调试。此时可将控制系统的各单元相互独立，进行调试。首先在各单元的输入端输入测试信号，检查输出端输出信号是否与设计相符，各单元是否能够实现设计功能。若有问题，则按照设计要求，根据各单元的实现功能和其相应的基本工作原理，逐一排查。具体调试方法可参考10.2.4节所述的自动控制系统的调试过程案例。

4）控制系统联动运行调试（联调）。系统中的各单元都能单独正常运行后，可进行系统的联动运行调试。此时，要先将系统单元系统调试时所连接的所有临时线拆除，将现场电气控制柜/箱中的电气接线状态恢复成设计图样中的状态，装齐系统主控制部件，装齐并检查无误后，进行系统联调。在这个环节最重要的是对控制器的调试，确保系统达到要求的技术性能指标，特别是系统的稳定性、稳态性能和动态性能。这是最难的技术含量最高的调试环节。目前一些厂家的高性能控制器具有参数自整定、自适应控制的功能，可为系统的联调提供极大的帮助。对于基于网络控制的自动控制系统，在这个环节中容易出现的另一个问题是网络通信工作不正常，由于组成系统的方案不同，并且各设备的厂家品牌不同、型号不同，其通信设置方面也是不同的，此时可根据所使用的部件，对照厂家的使用手册，重新核查其产品的通信硬件连接要求与软件设置方法，进行相应的调整。在系统联调环节，一旦发现问题，一定要沉着冷静，仔细分析，找到可行的解决方法后再去调整，切忌盲目乱试，越调越乱，甚至会导致事故发生。

通过上述调试步骤，最终使系统可靠、稳定地工作，达到生产工艺的要求，达到项目的设计要求。

10.2.4 自动控制系统的调试过程案例

现以采用分立元器件模拟控制的双闭环直流调速系统为例来重点阐述单元系统运行调试和系统联调的具体调试过程，以期达到对系统调试的进一步理解。

1. 系统控制电路各单元和部件的检查和测试（并记录有关数据）

1）拔出全部控制单元印制电路板，断开电动机电枢主电路（可将平波电抗器一端卸开）。

2）检查各类电源的输出电压的幅值（如运算放大器工作电压、给定信号电压、触发器电源电压、同步电压、电动机励磁电压等）以及用来调试的给定信号电压。

3）核对主电路 U、V、W 三相电压的相序、触发电路同步电压的相序以及它和主电路电压间的关系是否符合触发电路的要求。

4）触发电路调试。先调整其中一块触发器。主要是检查输出触发脉冲的幅值与脉宽，然后通过改变调试信号电压（代替控制电压 U_c）来检查脉冲的移相范围。若移相范围过大或不够，对于锯齿波触发器，则应调节锯齿波斜率。

在调好一块触发器后，再以此为基准，调试其他各块触发器。若为双脉冲触发，则应使两个脉冲间隔互为 60°（若为锯齿波触发器，则主要应使各锯齿波平行）。

5）调整电流调节器（ACR）和速度调节器（ASR）的运算放大电路。先检查零点漂移（整定运算放大电路的调零电位器，使之达到零输入时为零输出）。若调整后，零点仍漂移，则应考虑增设一个高阻值（2MΩ）的反馈电阻（如今许多运算放大模块，内部已有抑制零漂功能，无需外部调整）。然后调试信号电压输入，整定其输出电压限幅值（一般为 8~10V）。

6）调整电流和速度反馈信号电压，在投入运行前，先将调节电位器调至最上限（即使电流和速度反馈信号电压为较大数值），这样在投入运行时，不致造成电流和转速过大。同时还要检查反馈信号的极性与给定信号是否相反。

2. 系统主电路和继电保护电路的检查及电流开环的整定

1）检查主电路时，先将控制电路断路（可拔去 ASR 和 ACR 运算放大插件），而以调试信号代替 ACR 的输出电压 U_c，去控制触发电路。改变调试信号，即可改变整流装置输出电压 U_d。

2）在主电路输出端以三相电阻负载（灯泡或电阻箱）来代替电动机。合上开关，接通主电路。

3）测定主电路输出电压 U_d 与控制电压 U_c 间的关系，并调节触发电路的总偏置电压，使 $U_c = 0$ 时，$U_d = 0$。

4）改变 U_c 数值，观察在不同触发延迟角（$\alpha = 0°$，30°，60°，90°，120°）时的 u_d 波形是否正常（具体波形参见电力电子技术书籍）。

5）主电路小电流通电后，可拔下一相快速熔断器，以检验断相保护环节的动作和报警是否有效。

6）检查电动机励磁电路断路时，失磁保护是否正常。

7）调节调试信号，使主电路电流达到最大允许值，即 $I_d = I_{dm}$，这时整定电流反馈分压电位器，使电流反馈电压 $U_{fi} = U_{sim}$（8~10V）（即整定电流反馈系数 β）（U_{sim} 为电流给定电压幅值）。

8）若主电路设有过电流继电器，则可调节电流至规定动作值，然后整定过电流继电器动作，并检验继电保护电路能否使主电路开关跳闸。

3. 系统开环调试及速度环的整定

由于电流环（内环）已经整定，这里的开环主要指速度环（外环）开环。

1）电流环已经整定，因此可插上电流调节器（ACR）的插件板，并将 ACR 的反馈电容器短路（即将 PI 调节器改为 P 调节器）。这时速度调节器的输出由调试信号来代替，先将调试信号电压调至零，电动机电枢和励磁绕组均接上对应电源，然后合上开关。

观察主电路电压波形，这时电动机不应该转动。若有爬行或颤动，则表明 $U_d \neq 0$，这时应重新检查触发器、总偏置电压及电流调节器的运算放大电路，以排除上述现象。

2）逐渐加大调试信号电压，使电动机低速运行（工作对象应为空载，电动机则为轻载）。这时应检查各机械部分运行是否正常，主电路的电压及电流波形是否正常。

3）在开环低速运转正常的情况下，逐渐增大转速，同时监视各量的变化，并做记录。当转速达到额定值时，则整定速度反馈分压电位器，使 $U_{fn}=U_{snm}$（U_{snm} 为给定电压的上限）（即整定转速反馈系数 α）（U_{fn} 为速度反馈电压）。

4. 系统闭环调试

1）由于速度环已整定，可接上转速负反馈，插上速度调节器（ASR）插件。先将 ASR 和 ACR 的反馈电容用临时线短接（即将 PI 调节器暂时改为 P 调节器），并将 U_{sn} 调至零（U_{sn} 为转速给定电压）。合上开关，然后逐步增大 U_s，使转速上升，继续观察系统机械运转是否正常，有无振荡。观察输出电压、电流的波形，并记录有关数值（例如 U_{si}、n、U_d、I_d 等，U_{si} 为电流给定电压）。

2）待空载正常运行一段时间（几小时）后，可分段［如（0.1、0.2、…、0.9、1.0）I_N］逐次增加负载至额定值，并记录下 U_{sn}、n、U_d、I_d 等的数值（U_{sn} 为转速给定电压）。这时可作出机械特性曲线，分析系统的稳态精度。

3）在系统稳定运行后，可将调节器反馈电容两端的临时短路线拆除，重复上述试验，观测系统是否稳定，特别是在低速和轻载时。若不稳定，可适当降低电流调节器（ACR）的比例系数 K_i，适当增大 ACR 的积分时间常数 T_i，并适当增大反馈滤波电容量，使电流振荡减小。当然，电流振荡也与速度调节器（ASR）的参数有关，也可同时适当降低 ASR 的比例系数 K_n，适当增大 ASR 的积分时间常数 T_n，并适当增大速度反馈滤波电容。若仍不能稳定，则对于 PI 调节器，再增加一个高阻值的反馈电阻，当然，这会降低稳态精度。总之，对参数的调节，首先应保证系统稳定运行，然后是提高稳态精度。

4）在系统稳定运行并达到所需要的稳态精度后，可对系统的动态性能进行测定和调整。通常以开关作为阶跃信号，观察并记录下主要变量［如 U_{fn}（对应转速 n）、U_{fi}（对应电流 I_d）、U_{si}、U_c 等］的响应曲线，并从中分析调节器参数对系统动态性能的影响，找出改善系统动态性能的调节趋向，再做进一步的调整，使系统动、稳态性能逐渐达到要求的指标。

总之，系统调试要按照预先拟订好的调试大纲有条不紊地进行，边调试、边分析、边记录，记录下完整的调试数据和波形。系统调试是检验整个系统能否正常工作、能否达到所要求的技术性能指标的最重要的一环，也是判断系统的设计、制作是否成功（或移交、接收的系统是否合格）的最关键的一环。因此系统调试务必谨慎、仔细，做好周密的准备，切不可大意和慌乱，因为调试时的大意，很可能造成严重的事故。

值得一提的是，目前大多数采用计算机控制的自动控制系统，一般都具有运行前的自检功能和故障自诊断功能，仔细了解相关的内容，会给调试带来极大的帮助。

10.3　自动控制系统的维护与维修

随着自动化程度的提高，工业控制中引入了大量的 PLC 和 DCS（集散控制系统）等控制系统，生产过程对自动控制系统已产生了依赖性。自动控制系统的稳定可靠运行与否影响着整个生产过程。并且当今工业控制中的自动化设备，不仅用于现场的自动化运行，还可以通过网络进行互相控制与监控。一旦控制系统出现故障，轻则造成工艺波动影响产品质量，重则全线停产。故保证自动控制系统可靠稳定运行，延长使用寿命，对发挥控制系统的性能和保证生产的连续性、安全性是极其重要的。

自动控制系统与其他计算机设备由电子元器件和大规模集成电路构成，结构紧密，而且控制部件采用冗余容错技术，运行可靠性得到很大提高。但是受安装环境因素（温度、湿度、尘埃、腐蚀、电源、噪声、接地阻抗、振动和鼠害等）和使用方法（元器件老化和软件失效等）的影响，不能保证自动控制系统长期可靠、稳定地运行，因此，管理和维护维修好自动控制系统是一个重要的问题。

掌握要领、正确使用、维护检查、及时修理，是充分发挥自动控制装置性能、提高生产效率、保证产品质量的根本保证。

10.3.1　自动控制系统的维护

自动控制系统的维护可分为日常维护和预防性维护。预防性维护是在系统正常运行时，对系统进行有计划的定期维护，以便及时掌握系统运行状态、消除系统故障隐患、保证系统长期稳定可靠地运行。实践证明，定期维护能够有效地防止自动控制系统突发故障的产生，形成可观的间接经济效益。

1. 维护前的准备工作

为了提高自动控制系统的维护工作水平，最好在维护前做好以下几点准备工作：

1）首先根据设计方案提供的文档资料，了解系统总体设计思路。需要熟悉系统结构和功能构成，对系统有一个整体认识。

2）熟悉系统外部接线，了解各功能模块的控制原理，形成各模块的信息流与控制流概念。结合外部接线图，以功能模块为单元对系统硬件逐个仔细剖析，直到能够比较清楚地知道功能控制与信息反馈的实际走向。

3）了解系统仪表和控制部件信息，结合各仪表的产品使用说明书，熟知各部件（如控制器、I-O 卡件、电源等）的指示灯所代表的信息，如工作状态、故障提示。这在软硬件设计的自诊断功能日趋完善和普及的现在更为重要，系统的自诊断信息覆盖了日常维护工作中所需的大部分信息，是系统维护和故障排除的基本入手点之一。

4）完成系统的备份，包括软件备份和硬件备份。软件备份包括操作系统、驱动程序、紧急启动盘（特别是对 WinNT 系统）、控制系统软件及控制组态数据库等。硬件备份是对系统中易损、使用周期短的部件，如键盘鼠标、I/O 模块、电源、通信卡等，都应根据实际情况进行适量的备份。特别是一些国外进口设备中的关键部件，需要考虑到几年之后就可能更新换代，一旦出现故障，根本无法买到，会严重影响生产。对于这些关键部件，需要提前备份。这些备份软件和硬件也需要定期维护。

5）制作和完善服务资料。对于那些自动化、智能化和软件技术含量高的硬件部件和软件，记录好其相应的生产厂家、系统设计单位、主要系统设计人员的通讯录；整理各类产品的售后服务范围、时间表等。如果能充分加以利用，可以大大提高工作效率。

2. 自动控制系统的日常维护

系统的日常维护是自动控制系统稳定高效运行的基础，主要的维护工作有以下几点：

1）完善自控系统管理制度。系统密码不要设置得过于简单；严禁无关人员操作工控机；禁止把运行中的工控机作为普通计算机进行使用；严禁在工控机上使用非正版软件和安装与系统无关的软件。

2）保证空调设备稳定运行，保证室温和湿度在系统的要求范围内，避免由于温度、湿度急剧变化导致在系统设备上凝露。

3）尽量避免电磁场对系统的干扰，避免移动运行中的操作站、显示器等，避免拉动或碰伤设备连接电缆和通信电缆等。

4）注意防尘，现场与控制室合理隔离，并定时清扫，保持清洁，防止粉尘对元器件运行及散热产生不良影响。清扫尘埃时，要断开电源，采用吸尘或吹拭方法。要注意压缩空气的压力不能太大，以防止吹坏零件和断线。吹不掉的尘埃可用布擦，清扫工作一般自柜体上部向下进行，接插件部分可用酒精或香蕉水揩擦。

5）做好控制子目录文件的备份工作，做好各自动控制电路的 PID 参数、调节器正反作用等系统数据记录工作。

6）定期检查控制主机、显示器、鼠标、键盘等硬件是否完好，实时监控工作是否正常。

7）查看系统故障自诊断信息，是否有故障提示。

3. 自动控制系统的预防性维护

有计划地进行主动性维护，保证系统及部件运行稳定可靠，运行环境良好，及时检测更换元器件，消除隐患。每年应利用大修进行一次预防性的维护，以掌握系统运行状态，消除故障隐患。

定期维护主要包括以下内容：

1）外表检查：要求外表整洁，无明显损伤和凹凸不平。

2）查对接线：有无松头、脱落，尤其是现场临时增加的连线。

3）接地检查：包括接地端子检查、对地电阻测试。必须保证装置接地可靠。

4）元器件完整性检查：对于易损的元器件应该逐一核对，已经老化失效的元器件应及时更换。

5）绝缘性能检查：由于装置长期使用，可能因灰尘和其他带电的尘埃等因素影响系统绝缘性能，因此必须用绝缘电阻表进行绝缘性能检查，若较潮湿，则应用红外灯烘干或低压供电加热干燥。

6）电气性能检查：根据电气原理，进行模拟工作检查，并且模拟制造动作事故，查看保护系统是否行之有效。

大修期间应对自动控制系统进行彻底的维护，除了上述内容外，还包括以下内容：

1）对冗余电源、服务器、控制器、通信网络进行冗余测试。

2）对操作站、控制站停电检修，包括计算机内部、控制站机笼、电源箱等部件的灰尘清理。

3）对系统供电线路检修，并对 UPS（Uninterrupted Power Supply，不间断电源设备）进行供电能力测试和实施放电操作。

4）对现场设备检修，具体做法可参照有关设备说明书。对不熟悉的设备，应首先与生产厂家或经销商联系，取得技术上的支持，同时确保零配件的供给。

5）主机运转前对电动机进行空载试验检查，可以参照上节"系统闭环调试"中的方法。

6）主机运转时对系统的稳态和动态性能指标进行检查，可以用慢扫描示波器查看主机点动、升速及降速瞬间的电流和速度波形，用数字示波器查看装置直流侧的电压波形。检查系统性能、精度和主要参量的波形是否正常，是否符合要求。

大修后系统维护负责人应确认条件具备方可上电，并应严格遵照上电步骤进行。

10.3.2　自动控制系统的维修

自动控制系统的维修是指系统发生故障后，通过修复或更换元器件，调整精度，排除故障，恢复系统原有功能而进行的技术活动。维修的主要工作是诊断故障和排除故障。

一旦系统发生故障，首先需要记录好故障现象，然后根据故障现象和工程技术人员的经验先将故障进行分级分类，查找故障发生的可能原因，再基于前面介绍的分析和调试方法，顺藤摸瓜，有针对性地进行处理，最终排除故障。

1. 自动控制系统故障的分级

自动控制系统的故障一般可分为4个等级：

1）第一级故障。这是最严重的一种故障情况，容易发生不堪设想的后果，比如系统发生短路、直流电动机产生飞车现象或电力电子器件烧毁等。此时必须要立即停机，马上用声光报警通知相关操作人员。高性能的自动控制系统中的故障检测软件判断为第一级故障之后，会自动地直接控制和指挥系统输出端口，进入相应的保护，并且自动启动故障处理模块。

2）第二级故障。这类故障会对系统的控制过程产生一定的影响，这种情况软件无法做到自行纠正和处理，就会启动暂停，将各个输出端口设置为初始状态，并及时发出声光报警通知相关操作人员，待操作人员对设备进行有效的控制和处理之后，再继续执行相关的程序。

3）第三级故障。这类故障一般不对控制过程产生即时的影响，且系统本身的故障处理程序可以在后台自行纠正处理相关问题，并有效地自动屏蔽错误信号和及时报警通知相关操作人员进行处理，如果故障仍然没法排除，则启动故障升级处理模式。

4）第四级故障。这类故障通常为一般的小错误或者异常情况，不会产生什么影响。对其的处理方式，通常是准确地记录，然后向操作人员报告，控制系统的运行不受影响。

2. 系统的故障诊断与排除

控制系统故障诊断技术目前是自动控制领域重要的研究方向，已提出很多故障诊断方法。借助计算机和先进的理论技术，很多自动控制系统都具有故障自诊断功能。当系统发生故障后，计算机会根据系统发生故障前的状态信息给出故障代码或故障原因。很多厂家的产品说明书中也会给出其产品的常见故障现象、可能原因、检查要点和处理建议，这些都为故障的快速排除提供了极大帮助。

表10-2给出了晶闸管直流调速系统的常见故障、可能原因、检查方法和处理建议。

表 10-2　晶闸管直流调速系统的常见故障、可能原因、检查方法和处理建议

故障情况	可能原因	检查和处理
1. 电源电压正常，但晶闸管整流桥输出波形不齐	1. 有误触发 ① 由于布线时强、弱电线混杂在一起引起干扰 ② 触发单元本身接插件有虚焊、元件质量有问题等引起触发板工作不正常	1. 查看电缆沟中强、弱电的布线，适当分开二者 2. 用示波器查看触发板波形，发现不正常处先把好的备件插上，然后再修理有问题的板子，若好板换上仍无效，说明其他方面有问题

（续）

故障情况	可能原因	检查和处理
1. 电源电压正常,但晶闸管整流桥输出波形不齐	2. 相位不对 ① 同步电源的相位有可能因同步滤波移相部分的 R、C 的影响而出现异常现象 ② 调节单元故障 ③ 进线电源相序不对	1. 在触发电路中,检查同步电压相位与主电路是否匹配 2. 调节单元的稳态和动态性能可以通过万用表和示波器查看 3. 用示波器查看三相波形,重新对准相序
2. 交、直流侧过电压保护部分故障	1. 过电压吸收部分元器件有击穿 2. 能量过大引起元件损坏	1. 停电后,用万用表检查过电压吸收部分的 R、C 及二极管、压敏电阻等元器件有无损坏 2. 若保护元件损坏,应及时更换
3. 快熔烧断	1. 晶闸管器件击穿 2. 误触发 3. 控制部分有故障 4. 过电压吸收电路不良 5. 电网电压或频率波动过大	1. 检查晶闸管器件 2. 检查晶闸管有无不触发、误触发、丢脉冲或脉冲宽度过小问题,检查逆变保护有无误动作 3. 检查保护电路 4. 查看稳压电源是否正常,电网电压是否正常 5. 检查外电路有无短路或严重过载
4. 晶闸管器件不良	晶闸管器件耐压下降或吸收部分故障	若晶闸管器件质量下降或保护元器件损坏,应更换
5. 过电流(有过电流信号或跳闸)	1. 过负荷 2. 调节器不正常 3. 电流反馈断线或接触不良 4. 保护环节故障 5. 脉冲部分不正常 6. 有元器件损坏或断相等情况	1. 检查机械方面有无卡死或阻力矩过大 2. 检查调节器输出电压 3. 检查电流反馈信号数值和波形 4. 若有干扰影响,则更换屏蔽线 5. 用示波器检查各触发脉冲波形 6. 检查接触器等有无误动作
6. 速度不稳定	1. 测速机连接不好 2. 测速机内部有断线、电刷接触不良或反馈滤波电容太小 3. 断相、丢脉冲等 4. 有干扰 5. 动态参数未调好 6. 电动机失磁或磁场过弱	1. 检查测速发电机的接线,测量其电压的数值与波形或加大滤波电容 2. 检查输出电压波形,检查有无断相,若有则再检查快熔及触发器 3. 检查调节器参数,降低 K_i 及 $K_n(R_i\downarrow$ 及 $R_n\downarrow)$,增大 T_i 及 $T_n(C_i\uparrow$ 及 $C_n\uparrow)$ 4. 增设微分负反馈环节 5. 检查励磁电压、电流

表 10-3 为 FRN-G95/P9S 系列变频器的保护功能、故障情况、检查要点和处理方法。

表 10-3　FRN-G95/P9S 系列变频器的保护功能、故障情况、检查要点和处理方法

面板显示	保护功能	故障情况	检查要点	处理方法
OC	过电流	电动机过载,输出端短路,负载突然增大,加速时间过短	电源电压是否在允许的极限,输出回路短路,不合适的转矩提升,不合适的加速时间,其他情况	调整电源电压,输出回路绝缘,兆欧表测量电动机绝缘,减轻突加负载,延长加速时间,增大变频器容量或减轻负载
OU	过电压	电动机的感应电动势过大,逆变器输入电压过高(内部无法提供保护)	电源电压是否在允许的极限,输出回路短路,加速时间负载突然改变	调整电源电压,输出回路绝缘,延长加速时间,连接制动电阻

（续）

面板显示	保护功能	故障情况	检查要点	处理方法
LU	欠电压	电源中断，电源电压降低	电源电压是否在允许的极限，KM、QF 闭合状态电源断相，在同一电源系统中有大起动电流负载	调整电源电压，闭合 KM、QF，改变供电系统，改正接线，检查电源电容
OH1 OH3	过热	冷却风扇发生故障，二极管、IGBT 散热板过热，逆变器主控板过热	环境温度是否在允许极限，冷却风扇的运行（1.5kW 以上）有异，负载超过允许极限	调整到合适的温度，清除散热片堵塞，更换冷却风扇，减轻负载，增大变频器容量
OH2	外部报警输入	当控制电路端子 THR-CM 间连接制动单元、制动电阻及外部热过载继电器等设备的报警常闭触头断开时，按接到的信号使保护环节动作	THR-CM 间接线有无错误，检查外部制动单元端子 1-2	重新接线，减轻负载，调整环境温度，降低制动频率
OL	电动机过载	电动机过载，电流超过热继电器设定值	电动机是否过载，电子热继电器设定值是否合适	减轻负载，调整热继电器动作值
OLU	逆变器过载	当逆变器输出电流超过规定的反时限特性的额定过载电流时，保护动作	电子热过载继电器设定不正确，负载超过允许极限	适当设定热过载继电器，减轻负载，增大变频器容量
FUS	熔断器烧断	IGBT 功率模块烧损、短路	变频器内主电路是否短路	排除造成短路的故障，更换熔断器
Er1	存储器出错	存储器发生数据写入错误	存储出错	切断电源后重新给电
Er2	通信出错	当由键盘面板输入 RUN 或 STOP 命令时，键盘面板和控制部分传递的信号不正确，或者检测出传送停止	关闭出错	将功能单元插好
Er3	CPU 出错	如由于噪声等原因，CPU 出错	CPU 出错	变频器故障，应维修
Er7	自整定出错	在自动调整时，逆变器与电动机之间的连接线断路或接触不好	端子 U、V、W 开路，功能单元没接好	将 U、V、W 端子接电动机，将功能单元接好

　　值得一提的是目前自动控制系统中很多部件（如变频器、可编程序控制器）的集成化和智能化程度越来越高，这些部件无论是否在保修期内，都应按照厂家的说明和要求去维修，最好能够得到厂家专业维修技术人员的支持。

小　结

（1）对一个实际系统进行分析，应该先做定性分析，后做定量分析。即首先把基本的工作原理搞清楚，可以把电路分成若干个单元，每一个单元又可分成若干个环节。这样先化整为零，弄清每个环节中每个元器件的作用；然后再集零为整，抓住每个环节的输入和输出两头，搞清各单元和各环节之间的联系，统观全局，搞清系统的工作原理。在此基础上，可建立系统的数学模型，画出系统的框图。在系统框图的基础上，就可以分析那些关系到系统稳定性和动、稳态性能的参量的选择和这些参量对系统性能的影响，以便在调试实际系统时，做到心中有数，有的放矢。

（2）进行系统调试，首先要做好必要的准备工作，主要是检查接线是否正确和各单元是否正常，并且准备好必要的仪器，制订调试大纲，明确并列出调试顺序和步骤，然后再逐步地进行调试，并做好调试记录。当系统不稳定或性能达不到要求时，则可从各级输出（如主电路的电压、电流，调节器的输出电压，反馈电压等）的波形中找出影响系统性能的主要原因，从而制订出改进系统性能的方案。

（3）自动控制系统的维护工作对于保证自动控制系统可靠稳定运行、延长使用寿命、控制系统性能的发挥和保证生产的连续性、安全性等方面极其重要。首先应该做好系统的日常维护工作，然后对系统进行有计划的定期主动性维护，以便及时掌握系统运行状态、消除系统故障隐患。每年应利用大修对系统进行一次预防性的维护，以保证系统长期稳定可靠地运行。

（4）系统出现故障时，首先要仔细观察和记录故障的现象，然后分析产生故障的各种可能的原因，在这基础上逐一进行分析检查，排除其中的非故障原因，逐渐缩小"搜索圈"，最后找出产生故障的真正原因。再针对故障原因，采取相应的措施，把故障排除，使系统恢复正常。

思　考　题

10-1　分析一个实际系统的一般步骤是哪些？

10-2　一般自动控制系统的主电路、控制电路、保护电路和辅助电路各包括哪些部分？它们的作用又各是什么？

10-3　系统调试时要先做哪些准备工作？

10-4　系统调试的一般顺序是怎样的？

习　题

10-5　晶闸管直流调速系统故障原因分析。下面列出8种常见故障和26种可能的原因，试分别分析每一种故障的可能原因。（多项选择题）

故障情况：

1）起动时，晶闸管快速熔丝烧掉。

2）开机后，电动机不转动。

3）电动机转速不稳定，甚至发生振荡。

4）额定转速下运行正常，但降速、停车和反转过程中，快速熔丝熔断。

5）电动机负载运行时正常，但空载、低速时振荡。

6）电动机轻载运行正常，但重载运行时不稳定。

7）停车后，仍时有颤动。

8）整流输出电压波形不对称，甚至断相。

可能原因：

① 整流桥输出端短路。

② 电动机被卡住，或机械负载被卡住。

③ 电流截止环节未整定好，致使起动电流过大。

④ 个别晶闸管器件老化或因压降功耗过大而损坏。

⑤ 晶闸管散热片接触不良，或冷却风（水）供量不足，或风机转向接反，导致器件过热。

⑥ 整流电路的阻容吸收元器件虚焊。

⑦ 三相全控桥运行中丢失触发脉冲。

⑧ 稳压电源无电压输出。

⑨ 熔断器芯体未安入或已烧断。

⑩ 励磁电路未接通。

⑪ 触发电路无触发脉冲输出，或触发脉冲电压幅值不够高，或触发电流不够大，或脉宽太窄。

⑫ 个别晶闸管器件擎住电流值过大。

⑬ 整流电流断续，电压、电流反馈信号中谐波成分过大。

⑭ 速度调节器增益过大。

⑮ 转速及电流反馈电路滤波电容过小。

⑯ 直流测速发电机电刷接触不良。

⑰ 电流反馈电路断线或极性接反。

⑱ 电源进线相序与设备要求不符，或整流变压器相序不对，或同步变压器相序不对。

⑲ 触发器锯齿波斜率不一致，触发脉冲间隔不对称。

⑳ 电网电压过低。

㉑ 供电强电线路与控制弱电线路混杂在一起，引起严重干扰。

㉒ 锁零电路未起作用，运放零漂过大。

㉓ 晶闸管器件高温特性差，大电流时失去阻断能力。

㉔ 整流变压器漏抗引起的电压波形畸变过大。

㉕ 转速环开环对数频率特性的穿越频率 ω_c 过大，接近机械装置的扭振频率。

㉖ 输出低电压时的电压波形为断续尖状波形，其中含有较大低频谐波。

附 录

附录 A 常用文字符号

一、元器件和装置用的文字符号

（按国家标准 GB/T 7159—1987）

（以英文缩写为基础）

A	放大器，调节器
ACR	电流调节器
ADR	电流变化率调节器
APR	位置调节器
ASR	速度调节器
AVR	电压调节器
B	非电量-电量变换器
BIS	感应同步器
BQ	位置变换器
BR	旋转变压器
CT	自整角机
C	电容器
DTC	直接转矩控制
F	励磁绕组
FB	反馈环节
FBS	测速反馈环节
G	发电机，振荡器，发生器
GI	给定积分器
GT（U）	触发装置
GTF	正组触发装置
GTR	反组触发装置
GTO	门极关断
GTR	电力晶体管
K	继电器
KF	正向继电器
KMF	正向接触器
KMR	反向接触器
KR	反向继电器
L	电感，电抗器
LS	饱和电抗器
M	电动机（总称）
MA	异步电动机（必须区分时用）
MD	直流电动机（必须区分时用）
MS	同步电动机（必须区分时用）
MT	力矩电动机
N	运算放大器
P-MOSFET	电力 MOS 场效应晶体管
PWM	脉宽调制
R	电阻器，变阻器
RP	电位器
RV	压敏电阻器
SA	控制开关，选择开关
SB	按钮
SM	伺服电动机
SPWM	正弦波脉宽调制
T	变压器
TA	电流互感器
TAFC	励磁电流互感器
TC	控制电源变压器
TG	测速发电机
TM	电力变压器
TR	整流变压器
TU	自耦变压器
TV	电压互感器

TVD	直流电压隔离变换器	VC	矢量控制
U	变换器，调制器	VF	正组晶闸管整流装置
UI	逆变器	VR	反组晶闸管整流装置
UR	整流器	VVC	晶闸管交流调压器
URP	相敏整流器	VVVF	变压变频
V	电力电子器件：二极管、晶体管、晶闸管等总称；整流装置	YB	电磁制动器
		YC	电磁离合器

V	晶体管	
VD	二极管	区分时使用
VT	半控型、全控型电力电子器件	

二、参数和物理量文字符号

（1）英文字母

A	面积，模拟量
a	线加速度，特征方程系数
B	磁通密度
	黏性阻尼系数
C	电容，热容量
	输出被控变量
D	调速范围，数字量
D, d	扰动量
E, e	反电动势，感应电动势（大写为平均值或有效值，小写为瞬时值，下同）
	误差
E_g	异步电动机气隙在定子每相绕组中的感应电动势
E_r	异步电动机折合到定子侧转子全磁通的感应电动势
E_s	异步电动机定子全磁通的感应电动势
e_d	扰动误差
e_r	跟随误差
e_{ss}	稳态误差
F	磁通势，作用力
f	频率，阻尼力
f_1	异步电动机定子电源频率
f_s	异步电动机转差频率
G	重量
$G(s)$	传递函数，开环传递函数

g	重力加速度
GD^2	飞轮力矩
h	开环对数频率特性中频宽
I, i	电流，电枢电流
i	减速比
I_a, i_a	电枢电流
I_d, i_d	整流电流
i_f, i_F	励磁电流
J	转动惯量
J_G	转速惯量
K	控制系统各环节的放大系数或增益（以环节符号为下角标）
	闭环系统的开环放大系数
k	弹簧弹性系数
K_e	直流电动机电动势常量
K_g	增益稳定裕量
K_s	整流装置放大倍数
K_T	直流电动机转矩常量
L	电感、自感
$L(\omega)$	对数幅频特性
L_a	直流电动机电枢电感
L_d	平波电抗器电感
L_m	互感
M	系统频率特性幅值（模）
M_r	闭环系统幅频特性峰值
m	整流电压（流）一周内的波头数
N	匝数，振荡次数
n	转速

n_N	额定转速
n_0	理想空载转速,同步转速
P, p	功率,有功功率,极对数
Q	无功功率,流量,热量
R, r	电阻,电枢回路总电阻,参考输入变量
R_a, r_a	直流电动机电枢电阻
R_d	直流电动机电枢回路总电阻
R_{rec}	整流装置内阻
s	转差率
s	拉氏变量
T	时间常数;开关周期;感应同步器绕组节距,转矩,力矩,温度
t	时间
$T_a (T_d)$	直流电动机电枢回路时间常数(电磁时间常数)
T_e	电磁转矩
T_L	负载转矩
T_m	电动机机电时间常数
T_N	额定转矩
t_{on}	电力电子器件开通时间
T_0	滤波时间常数,延迟时间
t_f	恢复时间
t_p	峰值时间
t_r	上升时间
t_s	调整时间
U, u	电压
$U(\omega)$	实频特性
U_1	异步电动机定子相电压
U_a, u_a	直流电动机电枢电压
U_b	晶体管基极电压,偏置电压
U_c	输出电压,控制电压 电容电压,载波电压
U_d, u_d	整流电压
U_{do}, u_{do}	理想空载整流电压
U_f, u_f	励磁电压
U_g	电力电子器件门极电压
U_i	输入电压
U_N	额定电压
U_o	输出电压
U_r	输入电压
U_s	电源电压,给定电压

U_U	
U_V	U、V、W 三相电压
U_W	
U_x	变量 x 的反馈电压(x 可用变量符号替代)
U_x	变量 x 的给定电压(x 可用变量符号替代)
V	体积
$V(\omega)$	虚频特性
v	速度,线速度
W	能量
X	电抗,物理量通用符号
$x、y$	机械位移
Z	电阻抗
z	负载系数

(2)希腊字母

α	转速反馈系数 可控整流器的触发延迟角
β	电流反馈系数 可控整流器的逆变角
γ	电压反馈系数,相位稳定裕量
δ	误差带宽度系数,脉冲宽度
Δ	偏差量 增量
Δn	转速降落
ΔU	偏差电压
ΔU_D	正向管压降
$\Delta \theta$	角位移差
ξ	阻尼系数
η	效率
θ	角位移;电力电子器件的导通角
θ_m	机械角位移
λ	电机允许过载倍数
μ	磁导率,换相重叠角
ν	积分个数
Π	乘积(各因子相乘)
ρ	密度
	占空比,电位器的分压系数
Σ	代数和(各项的代数和)
σ	漏磁系数
σ	最大超调量

τ	时间常数，积分时间常数，微分	ω_1	转速 n 对应的角速度
	时间常数，延迟时间	ω_c	开环频率特性穿越频率
Φ	磁通	ω_b	闭环特性通频带
Φ_m	异步电动机气隙磁通量	ω_d	阻尼振荡频率
$\Phi(s)$	系统闭环传递函数	ω_g	开环频率特性交接频率
φ	相位角，阻抗角	ω_m	机械扭振频率
$\varphi(\omega)$	相频特性	ω_n	自然振荡频率
Ψ	磁链	ω_r	闭环频率特性谐振频率
Ω	机械角速度	ω_{ref}	ω_1 的参考输入量
ω	角速度，角频率	ω_s	采样频率，异步电动机转差角频率

三、常用下角标

abs	绝对值（absolute）	m	极限值，峰值
av	平均值（average）	max	最大值（maximum）
b	偏压（bias）	min	最小值（minimum）
	基准（basic）	N，nom	额定值，标称值（nominal）
b，bal	平衡（balance）	o	开路（open circuit）
bl	堵转，封锁（block）		输出（output）
br	击穿（breakdown）	obj	控制对象（object）
c	环流（circulating current）	off	断开（off）
	控制（control）	on	闭合（on）
	被控输出变量（controlled output variable）	op	开环（open loop）
		p	脉动（pulse）
cl	闭环（closed）	par	并联、分路（parallel）
com	比较（compare）	ph	相值（phase）
	复合（combination）	r	转子（rotor）
cr	临界（critical）		参考输入（reference input）
d	延时、延滞（delay）		上升（rise）
ex	输出，出口（exit）		反向（reverse）
f，fin	终了（finish）		额定（rated）
f	正向（forward）	rec	整流器（rectifier）
	反馈（feedback）	s	定子（stator）
g	气隙（gap）		浸定（set）
in	输入，入口（input）		调整（settling）
ini，o	初始（initial）		电源（source）
inv	逆变器（inverter）	sa	锯齿波（sawtooth wave）
k	短路	s，ser	串联（series）
l	负载（load）	ss	稳态（steady-state）
L l	线值（line）	t	触发（trigger）
	漏磁（leakage）	∞	稳态值，无穷大处
lim	极限，限制（limit）		

附录 B　自动控制技术术语的中、英名词对照

（以汉语拼音序排列）

an		bian	
安全阀	relief valve	闭环传递函数	closed-loop transfer function
bai		bian	
摆动	hunting	编码器	coder
bao		变量	variable
包含	involve	变送器	transmitter
包络线	envelope curve	变压器	transformer
包围	enclose（encircle）	bing	
饱和	saturation	并联	parallel
饱和电抗器（磁放大器）	transductor	bo	
保持	holding	波	wave
保持元件	holding element	伯德图	Bode diagram
保护环节	protective device	bu	
beng		补偿（校正）	compensation
泵	pump	补偿前馈	compensating feedforward
bi		补偿反馈	compensating feedback
比较元件	comparing element	补偿绕组	compensating winding
比较器	comparater	补码	complement
比例	proportion	不稳定的	unstable
比例（P）控制器	proportional controller	布尔代数	Boolean algebra
比例-积分（PI）控制器	proportional-plus-integral controller	步进电机	stepping（repeater）motor
比例-微分（PD）控制器	proportional-plus-derivative controller	步进控制	step-by-step control
比例-积分-微分（PID）控制器	proportional-plus-integral-plus-derivative controller	步骤	procedure
		部件	component
比值控制	ratio control	cai	
biao		采样	sampling
表达式	expression	采样控制系统	sampling control system
bian		采样数据	sampled data
辨别	indentification	采样间隔	sampling interval
闭环	closed loop	采样周期	sampling period
闭环控制系统	closed-loop control system	采样频率	sampling frequency
		can	
		参数	parameter
		参考（输入）变量	reference-input variable
		参考信号	reference signal

ce

测量传感器	measuring transducer
测量值	measured value
测速发电机	tachogenerator

cha

差动放大器	differential amplifier
差动机构	differential gear
差分方程	difference equation

chan

颤振	dither

chang

常闭触点	normally-closed contact
常开触点	normally-open contact

chao

超调量	overshoot

cheng

程序	program
程序控制	programmed control

chi

齿轮	gear

chong

重叠	overlap

chu

触点	contact
触发器	flip-flop
触发电路	trigger circuit

chuan

传递函数	transfer function
传感器	sensor
串级控制	cascade control

ci

磁滞（滞后）	hysteresis

cun

存储器	store
存储元件	storage element

dai

代码	code
带宽	band-width

dan

单位阶跃响应	unit-step response
单位脉冲函数	unit impulse function

dao

导纳	admittance

dian

电动机	motor
电感（器）	inductance（inductor）
电角	electrical angle
电零位	electrical zero
电容（器）	capacitance（capacitor）
电位器	potentiometer
电压放大器	voltage amplifier
电源	source
电源线路	power circuit
电网	AC supply（line）
电阻（器）	resistance（resistor）
电抗（器）	reactance（reactor）
电动势	electromotive force
电枢电感	armature inductance
电枢电阻	armature resistance

die

叠加原理	principle of superposition

ding

定义	definition

dong

动态性能分析	dynamic performance analysis
动态指标	dynamic specification

dui

对数衰减率	logarithmic decrement

e

额定值	rated value（nominal）
二阶系统	second-order system
二极管	diode
二进制的	binary

fa

发展	progress
发送器	transmitter
阀	valve

fan

反变换	inverse
反相	opposite in phase
反相器	inverter
反转	reverse rotation

反馈	feedback
范围	range
fang	
方向	direction
方波	square wave
方法论	methodology
仿真（器）	simulation（simulator）
放大器	amplifier
fei	
飞轮	flywheel
非线性	non-linearity
非线性系统	nonlinear system
"非"元件	NOT-element
fen	
分析	analysis
分贝	decibel
分辨率	resolution
分布参数系	distributed-parameter
统	system
分配器	divider
分压器	potential divider
分流器	shunt
feng	
峰值电压	peak voltage
峰值时间	peak time
fu	
辅助设计	aided design
幅值	amplitude
幅相频率特	magnitude-phase characte-
性	ristic
负反馈	negative feedback
负极	negative pole
负载	load
复变量	complex
复合控制	compound control
复平面	complex plane
傅里叶展	Fourier expansion
开［式］	
gai	
概率	probability
gan	
感应电动机	induction motor

感应式检出器	inductive pick-off
gang	
刚度（刚性）	stiffness
刚体	rigid body
gei	
给定元件	command element
给定信号	command signal
gen	
根	root
根轨迹法	the root locus method
跟随控制系统	follow-up control system
gong	
工作［状态］	duty
功率放大器	power amplifier
共轭根	conjugate roots
共振频率	resonance frequency
（谐振频率）	
gu	
固有频率	natural frequency
固有稳定性	inherent stability
guan	
惯量（惯性）	inertia
关闭	shut down
guo	
过程	process
过程控制系	process control system
统	
过电压	overvoltage
过载	overload
过电流继电器	overcurrent relay
过阻尼	over-damping
han	
函数发生器	function generator
heng	
恒值控制系统	fixed set-point
	control system
hua	
滑动	slide
滑阀	slide valve
hui	
恢复时间	recovery time（correction
	time）

hun		角位置	angular position
混合计算机	hybrid computer	矫正	correction
huo		校正（补偿）	compensation
活塞	piston	**jie**	
"或"运算	OR-operation	阶跃响应	step function response
"或非"元件	NOR-element	接近	approach
ji		接触式	contact
机械化	mechanization	接触器	contactor
机械手	manipulater	结果	consequence
积分调节器	integral regulator	节点（结点）	node
基准变量	reference variable	结构	structure
极点	pole	截止频率	cut-off frequency
极限	limit	解调器	demodulator
极大（值）	maximum	**jin**	
极小（最小量）	minimum	近似	approximate
计算元件	computing element	**jing**	
计算机	computer	晶体管	transistor
继电器	relay	晶闸管	thyristor
机器人	robot	精［密］度	accuracy（precision）
jia		（精［确］度）	
加速度	acceleration	经典控制理论	classical control theory
加速度计	accelerometer	静摩擦	static（dry）friction
jian		静态的	static
检验	check	静态精度	static accuracy
尖峰信号	spike	静态工作点	quiescent point
间隙	backlash	**kai**	
渐近线	asymptote	开关	switch
检测元件	detecting element	开环	open loop
减压阀	reducing valve	开环控制系统	open loop control system
jia		开环传递函数	open loop transfer function
假定（假设）	assume	**ke**	
jiao		可靠性	reliability
［交磁］电机	amplidyne	可控性	controllability
放大机		可调整的	adjustable
交流测速发	a.c. tacho-generator	可实现的	realizable
电机		**kong**	
交越频率	cross-over frequency	控制	control
交接频率	break frequency	控制范围	control range
焦点	focus	控制绕组	control winding
角加速度	angular acceleration	控制系统	control system
角速度	angular velocity	控制线路	control circuit
		控制元件	control element

控制对象　　　control plant

kuang

框图　　　　　block diagram

la

拉普拉斯变　　Laplace transform
换

拉氏反变换　　inverse Laplace transform

li

离合器　　　　clutch

离心调速器　　centrifugal governor

离散系统　　　discrete system

理想终值　　　ideal final value

力矩电机　　　torque motor

力平衡　　　　force balance

励磁绕组　　　excitation winding

lian

连杆　　　　　linkage

连续变量　　　continuous variable

连续控制　　　continuous control

联动机构　　　linkage

联锁　　　　　inter locking

链　　　　　　chain

liang

两相感应电　　two-phase induction motor
动机

　量程　　　　range

lin

临界点　　　　critical point

临界增益　　　critical margin

临界阻尼　　　critical damping

ling

零点　　　　　zero

零状态响应　　zero-state response

零漂　　　　　zero-drift

灵敏的　　　　sensitive
（敏感的）

灵敏度　　　　sensitivity

liu

流程图　　　　flow diagram（flow chart）

lu

滤波器　　　　filter

滤波电容　　　filter capacitor

luo

逻辑控制　　　logic control

逻辑图　　　　logic diagram

逻辑运算　　　logic operation

mai

脉冲　　　　　pulse（impulse）

脉冲宽度　　　pulse width

脉冲［序］列　pulse train

脉冲变压器　　pulse transformer

脉动　　　　　pulsation

miao

描述　　　　　description

描述函数　　　describing function

min

敏感元件　　　sensing element（sensor）
（传感器）

mo

模　　　　　　magnitude

模型　　　　　model

模拟计算机　　analogue computer

模拟信号　　　analogue signal

模拟电路　　　analogue simulator

模-数转换器　 analogue-digtial converter

膜片　　　　　diaphragm

摩擦　　　　　friction

mu

目的（目标）　objective

目标值　　　　desired value

nai

奈奎斯特图　　Nyquist diagram

nei

内环（副环）　inner loop（minor loop）

ni

尼科尔斯图　　Nichols diagram

逆变换　　　　inverse transform
（反变换）

nian

黏性摩擦　　　viscous friction

黏性阻尼　　　viscous damping

niu

扭振频率　　　torsional vibration frequency

扭振阻尼器	torsional vibration damper	时间常数	time constant
		时延	time delay
ou		时域分析	time domain analysis
耦合系数	coupling coefficient	时变系统	time varying ststem
pan		时不变系统	time invariant system
判据	criterion	时滞	time lag
pi		实时计算机	real-time computer
匹配	match	实时控制	real-time control
pian		实轴	real axis
偏差	deviation	释放	release
偏离	departure	shou	
偏置电压	bias voltage	手动操作	manual operation
piao		受控对象	controlled member
漂移	drift	（受控装置）	（controlled device）
pin		shu	
频率	frequency	输出	output
频率响应法	the frequency response method	输出变量	output variable
		输入变量	input variable
频率特性	frequency characteristic	数据处理	data processing
频谱	frequency spectrum	数-模转换器	digital-analogue converter
频域	frequency domain	数字信号	digital signal
ping		数字计算机	digital computer
平衡状态	balance state	shun	
平均值	average value	顺序控制	sequential control
qian		瞬时值	instantaneous value
前馈（顺馈）	feedforward		（actual value）
欠阻尼	under-damping	瞬态	transient state
qiang		瞬态响应	transient response
强迫振荡	forced oscillation	si	
qu		死区	dead zone
趋势（趋向）	trend	四端网络	quadripole
rao		伺服机构	servomechanism
扰动	disturbance	伺服马达	servomotor
扰动变量补偿	disturbance variable compensation	（伺服电动机）	
		伺服系统	servo-system
shang		su	
上升时间	rise time	速度	velocity（speed）
she		速度反馈	velocity feedback
设定	setting	速度误差	velocity error
设定值	set value（set point）	sui	
shi		随机的	random（stochastic）
失真	distortion		

te

特性（曲线）	characteristic curve
特征方程	characteristic equation

tiao

条件稳定性	conditional stability
调节	regulate（govern）
调节器	regulator
调整	adjustment
调整时间	settling time
调制	modulation
调查、研究	investigate

tong

通带	pass-band
通道	channel（path）
通断控制	on-off control
同步指示器	synchro indicator
同时的	simultaneous

tu

图表	chart

tui

推挽功率放大器	push-pull power amplifier

wai

外环（主环）	outer loop（major loop）

wei

微分元件	derivative element
位移	displacement
位置	position
位置反馈	position feedback
位置误差	position error

wen

稳定性	stability
稳定判据	stability criterion
稳定裕量	stability margin
稳态值	steady-state value
稳态偏差	steady-state deviation
稳态误差	steady-state error

wu

无静差控制器	static controller
无源元件	passive element
误差	error

xian

显示	display
限幅器	limiter
限流器（节流器）	restrictor（choke）
限制	limitation（restrict）
线路	circuit
线绕电位器	wire-wound potentiometer
线性的	linear
线性电路	linear circuit
线性系统	linear system
线性化	linearization
现代控制理论	modern control theory

xiang

响应	response
响应曲线	response curve
响应时间	response time（settling time）
相似	similar
相加点	summing point
相消	cancellation
相角	phase angle
相位	phase
相位超前	phase lead
相位滞后	phase lag
相位裕量	phase margin
相位交越频率	phase cross-over frequency
相移	phase shift
相对稳定性	relative stability

xie

斜坡函数	ramp function
斜坡［函数］响应	ramp function response
谐振	resonance
谐振频率	resonant frequency

xin

信息处理	data handling
信号	signal
信号流图	signal flow diagram

xing

性能	property（performance）
性能指标	performance specification

xu

虚线	dotted line	**zhen**	
虚轴	imaginary axis	真值表	truth table
xuan		振荡	oscillation
选择开关	selector switch	振荡次数	order number
yan		振动阻尼器	vibration damper
延迟	delay	振簧	vibrating reed
延迟元件	delay element	**zheng**	
yao		整理	arrangement
遥控	remote control	整流器	rectifier
ye		正反馈	positive feedback
液压缸	hydraulic cylinder	正极	positive pole
液压马达	hydraulic motor	正方向	positive direction
液压执行机构	hydraulic actuator	正态分布	normal distribution
yi		正向通道	forward channel（forward
一阶系统	first-order system		path）
译码器	decoder	正弦波	sine wave
you		**zhi**	
有效范围	effective range	执行机构	actuator
有效值（方均根	effective value（root-	执行元件	executive element
值）	mean square value）	直流电动机	direct-current motor
有源元件	active element	指令信号	command signal
yu		指数滞后	exponential lag
"与"运算	AND-operation	制动器	brake
"与非"元件	NAND-element	滞环	hysteresis
预期的	preconceived	滞后	lag
yuan		**zhong**	
元件	element	中心［点］	centre
原理图	schematic diagram	终值	final value
yun		**zhou**	
运算放大器	operational amplifier	周期波	periodic wave
运行	operate（function）	**zhu**	
zao		主导零点	dominant zero
噪声	noise	主导极点	dominant pole
zeng		主反馈	monitoring feedback
增益（放大倍数）	gain（amplification）	主电路	power circuit
增益交越频率	gain cross-over frequency	**zhuan**	
增益裕量	gain margin	转动惯量	moment of inertia
增幅振荡	increasing oscillation	转速-转矩特性	speed-torque characteris-
zhan		（机械特性）	tic
斩波器	chopper	转速	speed
zhe		转矩	torque
折衷（方案）	compromise	转轴	spin axis

转子	rotor	自由振荡	free oscillation
zhuang		自整角机	synchro
状态	state	子系统	subsystem
状态变量	state value	zu	
状态空间	state space	阻抗	impedance
状态向量	state vector	阻尼	damping
zhun		阻尼器	damper
准则	criterion	阻尼振荡	damped oscillation
zi		阻容吸收电容	RC snubber
自变量	independent variable	zui	
自动操作	automatic operation	最小相移系统	minimum phase-shift system
自动控制系统	automatic control system		
自动化	automation	最优控制	optimal control
自励振荡	self-excited oscillation	最大超调量	maximum overshoot
自耦变压器	auto-transformer	zuo	
自适应控制	self-adaptive control	作用信号	actuating signal

参考文献

［1］　孔凡才. 自动控制原理与系统 ［M］. 3 版. 北京：机械工业出版社，2007.

［2］　陈渝光. 电气自动控制原理与系统 ［M］. 3 版. 北京：机械工业出版社，2016.

［3］　孔凡才. 自动系统——工作原理、性能分析与系统调试 ［M］. 2 版. 北京：机械工业出版社，2011.

［4］　李友善. 自动控制原理 ［M］. 3 版. 北京：国防工业出版社，2014.

［5］　王楠，沈倪勇，莫正康. 电力电子应用技术 ［M］. 4 版. 北京：机械工业出版社，2014.

［6］　冯欣南. 特微电机 ［M］. 武汉：华中理工大学出版社，1991.

［7］　朱仁初，万伯任. 电力拖动控制系统设计手册 ［M］. 北京：机械工业出版社，1992.

［8］　李序葆，赵永健. 电力电子器件及其应用 ［M］. 北京：机械工业出版社. 1996.

［9］　谭建成. 新编电机控制专用集成电路与应用 ［M］. 北京：机械工业出版社，2005.

［10］　秦继荣，沈安俊. 现代直流伺服控制技术及其系统设计 ［M］. 北京：机械工业出版社，1993.

［11］　阮毅，陈伯时. 电力拖动自动控制系统——运动控制系统 ［M］. 4 版. 北京：机械工业出版社，2010.

［12］　刘松. 电力拖动自动控制系统 ［M］. 2 版. 北京：清华大学出版社，2014.

［13］　汤天浩. 电力传动控制系统——运动控制系统 ［M］. 北京：机械工业出版社，2010.

［14］　张承慧，崔纳新，李珂. 交流电机变频调速及其应用 ［M］. 北京：机械工业出版社，2008.

［15］　丁学文. 电力拖动运动控制系统 ［M］. 2 版. 北京：机械工业出版社，2014.

［16］　许期英，刘敏军. 交流调速技术与系统 ［M］. 北京：化学工业出版社，2010.

［17］　姚绪梁. 现代交流调速技术 ［M］. 哈尔滨：哈尔滨工程大学出版社，2009.

［18］　冯垛生. 交流调速系统 ［M］. 北京：机械工业出版社，2008.

［19］　魏连荣，朱益江. 交直流调速系统 ［M］. 北京：北京师范大学出版社，2008.

［20］　王国庆. 浅谈自动控制系统的日常维护 ［J］. 湖北造纸，2012（01）：28-30.

［21］　张文军. 基于 PLC 的自动控制系统的故障检测方法探析 ［J］. 装备制造技术，2012（03）：38-40.

［22］　胡燕. 自动控制系统中系统调试方法的研究 ［J］. 科技创新导报，2011（10）：1.